赵武 主编

AutoCAD 建筑绘图与天正建筑实例教程

机械工业出版社
CHINA MACHINE PRESS

本书通过对各种经典的实例进行分析，分解学习 AutoCAD 的基本绘图命令和建筑绘图思路，以及天正建筑的详细应用，内容丰富，讲解全面。全书分上下两篇，上篇以 AutoCAD 的建筑绘图应用讲解为主，共 10 章内容，第 1~3 章以基础命令讲解为主，通过简单的图例绘制讲解。第 4~6 章为进阶命令，通过比较复杂的图案制作深入讲解高级命令，第 7 章为作图的技巧和提高，通过总结编者多年来的实际工程制图经验，讲解能够快速作图的各类技巧，以提高作图速度。第 8~10 章以一套住宅建筑的平面图、立面图、剖面图为例，讲述了在建筑设计过程中绘图的思路和方法。下篇以天正建筑为主，共 4 章内容，第 11 章讲述了天正建筑的入门知识和基本设置等内容。第 12 章讲述了天正建筑平面图的绘图思路和方法及各种命令。第 13 章讲述了天正建筑立面图的绘制思路和方法，第 14 章讲述了建筑剖面图的绘制思路和方法。

本书结构布局合理，内容丰富，由易到难，前后连贯，系统性强，非常适合建筑、规划、土木、园林、装饰等专业的学生从零学起，也适合建筑设计、结构设计、计算机绘图员等专业作图人员自学使用，同时可以作为各类软件培训机构的上课教材使用。

图书在版编目（CIP）数据

AutoCAD 建筑绘图与天正建筑实例教程/赵武主编．—北京：机械工业出版社，2014.8（2025.2 重印）
ISBN 978-7-111-47743-3

Ⅰ.①A… Ⅱ.①赵… Ⅲ.①建筑制图—计算机辅助设计—AutoCAD 软件—教材 Ⅳ.①TU204

中国版本图书馆 CIP 数据核字（2014）第 192733 号

机械工业出版社（北京市百万庄大街 22 号 邮政编码 100037）
策划编辑：宋晓磊 责任编辑：宋晓磊
责任校对：白秀君 封面设计：鞠 杨
责任印制：常天培
北京机工印刷厂有限公司印刷
2025 年 2 月第 1 版第 17 次印刷
184mm×260mm · 17.25 印张 · 2 插页 · 420 千字
标准书号：ISBN 978-7-111-47743-3
定价：49.00 元

电话服务	网络服务
客服电话：010-88361066	机 工 官 网：www.cmpbook.com
010-88379833	机 工 官 博：weibo.com/cmp1952
010-68326294	金 书 网：www.golden-book.com
封底无防伪标均为盗版	机工教育服务网：www.cmpedu.com

前言

Preface

AutoCAD 软件是建设领域的设计师应用最多的软件，广泛用于室内设计、展示设计、建筑设计、园林景观设计等各个行业，几乎占领整个设计市场，所有相关设计都会用到 AutoCAD。而天正建筑 2014 是在建筑设计领域应用最多的软件，它以 AutoCAD 为基础，增加了相应的建筑模块，从而更加方便建筑设计人员使用。

2013 年 3 月，Autodesk 公司发布了 AutoCAD 2014，2013 年 9 月天正公司发布了天正建筑 2014，这是两个软件目前较新的版本，编者经过细心研究和总结，采用实例方式，以期将 AutoCAD 建筑绘图和天正建筑的运用讲解得清晰透彻，让读者学起来更加轻松。

全书分上下两篇，上篇以 AutoCAD 的建筑绘图应用讲解为主，共 10 章内容，第 1 ~ 3 章以基础命令讲解为主，对简单的图例绘制进行讲解。第 4 ~ 6 章为进阶命令，通过比较复杂的图案制作深入讲解高级命令，第 7 章为作图的技巧和提高，通过总结编者多年来的实际工程制图经验，讲解能够快速作图的各类技巧，以提高作图速度。第 8 ~ 10 章以一套住宅建筑的平面图、立面图、剖面图为例，讲述在建筑设计过程中绘图的思路和方法。下篇以天正建筑为主，共 4 章内容，第 11 章讲述了天正建筑的入门知识和基本设置等内容。第 12 章讲述天正建筑平面图的绘图思路和方法及各种命令。第 13 章讲述天正建筑立面图的绘制思路和方法，第 14 章讲述了建筑剖面图的绘制思路和方法。

本书适合建筑、规划、土木、园林、装饰等专业的学生和设计人员学习使用，同时更适合于职业院校及相关培训机构的建筑设计课程使用，对于初、中级读者的学习和工作会有很大的帮助。

本书随书光盘除了教材中的实例文件外，还包括了教学视频文件，以方便读者学习，视频文件的播放需要相应的播放程序，播放器不合适可能会出现只有声音没有影像，请下载支持 AVI 文件的播放器如暴风影音、迅雷看看等。

全书由山东农业大学赵武主编，山东临沂天业建筑设计有限公司杨新、山东农业大学刘海艳、山东农业大学霍拥军、山东聊城阳谷县水务局段建广担任副主编，泰山职业技术学院辛显雪、山东建筑大学刘援朝、山东农业大学董文、山东农业大学钱淑香、山东农业大学张玫玫参编。在本书的创作和编写过程中，得到了很多专家和同行的支持，同时山东农业大学李辉、陈科汀、张娜等同学对稿件的校对和视频录音作出了重要贡献，在此一并表示感谢。

由于时间紧迫，加之作者水平有限，书中难免出现错误，敬请读者给予批评指正，有任何错误或者问题请邮件 16138578@ qq. com。

赵武

目 录
Contents

下篇 天正建筑

上篇　AutoCAD 建筑绘图

第 1 章　AutoCAD 基础知识和基本操作

【学习提示】本章主要介绍 AutoCAD 2014 的基本内容、用户界面、软件基本操作及入门绘图必备知识，以便读者对 AutoCAD 软件有基本的认识和了解，从而能更好地把握和学习 AutoCAD 的精髓知识。

【本章重点】本章主要讲述 AutoCAD 2014 的界面、应用常识以及文件管理的相关操作。

【学习命令】“OP”（Option 选项）、快捷键〈Ctrl + N〉（New 新建文件）、〈Ctrl + O〉（Open 打开文件）、〈Ctrl + S〉（Save 文件存盘）、〈Ctrl + Shift + S〉（文件另存）、〈Ctrl + Q〉（Quit 退出程序）、“Z”（Zoom 视图缩放）、“P”（Pan 视图平移）。

1.1　AutoCAD 2014 的用户界面

启动 AutoCAD 2014 程序，完成初始设置后的用户界面如图 1-1 所示。下面对用户界面作详细介绍。

图 1-1

1.1.1 功能区

AutoCAD 2009 以后的版本中引入的功能区（Ribbon）界面具有比以往更强大的上下文相关性，能帮助用户直接获取所需的工具使单击次数变少，很人性化。这种基于任务的 Ribbon 界面由多个选项卡组成，每个选项卡由多个面板组成，而每个面板则包含多款工具。

Ribbon 界面不止这些功能，还有更方便的应用。可以将面板从 Ribbon 界面中拖出，使其成为一种“吸附”面板。即使切换到其他选项卡，吸附面板仍旧会保持原有位置不变。而且，Ribbon 界面是完全可定制的，甚至可以创建用户自己的功能区选项卡，当选定特定对象或执行特定命令时，其会自动变更。

> 提示：
> Ribbon 界面已经普及到众多软件，建议读者跟随发展潮流，学习新的界面形式，会有很深的感受。

1.1.2 快速访问工具栏

位于屏幕左上角的便是功能强大的“快速访问工具栏”。常用的“新建”“打开”“保存”“放弃（撤销）”“重做”和“打印”等命令全部都在这里。通过选择右侧向下的箭头用户能够快速将常用命令加入定制工具栏。这里还有用于调整用户界面的选项，默认的用户界面是“草图与注释”，如果想修改可于“草图与注释”处选择其他的用户界面，如图 1-2 所示。

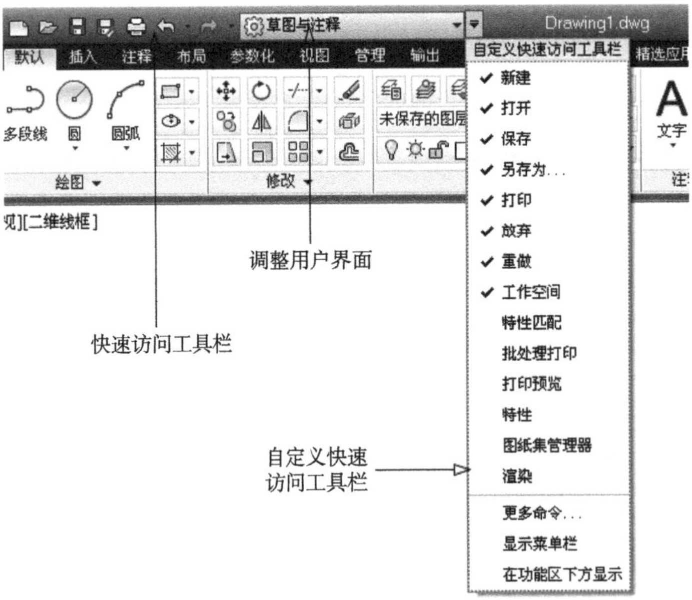

图 1-2

1.1.3　应用菜单

在较新的 AutoCAD 版本中，“应用菜单”以一个带有箭头的图标来代替。

“应用菜单”里有常用的“文件”工具和最近查看过的文件。用户也可以根据图片或图标的形式显示最近查看过的文件，或根据访问日期、大小或文件类型对其进行分组。

用户可以通过“快速搜索”搜索任意 AutoCAD 命令。单击任意列表项便可启动相关的命令，如图 1-3 所示。

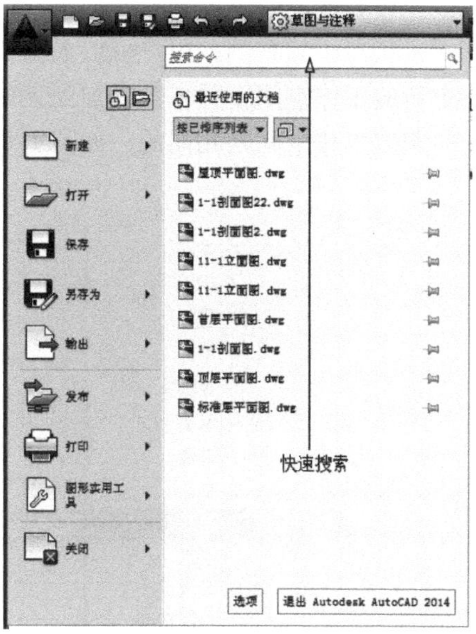

图 1-3

1.1.4　信息中心

当用户遇到困难和问题时，可以直接通过“信息中心”快速寻求帮助，包括在线信息，不用再单独打开帮助页面、网页或是到其他地方查询，这个功能也是相当人性化的，如图 1-4 所示。

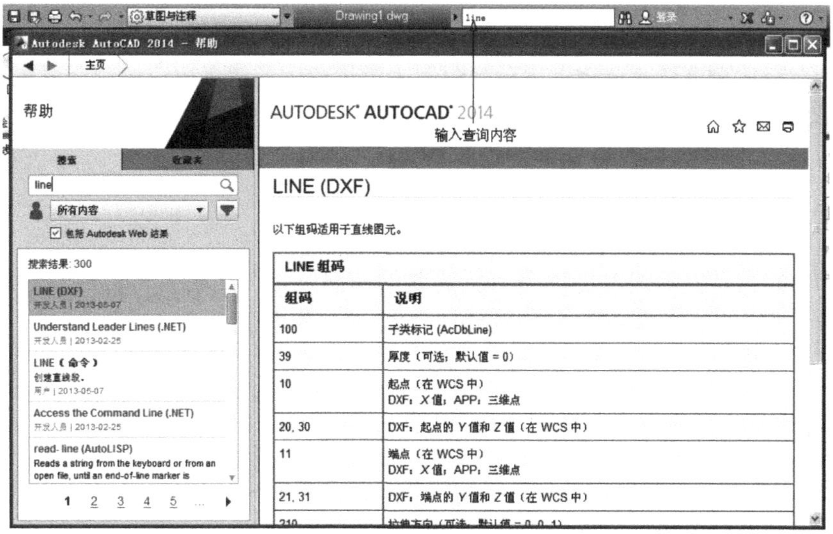

图 1-4

1.1.5　状态栏

如果是从 AutoCAD 2008 或更早版本升级的用户，将会发现“状态栏”拥有多处的改进。右键单击任意工具，用户便可选择查看标准设置的文本或图标，如“对象捕捉（Osnap）”“网格”和“动态输入”。标准设置能够变为蓝色，从而能够一目了然地查看哪些设置为开启状态。新增了显示隐藏透明度、循环选择、注释监视器三个功能。

通过右键单击其中的选项，如 极轴（Polar） 或 对象捕捉（Osnap），还能够快速地改变设置，改变先前版本中弹出对话框修改的方法，如图 1-5 所示。

在状态栏的右侧，用户可以根据自己的需要选择适合自己的工作空间，也可以选择创建一个新的工作空间，并将其添加到其他默认的工作空间中。这个功能与“快速访问工具栏处的调解工作空间是相同的，如图 1-6 所示。

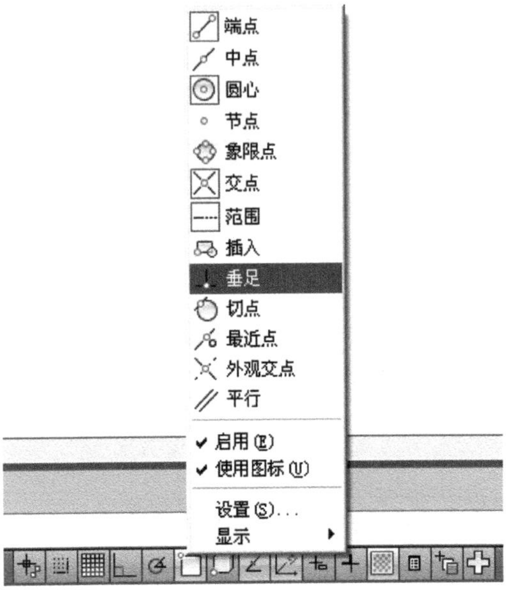

图 1-5

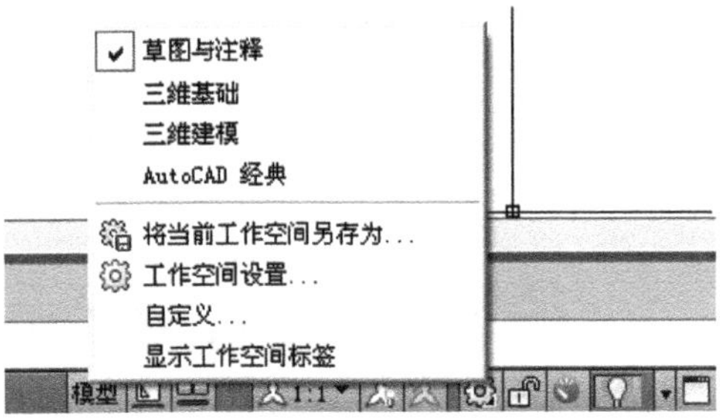

图 1-6

1.1.6 工具提示

经过扩展的工具提示能够提供更多所需要的信息。如果想获取更多的信息，只需把鼠标指针停留在某一工具上多些时间，即可弹出如图 1-7 所示的提示内容。

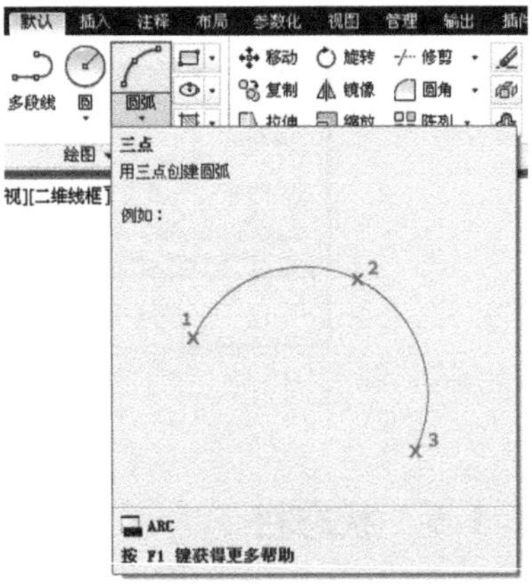

图 1-7

1.1.7 隐藏消息设置

应用程序中的报警信息也有更新，为用户们提供更多的帮助。如果关掉此特性，这些消息将变成隐藏消息。如果想再次使用，可以在“选项”对话框中的“系统”选项卡上重新开启此特性。

1.1.8 控制面板

对于希望定制控制面板的用户，现在可以通过“定制用户界面（CUI）”命令中的“转换”选项卡将其带到 AutoCAD 2014 的工作环境中。右键单击控制面板中选定的控制面板，就可将其复制到同一 CUI 中的 Ribbon 面板中。然后将其拖放到主 CUI 中。

如果更喜欢以类似控制面板的摆放方式对所有 Ribbon 工具进行垂直摆放，也只需要 卸下 此工具，并将其 固定 在屏幕的左侧或右侧就可以了，如图 1-8 所示。

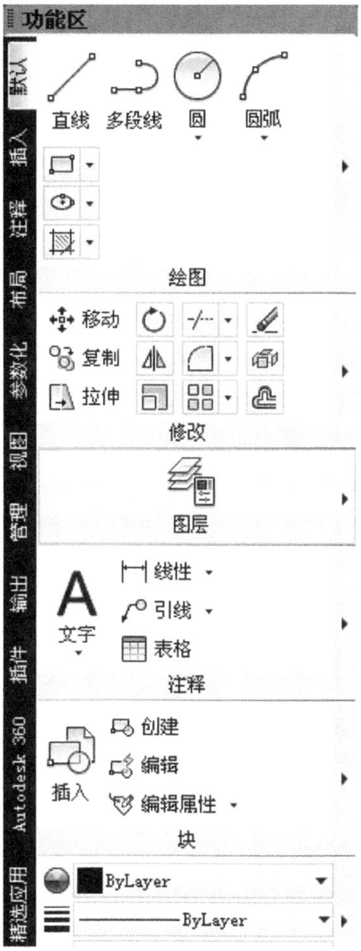

图 1-8

1.1.9　命令提示行

命令提示行是用户与系统进行对话的窗口，通过命令行输入快捷键执行命令，这与菜单栏和工具条按钮作用相同。但通常情况下，使用 AutoCAD 提供的快捷命令，比如绘制线命令为“Line”，只需要输入快捷命令“L”，按〈Enter〉键或空格键就可以。因此在学习和使用过程中，建议运用此方法来执行命令。

> 提示：
>
> 在命令提示行输入命令后，需要按〈Enter〉键或空格键表示确定来执行命令。本书中凡是提到“确定”即是指按空格键、〈Enter〉键或者鼠标右键。
>
> 建议使用空格键或鼠标右键。

通常情况下，命令窗口显示有三行提示内容，前两行显示的是最近执行命令的内容或设置项目，最底端一行为命令输入行。

还应注意，执行命令过程中，命令窗口内会有每一个步骤的提示，用户通过提示的内容进行下一步的操作，也可以通过给定的参数选项调整某些参数，如图 1-9 所示。

> **提示：**
>
> 命令提示行是 AutoCAD 的精华，它能够引导用户正确使用各个命令，所以初学者在执行命令的时候务必密切关注命令提示行的提示内容。
>
> 如果命令提示行不小心被关闭了，可使用〈Ctrl +9〉键恢复。

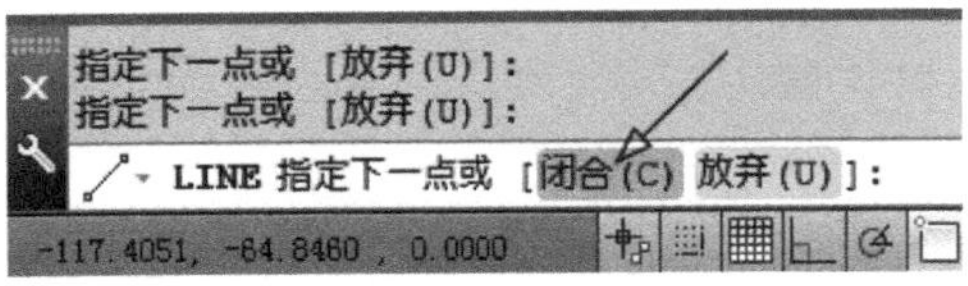

图 1-9

AutoCAD 2014 对命令提示行进行了历史性的改变，能够以单独的浮动窗口的形式放置在绘图区域下方中间位置。并且新增了"按钮"功能，即对于一些命令的插入命令，除了以键盘输入的方式还可以以单击的方式来完成。如图 1-9 所示，在绘制直线的时候如果要闭合直线，只需要在"闭合"上单击即可。

但是，通常情况下，命令窗口只能显示三行的内容，如果需要查看已执行过的命令过程，则需要按〈F2〉功能键，打开文本窗口，如图 1-10 所示。滑动鼠标滚轴就可以查看已经执行过的命令内容。

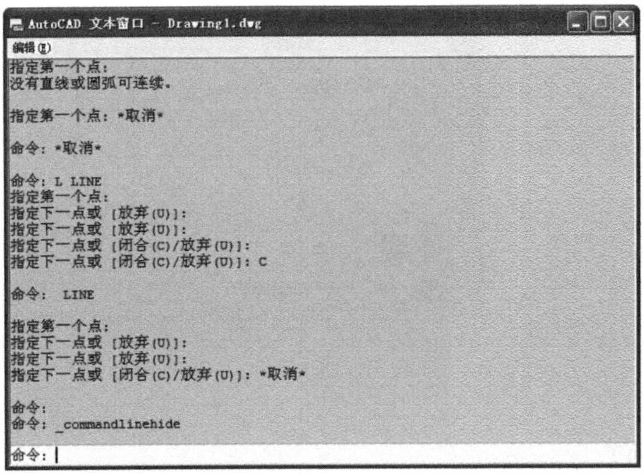

图 1-10

1.1.10 十字光标

当移动鼠标到绘图区域时，显示为十字光标，默认情况下，十字光标尺寸较小，如果需要调整，需要执行命令"OP"（option 选项）打开如图 1-11 所示的对话框。单击"显示"选项卡，更改"十字光标大小"的数值，由 5 变为 100。这样绘图就非常方便。

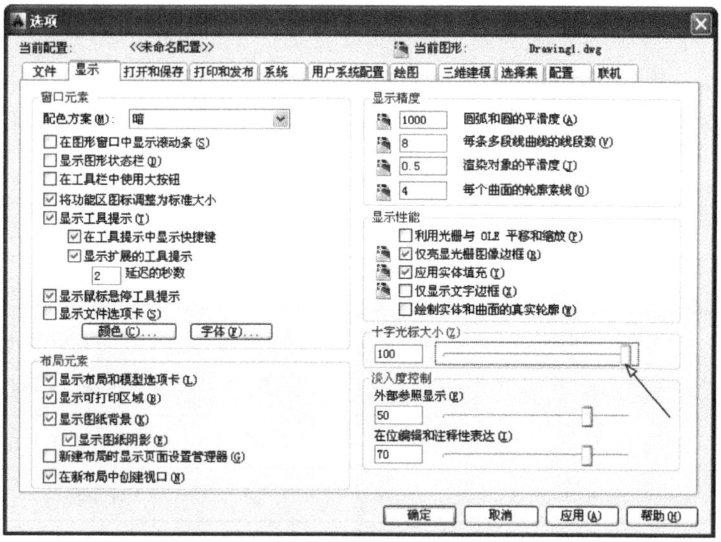

图 1-11

1.1.11　拾取框

十字光标中间部位有一个正方形的方框，这个方框是“拾取框”。拾取框太小不利于选择图形，如果进行调整，需要执行命令“OP”（option 选项），单击“选择集”选项卡，更改“拾取框大小”，调整到适合大小，如图 1-12 所示。

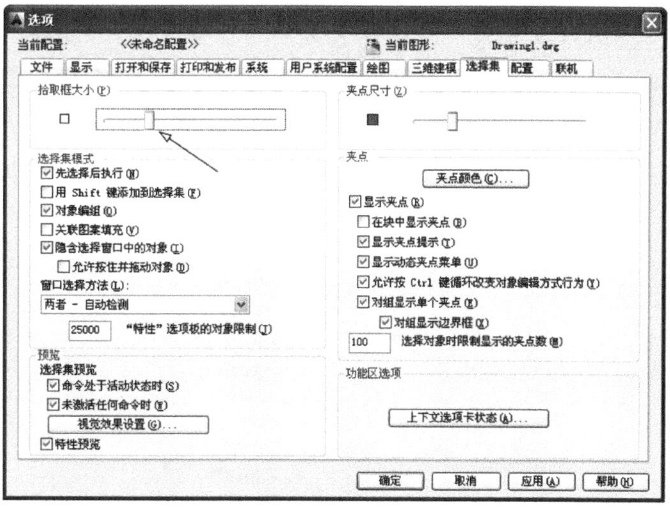

图 1-12

1.2　AutoCAD 2014 的基本操作

AutoCAD 2014 软件的操作有鼠标操作、功能区操作、键盘操作等，现分别介绍如下。

1.2.1 鼠标操作

鼠标（Mouse）是用户与 Windows 应用程序进行信息交流的主要工具。鼠标指针在应用界面上的不同位置和不同命令状态中会有不同的形状，对于其包含的意义在表 1-1 中进行了解释。

表 1-1 鼠标指针形状与意义

形　状	意　义	形　状	意　义
	正常选择		调整垂直大小
	正常绘图状态		调整水平大小
	输入状态		调整左上—右下
	选择目标		调整右上—左下
	等待符号		任意移动
	插入文本		帮助跳转符号
	视图动态缩放		帮助符号
	调整命令窗口大小		视图平移

1. 单击鼠标右键

在用户界面上的不同位置处单击鼠标右键（Right-Mouse Click）可以获得不同的选项。

> **提示：**
> 表 1-1 中的图标是在 Windows XP 系统上的默认显示方式，在其他系统上可能会有所不同，请读者灵活掌握。

在绘图区域单击鼠标右键可以得到图 1-13a，显示内容包括最后使用过的命令、常用的命令、撤销操作、视窗平移等；在命令窗口单击鼠标右键可以得到图 1-13b，显示的是最近使用过的命令及选项等；在状态栏空白处位置单击鼠标右键可以得到图 1-13c 的设置选项；在模型和布局处单击鼠标右键，可以得到如图 1-13d 所示的快捷菜单。

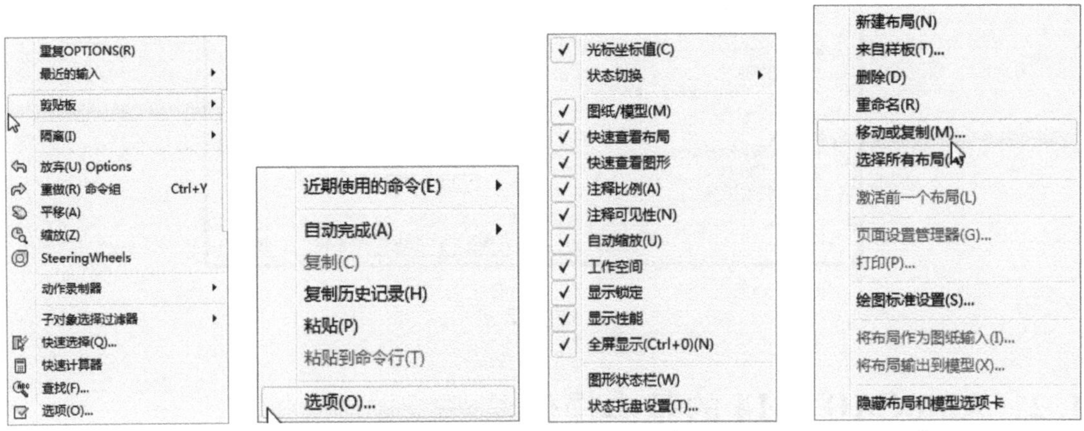

a)　　b)　　c)　　d)

图 1-13

2. 拖动

移动鼠标指针到面板或对话框的标题栏，按住鼠标左键并拖动（Press and Drag），可以将工具栏或对话框移动到新的位置。

将光标放在用户界面的滚动条上，拖动滑块可以滚动当前屏幕视窗。

3. 中间滚轮

将光标移动到绘图区域中，转动鼠标的中间滚轮（Middle-wheel），图形显示将以该点为中心放大或缩小。

按住鼠标中间滚轮，则变为平移工具，可以将视图上下左右平移进行观察。

> 提示：
> 1. 在绘图区域鼠标并没有拖动的操作，在以后的使用中需要特别注意，特别是在选择对象的时候，初学者很容易拖动鼠标。
> 2. 双击鼠标中间滚轮则将当前视图全部显示在屏幕中。

1.2.2 功能区操作

AutoCAD 2014 新界面中新增的功能区（Ribbon）界面由多个选项卡组成，每个选项卡由多个面板组成，而每个面板则包含多款工具。其几乎包含了所有可执行的命令，用户可以通过单击鼠标左键来执行命令。

1.2.3 键盘操作

1. 键盘（Keyboard）输入命令

键盘输入命令是最常用也是最快捷的方式。当命令行为空时，就表明 AutoCAD 可以接收命令并执行。这时输入简写命令，按空格键或〈Enter〉键表示确定，就可以执行命令。如果需要取消命令则按〈Esc〉键。

2. 快捷键操作

通过 Windows 系统提供的功能键或者组合键，能够为用户提供方便快捷的操作。表 1-2 列出了常用的一些快捷键。

表 1-2 常用快捷键及其功能

快捷键	功能	快捷键	功能
〈F1〉	帮助	〈Ctrl + N〉	新建文件
〈F2〉	打开文本窗口	〈Ctrl + O〉	打开文件
〈F3〉	对象捕捉开关	〈Ctrl + S〉	文件存盘
〈F4〉	三维对象开关	〈Ctrl + P〉	文件打印
〈F5〉	等轴侧平面转换	〈Ctrl + Z〉	取消操作
〈F6〉	动态 UCS 开关	〈Ctrl + Y〉	重做取消操作
〈F7〉	栅格开关	〈Ctrl + C〉	复制
〈F8〉	正交开关	〈Ctrl + V〉	粘贴
〈F9〉	捕捉开关	〈Ctrl + 1〉	对象特性管理器
〈F10〉	极轴开关	〈Ctrl + 2〉	AutoCAD 设计中心
〈F11〉	对象追踪开关	〈Ctrl + 3〉	工具选项面板
〈F12〉	动态输入开关	〈Ctrl + 9〉	命令提示行开关

提示：

1. 键盘输入指令方式是达到快速绘图的最好途径，因而学习 AutoCAD 必须要努力记住常用的简写命令。本书的讲述均以快捷命令为主。

2. 中断正在执行的命令和取消某些命令需要按〈Esc〉键。

1.3 AutoCAD 文件管理

AutoCAD 对于文件的管理，有新建、打开、存盘、另存等。在一个窗口中可以同时打开多个图形文件。下面讲解 AutoCAD 2014 软件对文件的基本操作。

1.3.1 新建图形文件

按〈Ctrl + N〉键，或在命令行输入“New”新建文件命令，确定，打开“选择样板”对话框，如图 1-14 所示。在最初学习阶段通常按照默认的“acadiso. dwt”文件，直接单击“打开”，完成新建文件进入图形绘制与编辑界面。

1.3.2 打开已有文件

按〈Ctrl + O〉键，或在命令行输入“Open”打开文件命令，确定，打开“选择文件”对话框，如图 1-15 所示。找到文件所在位置，选择文件，然后单击“打开”，即可进入绘图区域进行图形的绘制和编辑。

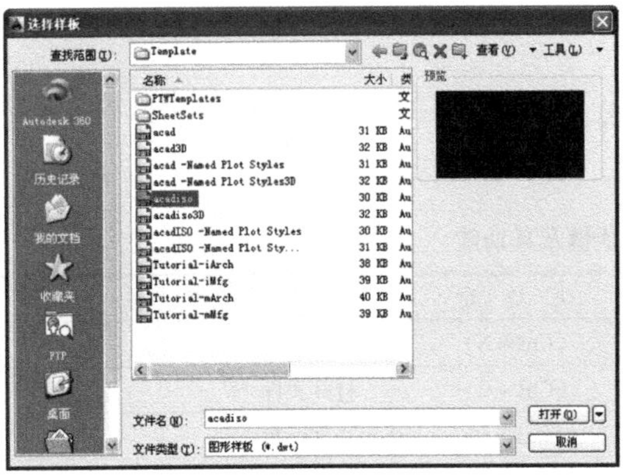

图 1-14

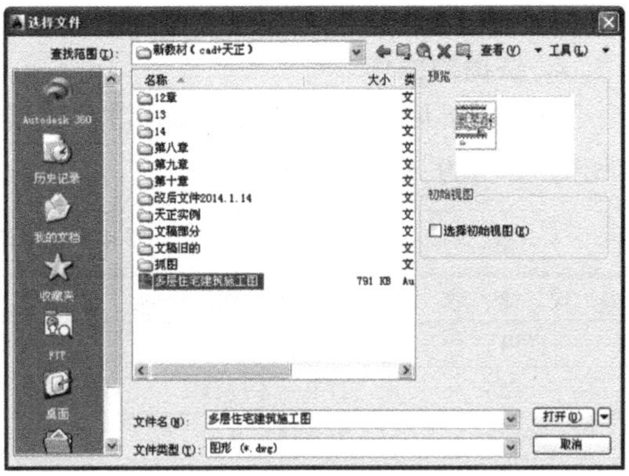

图 1-15

1.3.3 保存文件

对新建文件进行初始保存（Save），按〈Ctrl + S〉键，或在命令行输入“Qsave”执行快速保存文件命令，确定，打开“图形另存为”对话框，如图 1-16 所示，选择文件存盘位置，输入文件名，然后单击存盘，完成操作。

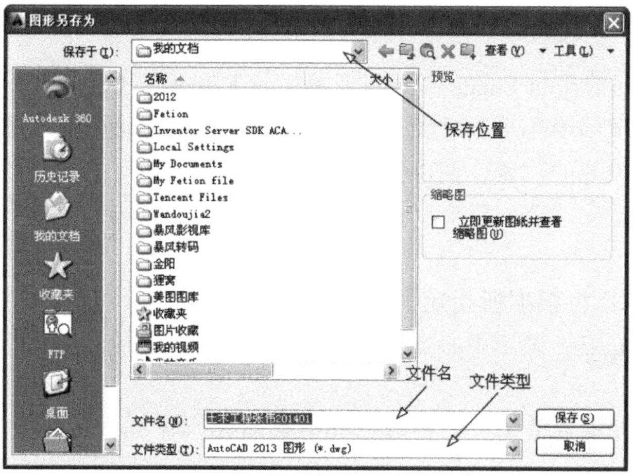

图 1-16

> 提示：
>
> 文件新建完成后，务必要首先存盘，避免系统崩溃、意外断电或者其他意外情况造成的文件丢失。

文件存盘完毕后，再次执行快速保存命令，不再弹出对话窗口，此时是将对文件的修改覆盖保存到原文件中。

1.3.4 另存文件

按〈Ctrl + Shift + S〉键，打开“图形另存为”对话框，选择文件存盘位置，输入文件名，然后单击存盘，完成另存文件（Save as）操作。初学者在第一次保存文件后，如果保存文件名不对，可执行该命令更换文件名另存。

> 提示：
>
> 键盘输入“Save”命令等于“图形另存为”，而不是图形的快速保存。

1.4 视图的缩放与平移

在 AutoCAD 绘图时，由于显示器尺寸及分辨率的限制，往往无法看清楚图形的细节，难以精确定位图形。在 AutoCAD 中提供了改变视图显示的方式。通过放大视图的方式来更仔细地观察图形的细节，也可以通过缩小视图的显示来浏览整个图形，还可以通过视图平移的方式来重新定位视图在绘图区域中的位置等。

1.4.1 视图缩放

利用视图缩放功能，可以改变图形在视图区域中显示的大小，更方便观察当前视图中过大或者过小的图形对象，或准确绘制对象、捕捉目标等操作。这就如同一张图纸，距离人近时，可以看清它的细节部位，而要看其全貌，那就要将图形远离人，这样就可以看得更加清楚。

在命令行输入“Z”（Zoom 视图缩放），确定，这时在命令窗口可以看到提示内容为指定窗口的角点，输入比例因子（nX 或 nXP），或者［全部（A）/中心（C）/动态（D）/范围（E）/上一个（P）/比例（S）/窗口（W）/对象（O）］<实时>,：这里共包括了 8

个选项，其意义分别为：

1. All（全部）

输入 A （All）选项，将依照图形界限（Limits）或图形范围（Extents）的尺寸，在绘图区域内显示图形。图形界限与图形范围中哪个尺寸大，由哪个决定图形显示的尺寸，即图形文件中若有图形实体处在图形界限以外的位置，便由图形范围决定显示尺寸，将所有图形内容都显示出来。

2. Center（中心）

输入“C”（Center）选项，AutoCAD将根据所指定的中心点调整视图。这时需要使用鼠标在视图区域选择一个点作为新的中心点，确定中心点后，输入放大系数或者新视图的高度即可。

如果在输入的数值后加字母X，则此输入值为放大倍数，如果未加X，则AutoCAD将这一数值作为新视图的高度。

3. Dynamic（动态）

输入“D”（Dynamic）选项，该选项先临时将图形全部显示出来，同时自动构造一个可移动的视图框（该视图框通过切换后可以成为可缩放的视图窗），用此视图框来选择图形的某一部分作为下一屏幕上的视图。在该方式下，屏幕将临时切换到虚拟显示屏状态。

4. Extents（范围）

输入“E”（Extents）选项，该选项将所有图形全部显示在屏幕上，并最大限度地充满整个屏幕。这种方式会引起图形重新绘制，如果图形复杂，生成的速度较慢。

5. Previous（上一个）

输入“P”（Previous）选项，可以返回前一视图。执行“Z”命令缩放视图后，以前的视图便被AutoCAD自动保存起来，AutoCAD一般可保存最近的10个视图，若在当前视图中删除了某些实体，则使用Previous方式返回上一视图后，该视图中不再有这些图形实体。

6. Scale（比例）

输入“S”（Scale）选项，可根据需要输入比例值，放大或缩小当前视图，且视图的中心点保持不变，选择Scale后，要求输入缩放比例，通常采用输入数值来表示缩放的比例，大于1为放大视图，小于1则为缩小视图。

7. Windows（窗口）

该选项可直接选择下一视图区域，不需要输入选项。而选择窗口的尺寸越大，放大比例越小，反之选择窗口越小，放大比例越大。

8. Object（对象）

输入“O”（Object）选项，选择对象缩放。

1.4.2 视图平移

在命令行输入“P”（Pan），确定，或者按住鼠标中间滚轴，当十字光标变为时，即可执行视图平移命令。鼠标上下左右移动即可。视图平移要比视图缩放显示速度快，使用也较为便捷。

使用视图平移如同用手平移图纸一样，方便快捷观察图形。

小结：

本章主要简单介绍 AutoCAD 的入门知识，了解 AutoCAD 的基本常识和基本应用，熟悉 AutoCAD 软件的特点和基本操作，通过了解一些简单的图形和理论知识，强化 AutoCAD 的操作性和作图的最基本操作方法，为下一步的学习打下坚实的基础。

第 2 章　基础图案制作（　）

【学习提示】在工程实践中，AutoCAD 的优势在于能精确地绘制图形，因而才使得 AutoCAD 在建筑、机械、园林、规划、电子等行业内得以广泛的应用。通常有四种输入坐标的方式：绝对坐标输入方式、相对坐标输入方式、相对极坐标输入方式、方向距离输入方式。

【本节重点】利用不同坐标输入方式和对象捕捉精确绘制图形。

【学习命令】“L”（Line 线）、“XL”（XLine 构造线）、“C”（Circle 圆）、“Z”（ Zoom 视图缩放）、“TR”（Trim 修剪）、“H”（Hatch 填充）、“E”（Erase 删除）。

2.1　绘制矩形图案

本实例练习的主要目的是坐标的输入方式，通过执行“L”命令绘制四个 3000mm × 5000mm 的矩形，如图 2-1 所示，来学习四种常用的坐标输入方式。

这四种输入坐标的方式分别为：绝对坐标输入方式、相对坐标输入方式、相对极坐标输入方式、方向距离输入方式。

由于绝对坐标输入方式运用较少，所以从 AutoCAD 2006 开始，引入了动态输入的方式，在动态输入打开的状态下，默认的坐标输入方法为相对坐标，所以这里为了学习坐标的输入方法，需要先按功能键〈F12〉，关闭动态输入。

提示：

1. 由于在今后的学习和工作中，对于命令的获取，通常使用键盘输入方式，因此必须牢记常用的简写命令。

2. 本书约定：在绘制图形使用的单位为 mm。比如，绘制宽三米高五米的矩形，对应的尺寸输入为 3000 ×5000。

3. 学习坐标输入方式，必须按〈F12〉键关闭动态输入。

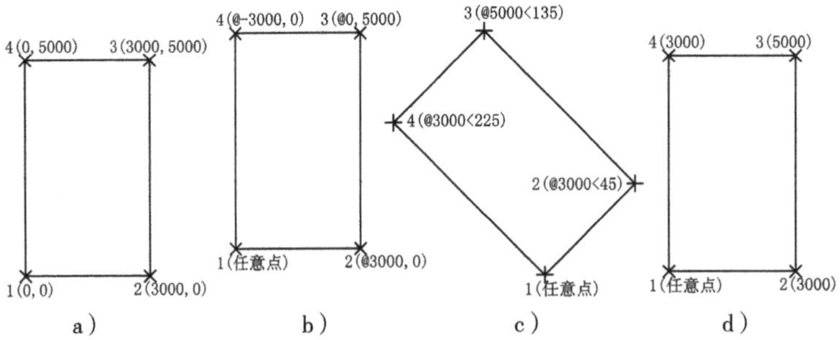

图 2-1

a）绝对坐标输入　b）相对坐标输入　c）相对极坐标输入　d）方向距离输入

2.1.1　绝对坐标输入

绝对坐标（Absolute Coordinate）的表示方法是：（x，y），其中 x、y 表示坐标值。

在命令行中输入　L　，确定（按空格键或〈Enter〉键，下同），执行画线命令，如图 2-1a 所示：依次输入矩形的四个点的坐标，第 1 点 1（0，0），确定；第 2 点 2（3000，0），确定；第 3 点 3（3000，5000）；确定，第 4 点 4（0，5000），确定。最后将第 4 点连接到第 1 点，可以输入第 1 点的坐标（0，0），确定；也可以输入"C"（Close），确定，表示闭合图形，这样就得到如图 2-1a 所示的图形。

【命令步骤】

命令：L LINE 指定第一点：　（输入 0,0）
指定下一点或 [放弃(U)]：　（输入 3000,0）
指定下一点或 [放弃(U)]：　（输入 3000,5000）
指定下一点或 [闭合(C)/放弃(U)]：　（输入 0,5000）
指定下一点或 [闭合(C)/放弃(U)]：　（输入 C）

提示 1：

在动态输入打开的情况下，绝对坐标的输入方式为（#x，y），如坐标原点为（#0，0）。

提示 2：

在命令行输入快捷命令后，需要按〈Enter〉键或空格键表示确定来执行命令。因而本书中凡提到"确定"即是指按空格键、〈Enter〉键或者鼠标右键。

建议使用空格键或鼠标右键。

当结束命令的时候，绘出的矩形并没有被看到或者没有全部显示，这是什么原因呢？

因为这里在默认状态下绘图，使用的 mm 单位，输入数值较大而图形的可视范围小，所以不能看到全部，此时需要执行"Z"视图缩放命令。

方法如下：键盘输入"Z"，确定，然后输入"A"（All）或"E"（Extents），再按空格键确认，就可以看到全部的图形。

提示 3：

绘制图形时，左右手务必明确分工，左手操作键盘，右手操作鼠标，初学者务必不要用右手操作键盘。

提示 4：

1. 视图缩放命令是初学者最容易忽视的问题，往往因为显示不全而认为没有绘制出来。

2. 双击鼠标中间滚轮也能实现试图最大化显示，相当于执行了 Z_ E 命令。

【命令步骤】

命令：Z
ZOOM
指定窗口的角点，输入比例因子 (nX 或 nXP)，或者
[全部(A)/中心(C)/动态(D)/范围(E)/上一个(P)/比例(S)/窗口(W)/对象(O)] <实时>：　（输入 A 或者 E）

2.1.2　相对坐标输入

相对坐标（Relative Coordinate）的表示方法是：（@x，y），其中 x、y 代表相对距离。

在命令行输入 L ，确定，执行画线命令，如图 2-1b 所示，依次输入矩形的第 1 点（以鼠标单击的方式单击任意点），第 2 点（@3000，0），确定；第 3 点（@0，5000），确定；第 4 点（@ -3000，0），确定。输入 C （Close），将第 4 点要连接到第 1 点，闭合图形，得到图 2-1b 所示图形。

> **提示：**
>
> 1. 如果打开动态输入，相对坐标的表达方式是（x，y），由于在绘制图形中大多数使用的是相对坐标，所以建议大家在打开动态输入的情况下进行坐标输入。
> 2. 相对坐标的意义在于每一点的坐标都是相对于它的前一点而输入的。

【命令步骤】

命令：L
LINE 指定第一点：　　　　　　（左键单击任意点）
指定下一点或［放弃(U)］：　　　（输入@3000,0）
指定下一点或［放弃(U)］：　　　（输入@0,5000）
指定下一点或［闭合(C)/放弃(U)］：　（输入@ -3000,0）
指定下一点或［闭合(C)/放弃(U)］：　（输入 C）

2.1.3 相对极坐标输入

相对极坐标（Polar Coordinate）的表示方法是：（@x<y），其中 x 代表距离长度，y 代表角度。

在命令行输入“L”，确定，执行画线命令，依次输入矩形的第 1 点（任意点）、第 2 点（@3000<45）、第 3 点（@5000<135）、第 4 点（@3000<225）四个点的坐标，输入“C”（Close），将第 4 点要连接到第 1 点，闭合图形，得到图 2-1c 所示图形。

【命令步骤】

命令：L LINE 指定第一点：　　　（左键单击任意点）
指定下一点或［放弃(U)］：　　　（输入@3000<45）
指定下一点或［放弃(U)］：　　　（输入@5000<135）
指定下一点或［闭合(C)/放弃(U)］：　（输入@3000<225）
指定下一点或［闭合(C)/放弃(U)］：　（输入 C）

> **提示 1：**
>
> 打开动态输入相对极坐标表示方法为（x<y），其中 x 代表距离长度，y 代表角度。

> **提示 2：**
>
> 相对极坐标的角度与 x 轴的方向有关，从 x 轴正方向开始，逆时针为正值，顺时针为负值。

2.1.4 方向距离输入

方向距离（Direction Coordinate）的表示方法是：使用鼠标移动十字光标表示方向，然后直接输入相对距离值，但是要绘制出图 2-1d 所示图形，需要单击状态栏按钮或按〈F8〉键，打开正交模式。

> **提示：**
>
> 记住功能键〈F8〉，用于正交模式的打开和关闭。

在命令行输入　L　，确定，执行画线命令，如图 2-1d 所示，指定矩形的第 1 点（任意点）；第 2 点向右移动光标，输入距离 3000，确定；第 3 点向上移动光标，输入距离 5000，确定；第 4 点向左移动光标，输入距离 3000，确定；最后输入　C　（Close），确定，将第 4 点要连接到第 1 点，闭合图形，就得到如图 2-1d 所示图形。

【命令步骤】

命令：L LINE 指定第一点：	（左键单击任意点）
指定下一点或［放弃(U)］：<正交 开>	（按下〈F8〉，输入 3000）
指定下一点或［放弃(U)］：	（输入 5000）
指定下一点或［闭合(C)/放弃(U)］：	（输入 3000）
指定下一点或［闭合(C)/放弃(U)］：	（输入 C）

2.2　绘制树的平面图

【学习命令】通过如图 2-2 所示实例主要学习“C”（Circle 圆）的绘制，“XL”（XLine 构造线）的绘制，“TR”（Trim 修剪）和“H”（Hatch 填充）的使用，以及“对象捕捉”功能键的使用。

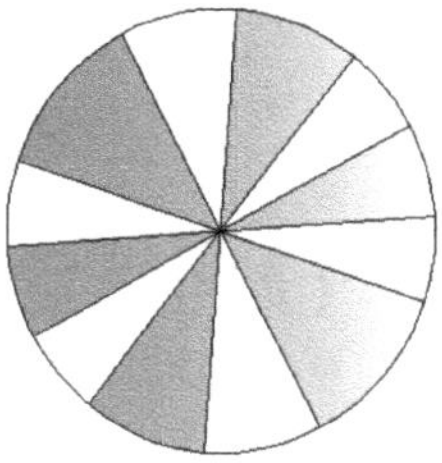

图 2-2

【作图步骤】

步骤① 绘制圆“C”。

在命令行中输入“C”圆命令，确定。可在绘图区域上单击任意点作为指定圆心的位置（在默认情况下，绘制圆的方法是给定圆心和半径），然后输入半径值 2000，确定，即可。

【命令步骤】

命令：C	
CIRCLE 指定圆的圆心或［三点(3P)/两点(2P)/相切、相切、半径(T)］：	（点击任一点）
指定圆的半径或［直径(D)］：	（输入 2000）

步骤② 绘制构造线“XL”。

在命令行中输入“XL”构造线命令，确定。本图需要制定圆心作为构造线的中心，如果仅凭借眼睛观察是找不到圆心的，因而这里需要“对象捕捉”辅助工具的应用。

单击□或按〈F3〉（功能键）打开“对象捕捉”命令，然后将鼠标指针放到圆心附近或者圆周附近，就会有如图 2-3 所示的提示，单击鼠标左键，即可找到圆心作为构造线的中心，然后再依次单击其他各点获得相应的构造线。而找到中心点再指定其他点得到构造线时要关闭捕捉和正交模式，否则有可能指定的点在圆心重合，那就绘制不出构造线，完成后的效果如图 2-4 所示。

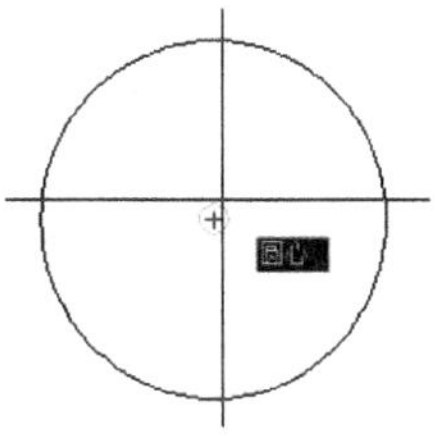

图 2-3

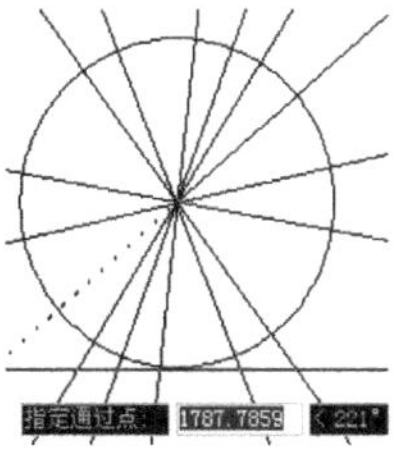

图 2-4

> 提示：
>
> 1. 捕捉圆心时要在圆周围移动光标，圆心才会“出现”。
>
> 2. 在绘制构造线时，捕捉到了圆心，然后确定其他点时，需要按下〈F8〉键关闭正交模式和〈F3〉键关闭对象捕捉。

【命令步骤】

命令：XL XLINE 指定点或[水平(H)/垂直(V)/角度(A)/二等分(B)/偏移(O)]：<对象捕捉 开> （捕捉圆心）

指定通过点：<对象捕捉 关> <正交 关> （单击任意点）

指定通过点： （单击任意点）

步骤3 剪切多余线段。

输入“TR”修剪命令，确定，此时十字光标变为小方框，如图2-5所示。选择与要修剪图形相交的边界，本图形的边界是圆，鼠标单击选择圆，确定。此时圆为虚线显示，然后选择需要剪切的线。注意单击要剪切掉的线段一端。

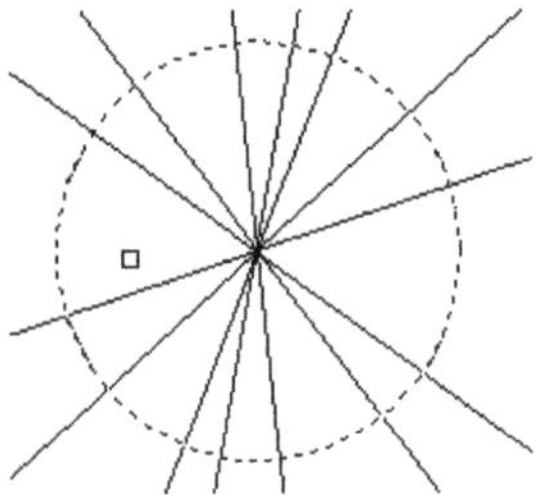

图2-5

> **提示：**
> 执行修剪命令在选择了圆为边界后一定要按下空格键或〈Enter〉键确认，否则将不能完成该命令。

【命令步骤】

命令：TR TRIM

当前设置：投影=UCS，边=无

选择剪切边... （点击选择圆）

选择对象或 <全部选择>：找到1个 （按〈Enter〉键确定）

选择要修剪的对象，或按住Shift键选择要延伸的对象，或

[栏选(F)/窗交(C)/投影(P)/边(E)/删除(R)/放弃(U)]： （点击需要剪切的对象）

步骤4 填充渐变色。

绘制好的图案填充相应的渐变色，使其更加美观。在命令行中输入“H”填充命令，确定。Ribbon界面自动打开“图案填充创建”选项卡，如图2-6所示，可分四个步骤进行渐变色填充设置。

图2-6

设置1 单击图2-6中区域1所指处的第一行图案填充类型右边的小箭头，选择填充类型为渐变色，然后单击第二行右边的小箭头，选择第一个渐变颜色，如图2-7所示。如果没有符合要求的颜色，可以单击图中下方的“选择颜色”，弹出如图2-8所示的“选择颜色”对话框，再选择需要的颜色。同样的方法，单击第三行右边的小箭头，选择第二个渐变颜色为白色。

> **请注意：**
> 在上述两步设置过程中，如果想要看到填充后是否符合预期效果，可以通过预览来进行观察，方法是鼠标指针移动到绘图区域内，系统将按照设定的颜色显示。如果预览效果符合用户要求，则进行第三步，如果不符合要求，则继续执行第一或者第二步。

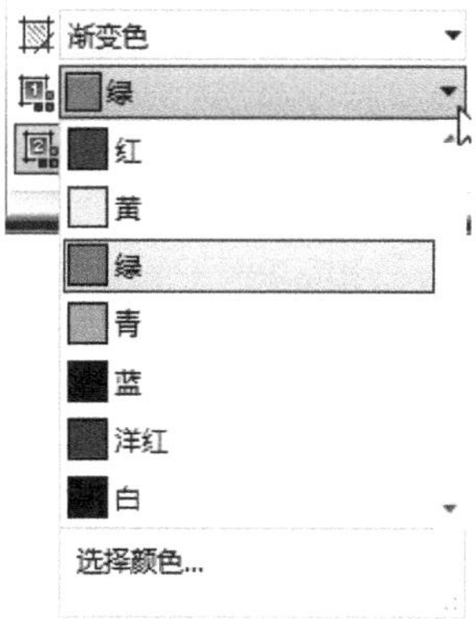

图 2-7

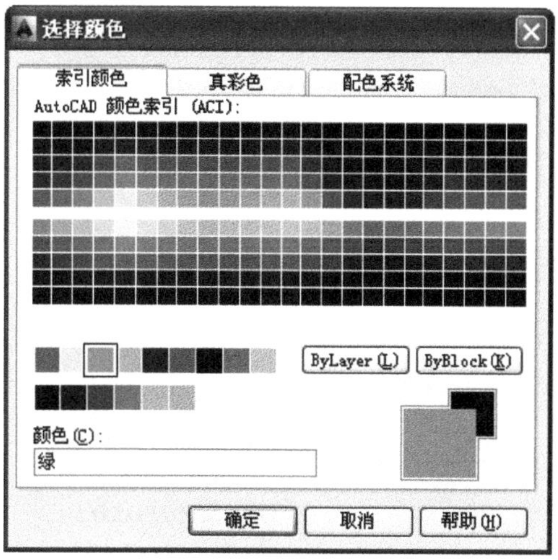

图 2-8

设置② 在区域 2 所在的位置选择渐变变化的方式，渐变填充一共有 9 种变化方式，根据需要合理选择。

设置③ 选择填充区域，默认情况下，鼠标指针移动到绘图区域内，在封闭区域内任意点处单击鼠标，即可选择填充一个封闭的填充区域。但是如果用户需要选择多个填充区域，连续单击填充区域即可。

设置④ 结束填充命令，可以按空格键或〈Enter〉键表示确定，或者单击区域 4 所指的关闭图案填充创建。

> 提示：
> 如果需要选择封闭的对象作为填充区域，则可以在区域 3 处单击“选择”图标，通过选择对象的方法获得填充区域。此过程会自动产生预览。

2.3　绘制月亮图案

【思路分析】本实例是一个有眼、鼻和嘴的拟人化月亮，主要通过使用绘制圆的命令，结合剪切而得到。如图 2-9 所示。

【学习命令】主要学习“C”（Circle 圆）的绘制，“TR”（Trim 修剪）命令，“H”（Hatch 填充）命令以及“E”（Erase 删除）命令。关键点是同心圆的绘制方式和多个对象剪切边界的选取。

【作图步骤】

步骤① 绘制两个相同半径的圆，如图 2-10a 所示。首先执行“C”圆命令，绘制一个半径为 5000 的圆，然后绘制另外一个相同半径的圆。

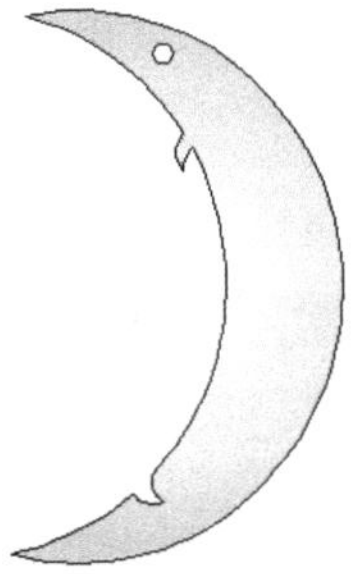

图 2-9

a） b）

图 2-10

【命令步骤】

命令：C

CIRCLE 指定圆的圆心或［三点(3P)/两点(2P)/相切、相切、半径(T)］： （任意点）

指定圆的半径或［直径(D)］ <5000.0000 >： （输入 5000）

命令： CIRCLE 指定圆的圆心或［三点(3P)/两点(2P)/相切、相切、半径(T)］： （任意点）

指定圆的半径或［直径(D)］ <5000.0000 >： （按〈Enter〉键确定）

> **提示：**
>
> 在 AutoCAD 中，执行完一个命令需要重复执行可以直接按空格键或〈Enter〉键，而在该命令中重复相同的设置值还是直接按空格键或〈Enter〉键，这两次〈Enter〉键操作包含了两个不同的重复，即重复上一个指令，重复上一指令中的设置值。
>
> 本书中提到重复执行命令，即是指按空格键或者〈Enter〉键。

步骤 2 剪切多余圆弧，如图 2-10b 所示，输入“TR”修剪命令，确定，选择边界（关键的是在选择边界的时候，要选择两个圆互为边界，这样才能正确剪切），确定，然后选择需要剪切的圆弧。

【命令步骤】

命令：TR

TRIM

当前设置：投影 = UCS，边 = 无

选择剪切边...

选择对象或 <全部选择>：找到 1 个 （单击选择一个圆）

选择对象：找到 1 个，总计 2 个 （单击选择另一个圆）

选择对象： （按〈Enter〉键确定边界）

选择要修剪的对象，或按住 Shift 键选择要延伸的对象，或

［栏选(F)/窗交(C)/投影(P)/边(E)/删除(R)/放弃(U)］： （单击需要剪切对象）

步骤 3 绘制月亮鼻子位置的圆，并执行剪切。注意剪切鼻子部位的边界选择，如图 2-11所示。

步骤 4 绘制月亮嘴巴位置的圆，并执行剪切。同样注意边界选择，如图 2-12 所示。

如果在剪切时没有沿着一定的顺序修剪对象，则有可能剩余多余的孤立对象，此时无法执行剪切命令。如图 2-13 所示。

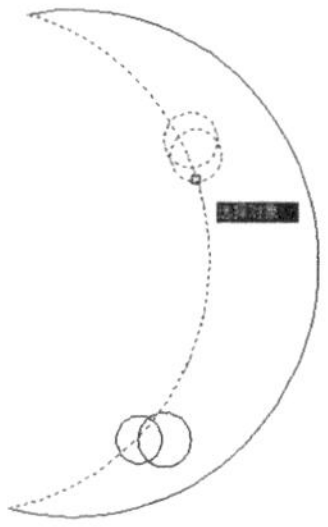

图 2-11

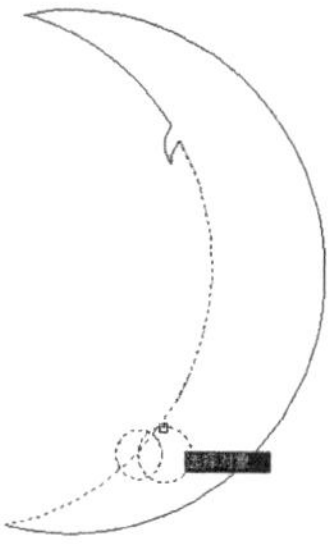

图 2-12

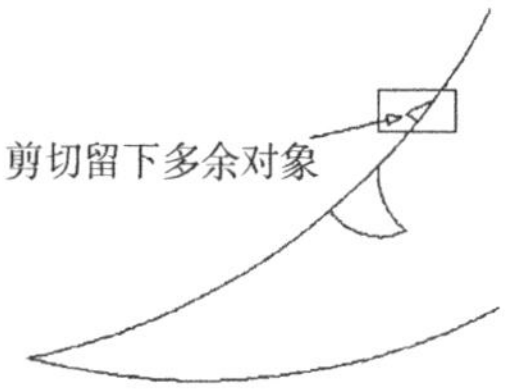

图 2-13

那怎么办呢？

对于一个对象也就是图形对象，如果不需要，那么就应该执行“E”删除命令，而不是用剪切命令了。键盘输入“E”，确定，选择要删除的对象，确定，即可删除。该命令步骤比较简单易懂。

步骤⑤ 绘制眼睛位置的圆。

步骤⑥ 执行“H”填充命令，同上例。完成如图2-9所示图案。

提示：

本例中，关键的问题在于剪切时如何选择边界和剪切的圆弧，通常会碰到以下几个问题：一是边界选择不清楚，这是因为没有分析透应该剪切弧段的边界位置；二是选择剪切圆弧时，往往会有一些弧段剪切不掉，这是因为在选择剪切掉的圆弧时，没有按照合理的顺序进行选择，使得部分圆弧断成了孤立的弧线，而在孤立的情况下，线段和弧段等是不能被剪切的。

2.4　绘制五角星

【思路分析】 对于绘制五角星（图2-14），手绘图形时的思路是首先绘制圆，然后利用圆规来确定出五个等分点，如图2-15所示。而使用AutoCAD绘制的思路也是如此。

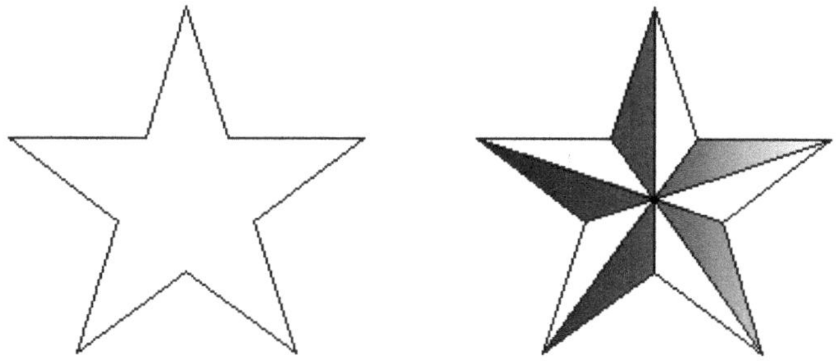

a）　b）

图 2-14

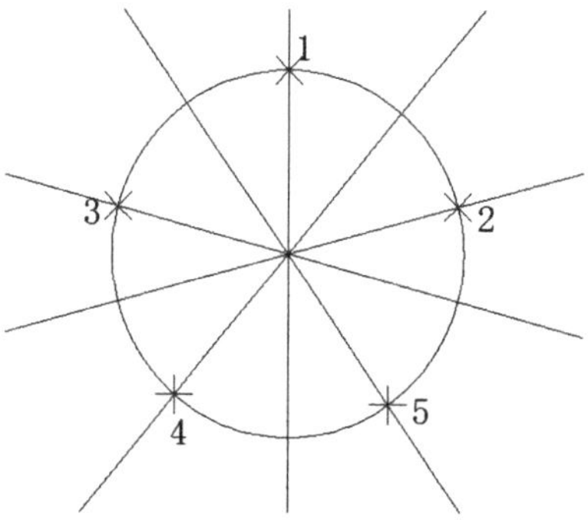

图 2-15

【学习目的】 本实例练习的主要目的是学习使用相对极坐标输入方式巧妙建立辅助点，然后利用 L （Line 线）命令、 TR （Trim 修剪）命令、 E （Erase 删除）命令等来绘制五角星。

【作图步骤】

步骤① 先绘制一个半径2000的圆，然后执行“XL 命令绘制构造线，按〈F3〉键打开对象捕捉（和正交一样，这也是个开关键），也可以通过单击状态栏的□按钮。

捕捉圆心作为构造线的形心，然后按〈F8〉键打开正交模式，鼠标指针向上移动，保证构造线处于垂直方向，在任意位置单击，绘制Y轴正方向的第一条线，可以确定第一点1，再次按下〈F8〉键关闭正交模式。

接下来确定点2所在的构造线，这时只需输入极坐标点2（@1 <18），确定，就可以得到了。同样用极坐标输入方式来确定点3（@1 <162），确定，点4（@1 <234），确定，点5（@1 <306），确定。再次确定退出构造线命令。

> **提示：**
> 建议开启动态输入，在输入的过程中可不必输入“@”。

【命令步骤】

命令：XL

XLINE 指定点或［水平(H)/垂直(V)/角度(A)/二等分(B)/偏移(O)］：

指定通过点： <对象捕捉　开> （捕捉圆心）

指定通过点： （输入@1 <18）

指定通过点： （输入@1 <162）

指定通过点： （输入@1 <234）

指定通过点： （输入@1 <306）

步骤② 执行“L”线命令，打开对象捕捉，依次连接点1、4、2、3、5、1，得到如图2-16所示的五角星。

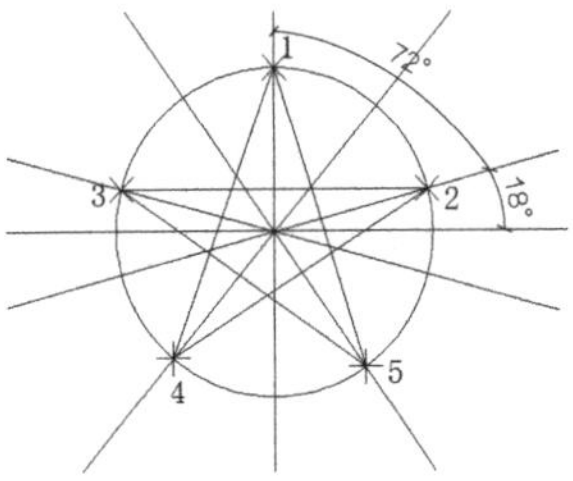

图2-16

> **提示：**
> 初学者对于这里的点2、点3、点4、点5的坐标的道理不太明白，容易犯错误。
> 这里采用的是相对极坐标，由于圆心已经确定了构造线的第一点，只要有第二个点就可以绘制一条构造线了，而第二点的构造线夹角与第一点的构造线夹角为72°，这点容易理解。不过，在AutoCAD中角度是按照逆时针为正，和X轴正方向夹角来计算的。那这样要得到通过第二点的构造线只需要在18°方向上取任意一个点即可。其他同理。

步骤③ 删除辅助线，执行“E”删除命令，在命令行输入“E”，确定，选择需要删除的圆和构造线，确定，得到如图2-17所示图形。

【命令步骤】

命令：E

ERASE

选择对象：找到 1 个
选择对象：找到 1 个,总计 2 个
选择对象：找到 1 个,总计 3 个
选择对象：找到 1 个,总计 4 个
选择对象：找到 1 个,总计 5 个

步骤④ 执行“TR”修剪命令进行修剪，把五角星内部多余线段剪切掉。请注意关键还是边界的选择，这时候连接五角星的五条线互为边界，理解这一点就可以顺利剪切而形成如图 2-14a 所示的图形了。

步骤⑤ 执行“L”画线命令，绘制五条线段，完成如图 2-18 所示的图案。

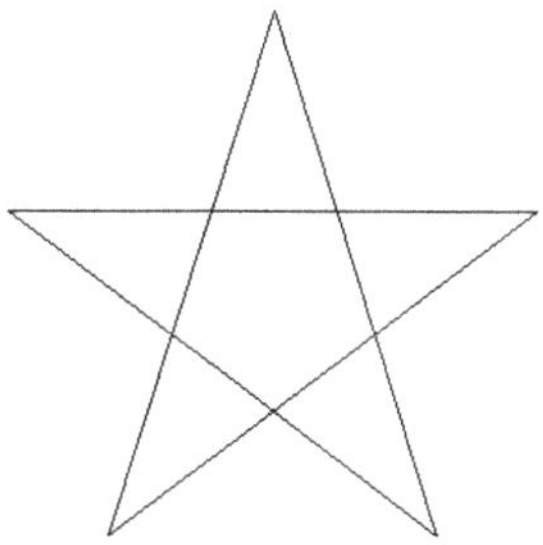

图 2-17

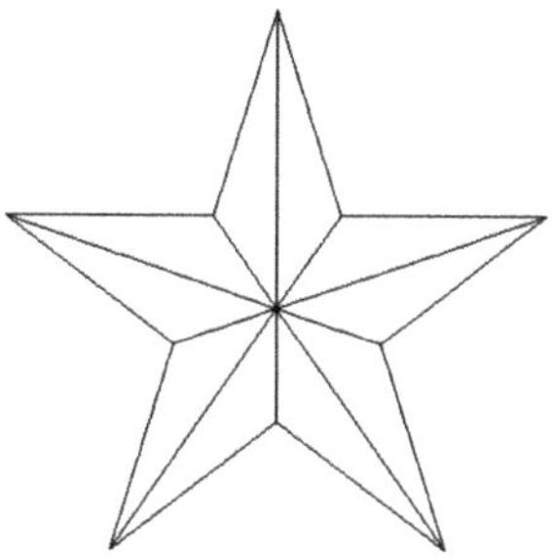

图 2-18

步骤⑥ 执行“H”填充命令，选择一种渐变颜色和效果，填充五角星的五个半角。得到如图 2-14b 所示图形。如果在图 2-17 所示的结果上执行剪切命令，则可以得到图 2-14a 所示的效果。

2.5　绘制六等分圆图案

【思路分析】与上例相同的思路，先绘制一个圆，然后对圆进行六等分，这比上例找五个等分点要简单快捷。完成后的图案如图 2-19 所示。

图 2-19

【学习目的】本实例练习的主要目的是学习使用相对极坐标输入方式巧妙建立辅助点，然后利用“L”（Line 线）命令、“TR”（Trim 修剪）命令、“E”（Erase 删除）命令等来绘制六边形的图案。

【作图步骤】

步骤① 先绘制一个半径2000的圆，然后执行 XL 命令绘制构造线，这里只需要绘制三条构造线，如图2-20所示，在0°、60°和120°方向上绘制三条构造线即可。

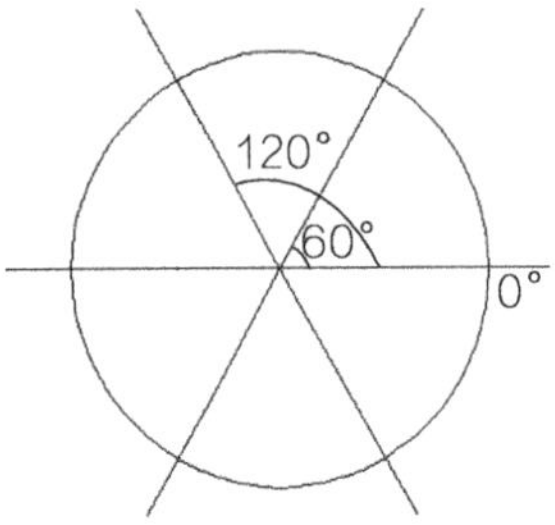

图 2-20

> **提示：**
> 绘图过程中或者编辑过程中，如果出现操作错误，可以执行“U”命令，按空格键逐步回退。

步骤② 分别捕捉圆与构造线的六个等分点，绘制半径2000的六个圆，如图2-21所示。

步骤③ 执行“E”删除命令，确定，选择三条构造线，确定删除，如图2-22所示。

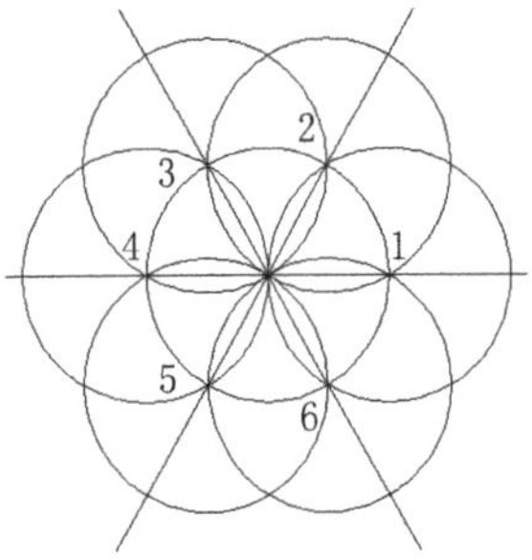

图 2-21

图 2-22

步骤④ 执行“TR”修剪命令，确定，选择中心圆为边界，确定，剪切中心圆以外的对象可以得到图2-19a。

步骤⑤ 重复执行前四步，执行修剪命令，以外围六个圆为边界，确定，剪切外部。再重复执行修剪命令，以中心圆为边界剪切内部，最后执行“H”填充命令，可以得到图2-19b。

步骤⑥ 执行“E”删除命令，删除中心圆，然后执行“TR”修剪命令，选择外围六个圆为边界，确定，剪切外部对象。最后执行“H”填充命令，可以得到图2-19c。

2.6 绘制八卦图形

【学习命令】 本例绘制如图2-23所示的八卦图案，主要学习的命令有“C”（Circle圆）、“TR”（Trim 修剪）、“E”（Erase 删除）等。

【重要提示】

本例重点要求学会使用对象捕捉的设置，利用捕捉寻找合适的点来绘制相关的图形。

【作图步骤】

步骤① 执行　C　圆命令，首先绘制两个同心圆 1 和 2，外圆 1 半径 2000，内圆 2 半径为 1000，使用对象捕捉方式，捕捉圆心，如图 2-24 中的圆 1 和圆 2。

a）　　b）

图 2-23

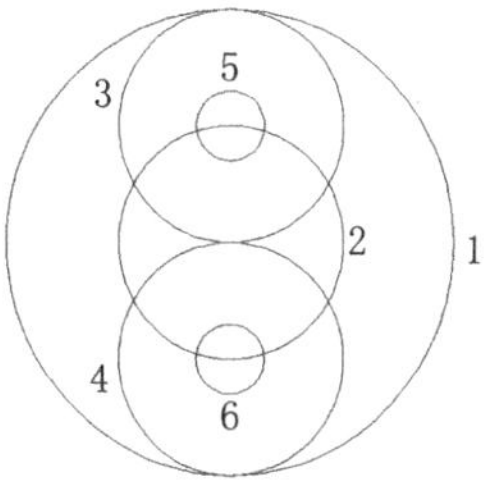

图 2-24

步骤② 修改对象捕捉的设置，选择象限点。方法是将鼠标指针移动到状态栏位置，右键单击状态栏上的□图标，弹出如图 2-25 所示的选择菜单，左键单击选择象限点即可设置完成。

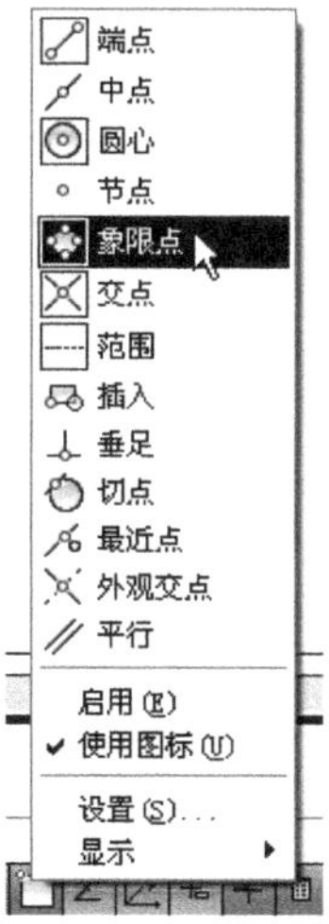

图 2-25

> 提示：
> 默认能被捕捉到的特殊点前面都有一个蓝色的方框。再次单击，蓝色框被取消，表明即使打开了对象捕捉也不能捕捉到这个特殊点。

步骤③ 重复“C”圆命令，捕捉圆 2 对应的象限点为圆心，绘制半径为 1000 的圆 3 和圆 4，如图 2-24 所示。

用同样方法绘制圆 5 和圆 6，半径为 300，可得到如图 2-24 所示的图形。

步骤④ 删除内圆 2，输入删除命令“E”，确定，选择对象，单击内圆 2，确定，如图 2-26 所示。

步骤⑤ 执行“TR”修剪命令，对圆 3 和圆 4 进行剪切，此时应选择圆 1、圆 3 和圆 4 为边界，如图 2-27 所示，然后剪切不需要的弧段。得到如图 2-23a 所示的结果。

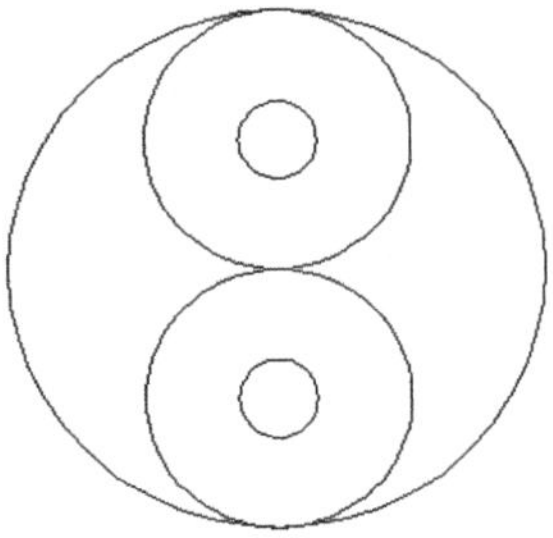

图 2-26

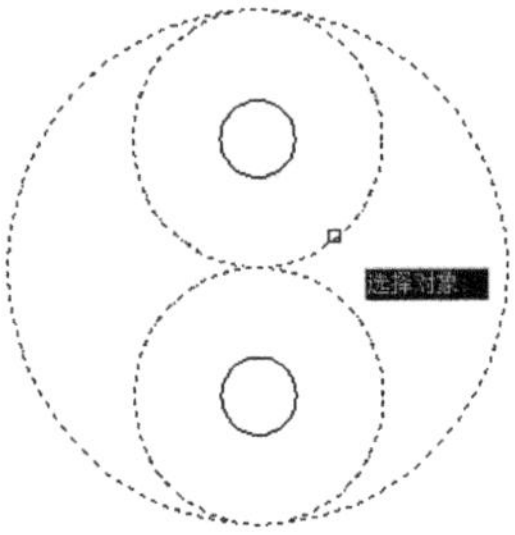

图 2-27

步骤⑥ 执行“H”填充命令，对图案进行填充得到图 2-23b 所示的结果。

小结：

本章主要学习 AutoCAD 能够精确绘制图形的两个方法，一是通过输入坐标值指定明确的点。二是通过对象捕捉来获得已知对象上特定的点。同时学习了四个基本的绘制命令和四个编辑修改命令。请读者务必多加练习，以达到熟练掌握的目的。

第3章　基础图案制作（二）

【学习提示】AutoCAD 绘制图形可以精确绘制图形对象，达到精确绘图的手段有两个，一是坐标方式的输入，二是对象捕捉的应用。虽然通过这两种方式可以精确作图，但是 AutoCAD 的更大优势在于对已有图形的编辑修改，通过编辑修改操作获得更多、更准确的图形，以便达到快速作图的目的，因而学习绘制命令的同时要学习编辑修改命令对图形对象进行编辑，而编辑图形对象的前提就是如何选择需要编辑的对象。

【本节重点】选择图形对象的方式。

【学习命令】“REC”（Rectangle 矩形）、“POL”（Polygon 多边形）、“A”（Arc 圆弧）、“H”（Hatch 填充）、“M”（Move 移动）、“CO”（Copy 复制）、“E”（Erase 删除）。

3.1　选择图形对象的方式

AutoCAD 绘制命令作出的图形并不是每次都能直接达到要求，大多情况下需要再对图形对象进行修改编辑，比如复制、移动等，而执行编辑修改的关键就在于怎样选择图形对象进行编辑。

通常选择对象的方式有三种：点选、窗口选择、栅栏选择。

3.1.1　点选对象

在 AutoCAD 中输入某一个修改编辑命令执行，比如“E”删除命令，确定。系统提示选择对象时，十字光标┼就变成了拾取框□，鼠标左键直接单击需要修改编辑的对象后，被选中的对象会变成虚线图形。实际上在上一章执行“TR”修剪命令和“E”删除命令时已经使用过。

> **提示：**
>
> AutoCAD 默认就是加选方式，也就是需要选择多个对象只需要连续单击，而不需要按住〈shift〉键或〈ctrl〉键。
>
> 点选方式只能一次选择一个对象，所以如果需选择多个对象那就不是很方便。

3.1.2　窗口选择对象

1. 实线窗口选择

在执行编辑修改命令时，如“E”删除命令，十字光标变为拾取框□，此时如果不在图形对象的组成部分上单击，而是在绘图区的空白处单击，那么拾取框□就会变成窗口选择（Windows）的第一角点，随着十字光标的移动，窗口大小和颜色发生变化，如图 3-1 所示，图中的矩形框就是通过窗口选择而得到的，这称为实线窗口。

获取实线窗口的方法：从图形的左侧区域空白处鼠标左键单击选择窗口的第一点，然后向右侧方向寻找第二点，无论是右上方还是右下方，都可以形成实线窗口。

实线窗口的表现为：实线围合、淡蓝色显示。

实线窗口的含义为：只有被实线窗口全部包围的对象，才能够被选择。如图 3-1 中能够选中的只有圆弧 1，而其他圆弧和圆则不能被选择，因为它们都还有一部分在矩形窗口外。

2. 虚线窗口选择（交叉窗口）

虚线窗口选择又称为交叉窗口。

获取虚线窗口的方法，从图形的右侧区域空白处选择窗口的第一点，然后向左侧方向寻找第二点，无论是左上方还是左下方，都可以形成虚线窗口。

虚线窗口的表现为：虚线围合、淡绿色显示。

虚线窗口的含义为：全部包围在窗口内部的图形对象和与虚线窗口相交的对象都可以被选择，如图 3-2 所示选中的圆和所有的圆弧，虽然只有圆弧 1 的全部在窗口内，但是其他对象均与交叉窗口的窗线相交，所示均可以被选择上。

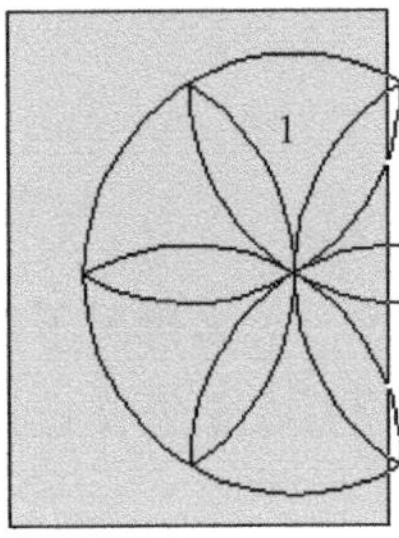

图 3-1

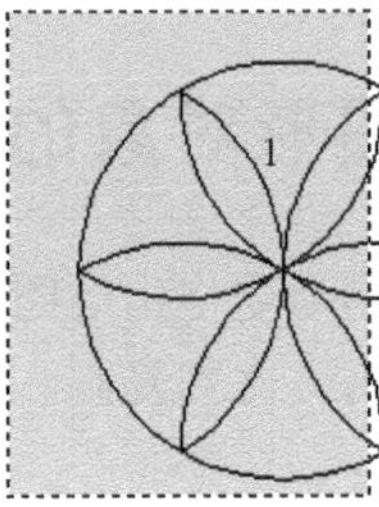

图 3-2

3.1.3 栅栏选择

在执行编辑修改命令时，十字光标变为拾取框□，此时如果不在图形对象的组成部分上单击，也不在绘图区的空白处单击，而是键盘输入“F”（Fence）栅栏命令，按〈Enter〉键确定，那么方框□就会变成栅栏选择。单击左键得到第一点，随着十字光标的移动，在不同的位置单击鼠标左键，这时候就可以形成虚线连接而成的栅栏。如图 3-3 所示，图中的多边形虚线框就是通过“Fence”（栅栏命令）选择而作出来的，这称为栅栏选择。

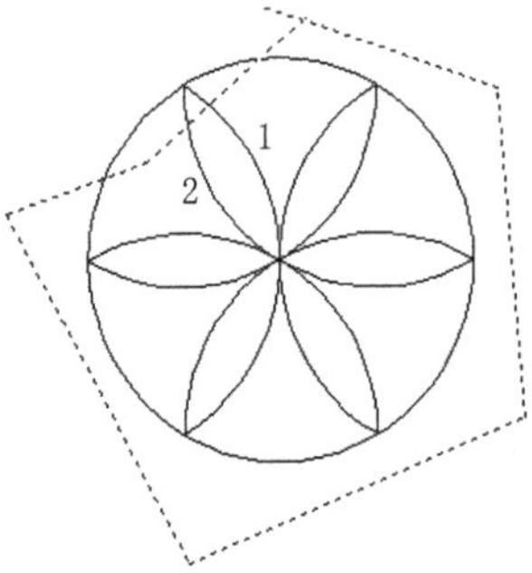

图 3-3

> **提示：**
> 栅栏选择是一种插入命令，是在执行编辑命令选择对象时通过输入参数“F”来实现的，而不是独立指令。初学者千万不要在命令行直接输入。

栅栏选择的表现为：虚线经过、无颜色显示。

栅栏的含义为：只有与栅栏的边界相交的对象，才能够被选择，而全部包含在栅栏内的则不能被选择。如图 3-3 所示，能够选中的就是外圆、圆弧 1 和圆弧 2，其他圆弧则不能被选择，因为它们没有和栅栏的边界相交，只是包含在了边界内部，这一点与交叉窗口是不同的。

3.2　POL 正多边形的绘制

正多边形的绘制可以通过圆和构造线做辅助线而找到相应的点，然后连接各点得到。事实上在 AutoCAD 中提供了简洁命令来绘制多边形，即“POL”（Polygon）多边形命令。

通常情况下，在圆上找到等分点绘制多边形时，会有两种情况，即内接关系（图 3-4）和外切关系（图 3-5）。

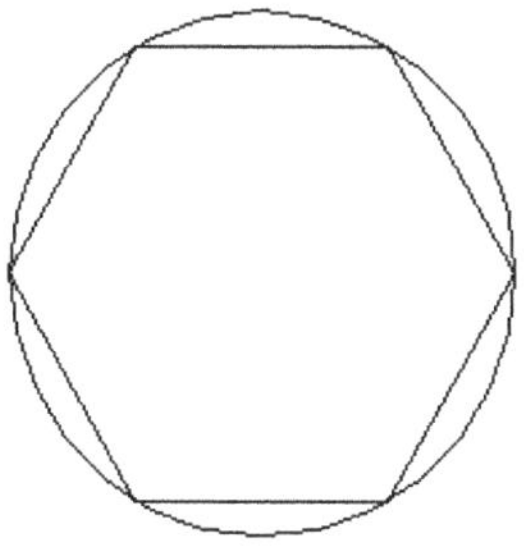

图 3-4

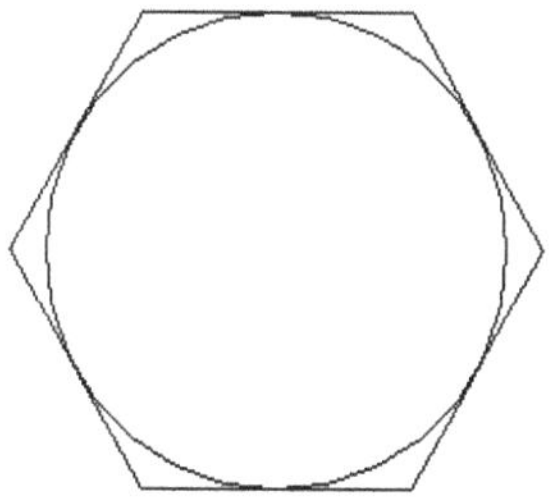

图 3-5

执行这一命令需要注意以下四个步骤：在命令行中输入“POL”多边形命令，确定；第一步确定边数，第二步确定多边形的形心，第三步确定内接关系（I）或外切关系（C），第四步确定多边形的半径。

> 提示：
> 对于像“POL”步骤较多的命令，一定要随时观察命令提示行，根据提示来进行命令的操作。

为了方便观察，先绘制两个半径 2000 的圆作参考。

第一步，绘制两个圆，半径均为 2000。

第二步，在第一个圆内部绘制内接多边形。得到多边形如图 3-4 所示。

【命令步骤】

命令：POL

POLYGON 输入边的数目 <6>：　（输入 6，按〈Enter〉键）

指定正多边形的中心点或 [边(E)]：　（捕捉圆心）

输入选项 [内接于圆(I)/外切于圆(C)] <I>：I　（输入 I，按〈Enter〉键）

指定圆的半径：　（输入 2000）

第三步，在第二个圆外部绘制正多边形。得到多边形如图 3-5 所示。

【命令步骤】

命令：POL

POLYGON 输入边的数目 <6>：　（输入 6，按〈Enter〉键）

指定正多边形的中心点或[边(E)]:	(捕捉圆心)
输入选项[内接于圆(I)/外切于圆(C)] <I>: C	(输入C,按〈Enter〉键)
指定圆的半径:	(输入2000)

提示:

经过对比发现,绘制两个图形的参数只有第三步不同,那就是内接和外切关系。正确理解正多边形与潜在圆形的关系是绘制正多边形的关键。

3.3 五角星的绘制与图案填充

【学习命令】本实例学习的命令有:"POL"(Polygon多边形)、"L"(Line线)、"H"(Hatch填充)。

【本节重点】渐变色填充和图案填充,如图3-6和图3-7所示。

图3-6

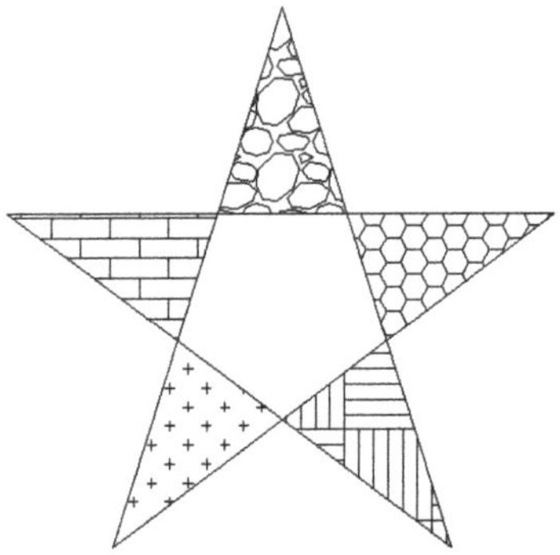

图3-7

3.3.1 绘制五角星

步骤① 按〈F8〉键打开正交,执行"POL"命令,先绘制一个半径2000的内切五边形,如图3-8所示。

【命令步骤】

命令: POL POLYGON 输入侧面数 <4>: 5	(输入5)
指定正多边形的中心点或[边(E)]:	(单击左键指定中心点)
输入选项[内接于圆(I)/外切于圆(C)] <I>: I	(输入I)
指定圆的半径: 2000	(输入2000)

步骤② 执行"L"直线命令,以五边形的五个顶点为五角星的五个角点,打开对象捕捉,依次连接点5、2、4、1、3、5,绘制五角星,如图3-9所示。

步骤③ 执行"E"删除命令,将辅助五边形删除,如图3-10所示。

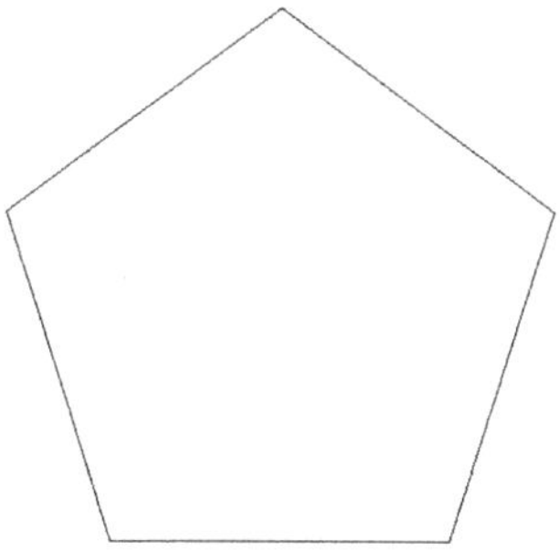

图 3-8

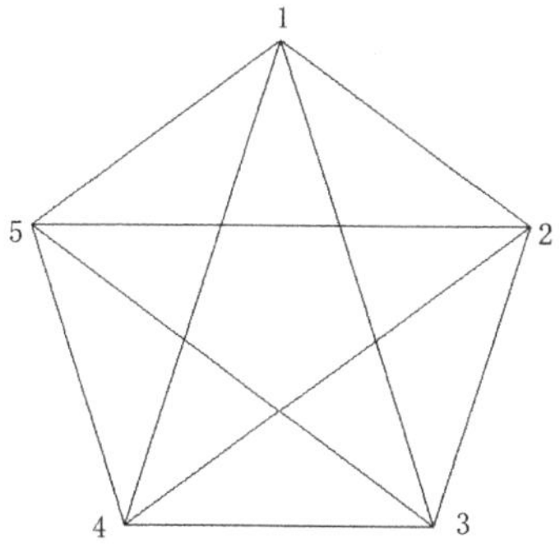

图 3-9

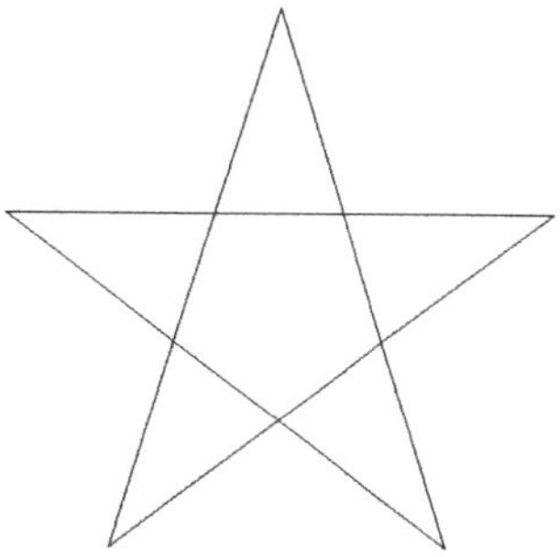

图 3-10

3.3.2　填充渐变色的五角星

【作图步骤】 在命令行中输入“H”填充命令，确定，Ribbon 界面自动打开“图案填充创建”选项卡，如图 3-11 所示，可分四个步骤进行渐变色填充设置。

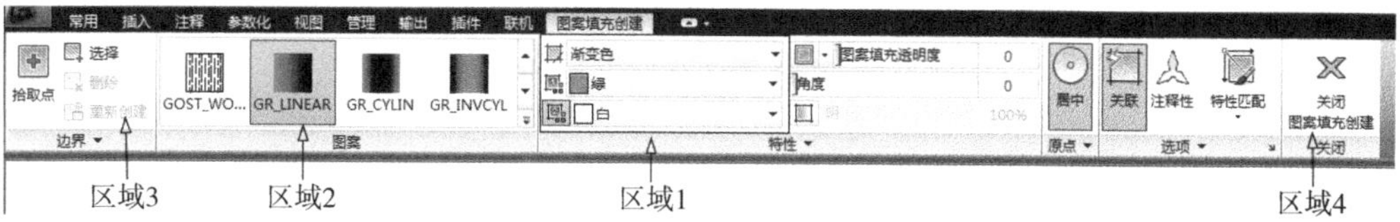

图 3-11

设置① 单击图 3-11 中区域 1 所指处的第一行图案填充类型右边的小箭头，选择渐变色填充类型，然后单击第二行右边的小箭头，选择第一个渐变颜色，单击第三行右边的小箭头，选择第二个渐变颜色。

设置② 在区域 2 所在的位置选择渐变变化的方式，渐变填充一共有 9 种变化方式，根据需要合理选择。

设置③ 选择填充区域，鼠标指针移动到绘图区域内，在封闭区域内任意点处单击鼠标，即可选择填充一个封闭的填充区域。

设置④ 可以按空格键或〈Enter〉键表示结束填充命令，或者单击区域 4 所指的关闭图案填充创建。

反复执行填充图案命令，依次填充其他各个渐变图案。

3.3.3　填充图案的五角星

【作图步骤】 前面已经学习了渐变色的填充，下面学习图案填充，图案填充的操作步骤与渐变色填充基本相似。

给五角星填充图案。执行“H”填充命令，Ribbon 界面自动打开“图案填充创建”选项卡，如图 3-12 所示，分五个步骤进行图案填充设置。

设置① 单击区域 1 所指处的第一行图案填充类型右边的小箭头，选择图案填充类型，如图 3-13 所示。

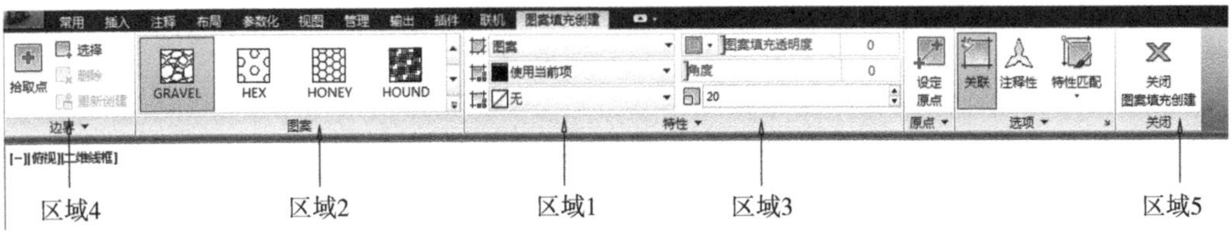

图 3-12

设置② 在区域 2 所在的位置选择填充图案的方式，根据需要合理选择。本例选择的填充图案类型为“GRAVEL”，选择图案后，移动鼠标指针到需填充的图形区域内预览填充效果。

设置③ 在预览的过程中，如果图案的比例过大或过小，可在区域 3 处调整填充图案的比例，直至调整为一个合适的值。本例调整为 20，如图 3-12 所示。

> **提示：**
> 如果预览时，填充图案出现“全白”或“空白”现象是由于比例过大或过小造成的，请读者注意。

设置④ 选择填充区域，填充区域的选择与前面相同，选择填充区域，如图 3-13 所示。

设置⑤ 结束填充命令，可以按空格键或〈Enter〉键表示确定，或者单击区域 5 所指的关闭图案填充创建，效果如图 3-13所示。

用同样的方法分别对五角星的其余四个角区域进行填充，最终效果如图 3-14 所示。

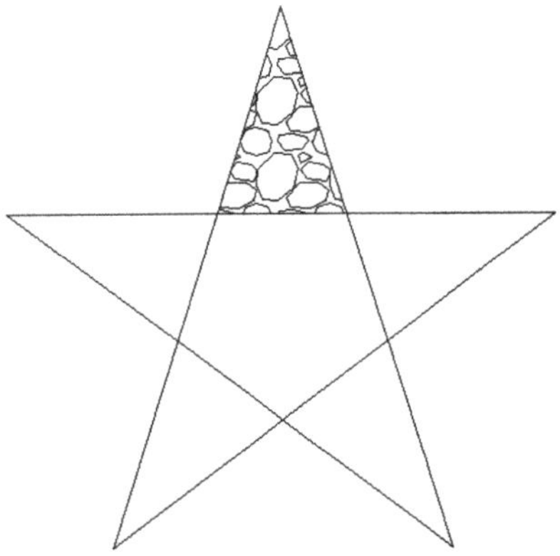

图 3-13

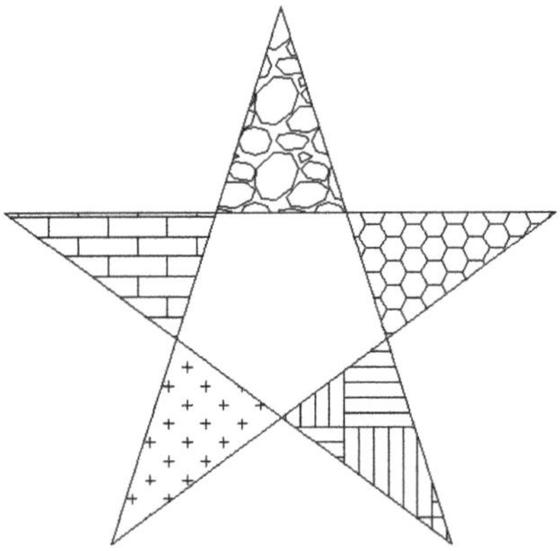

图 3-14

3.4 图层的定义和设置

Layer 图层是用来组织图形有效的工具之一，其命令为“LA”。图层相当于使用多层透明图纸绘图，把相同类型的图形对象归纳到一个图层中进行绘制，从而通过控制图层的属性（开关、冻结、锁定、颜色、线型、线宽等）来显示、编辑、控制及打印图形，实现对图层内容的管理。

通过创建图层，可以将类型相似的对象指定给同一图层以使其相关联。例如，可以将屋顶、墙体、门窗等置于不同的图层上。设置了图层的管理（图 3-15），需要进行以下各项设置：

设 置① 图层上的对象在任何视口中是可见还是暗显。

设 置② 是否打印对象以及如何打印对象。

设 置③ 为图层上的所有对象指定何种颜色。

设 置④ 为图层上的所有对象指定何种默认线型和线宽。

设 置⑤ 是否可以修改图层上的对象。

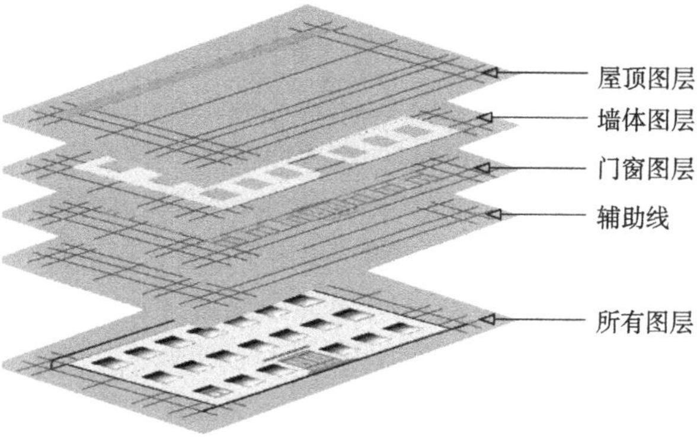

图 3-15

设 置⑥ 对象是否在各个布局视口中显示不同的图层特性。

3.4.1　图层的设置

在命令行输入“LA”图层命令，进入图层特性管理器，如图 3-16 所示。左侧窗口包含所有是正在使用的图层，顶部中间的图标 ✕ ✔ 分别表示新建图层、在所有视口中都冻结的新图层视口、删除图层、设置为当前图层，右侧的窗口显示图层的详细列表，在默认状态下，新建立的图形中只有一个缺省图层“0”层，而“Defpoints”图层则是在使用了尺寸标注后自动产生的。

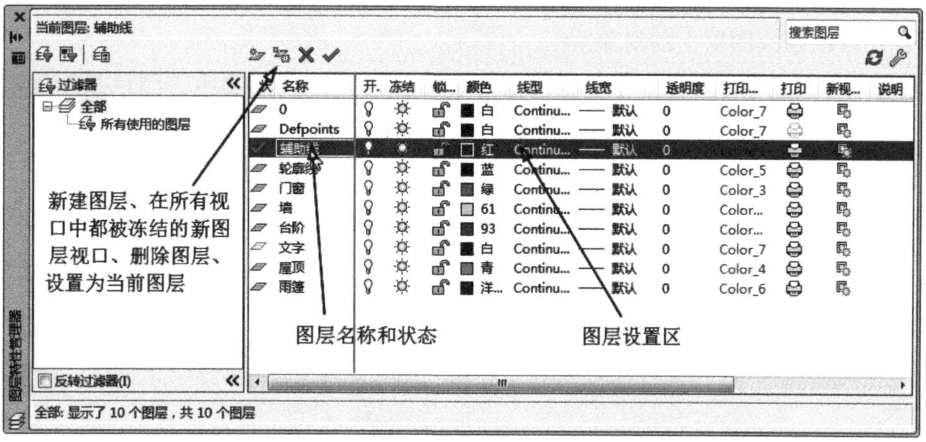

图 3-16

【命令步骤】

步 骤① 单击图标，创建新的图层，并根据实际工程需要更改图层的名称，创建多个需要的图层。

注意每次创建新图层后，要先更改名称。

新图层将继承图层列表中当前选定图层的特性（颜色、开或关状态等）。

新图层将在最新选择的图层下进行创建。

步 骤② 单击图标，创建新图层，然后在所有现有布局视口中将其冻结。可以在

模型 选项卡或 布局 选项卡上访问此按钮。

步骤③ 单击图标，删除选定图层。只能删除未被参照的图层。参照的图层包括图层 0 和 Defpoints 、包含对象（包括块定义中的对象）的图层、当前图层以及依赖外部参照的图层。局部打开图形中的图层也被视为已参照并且不能删除。

步骤④ 单击图标，将选定图层设置为当前图层。将在当前图层上绘制要创建的对象。

步骤⑤ 打开/关闭：单击位置，可以打开和关闭图层。

打开：可显示、打印和重生成图层上的对象。

关闭：不显示和打印图层上的对象。

步骤⑥ 解冻/冻结：单击位置，可以冻结和解冻图层。

解冻：可显示和打印图层上的对象。

冻结：不显示和打印图层上的对象。

冻结所有视口中选定的图层，包括“模型”选项卡。可以冻结图层来提高“Zoom”“Pan”和其他若干操作的运行速度，提高对象选择性能并减少复杂图形的重生成时间。

将不会显示、打印、消隐、渲染或重生成冻结图层上的对象。

冻结希望长期不可见的图层。如果计划经常切换可见性设置，请使用“开/关”设置，以避免重生成图形。可以在所有视口、当前布局视口或新的布局视口中（在其被创建时）冻结某一个图层。

步骤⑦ 解锁/锁定：单击位置，可以锁定和解锁图层。

锁定：不能修改图层上的任何对象。仍可以将对象捕捉应用到锁定图层上的对象，并可以执行不修改这些对象的其他操作。

解锁：可以修改图层上的对象。

步骤⑧ 颜色：单击 ■洋红 位置，为每个图层设置不同的颜色。颜色是图层便于区分的彩色标签。单击颜色名可以显示“选择颜色”对话框。

步骤⑨ 线型：单击 Continuous 位置，可以弹出“选择线型”对话框，如图 3-17 所示。默认情况下显示的只有一种线型，单击如图 3-17 所示的 加载(L)... 图标，弹出如图 3-18 所示对话框，选择需要的一种线型，单击确定，返回图 3-17，单击选择的线型，确定，返回图层管理对话框，就完成了线型的设置。

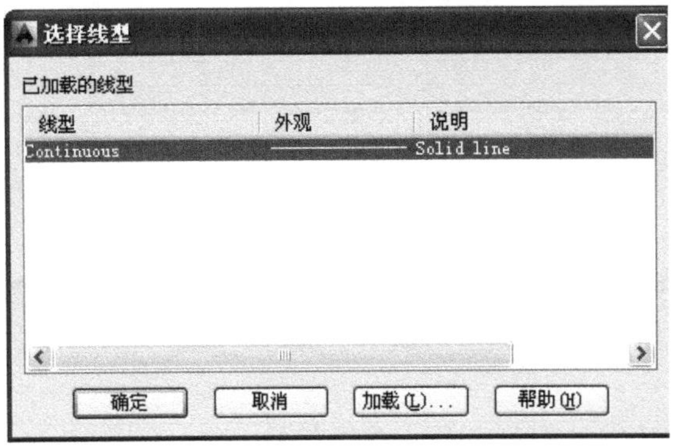

图 3-17

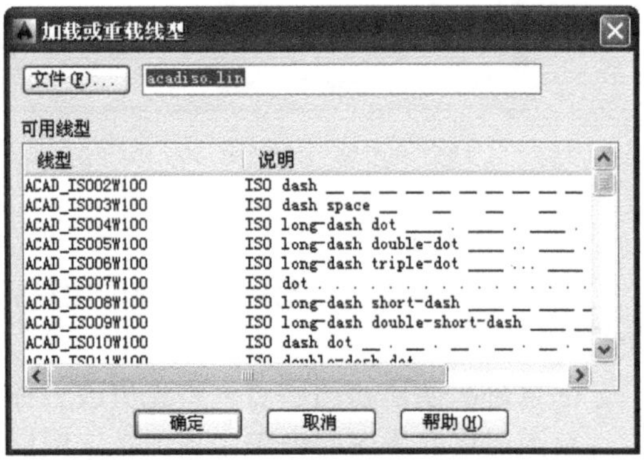

图 3-18

步骤⑩ 线宽：单击 —— 默认 位置，弹出线宽对话框，可以为每个图层设置不同的线宽，如图 3-19 所示。

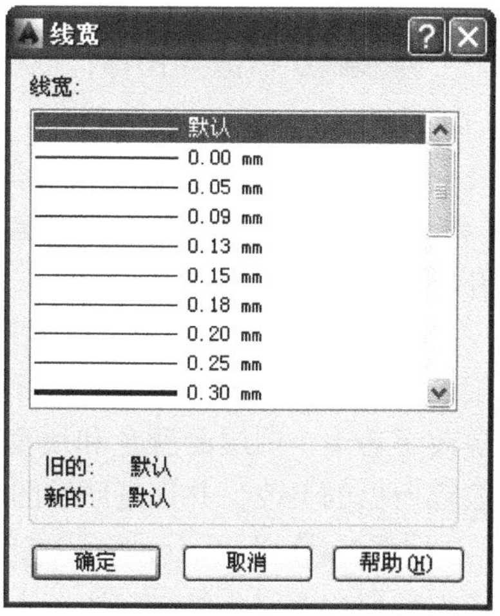

图 3-19

步骤⑪ 透明度：点击透明度处默认的值 0 ，弹出透明度对话框，可以设置图层对象的透明度。这是 AutoCAD 2011 以来新增加的功能。

步骤⑫ 打印样式：单击 Color_6 位置，更改与选定图层关联的打印样式。如果正在使用颜色相关打印样式（Pstlyepolicy 系统变量设置为 1），则无法更改与图层关联的打印样式。单击打印样式可以显示“选择打印样式”对话框。

步骤⑬ 打印：单击 🖨 位置，控制是否打印选定图层。如果关闭打印，该图层上的对象仍将显示，但不会被打印，无论执行“打印”命令时如何设置。

步骤⑭ 视口冻结（仅在“布局”选项卡上可用）：单击 位置，在当前布局视口中冻结选定的图层。可以在当前视口中冻结或解冻图层，而不影响其他视口中的图层可见性。

“视口冻结”设置可替代图形中的“解冻”设置。即如果图层在图形中处于解冻状态，则可以在当前视口中冻结该图层，但如果该图层在图形中处于冻结或关闭状态，则不能在当前视口中解冻该图层。当图层在图形中设置为“关”或“冻结”时不可见。

步骤⑮ 说明：（可选）描述图层或图层过滤器。

3.4.2 图层面板

利用功能区的图层面板集中了图层操作的各种快捷工具，用户可以方便地进行各种图层操作。与 AutoCAD 2008 以前版本相比，之后的除了常用的转换当前图层、执行图层的打开关闭、冻结解冻、锁定解锁等命令外，还添加了许多新的内容，如图 3-20 所示。

图 3-20

> 提示：
> 单击如图 3-20 所示下方“图层”处还会展开很多关于图层的操作，读者可以自己研究一下，要想熟悉使用这些功能，要经过大量的绘图练习。

用户可以单击面板中的图标进行相应的设置和调整。

设置① 单击图标，可设置图层特性。此图标的作用相当于执行“LA”命令，可以打开图层特性管理器。

设置② 单击图标，将对象的图层设为当前图层。其作用是可以通过选定当前对象的图层设置为当前图层。

设置③ 单击图标，可进行匹配设置。此图标的作用是将特定对象的图层更改为与目标图层相匹配。如果在错误的图层上创建了对象，单击该工具，选择错误对象，再单击正确图层参考对象，就可以将该对象更改到正确图层上。

设置④ 单击图标，也就是 上一个 图标，作用是放弃对当前图层的上一个或上一组修改。

使用 上一个 时，可以放弃使用 图层 控件或图层特性管理器最近所做的修改（或一组修改）。用户对图层设置所做的每个更改都将被追踪，并且可以使用“上一个 放弃所做的更改。

例如，如果冻结了若干个图层，并更改了图形中的某些几何图形，然后要解冻冻结的图层，则可以使用单个命令来执行此操作，但不影响对几何图形所做的更改。又比如，如果在更改了若干个图层的颜色和线型之后，又决定要使用更改前的特性，可以使用“上一个 ”放弃所做的更改，并恢复原始图层设置。

设置⑤ 单击图标，可进行隔离操作。根据当前设置，可以完成让选定对象之外的所有图层均关闭、锁定和淡入或在当前视口中冻结或锁定。

设置⑥ 单击图标，可进行取消隔离操作。即撤消之前的隔离命令，将图层恢复到隔离命令之前的状态，但隔离命令之后对图层设置所做的任何其他更改都将保留。

设置⑦ 单击图标，可进行冻结操作。即冻结选定对象的图层，但当前对象的图层不能冻结。

设置⑧ 单击图标，可进行关闭操作。关闭选定对象的图层。通常情况下当前图层不能关闭，如果出现如图 3-21 所示的提示，就是要用户判断是否关闭当前图层。

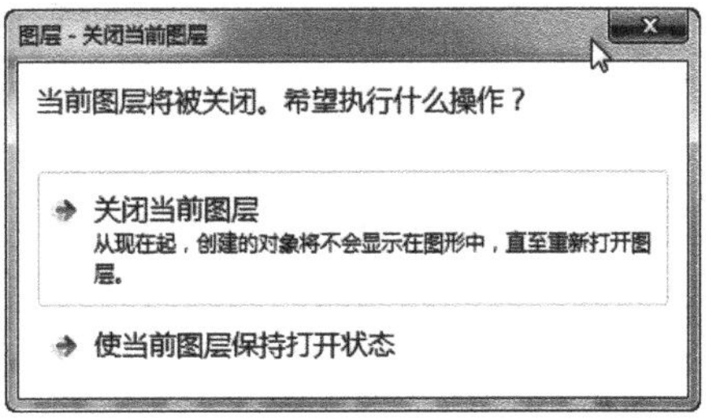

图 3-21

3.4.3 图层的对象特性

在功能区的特性面板中，集中了与图层相关的图形对象的特性设置，比如图形对象的颜色、线型、线宽等，如图 3-22 所示，单击右侧的下拉箭头，即可进行必要的修改。

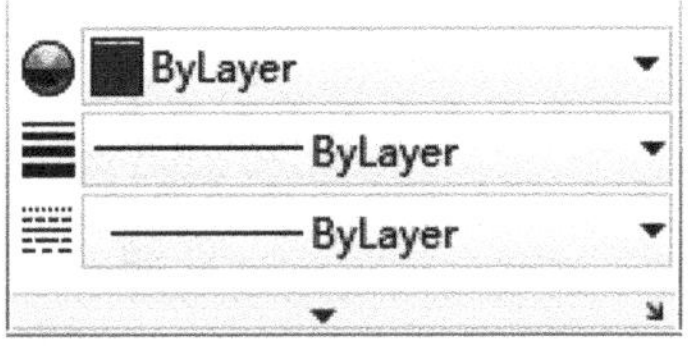

图 3-22

每个被绘制的对象都是具有特性的。某些特性是基本特性，适用于大多数对象，如图层、颜色、线型和打印样式等。有些特性是特定于某个对象的特性，例如，圆的特性包括半径和面积，直线的特性包括长度和角度。

大多数基本特性可以通过图层指定给对象，也可以直接指定给对象。

如果将特性设置为值“Bylayer”，则将为对象指定与其所在图层相同的值。

例如，如果将在图层“0”上绘制的直线的颜色指定为“Bylayer”，并将图层“0”的颜色指定为“红”，则该直线的颜色将为红色。

特性设置为一个特定值，则该值将替代为图层设置的值。

如果将在图层“0”上绘制的直线的颜色指

> **提示：**
> 特性面板调节的方式将优先于图层属性，调整完毕后，绘制对象的特性将以此为准，所以在特定图层绘制图形的时候务必保证图 3-22 所示的三个项目都为“Bylayer”（随层）。

定为　蓝　，并将图层　0　的颜色指定为　红　，则该直线的颜色将为蓝色。

如果单击如图 3-22 所示的右下角的箭头符号可以打开特性面板，相当于按〈Ctrl + 1〉键。

3.5　绘制窗户立面图

【思路分析】绘制一个尺寸为宽 1500，高 1800 的窗户，如图 3-23 所示。分析一下则可以发现这个图形是由六个矩形组成的，而绘制每个矩形需要两个点，那么只需要确定如图 3-24 所示的 12 个点就可以了。

图 3-23

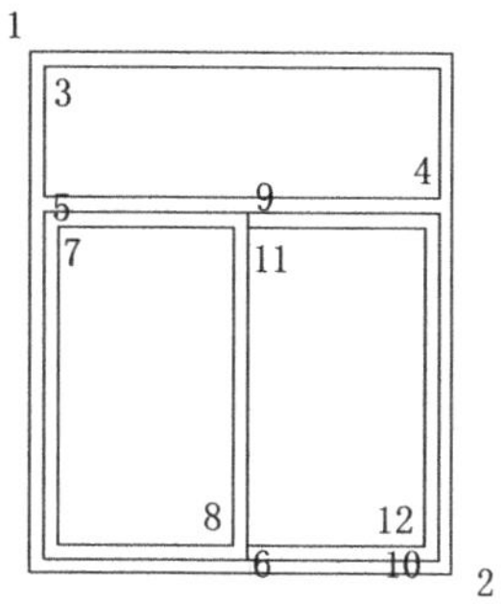

图 3-24

【学习命令】“L”（Line 线）、“REC”（Rectangle 矩形）、“CO”（Copy 复制）、“M”（Move 移动）。

【作图步骤】

步骤① 建立图层，并将辅助线图层设为当前图层，如图 3-25 所示。注意调整各图层颜色和线型使用 ACAD_ ISO04W100 点画线。

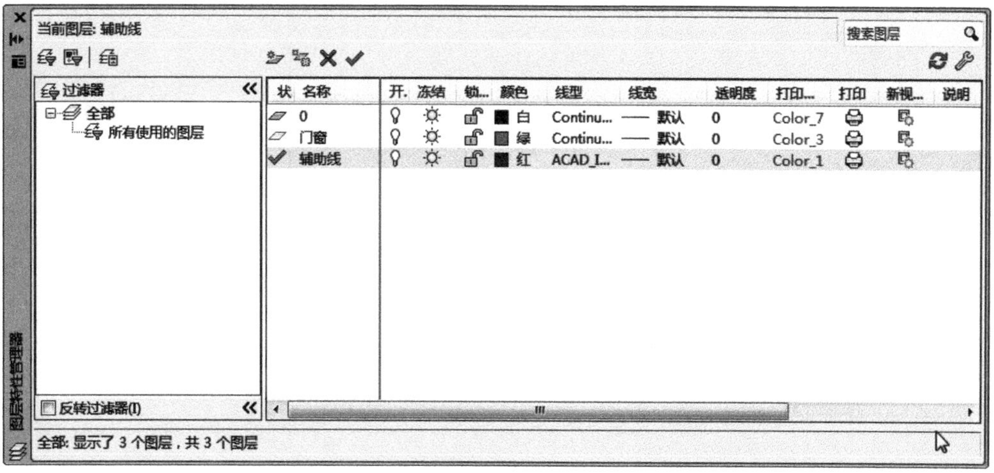

图 3-25

步骤② 绘制辅助线，如图 3-26 所示。

首先执行“L”线命令，确定，任意绘制一条水平线尺寸为 2000 的直线，一条垂直线尺寸为 2000（这里用方向距离输入）。

执行 M （Move 移动）命令，将绘制好的两条线移动到如图 3-27 所示的位置。

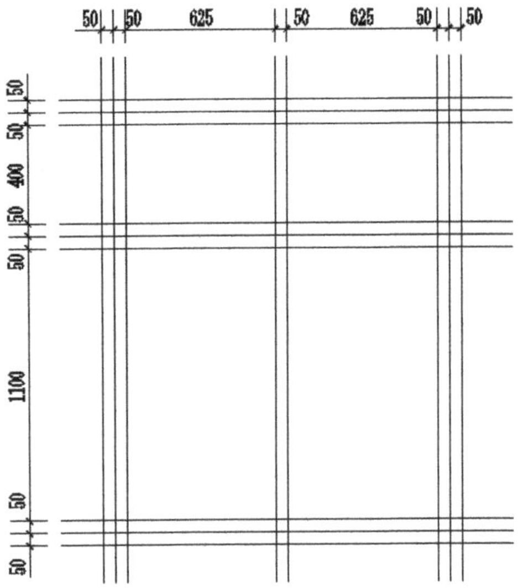

图 3-26

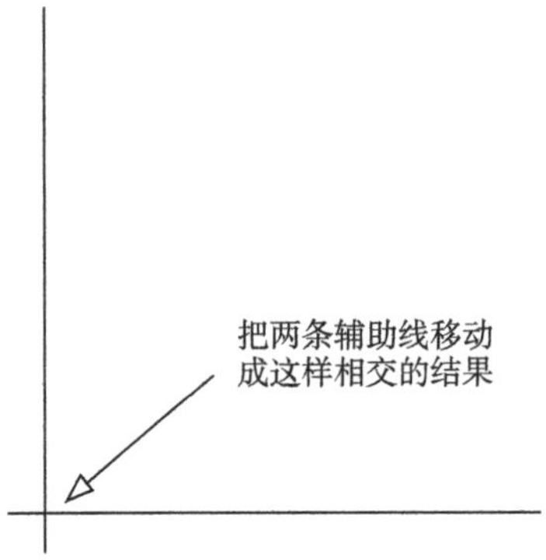

图 3-27

执行“CO”复制命令得到其他辅助线。键盘输入“CO”，确定，先选择图中的水平线，确定，选择任意一点作为复制时的基准点，打开正交模式，向上移动光标，如图 3-28 所示，依次输入距离 50、100、1200、1250、1300、1700、1750、1800，完成水平辅助线。注意，每次输入完距离之后都要确定，表示输入完成。

按〈Enter〉键重复执行复制命令，选择图中的垂直线，确定，选择任意一点作为复制时的基准点，向右移动光标，如图 3-29 所示，依次输入距离分别为 50、100、725、775、1400、1450、1500，完成后得到辅助线如图 3-26 所示。

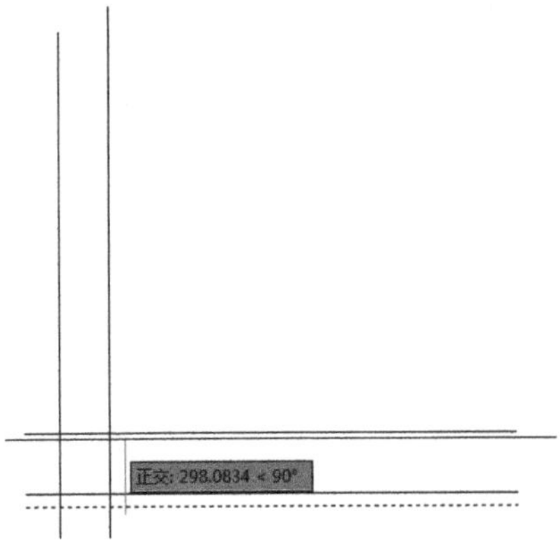

图 3-28

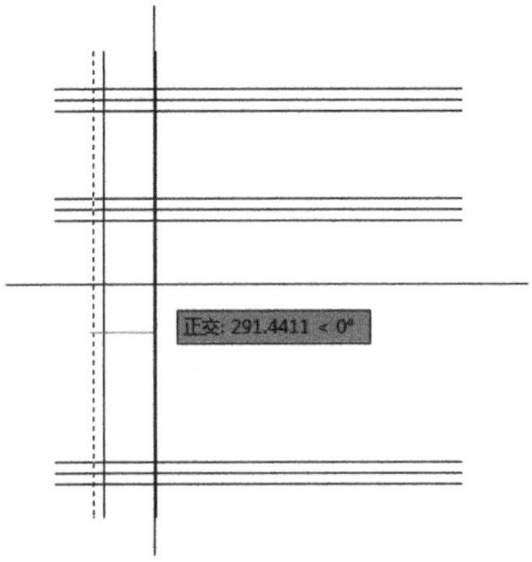

图 3-29

步骤 3 绘制窗户线。

为了区分绘制的窗线与辅助线，单击图层面板图层显示区域，如图 3-30 所示，选择门窗图层，将门窗图层置为当前图层。

然后再执行　REC　矩形命令，打开对象捕捉，依次捕捉点 1、2，反复执行矩形命令，以点 3、4，点 5、6，点 7、8，点 9、10，点 11、12 为对角点分别绘制矩形。

步骤 4 移动窗户。

执行“M　移动命令，实线窗口（从左到右）选择六个矩形，如图 3-31 所示，然后从辅助线的位置移开，如图 3-32 所示，指定基点任意，指定到达点任意。这样就可以把所绘制的窗户移动到空白的区域。

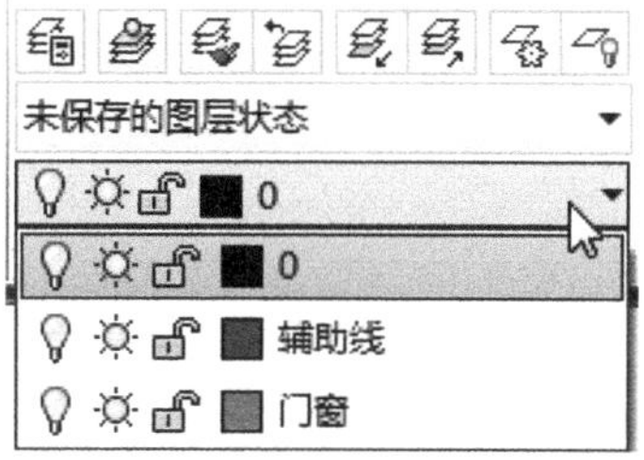

图 3-30

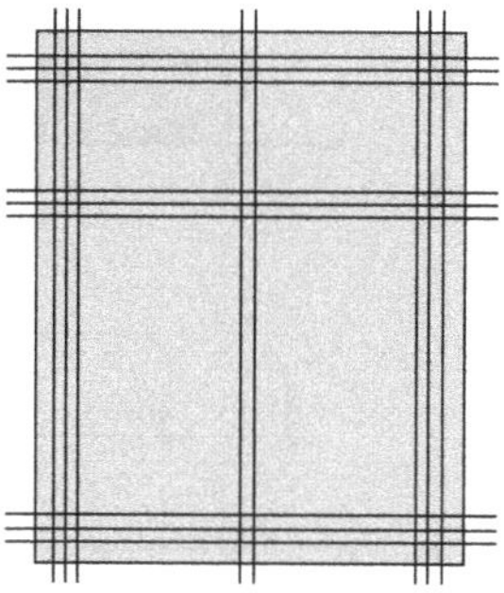

图 3-31

步骤 5 填充渐变色。

为了使窗户看起来更美观，执行“H”（Hatch 填充）指令，选择一种渐变色填充窗户的矩形框区域，如图 3-33 所示。

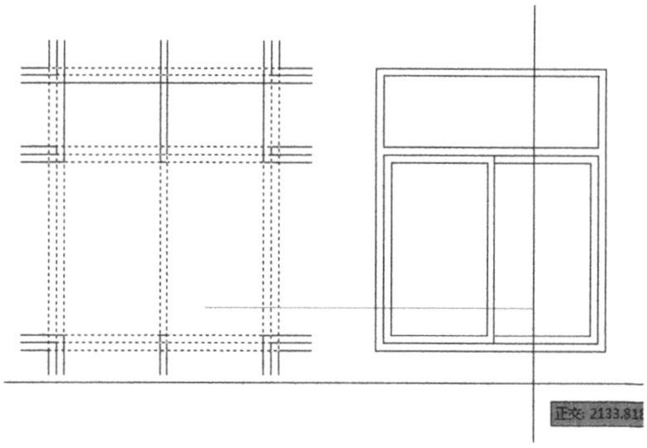

图 3-32

图 3-33

3.6　绘制小型建筑立面图

【思路分析】绘制如图 3-34 所示的图案，关键是要找到合适的切入点，即第一条线从何画起。本例中的窗户在上例中已绘制好，可以继续从上一例开始往下做。在本例中还是要使用辅助线作图，如何确立辅助线的位置是绘图的关键，图 3-35 给出了辅助线的思路。这样就从箭头所指的辅助线 1 和辅助线 2 入手，通过偏移命令，来得到其他辅助线。

【学习命令】“L”（Line 线）、“REC”（Rectangle 矩形）、“CO”（Copy 复制）、“M”（Move 移动）、“H”（Hatch 填充）。

图 3-34

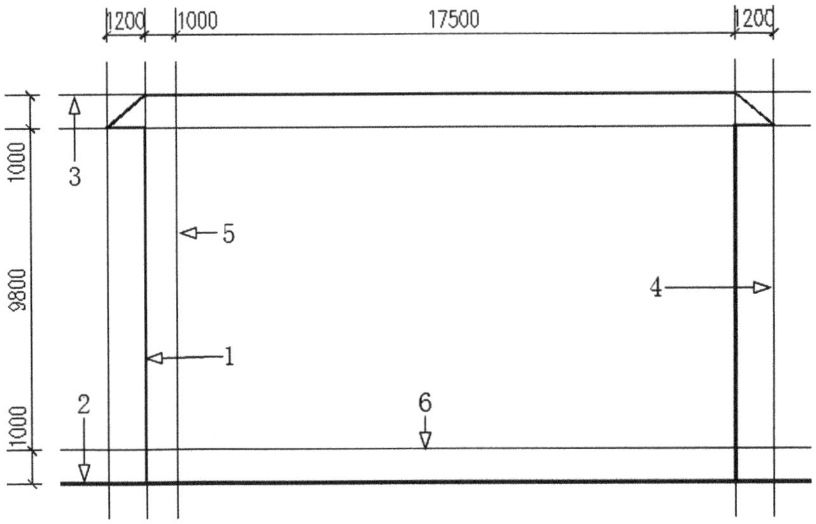

图 3-35

【作图步骤】

步骤① 创建图层。

执行命令“LA”，建立图层。根据本图的需要建立辅助线、墙线、屋顶、门窗、文字等图层，图层的名称要及时修改，可以使用中文、拼音、英文等，为作图明确，建议不要使用默认的图层 1、图层 2、图层 3 等。

新建完所有图层，然后更改图层的颜色，为每一个图层选用特定的颜色，辅助线图层线型为点画线，其余项目不做任何修改，结果如图 3-36 所示。

步骤② 绘制辅助线。

将辅助线图层置为当前图层，首先绘制垂直，如图 3-25 所示，辅助线 1，执行“L”命令，确定，任意给定线的起点，按〈F8〉键打开正交模式，将十字光标上移，输入尺寸 20000，确定。重复执行线命令，绘制水平辅助线 2，指定起点在辅助线 1 附近，十字光标右移，输入尺寸 30000，确定。

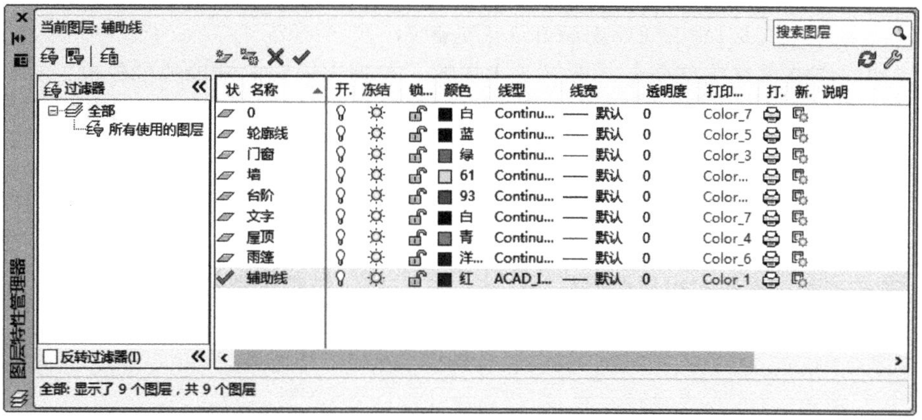

图 3-36

执行“CO”复制命令，来获得其他辅助线。选择辅助线 1 向右复制 20900 距离，得到辅助线 4，再选择辅助线 2 向上复制 11800 距离，得到辅助线 3。

此时有可能会碰到如图 3-37 所示的状况，椭圆内两条线不相交，如何解决呢？

其实只需要执行“M”移动命令，如图 3-38 所示，选择两条水平线，确定，指定任一点为基点，向下指定合适点的位置即可。

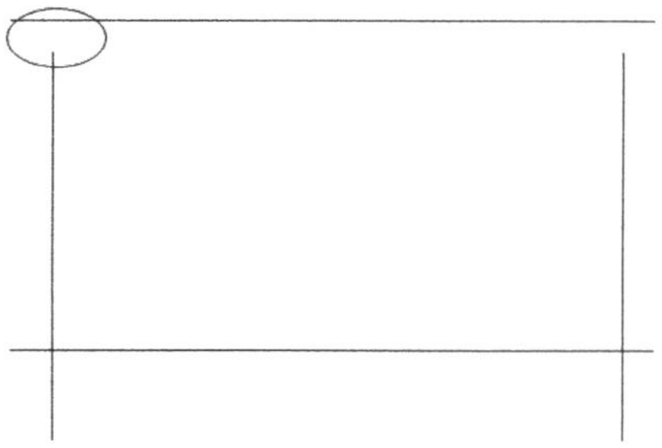

图 3-37

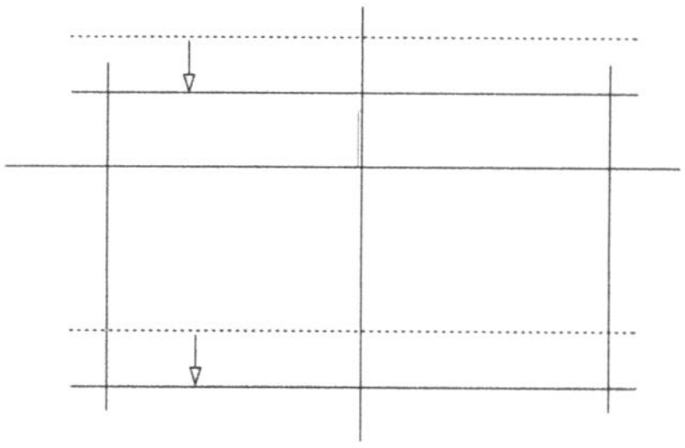

图 3-38

步骤③ 绘制其他辅助线。

接下来再绘制其他辅助线。前面做窗户的时候使用复制命令得到辅助线，在复制的过程中需要进行大量的加法运算，非常麻烦。因而这里学习一种新的方法，采用偏移复制的办法，即执行偏移命令“O”（Offset），来绘制辅助线。

例如，键盘输入“O”，确定，输入距离 1200 ，确定，点选辅助线 1，光标向右移动，在辅助线 1 的右侧任意单击一下，此时命令并没有结束，需要再次按空格键或者〈Enter〉键结束命令。

【命令步骤】

命令：O OFFSET

当前设置：删除源 = 否　图层 = 源　OFFSETGAPTYPE = 0

指定偏移距离或［通过(T)/删除(E)/图层(L)］ <通过>：　（输入 1200）

选择要偏移的对象，或［退出(E)/放弃(U)］ <退出>：

指定要偏移的那一侧上的点，或［退出(E)/多个(M)/放弃(U)］<退出>：　　(点击右侧任意点)
选择要偏移的对象，或［退出(E)/放弃(U)］<退出>：

继续按空格键重复偏移命令，重复上述步骤。直到完成竖向辅助线的绘制。

同理完成水平方向辅助线的绘制。

步骤④ 绘制屋顶。

将屋顶置为当前图层，绘制屋顶。执行“PL”（PLine）多段线命令，依次捕捉如图 3-39 所示的四个点。绘制成一个封闭的多边形。执行“O”偏移命令，确认，输入偏移距离 100，点选多边形，点取多边形内部任意一点，按空格键结束偏移命令，形成如图 3-40 所示的屋顶图形。

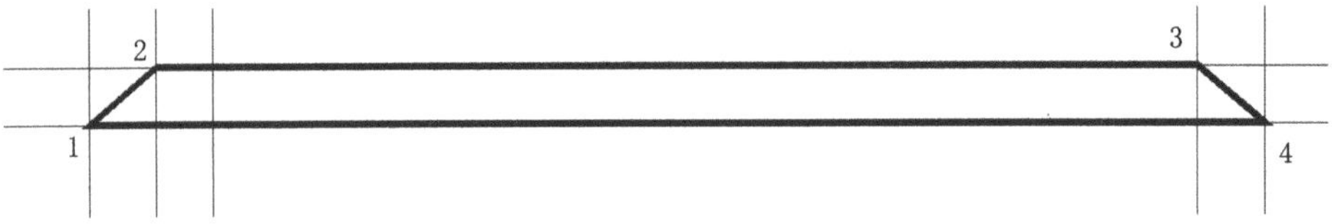

图 3-39

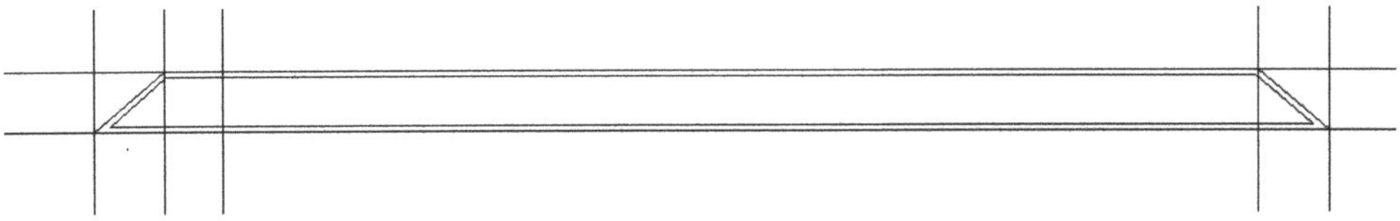

图 3-40

单击图层面板上的 ，点选辅助线图层上的任意图形对象，将辅助线图层关闭。执行“H”填充命令，确定，编辑填充方式如图 3-41 所示，注意调整特性面板中的角度为 45°，点取填充区域，按空格键确认。得到屋顶填充图案如图 3-34 所示。

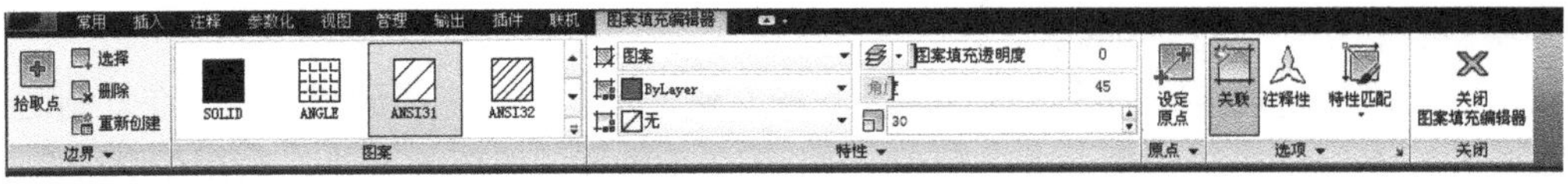

图 3-41

步骤⑤ 放置第一个窗户。

因为前例刚刚绘制完成一个窗户图案，这里只需要将先前做好的窗户图案移动或者复制到辅助线 5 和辅助线 6 的交点处即可。

此时无论是执行复制命令还是移动命令，在选择基点和到达点时都需要打开对象捕捉，基点为窗户的左下角，到达点为辅助线 5 和辅助线 6 的交点，如图 3-42 所示。

步骤⑥ 复制其他窗户。

选择第一个窗户进行复制。注意此时使用的是多个复制，复制时选择任意点为基点，然后打开正交模式，光标向右侧移动，然后依次输入相应的距离 2500、5000、7500、10000、12500、15000 就可以得到，如图 3-43 所示。

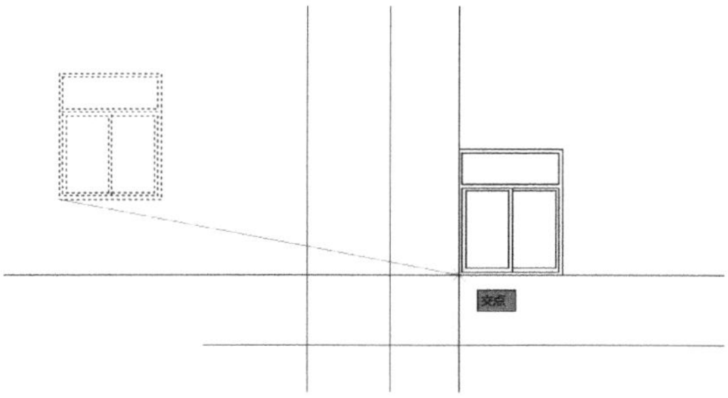

图 3-42

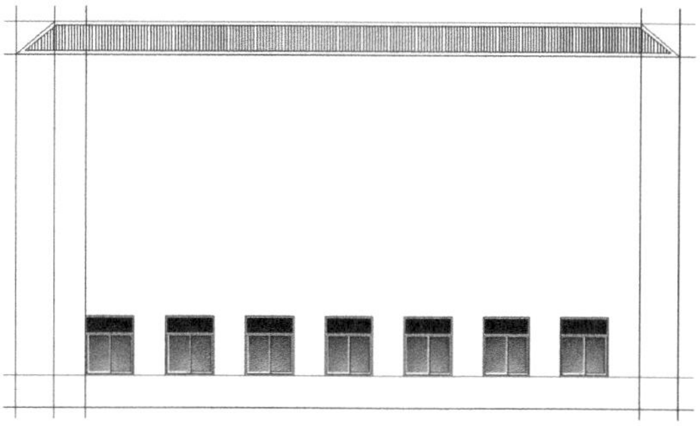

图 3-43

然后利用窗口选择如图 3-43 所示的第一排七个窗户向上复制，分别输入距离 3600、7200。

复制完成后删除第一排的中间窗户，留出门的位置，如图 3-44 所示。

图 3-44

步骤⑦ 绘制门立面。

切换到辅助线图层，绘制门的辅助线，执行“L”画线命令，绘制水平线 1 长度 1500，垂直线 2 长度 2500，如图 3-45 所示。

执行“O”偏移命令，选择辅助线 1 向上偏移尺寸为 2000、50、250、50，重复执行偏移命令，再选择辅助线 2 向右偏移 50、550、550、50 得到如图 3-46 所示的辅助线。

> **提示：**
>
> 在使用“O”偏移命令时，如果连续偏移相同的尺寸，不需要结束偏移命令，直接继续偏移即可。

转换到门窗图层，执行“REC”矩形命令，与绘制窗户一样选择各点，绘制各个矩形。

接下来绘制门把手，如图 3-47 所示。

执行“C”圆命令，捕捉如图 3-47 所示的中点位置，绘制半径 100 的圆。

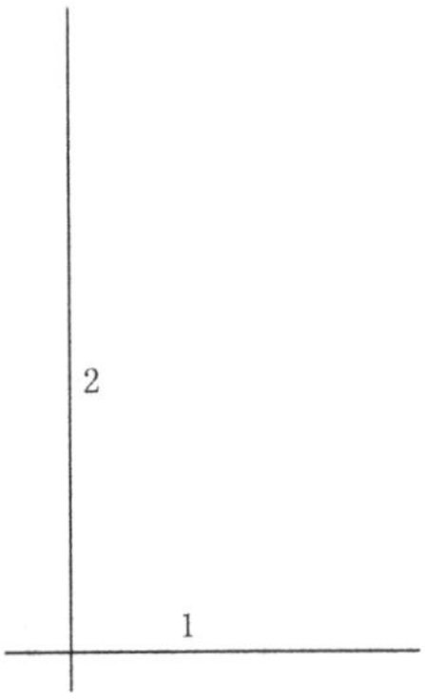

图 3-45

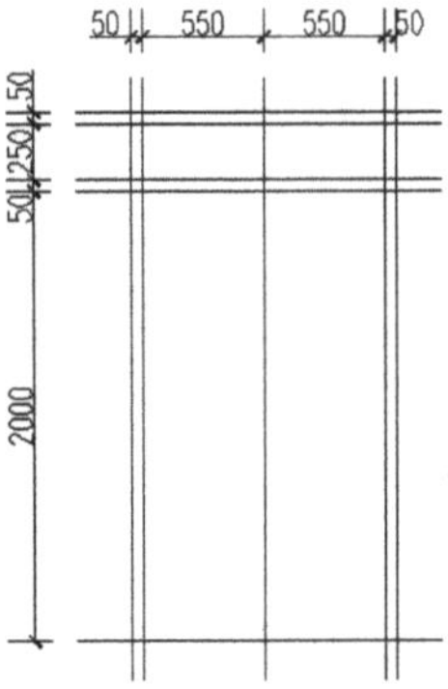

图 3-46

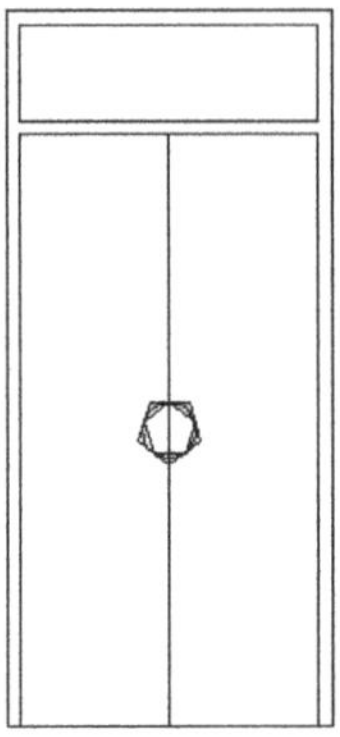

图 3-47

步骤 8 绘制轮廓线和地面线。

在制图规范中地面线最粗，轮廓线也是粗线，为了绘制这样的对象，用“PL”多段线命令来绘制带有一定宽度的线段。

执行“PL”命令与“L”命令相似，只不过增加了宽度调节等命令。

在命令行输入“PL”，确定，指定图形的第一点，这时捕捉墙线的左下角点，然后在提示行内输入参数“W”(Width)，确定，需要给定起点宽度，比如50，确定，再给定结束点宽度，也是50，确定。这时候绘图区域中显示的才是粗线，分别捕捉对应的点，沿着建筑物立面周圈捕捉对应点，直到墙线的右下角。再在建筑物地面位置绘制一条宽度为100的线段，如图3-48所示。

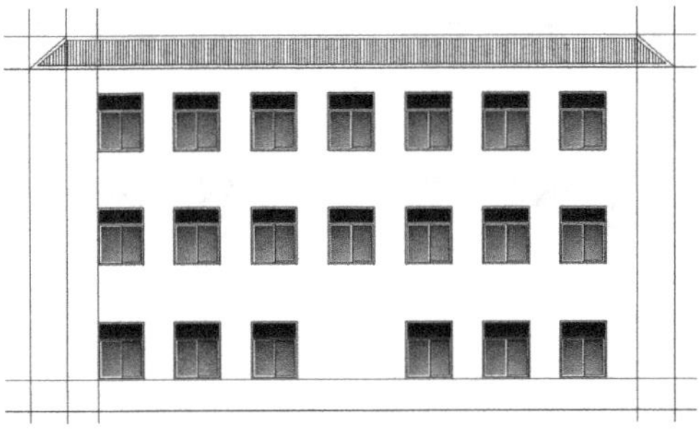

图 3-48

步骤 9 绘制台阶。

将台阶图层置为当前图层。执行“REC”命令，确定，绘制三个矩形，尺寸分别为 3000×150、3500×150、4000×150。

执行“M”移动命令，确定，设置对象捕捉的中点，指定基点为一个矩形的中点，到达点为另一个矩形的对应中点，移动后中点对齐，就得到如图3-49所示的台阶。

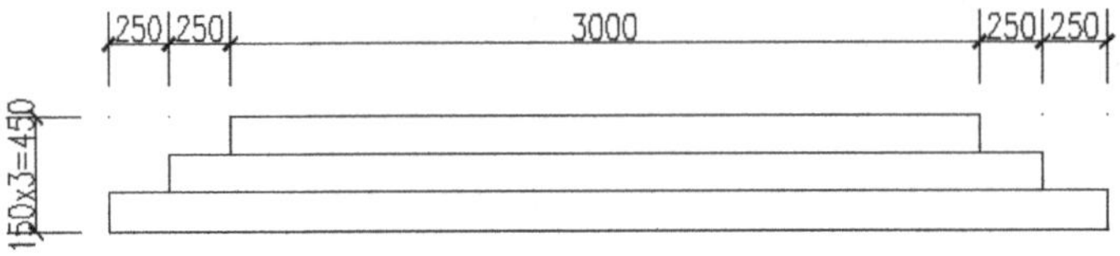

图 3-49

执行　M　移动命令，确定，将台阶移动到墙体的中点位置。

重复执行移动命令，捕捉门的右下角，将门立面图移动到最上端台阶的中点位置。

执行“CO　复制命令，确定，选择门立面图，复制一个放置在右侧，如图 3-50 所示。

执行“REC”矩形命令，绘制一个尺寸为 3500×200 的矩形，移动到门的正上方位置，如图 3-51 所示，然后向上移动 400，就得到雨篷，如图 3-52 所示。

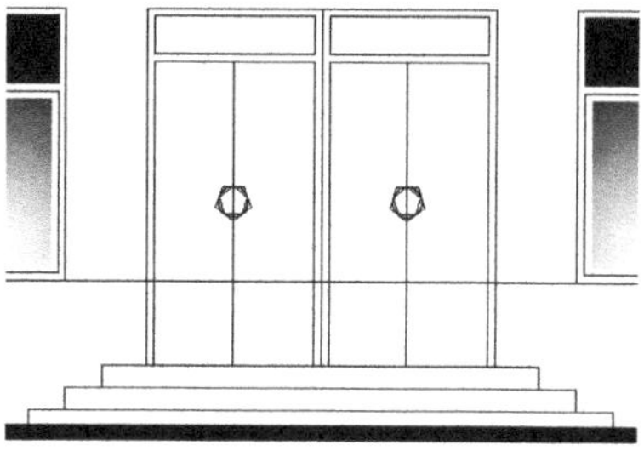

图 3-50

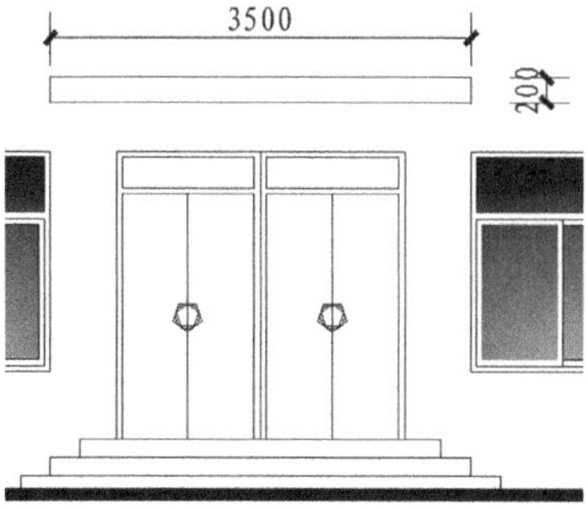

图 3-51

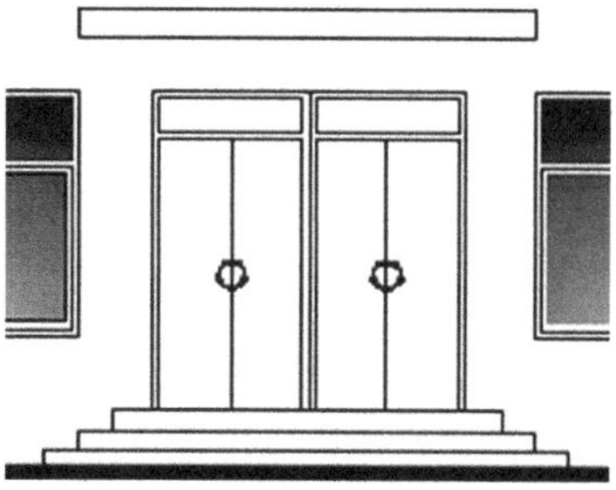

图 3-52

步骤 10 填充墙体图案。

将墙体图层置为当前。输入“H”填充命令，确定，修改填充参数，如图 3-53 所示。

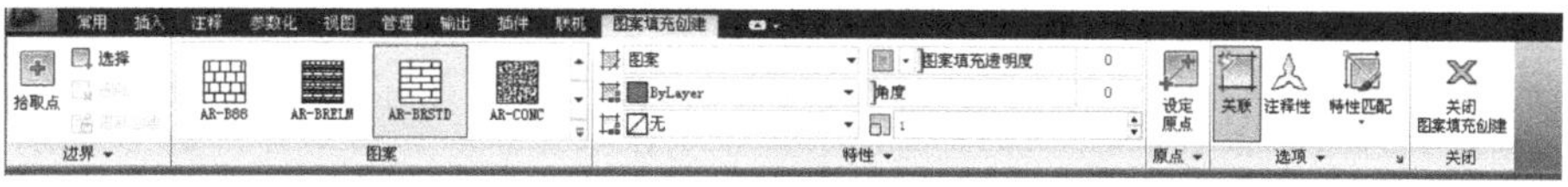

图 3-53

填充完毕后，有可能会发现，填充图案如图 3-54 所示，不是想要的。这时候可以选中填充图案，点取如图 3-55 所示位置。再单击普通孤岛检测方式右侧的箭头，如图 3-56 所示，选择外部孤岛检测方式，此时填充图案调整完毕，结果如图 3-34 所示。

图 3-54

> **提示：**
>
> 正确选择合适的孤岛检测方式，对于填充图案非常重要，请读者注意。

图 3-55

图 3-56

小结：

本章学习主要包括两个方面，第一是选择对象的方法，通过学会快速选择对象，可以方便、快捷地修改编辑图形对象，从而加快作图速度，提高作图质量。第二是图层的使用，利用图层管理图形对象，这是 **AutoCAD** 应用的精髓所在，读者一定要养成建立图层绘图的习惯，也就是只要绘图首先想到要建立图层。

第 4 章　进阶图案制作（　　）

【学习提示】上节学习了图层的概念，熟练运用图层可以极大地提高绘制图形时的清晰度和工作效率，尤其在绘制复杂图形时更为突出。在以后的学习中应继续深入并灵活运用图层。

【本节重点】图块的定义和插入，线型的调整。

【学习命令】“B”（Block 图块）、“I”（Insert 插入）、“REC”（Rectangle 矩形）、“PL”（Pline 多段线）、“BR”（Break 打断）、“CHA”（Chamfer 倒角）、“F”（Fillet 圆角）、“MI”（Mirror 镜像）、“SC”（Scale 比例缩放）、“ST”（Textstyle 文字样式）、“RO”（Rotate 旋转）。

4.1　矩形命令的应用

利用矩形命令（REC，Rectangle），可以绘制如图 4-1 所示的四种图形，方法是执行矩形命令过程中，通过选取子命令来设置矩形的线宽、倒角、圆角等步骤。

（1）命令行输入“REC”，确定，指定第一角点，任意给定，然后指定对角点，输入对角点坐标（@5000，3000），就可以得到如图 4-1a 所示。

（2）重复执行命令，直接按空格键，先不要指定第一角点，而是先输入“W”（width），更改线宽，输入值 200，确定。然后指定第一角点，任意给定，再指定对角点，输入对角点坐标（@5000，3000），就可以得到如图 4-1b 所示。

> 提示：
> 绘制矩形的时候要修改参数，要根据提示行提示在指定第一角点之前输入参数。

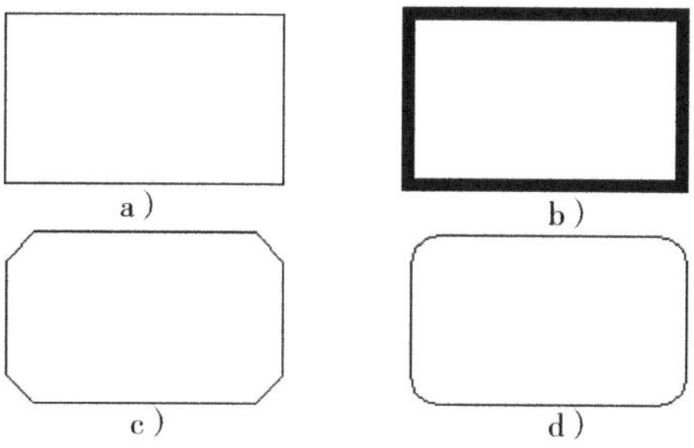

图 4-1

【命令步骤】

命令：REC

RECTANG

指定第一个角点或［倒角(C)/标高(E)/圆角(F)/厚度(T)/宽度(W)］：　　（输入 W）

指定矩形的线宽 <0.0000>： （输入 200）
指定第一个角点或 [倒角(C)/标高(E)/圆角(F)/厚度(T)/宽度(W)]： （单击任意点）
指定另一个角点或 [面积(A)/尺寸(D)/旋转(R)]： （输入@5000,3000）

（3）按空格键，再次重复，输入 W ，更改线宽为0，确定，然后输入 C （倒角），确定，指定倒角的第一段距离，输入500，确定，指定倒角的第二段距离，默认也是500，确定，指定第一角点，任意给定，然后指定对角点，输入对角点坐标（@5000，3000），就可以得到如图4-1c所示效果。

提示1：

调整线宽为“0”是恢复默认线宽，并不是实际为0。

提示2：

指定倒角时，需要通过两段距离来确定。而圆角只要一个半径即可。

【命令步骤】

命令：REC
RECTANG
当前矩形模式： 宽度=200.0000
指定第一个角点或 [倒角(C)/标高(E)/圆角(F)/厚度(T)/宽度(W)]： （输入 W）
指定矩形的线宽 <200.0000>： （输入 0）
指定第一个角点或 [倒角(C)/标高(E)/圆角(F)/厚度(T)/宽度(W)]：
（输入 C）
指定矩形的第一个倒角距离 <0.0000>： （输入 500）
指定矩形的第二个倒角距离 <500.0000>： （按〈Enter〉键确认 500）
指定第一个角点或 [倒角(C)/标高(E)/圆角(F)/厚度(T)/宽度(W)]： （单击任意点）
指定另一个角点或 [面积(A)/尺寸(D)/旋转(R)]： （输入@5000,3000）

（4）继续重复矩形命令，输入“F”（Fillet），确定，设置圆角，指定圆角的半径，输入500，确定。指定第一角点，任意给定，然后指定对角点，输入对角点坐标（@5000，3000），就可以得到如图4-1d所示。

提示：

设置圆角或倒角后，任意绘制矩形，可能没有任何变化。原因有两种可能，一种是由于矩形过小，边的长度不能满足倒角或圆角的要求，另一种是由于矩形过大，使边长远大于倒角距离或圆角半径，看起来不明显。

【命令步骤】

命令：REC
RECTANG
指定第一个角点或 [倒角(C)/标高(E)/圆角(F)/厚度(T)/宽度(W)]： （输入 F）
指定矩形的圆角半径 <0.0000>： （输入 500）
指定第一个角点或 [倒角(C)/标高(E)/圆角(F)/厚度(T)/宽度(W)]： （单击任意点）
指定另一个角点或 [面积(A)/尺寸(D)/旋转(R)]： （输入@5000,3000）

4.2 多段线

4.2.1 多段线的应用

“PL”（PLine 多段线）的应用较广，可以绘制多种图形，这里列举了五种常用类型，很多图案的绘制要输入子命令，在执行命令过程中，选择合适的子项目，进行设置后才可以绘制不同样式的图形。

（1）命令行输入　PL　，确定，要求指定图形的点，任意给定几个点就可以得到如图4-2a所示。

（2）重复执行“PL”命令，任意给定第一点，然后输入“W”（Width），设置线的宽度。注意，一条线段有两个点，起点和终点，那么确定线的宽度就会有起点宽度和终点宽度，因而接着给定起点宽度比如100，确定，终点宽度也是100，确定，这样就可以继续给定任意几个点而得到如图4-2b所示。

> **提示1**：
> 执行“PL”线设置参数时，需要先指定多段线的第一点后再输入对应的参数。这一点与矩形命令不同。
>
> **提示2**：
> 在输入宽度的时候，可以输入数值确定宽度，也可以用鼠标在绘图区域连续单击两点来确定宽度。

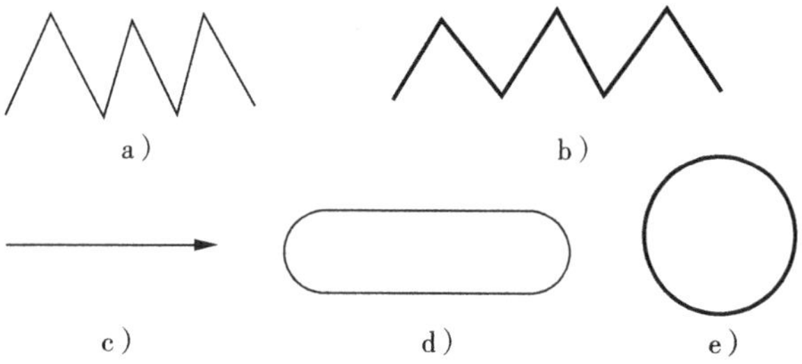

图4-2

【命令步骤】

命令：PL

PLINE

指定起点：　　（单击任意点）

当前线宽为 0.0000

指定下一个点或［圆弧(A)/半宽(H)/长度(L)/放弃(U)/宽度(W)］：　　（输入W）

指定起点宽度 <0.0000>：　　（输入100）

指定端点宽度 <100.0000>：　　（按〈Enter〉键确定也是100）

指定下一个点或［圆弧(A)/半宽(H)/长度(L)/放弃(U)/宽度(W)］：　　（单击下一个任意点）

（3）重复执行“PL”命令，任意给定第一点，输入“W”，确定，更改线宽为0，确定，打开正交模式，指定下一点输入3000，然后再输入“W”，确定，设置宽度，起点宽度输入0，确定，端点宽度为300，确定，然后向起点方向指定另外一点输入600，形成如图4-2c所示的箭头样式，确定。注意此时要保证在正交模式打开的情况下绘制图形。

> **提示**：
> “PL”多段线绘制箭头时，也可以设置起点宽度为300，结束点宽度为0，只是在绘制线的方向上有所不同。

【命令步骤】

命令：PL

PLINE

指定起点：　　（单击任意点）

当前线宽为 100.0000

指定下一个点或［圆弧(A)/半宽(H)/长度(L)/放弃(U)/宽度(W)］：　　（输入W）

指定起点宽度 <100.0000>: （输入0）
指定端点宽度 <0.0000>: （按〈Enter〉键确认也是0）
指定下一个点或[圆弧(A)/半宽(H)/长度(L)/放弃(U)/宽度(W)]: <正交 开> （输入3000）
指定下一点或[圆弧(A)/闭合(C)/半宽(H)/长度(L)/放弃(U)/宽度(W)]: （输入W）
指定起点宽度 <0.0000>: （按〈Enter〉键默认0）
指定端点宽度 <0.0000>: （输入300）
指定下一点或[圆弧(A)/闭合(C)/半宽(H)/长度(L)/放弃(U)/宽度(W)]: （输入600）

（4）重复执行“PL”命令，任意给定第一点，输入“W”，更改线宽为0，确定，指定第二点输入3000，再输入“A”（Arc圆弧），确定，此时多段线成为圆弧段，指定圆弧的下一点输入（@0，-1000），然后再输入“L”（Line），确定，指定下一点输入3000，绘制直线段，再次输入“A”圆弧命令，捕捉起点作为圆弧的结束点，按〈Enter〉键结束得到如图4-2d所示。

【命令步骤】

命令: PL
PLINE
指定起点: （单击任意点）
当前线宽为300.0000
指定下一个点或[圆弧(A)/半宽(H)/长度(L)/放弃(U)/宽度(W)]: （输入W）
指定起点宽度 <300.0000>: （输入0）
指定端点宽度 <0.0000>: （按〈Enter〉键确认也是0）
指定下一个点或[圆弧(A)/半宽(H)/长度(L)/放弃(U)/宽度(W)]: （输入3000）
指定下一点或[圆弧(A)/闭合(C)/半宽(H)/长度(L)/放弃(U)/宽度(W)]: （输入A）
指定圆弧的端点或
[角度(A)/圆心(CE)/闭合(CL)/方向(D)/半宽(H)/直线(L)/半径(R)/第二个点(S)/放弃(U)/宽度(W)]:
（输入@0，-1000）
指定圆弧的端点或
[角度(A)/圆心(CE)/闭合(CL)/方向(D)/半宽(H)/直线(L)/半径(R)/第二个点(S)/放弃(U)/宽度(W)]: （输入L）
指定下一点或[圆弧(A)/闭合(C)/半宽(H)/长度(L)/放弃(U)/宽度(W)]: （输入3000）
指定下一点或[圆弧(A)/闭合(C)/半宽(H)/长度(L)/放弃(U)/宽度(W)]: （输入A）
指定圆弧的端点或
[角度(A)/圆心(CE)/闭合(CL)/方向(D)/半宽(H)/直线(L)/半径(R)/第二个点(S)/放弃(U)/宽度(W)]: （捕捉起点）

（5）重复执行“PL”命令，任意给定第一点，输入“W”，确定，更改线宽为100，确定，指定起点，然后输入“A”，确定，给定圆弧终点输入（@0，-2000），然后捕捉起点，确定。这样就可以得到如图4-2e所示。

4.2.2 PL线绘制实例分析

“PL”线绘制的图形对象是一个整体，在执行编辑修改命令时有着非常大的优势，比如可以一次性选择。这里通过绘制楼梯踏步侧立面来进行比较。

首先执行“L”线段命令，确定，任给第一点，然后利用方向距离输入，依次输入300、150、300、150、300、150等，如图4-3a所示。

执行“PL”多段线命令，以同样的尺度绘制，如图4-3b所示。

执行　O　偏移命令，绘制双线效果，输入偏移距离 50，分别对图 4-3 中的两个图形偏移，结果如图 4-4 所示。通过执行命令比较发现，　L　线绘制的图形不仅需要多次偏移，而且得到的图形还不符合要求，而　PL　线绘制的图形，一次选择偏移即可完成最终需要的图形。

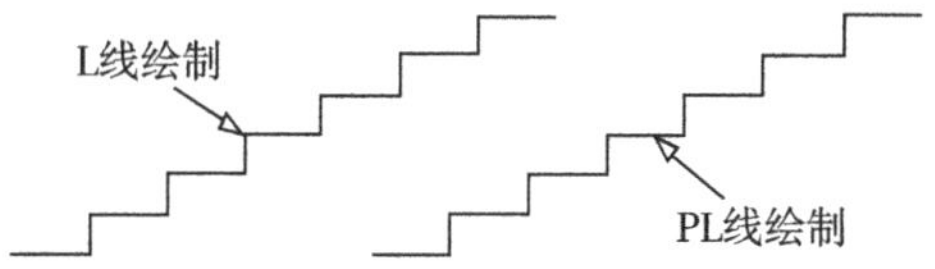

a）　　b）

图 4-3

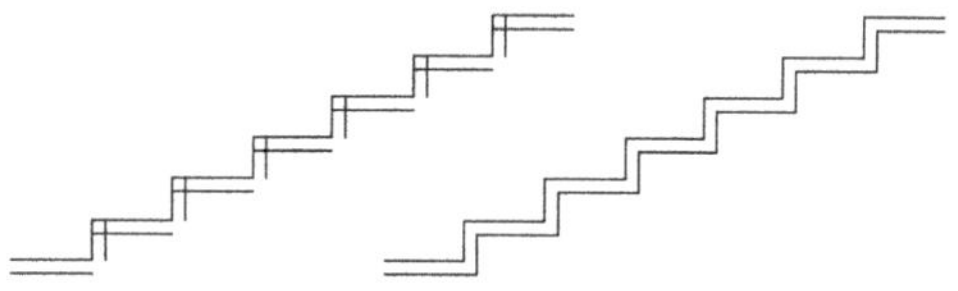

a）　　b）

图 4-4

下面再利用“PL”线绘制一个 400 米标准跑道。标准跑道的内圈直段跑道为 85960mm，弯道半径为 36500mm，跑道最小宽度为 1220mm。

输入“PL”命令，确定，任意给定第一点，十字光标右移，正交打开，输入直段长度 85960，然后输入“A”，确定，绘制圆弧段，输入下一点坐标为（@0，73000），再输入“L”，确定，输入直段长度 85960，再输入“A”，确定，捕捉第一个点，确定结束，如图 4-5 所示。

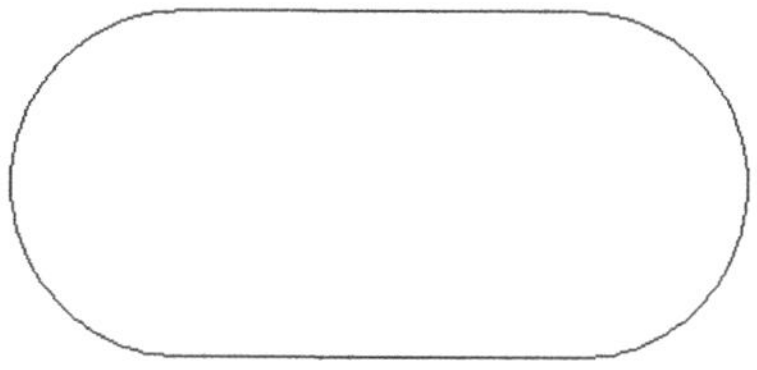

图 4-5

【命令步骤】

命令:PL

PLINE

指定起点:

当前线宽为 0.0000

指定下一个点或［圆弧(A)/半宽(H)/长度(L)/放弃(U)/宽度(W)］:　　(输入 85960)

指定下一点或［圆弧(A)/闭合(C)/半宽(H)/长度(L)/放弃(U)/宽度(W)］:　　(输入 A)

指定圆弧的端点或

［角度(A)/圆心(CE)/闭合(CL)/方向(D)/半宽(H)/直线(L)/半径(R)/第二个点(S)/放弃(U)/宽度(W)］:

(输入@0,73000)

指定圆弧的端点或

［角度(A)/圆心(CE)/闭合(CL)/方向(D)/半宽(H)/直线(L)/半径(R)/第二个点(S)/放弃(U)/宽度(W)］:

(输入 L)

指定下一点或［圆弧(A)/闭合(C)/半宽(H)/长度(L)/放弃(U)/宽度(W)］:　　(输入 85960)

指定下一点或［圆弧(A)/闭合(C)/半宽(H)/长度(L)/放弃(U)/宽度(W)］:　　(输入 A)

指定圆弧的端点或

［角度(A)/圆心(CE)/闭合(CL)/方向(D)/半宽(H)/直线(L)/半径(R)/第二个点(S)/放弃(U)/宽度(W)］:

执行“O”偏移命令，确定，输入偏移距离 1220，单击绘制的多段线，向外侧偏移得到八条线段，如图 4-6 所示。

图 4-6

4.3 矩形阵列

4.3.1 椅子绘制与阵列

绘制如图 4-7 所示的椅子顶视图案，再使用阵列命令绘制如图 4-8 所示的图案。

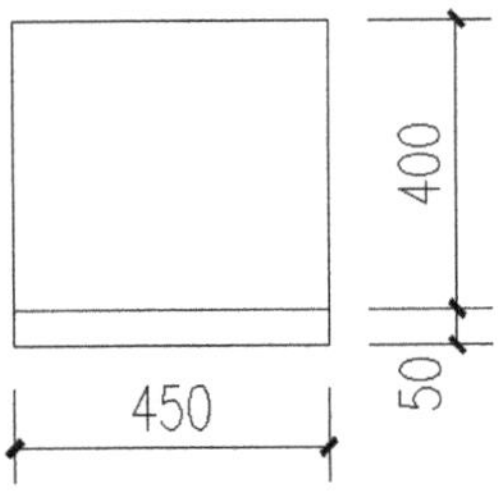

图 4-7

图 4-8

【操作步骤】

执行“AR”阵列命令，确定，选择椅子图案，确认，根据提示输入“R”，确认，表示选择矩形阵列的方式，功能区自动进入“阵列创建”选项卡，如图 4-9 所示。

选项卡中有很重要的两大区域，第一区域是关于列的三个参数，这三个参数只要知道了其中的两项就可以了，同样第二区域是关于行的三个参数。

改变列数为 8，列间距为 500，行数 4，行间距 800，如图 4-9 所示。绘图区域会自动产生预览。如果满意，确定，或单击选项卡右侧的“关闭阵列”，退出阵列命令。如果不太满意可以继续调整选项卡，直到满意为止。

当再次单击阵列中的某一个对象的时候，发现并不像以前的版本或者并不像复制之后产生的单个物体一样，而是成为一个整体。选中阵列整体以后，功能区自动显示“阵列”选项卡，如图 4-10所示。类似于填充命令，如果对阵列不满意，可以在这里进行修改，直到满意为止。

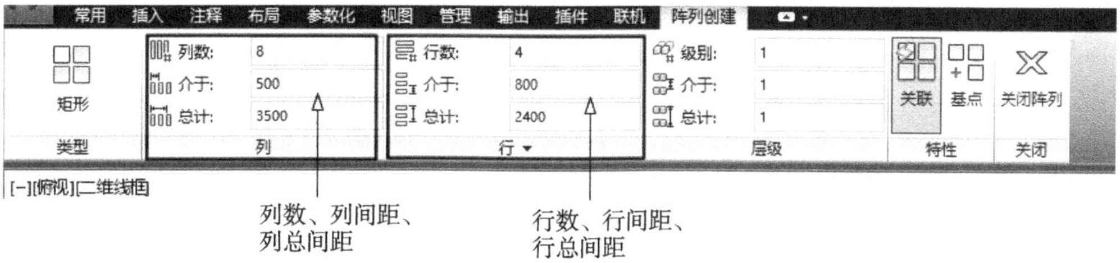

图 4-9

图 4-10

4.3.2　立面窗户阵列方式绘制

在第 3 章中绘制立面图窗户的时候，采用的是复制命令进行多个窗户的创建，这里使用矩形阵列的方式创建多个窗户。

执行“AR”阵列命令，确定，选择第一个窗户，确定，键盘输“R”，确认。修改阵列创建选项卡，如图 4-11 所示，确定，退出阵列命令，完成窗户的阵列，如图 4-12 所示。

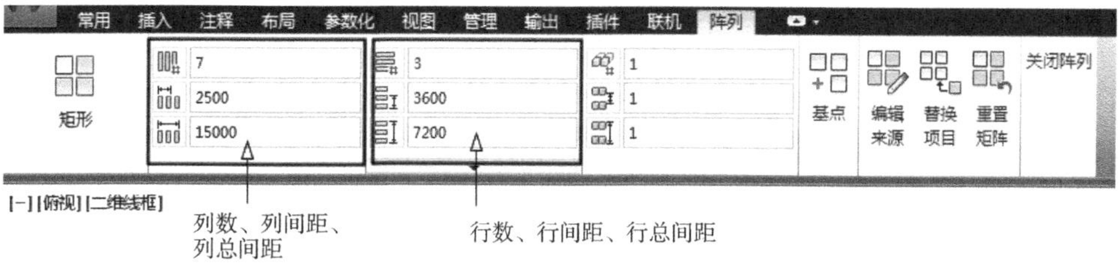

图 4-11

图 4-12

注意：在 AutoCAD 2013 中的阵列完成后，所有窗户变为一个整体，要想删除第一排中间的窗户，必须先执行 X 分解命令，将阵列分解，然后才能够执行删除命令将第一排中间的窗户删除，如图 4-13 所示。

图 4-13

4.4 图块的应用

4.4.1 图块的意义

图块是绘制在一个或几个图层上的不同特性对象的组合。创建图块就是将多个对象合并为一个对象，以方便在绘图过程中的编辑和修改。

图块有多种，常见的有内部块、外部块、属性块、动态块和注释性块等。

创建图块可以有多种方法，这里的“B”（Block 命令）就是用于创建内部图块的方法。

每个块定义都包括块名、一个或多个对象、用于插入块的基点坐标值和所有相关的属性数据。

图块的应用：

（1）绘制图纸时，经常会出现大量的相同对象或内容，或者绘制的图形和已有的图形相同，这时把需要重复绘制的内容创建成图块，然后可以多次直接插入这些图形。

（2）已经存在的图形文件，可以通过图块定义直接插入到现有图形中。

（3）带有文本信息的图形，可以创建带有属性定义的图块，当插入图块时，用户可以重新指定文本信息。

（4）块定义可以包含可向块添加动态行为的元素，这增加了几何图形的灵活性和智能性。如果在图形中插入了带有动态行为的块参照，则可以通过自定义夹点或自定义特性（取决于块的定义方式）来操作该块参照中的几何图形。还可以约束块几何图形。

图 4-14

4.4.2 图块制作实例分析

【思路分析】 图块的制作和插入是非常重要的内容，创建如图 4-14 所示的图块，主要练习图块的制作和反复插入，同时也练习绘制圆弧命令时对象捕捉的灵活运用。

【作图步骤】

步骤① 绘制叶子。

命令行输入　A　圆弧命令，确定，任意给定三点确定一个圆弧，然后绘制多个圆弧，三个圆弧组成一片叶子，注意图案要尽量美观，同时要逆时针方向执行圆弧命令，得到叶子，如图 4-15 所示。

图 4-15

> **提示：**
> 当绘制多个圆弧时，有时并不能准确点到目标点，这是因为对象捕捉的原因，所以在绘制过程中要灵活开关对象捕捉功能。

步骤② 绘制花瓣。

执行“POL”多边形命令，确定，指定圆心，绘制一个六边形，尺度控制大小合适即可。

执行“C”圆命令，确定，以六边形的六个点为圆心，六边形的边长为半径，绘制六个圆，如图 4-16a 所示。

执行“TR”修剪命令，确定，选择多边形为边界，对圆进行剪切得到六个花瓣，如图 4-16b 所示。

执行“E”删除命令，确定，删除多边形。

执行“H”填充命令，选择渐进色填充。绘图效果如图 4-16c 所示。

步骤③ 制作花瓣图块。

输入“B”图块命令，确定，弹出图块定义对话框，如图 4-17 所示。

a)　　b)　　c)

图 4-16

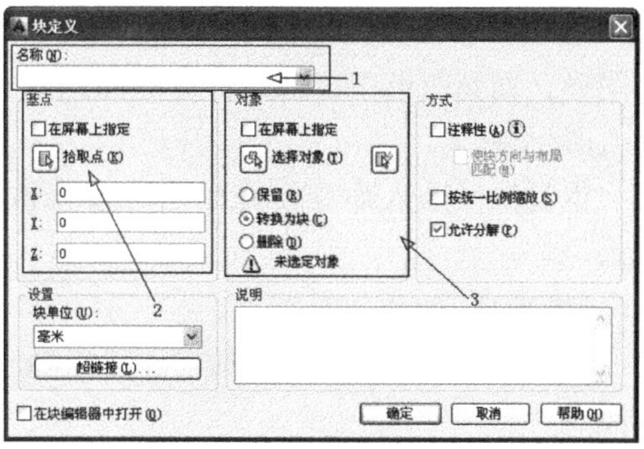

图 4-17

定义图块需要三个步骤：

第一步给定图块名称，比如命名为“花瓣”。

第二步选择基点，选择基点有两种方法，一种是拾取点方式，一种是输入坐标方式。这里，单击到图形中拾取，选择的基准点一定要和图形中明确的点相关，不能随意选择，以便插入图块时的引入。这里选择花瓣的中心。

第三步，单击，选择需要做图块的对象。这里选择花瓣。

调整好这三步以后，就可以看到如图 4-18 所示的对话框，此时在方框区域内，可以看到图块的预览图像。

单击确定，就完成了花瓣图块的制作。

步骤④ 插入花瓣。

要将制作好的图块引入到当前图形中，需要执行“I”（Insert）插入命令。

输入命令“I”插入，确定，就可以得到如图 4-19 所示的插入图块对话框。

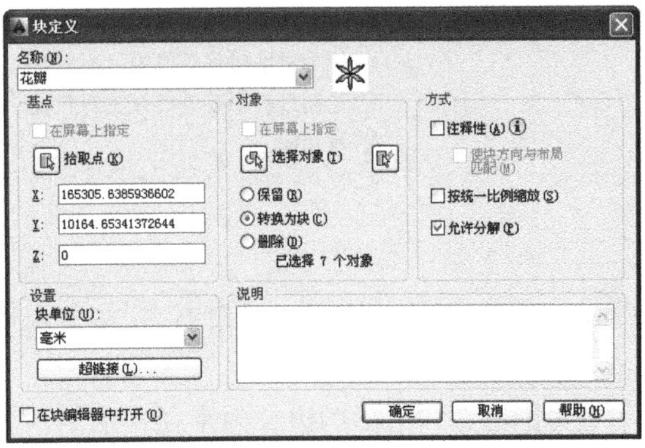

图 4-18

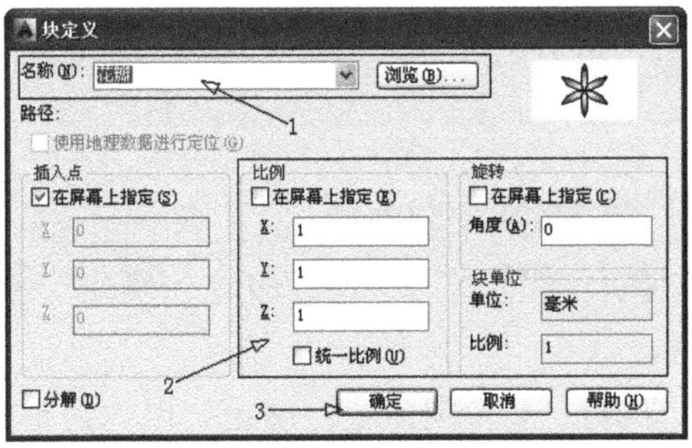

图 4-19

第一步，选择插入的图块名称，如果在一个图形中有多个图块，那么需要单击图 4-19 中 1 位置的下拉按钮选择插入的图块名称。

第二步调整插入图块的比例，X、Y、Z 可以分别调整，也可以使用 □统一比例(U)，统一比例缩放。

还可以调整插入时的旋转角度以及单位。

第三步单击确定，就可以得到如图 4-20 所示的图形，回到图形中，选择合适的插入点，就可以引入图形中。

> **提示：**
>
> 指定基点在制作图块时非常重要，这是很多初学者容易忽略的，因为若不指定基点，会按照默认的（0，0，0）点为基点制作出图块。但是这样在执行“I”插入图块时，就难以找到插入点。

重复执行插入命令，并在第二步修改相应的比例和旋转角度，得到如图 4-14 所示的效果。

步骤⑤ 制作花朵图块。

执行“B”图块命令，将绘制好的叶子和所有的花瓣选中，命名图块为花朵，确定完成。

然后执行“I”（Insert 插入）命令，将花朵按不同比例插入到当前图形中，并执行“PL”线绘制篱笆，形成一个花丛效果，如图 4-21 所示。

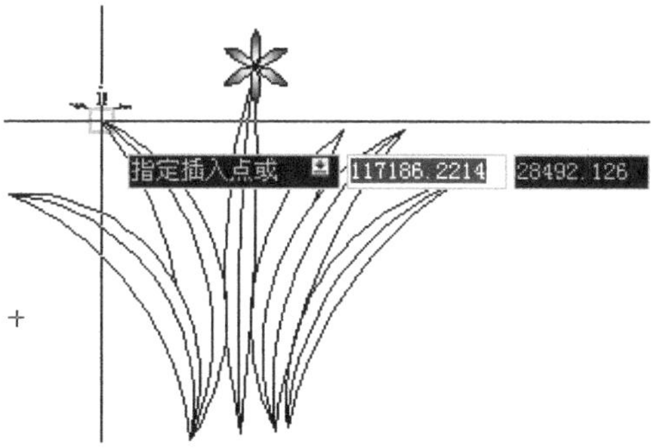

图 4-20

图 4-21

4.5 十字路口平面图的制作

【思路分析】 绘制如图 4-22 所示的十字路口，关键就是要找到切入点，知道第一条线从何处开始绘制。

这个图形是一个对称的十字路口，要绘制道路、人行道、车行线等都要先从绘制辅助线开始，那么就选择从十字路口的中心线开始。先绘制辅助线，然后绘制人行道线、车行线、斑马线、绿化等。

【学习命令】 “B”（Block 图块）、“I”（Insert 插入图块）、“PL”（Pline 多段线）、“BR”（Break 打断）、“CHA”（Chamfer 倒角）、“F”（Fillet 圆角）、“MI”（Mirror 镜像）、“SPL”（Spline 自由曲线）、“LT”（Linetype 线型）、“RO”（Rotate 旋转）。

【作图步骤】

步骤① 创建图层。

命令行输入“LA”，确定，建立辅助线、道路线、人行道、绿化带、斑马线、车行线、文字等图层，设置好各图层颜色。

步骤② 绘制辅助线。

设置当前图层为辅助线层，绘制辅助线。

执行“L”命令确定，绘制一条长度 50000 的水平线和一条长度 50000 的垂直线。

执行“M”移动命令，确定，设置对象捕捉的中点，移动两条线的中心点重合，这样就可以得到十字路口的中心线。

执行“O”偏移命令，确定，分别向各自两侧偏移距离 8000，再偏移距离 2000，这样就可以得到图 4-23 所示的辅助线。

步骤③ 转换图层。

把原本属于辅助线层的部分线段转换到道路线图层。

方法一，确保命令行中没有命令执行，直接选择所需要转换图层的线段，本图选择除道路中心线以外的其余线段，如图 4-24 所示，然后单击图层面板工具条位置的下拉按钮如图 4-25 所示，选择道路线图层，完成转换。这样可以不用再绘制道路线。

图 4-22

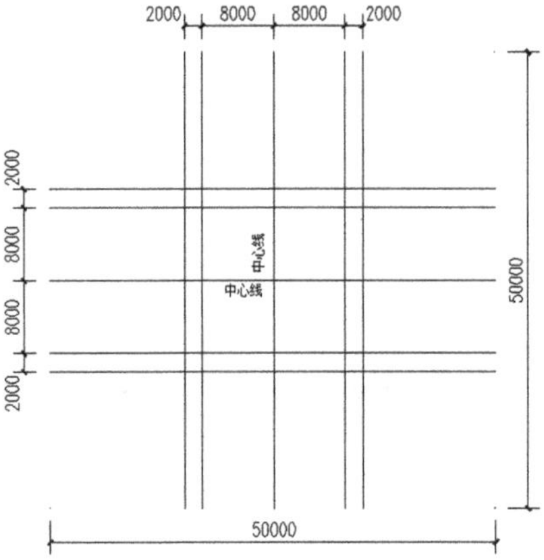

图 4-23

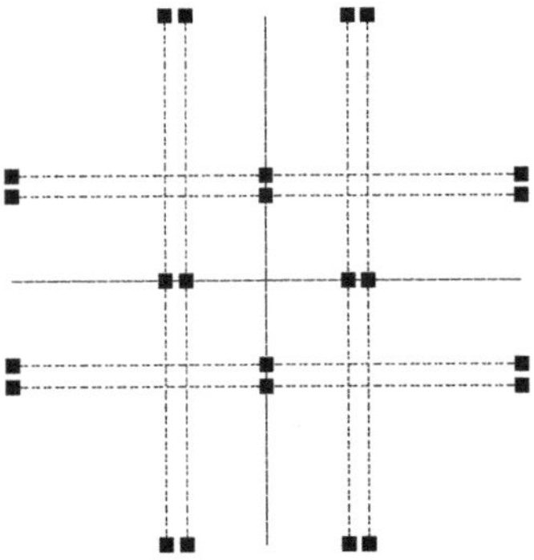

图 4-24

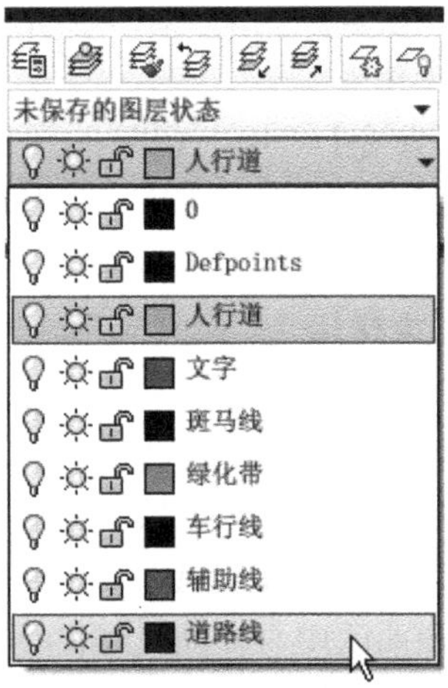

图 4-25

方法二，先转换道路线为当前图层，然后点击功能区图层面板处的“图层”，在展开的图层面板单击工具，如图 4-26 所示。

实际相当于当前图层为道路层时执行“Laycur”命令，即在命令行输入“Laycur”，确定，然后选择除中心线以外的辅助线，就可以转换到道路线图层。

步骤④ 打断道路线。

执行“BR”打断命令，该命令步骤简洁，容易使用。

命令行输入“BR”，确定，选择需要打断的线段或弧段，移动鼠标选择第 2 点，这样就可以把一条线段打断为两条，如图 4-27 所示。

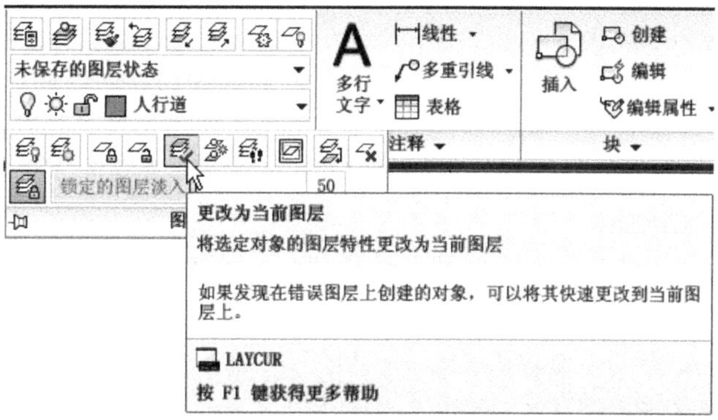

图 4-26

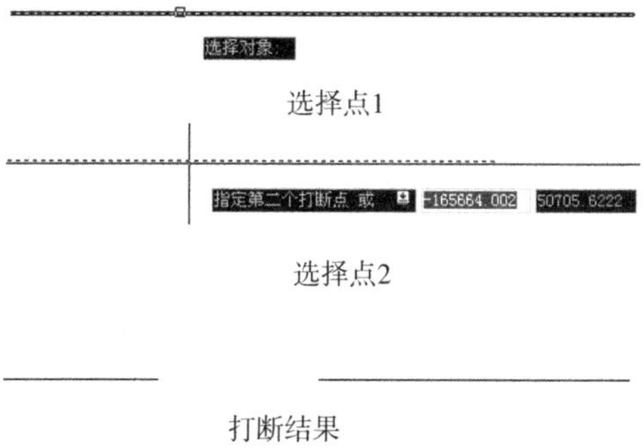

图 4-27

> 💡 **提示：**
>
> “BR”打断命令，也可以将一条线段在某一点打断，但是不断开。在执行命令时，先指定第一点，然后输入“@”为第二点，按〈Enter〉键即可。

分别对八条道路线段进行打断操作就可以得到如图 4-28 所示的打断线段后的效果。

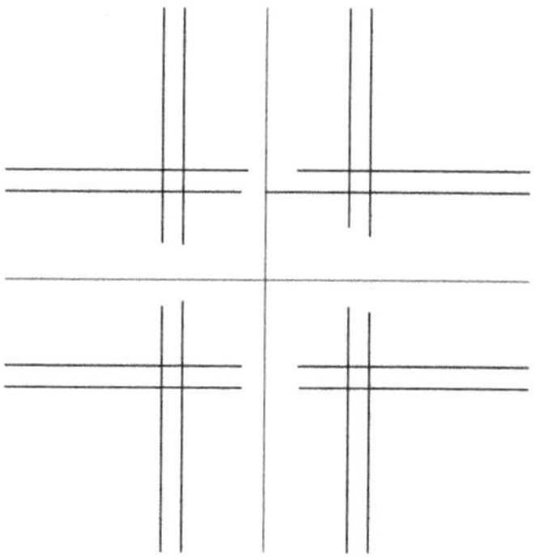

图 4-28

【命令步骤】

命令：BR　BREAK 选择对象　　　　（选择对象）

指定第二个打断点 或［第一点(F)］：　　　　（选择第二点）

步骤⑤ 绘制道路倒角。

执行“CHA”（Chamfer）倒角命令，对两条不平行的线段进行倒角。该命令关键就是设置两段倒角的距离，两段距离可以相同也可以不同。

输入“CHA”倒角命令，确定，输入“D”距离命令，确定，给定第一段倒角距离，比如 2000，确定，再给定第二段倒角距离，默认也是 2000，确定，然后分别选择需要倒角的两条线段。

全部倒角后可以看到如图 4-29 所示的效果。

【命令步骤】

命令:CHA　CHAMFER

（“修剪”模式）当前倒角距离 1 = 0.0000,距离 2 = 0.0000

选择第一条直线或［放弃(U)/多段线(P)/距离(D)/角度(A)/修剪(T)/方式(E)/多个(M)]：

（输入 D）

指定第一个倒角距离 <0.0000>: (输入2000)
指定第二个倒角距离 <2000.0000>: (按〈Enter〉键确认)
选择第一条直线或[放弃(U)/多段线(P)/距离(D)/角度(A)/修剪(T)/方式(E)/多个(M)]:
(选择第一条线)
选择第二条直线,或按住Shift键选择要应用角点的直线: (选择第二条线)

步骤⑥ 绘制道路圆角。

执行“F”(Fillet)圆角命令，对两条线段进行圆角，该命令关键就是设置圆角的半径。

输入“F”圆角命令，确定，输入“R”(Radius)，确定，设置圆角半径，比如3000，确定，然后分别选择需要圆角的两条线段。

> 提示：
> 倒角命令对平行的两条直线是无效的。
> 圆角命令对平行的两条直线是有效的。

全部圆角后可以看到如图4-30所示的效果。

【命令步骤】

命令：F FILLET
当前设置：模式 = 修剪，半径 = 0.0000
选择第一个对象或[放弃(U)/多段线(P)/半径(R)/修剪(T)/多个(M)]: (输入R)
指定圆角半径 <0.0000>: (输入3000)
选择第一个对象或[放弃(U)/多段线(P)/半径(R)/修剪(T)/多个(M)]: (选择第一条线)
选择第二个对象,或按住Shift键选择要应用角点的对象: (选择第二条线)

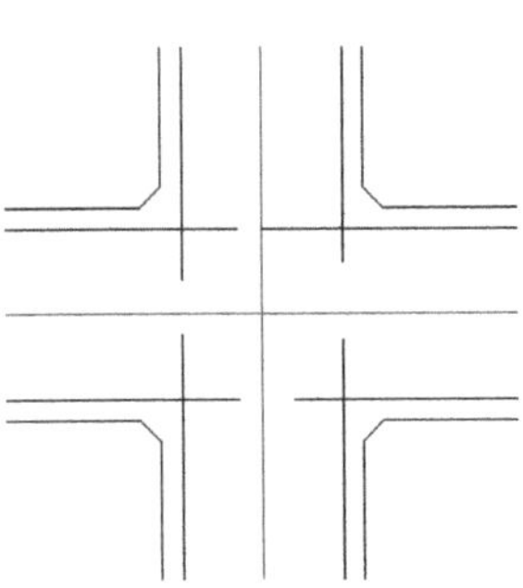

图4-29

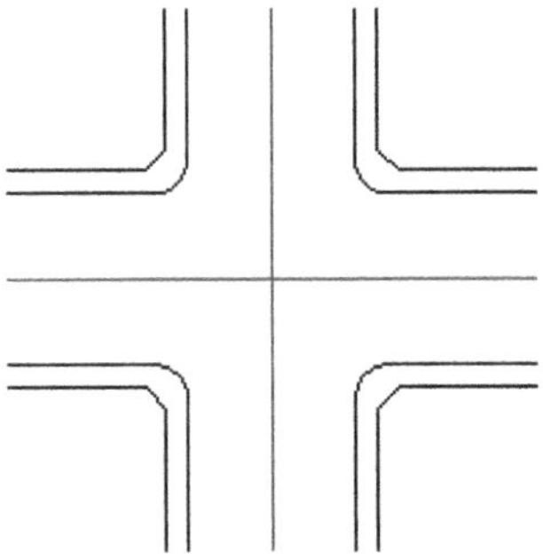

图4-30

步骤⑦ 填充人行道。

切换到辅助线图层。

执行“REC”矩形命令，确定，绘制一个尺寸为50000×50000的矩形。

执行“M”移动命令，捕捉矩形的中间点为基点，捕捉矩形中间点的方法有多种，这里学习对象捕捉追踪的方式，按〈F11〉键或单击状态栏确保捕捉追踪打开。当提示指令基点时移动到如图4-31所示矩形一边中点1处停留1秒，移开十字光标，此时中点1处会出现“+”，“+”的意义在于当光标移动到此点水平和垂直位置时就会出现一条潜在的虚线，便于用户捕捉到一些点。同样光标移动到相邻边中点2处停留1秒，此点也出现“+”，如图4-31所示。光标移动到矩形中心位置，出现如图4-32所示现象，单击左键，可以轻松捕捉到矩形中心点。移动到十字路口对应的中心线的端点为第二点，矩形移动结果如图4-33

所示。

转换到人行道图层，执行　H　命令进行填充，选择铺地图案，调整合适的比例，就可以得到如图 4-33 所示的效果。

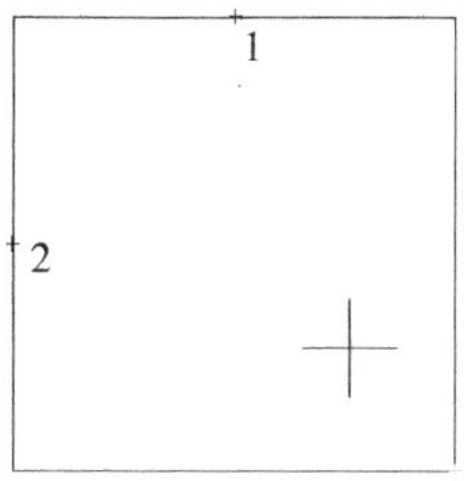

图 4-31

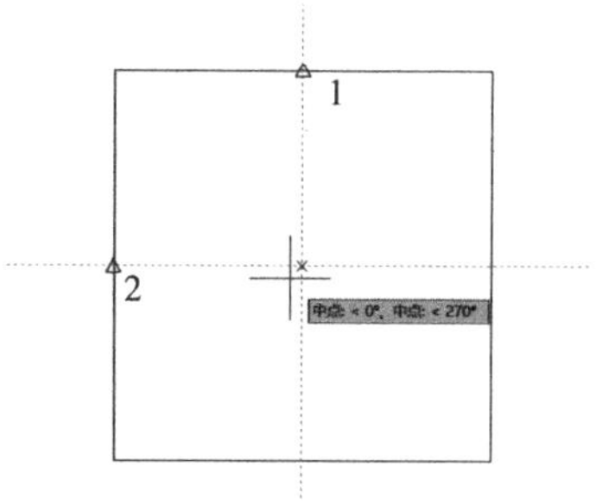

图 4-32

> 提示：
> 对象捕捉追踪功能是建立在对象捕捉功能之上，使用对象捕捉追踪功能必须打开对象捕捉。

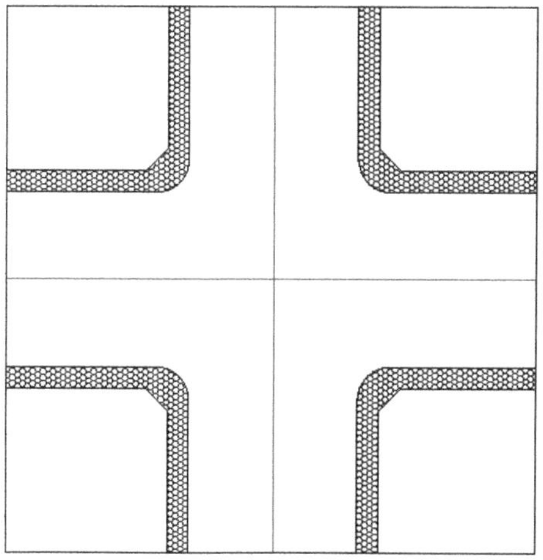

图 4-33

步骤⑧ 绘制四角的绿化，首先要绘制一棵树的图案，参照第 2 章的做法，绘制一个圆，然后执行“XL”命令绘制构造线，再进行必要的修剪。

对于这个图案，因为由多条线段及圆组成，所以最好使用图块命令，将树的图案组合在一起而做成图块。

执行“B”图块命令，将树的平面做成图块，命名为“树”。

然后执行“I”插入命令，设置不同的比例就可以得到如图 4-34 所示的图案效果。

为了丰富效果，执行圆命令和剪切命令做几个简单图案，最终效果如图 4-34 所示。

步骤⑨ 绘制绿化区小路。

执行“SPL”自由曲线命令，来绘制绿化区中间的步行小路。

命令行输入“SPL”，确定，如同绘制“L”线一样，给定曲线的多个点。

按照图 4-35 所示的路线，绘制三条“SPL”线，注意绘制的时候起点和结束点要比边线长出一些，再执行“TR”命令，剪切掉多余部分，以确保形成封闭的区域。最后执行“H”

填充命令对小路进行填充。

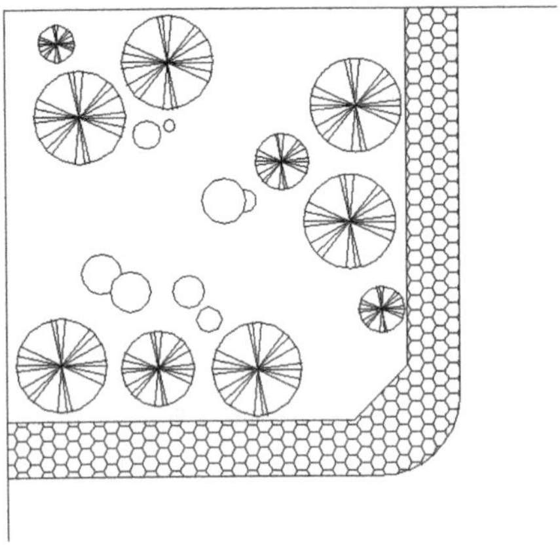

图 4-34

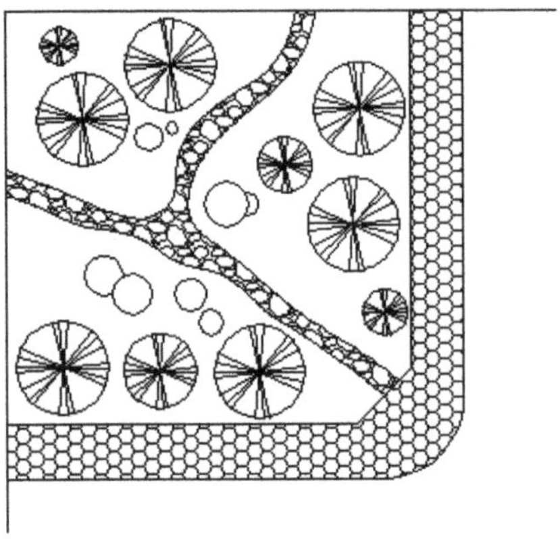

图 4-35

```
命令：SPL
SPLINE
指定第一个点或［对象(O)］:                                    （指定第一点）
指定下一点：（指定其他点）
指定下一点或［闭合(C)/拟合公差(F)］ <起点切向>:                 （指定其他点）
指定下一点或［闭合(C)/拟合公差(F)］ <起点切向>:
……                                                          （指定其他点）
指定下一点或［闭合(C)/拟合公差(F)］ <起点切向>:                 （指定其他点）
指定起点切向：                                                （指定起点切线方向）
指定端点切向：                                                （指定结束点切线方向）
```

步骤 10 镜像绿化区。

执行“MI”（Mirror）镜像命令，绘制其他各角的绿化。

为方便选择对象，关闭道路线和人行道图层。

命令行输入“MI”，确定，选择需要镜像的对象即该绿化区的所有绿化和小路，确定，指定镜像位置的第一点，再指定第二点。镜像命令的名称非常形象，就是将物根据“镜子”的位置产生对称效果的图形，重点在于确定“镜子”的位置。

这里利用捕捉选择垂直的辅助线，确定。但是要注意，此时并没有生成镜像的对象，而是在命令行给出提示，问是否删除原有对象？默认为否，确定，那么就可以得到右侧角的绿化。

用同样的方法继续执行，那么就可以镜像得到下面的绿化。然后打开道路线和人行道图层，就可以看到如图 4-36 所示的效果。

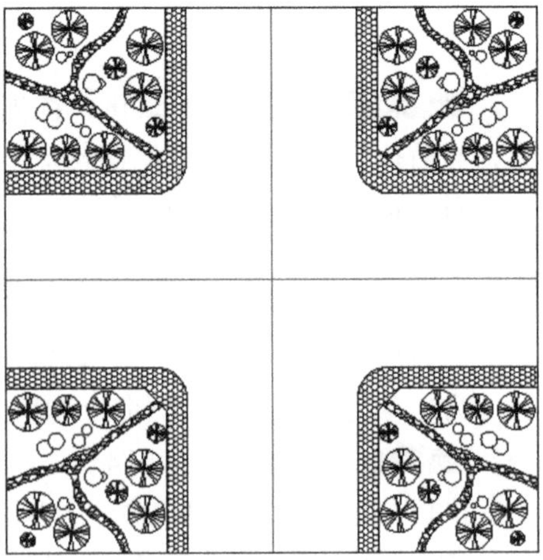

图 4-36

【命令步骤】

命令：MI
MIRROR
选择对象：指定对角点：找到 22 个　　（选择对象）
选择对象：　指定镜像线的第一点：　　（捕捉镜像第一点）
指定镜像线的第二点：　<正交 开>　　（捕捉镜像第二点）
要删除源对象吗？[是(Y)/否(N)]〈N〉：　　（按〈Enter〉键确认不删除）

步骤 11 绘制斑马线。

转换到斑马线图层，绘制粗实线代表斑马线。

命令行输入“PL”，确定，指定第一点，输入“W”（Width）确定，设置线的宽度，指定线的起点和结束点宽度都是 500。然后指定第二点，得到斑马线。

> **提示：**
> 很多命令在指定距离值时可以通过键盘输入数据，也可以通过在绘图区域指定两个点，用这两个点的距离表示。

执行“O”偏移命令，确定，给定偏移的距离。这里给定偏移距离的方法，不通过键盘输入具体的数值，而是利用鼠标指针在绘图区域指定 a、b 两点距离来确定偏移距离，如图 4-37 所示。再选择绘制好的斑马线连续偏移，就能得到如图 4-38 所示的效果。

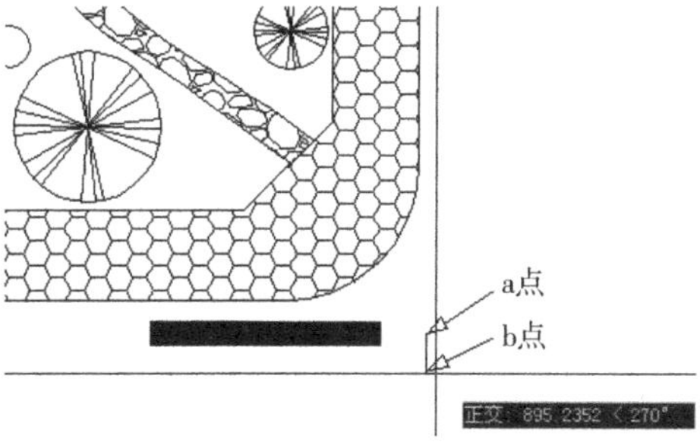

图 4-37

图 4-38

执行“MI”镜像命令，从左侧斑马线镜像到右侧。但是上下两侧的斑马线如何做呢？

还是要通过镜像命令，只不过镜像的参考线不同，将水平方向左右两侧的斑马线选中，然后镜像线第一点选择辅助线中心交点，第二点输入（@1 <45），如图 4-49 所示，这样就可以得到上下的斑马线。

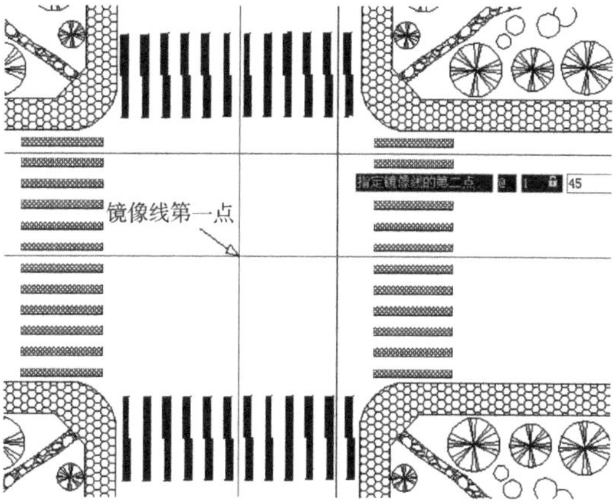

图 4-39

步骤 12 绘制马路中间的绿化带。

马路中间的绿化带样式如图 4-40a 所示，使用前面所学的命令可以有三种方法进行绘制。

首先绘制好如图 4-40b 所示的辅助线。执行 O 偏移命令，输入偏移距离为500，选择水平中心线，在道路水平方向线上下各产生一条，再绘制两条垂直线段，形成如图4-40b所示的辅助线。

转换到绿化图层开始绘制中心绿化带。

方法一，执行 REC 矩形命令，在1243区域绘制矩形，再执行“C 圆命令并分别以线段13和线段24为直径绘制圆，然后执行剪切。完成后执行“O”偏移命令，向内偏移距离100即可。

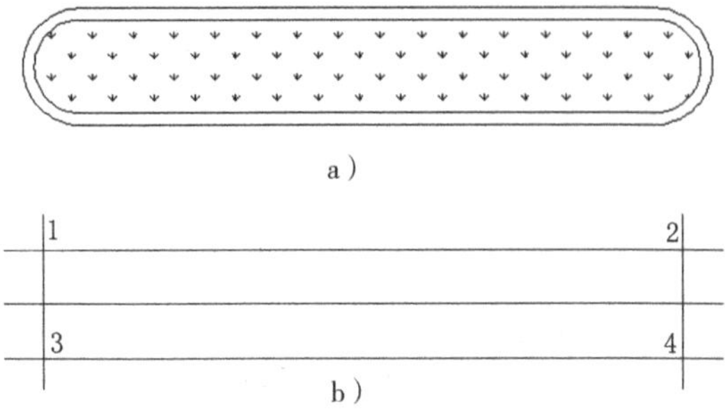

图4-40

方法二，执行“PL”多段线命令，起点为1，第二点为2，输入“A”，绘制弧段，选择点4，输入“L”，指定点3，再次输入“A”，绘制圆弧，捕捉点1，可以得到绿化带的外环，然后执行“O”偏移命令，向内偏移距离100即可。

方法三，执行“REC”矩形命令，确定，输入“F”，设置矩形的圆角半径为500，捕捉点1和点4作为矩形的两个对角点，可完成绿化带的外环，最后执行“O”偏移命令，向内偏移距离100即可。

绘制好的绿化带执行“H”命令进行填充图案，再执行“MI”镜像命令可以得到右侧的绿化带，继续执行“MI”镜像命令得到垂直道路段的绿化带。

步骤13 绘制简单的车行指示线。

转换到斑马线图层，执行“PL”命令，指定起点位置，输入“W”设置线的宽度，起点500，终点500，然后指定第二点，再次输入“W”，设置宽度，起点1000，终点0，指定第三点，得到车行指示线如图4-41所示。

执行“CO”复制命令，得到第二条车行指示线。

执行“MI”镜像命令，获得中心线下方的车行指示线，如图4-42所示。

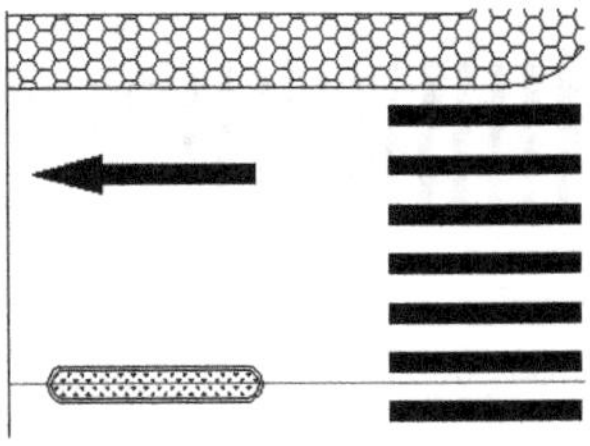
图4-41

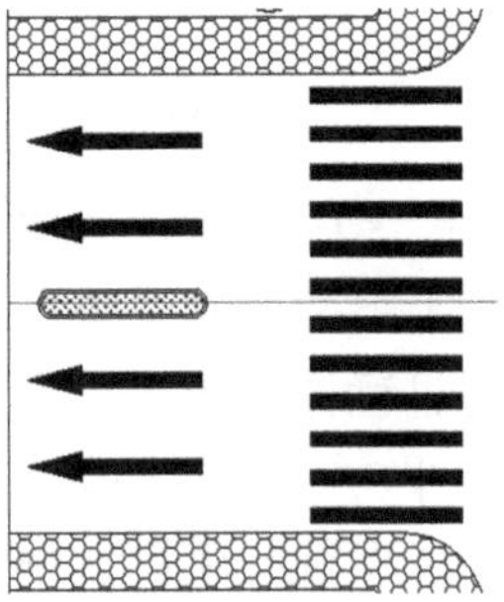
图4-42

【命令步骤】

命令：PL
PLINE
指定起点： （第一点）
当前线宽为0.0000
指定下一个点或［圆弧(A)/半宽(H)/长度(L)/放弃(U)/宽度(W)］： （输入W）

指定起点宽度 <0.0000>：　　（输入 500）
指定端点宽度 <500.0000>：　　（按〈Enter〉键确认 500）
指定下一个点或［圆弧(A)/半宽(H)/长度(L)/放弃(U)/宽度(W)］：　　（第二点）
指定下一点或［圆弧(A)/闭合(C)/半宽(H)/长度(L)/放弃(U)/宽度(W)］：（输入 W）
指定起点宽度 <500.0000>：　　（输入 1000）
指定端点宽度 <1000.0000>：　　（输入 0）
指定下一点或［圆弧(A)/闭合(C)/半宽(H)/长度(L)/放弃(U)/宽度(W)］：　　（第三点）
指定下一点或［圆弧(A)/闭合(C)/半宽(H)/长度(L)/放弃(U)/宽度(W)］：（按〈Enter〉键）

这时需要调整下方的车行指示线方向，改为向右指示。可以采用两种方法。

方法一，执行“MI”镜像命令，选择镜像线是在指示线的中点，关键是在选择时当提示“要删除源对象吗”时，输入“Y”，删除源对象。如果镜像后位置不合适，执行“M”移动命令调整一下即可。

方法二，执行“RO”旋转命令，该命令的关键是选择旋转的基点。命令行输入“RO”，确定，选择下方的两条指示线，确定，指定基点，一定要选择合理的位置，如图 4-43 所示，然后输入 180 确定，表示旋转了 180°。

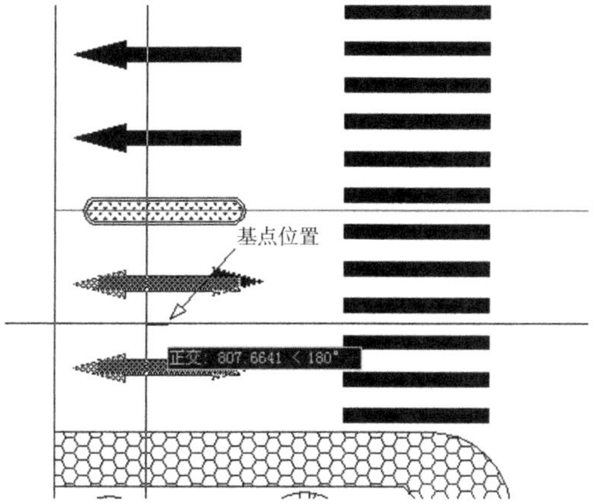

图 4-43

提示 1：

旋转命令指定基点关键是选择在图形对象本身或者内部，这样旋转时便于观察角度。

提示 2：

旋转命令在指定旋转角度时可以输入角度，也可以利用鼠标指针指定角度。这里打开正交模式后，鼠标指针向左侧移动并单击左键即可完成旋转 180°。

【命令步骤】

命令：RO ROTATE
UCS 当前的正角方向：ANGDIR = 逆时针　ANGBASE = 0
选择对象：指定对角点：找到 2 个　　（选择对象）
选择对象：　　（按〈Enter〉键确定）
指定基点：　　（指定图示合理位置）
指定旋转角度，或［复制(C)/参照(R)］<0>：　　（输入 180）

步骤⑭ 绘制车行分界线。

执行“LA”图层命令，添加车行线图层并设置线型为虚线。

转换到车行线图层，执行“PL”绘制车行分界线，设置线宽 500。长度可超出矩形边界，执行“TR”修剪命令进行剪切整齐。

【重要提示】

但是，此时的车行线并不一定显示出需要的虚线的样式，可能还是实线段，这该如何修改呢？

因为线型的显示比例在当前的绘图区域内不合适，比例过大或者过小（这一点如同填充图案时比例不当图案无法填充一样），所以需要执行 LT 线型命令来进行修改，命令行输入 LT ，确定，打开 线型管理器 对话框，如图 4-44 所示，单击显示细节(D)，看到如图 4-45 所示的“详细信息 选项组，通过修改全局比例因子和当前对象缩放比例来更改显示比例。

如果线型不多，直接更改全局比例因子就可以，如果线型较多，则需要选择各个线型设置当前对象缩放比例。而设置的比例值大小需要经过多次尝试才能够调整好。

调整好显示比例后，执行“CO”复制、“MI”镜像、“BR”打断、“F”圆角等命令，完成最终的图案。

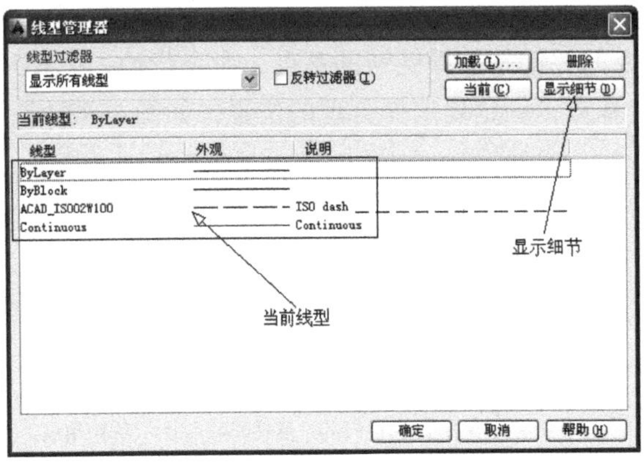

图 4-44

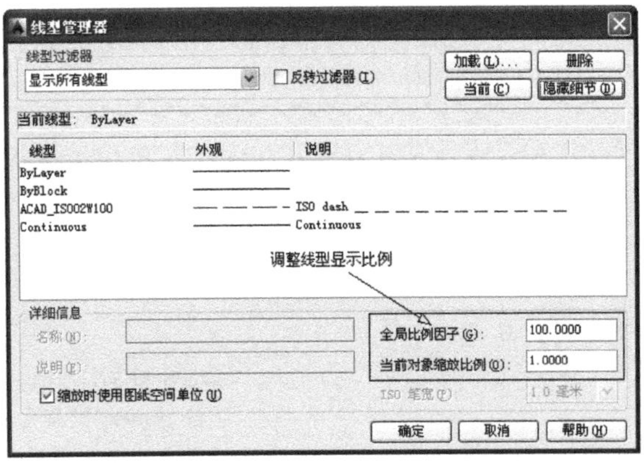

图 4-45

提示 1：

“线型管理器”对话框中“详细信息”选项组中显示“全局比例因子”和“当前对象缩放比例”。

“全局比例因子”的值控制“Ltscale”系统变量，该系统变量可以全局更改新建对象和现有对象的线型比例。

“当前对象缩放比例”的值控制“Celtscale”系统变量，该系统变量可以设置新建对象的线型比例。将用“Ltscale”的值与“Celtscale”的值相乘可以获得显示的线型比例。

提示 2：

正常设置线型步骤：一是设置图层的线型，二是在该图层绘制图形，三是执行线型显示比例调整。

步骤 15 书写图名。

转换到文字图层，执行“DT”单行文字命令，确定，指定文字起点，输入文字高度 500，确定，输入文字旋转角度，如不需要旋转，直接确定以默认 0 度即可，然后在屏幕中输入“十字路口平面”，输入完成后，需要按两次〈Enter〉键（注意这里不能使用空格键），第一次代表换行，第二次代表输入完成。

完成这一步骤，整个十字路口平面图的绘制就制作完成。

小结：

本章学习了多线段、矩形命令的深入运用，以此说明很多命令的子命令是非常强大的，在绘图时一定要注意命令提示行的提示。

本章通过绘制十字路口的平面图，重点学习图块的制作和图层与线型设置。通过本章的实例，读者可以了解到绘制图形的方法多种多样，要反复练习，才能寻找出一个最简单的方法进行绘制，从而提高作图效率。

第 5 章　进阶图案制作（二）

【学习提示】随着命令的深入学习，如果每一个命令的用法都靠“背”，就走了弯路。能够正确地根据命令提示行进行操作才是学习 AutoCAD 的正确方法。尺寸标注是 AutoCAD 绘制图形的一个重要组成部分，无论是在工程制图中，还是机械电子等制图应用中，没有尺寸标注就不能进行生产、制造、施工等，因而尺寸标注非常关键，它能够反映出图形的实际意义和尺寸形状特征。在 AutoCAD 中，提供了一套完整的尺寸标注命令，通过进行必要的尺寸标注样式的设置，然后对各类对象进行标注，就可以得到实际工程图纸需要的尺寸。

【本节重点】极轴阵列、多线的设定与绘制、尺寸标注。

【学习命令】“MY”（Mlstyle 多线样式调整）、“ML”（Mline 多线）、“AR”（Array 阵列）、“D”（Dimstyle 标注样式）、“DLI”（Dim Linear 线性标注）、“DAL”（Dim Aligned 对齐标注）、“DRA”（Dim Radius 半径标注）、“DDI”（Dim Diameter 直径标注）、“DAN”（Dim Angular 角度标注）、“DAR”（Dim Arc 弧长标注）、“DCO”（Dim Continue 连续标注）、“DBA”（Dim Baseline 基线标注）、“Qdim”（Dim Quick 快速标注）。

5.1　极轴阵列

极轴阵列（Polar Array）又称为环形阵列。前面已经学习了矩形阵列方式，而极轴阵列的步骤与矩形阵列基本一致。现在通过绘制如图 5-1 所示的效果来学习极轴阵列的应用。

步骤① 绘制一个半径 5000 的圆和一个尺寸 1000 × 1500 的矩形，将矩形移动到圆内的底部位置，如图 5-2 所示。

步骤② 命令行输入命令“AR”，确定，选择要阵列的对象：矩形，确定，在命令行输入“PO”选择阵列的方式为极轴阵列，确定，鼠标左键单击圆心位置指定圆心为阵列中心，便得到如图 5-3 所示的极轴阵列的默认效果。此时在功能区也自动生成“阵列创建”选项卡，如图 5-4 所示。

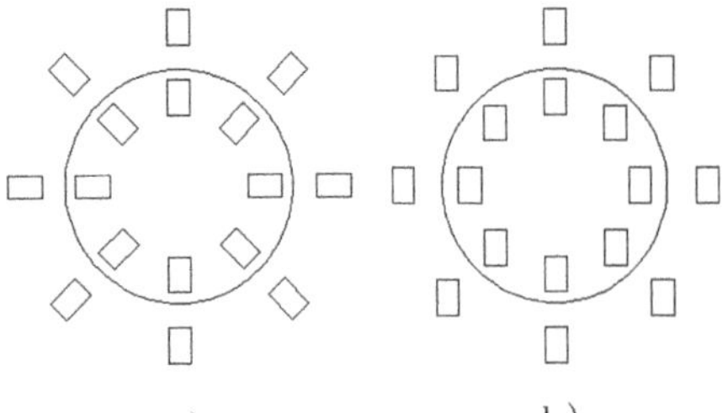

a)　b)

图 5-1

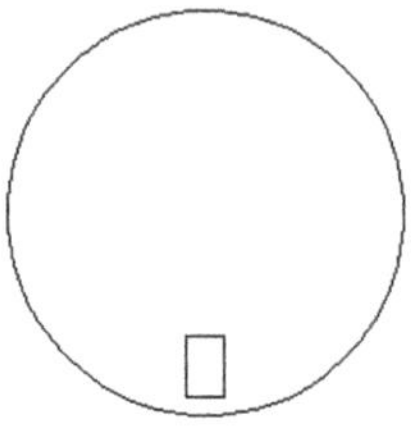

图 5-2

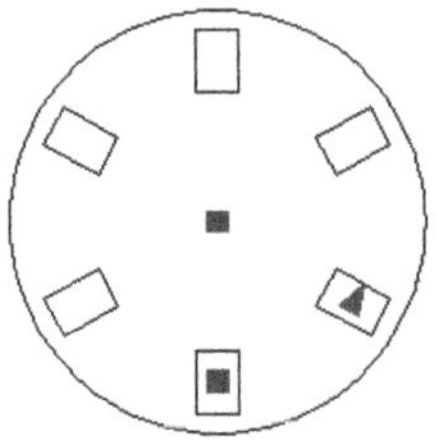

图 5-3

图 5-4

步骤③ 设置项目相关参数，在项目面板有“项目数”“项目间角度”“项目总角度”三项参数，三项参数只需指定两个值即可，第三个值自动确定，这里设置项目数为 8，总角度为 360°。

步骤④ 设置行相关参数。行面板处同样有三个参数“行数”“行间距”“行总间距”。同样指定两个参数即可。这里指定行数为 2，行间距为 3000，如图 5-5 所示。

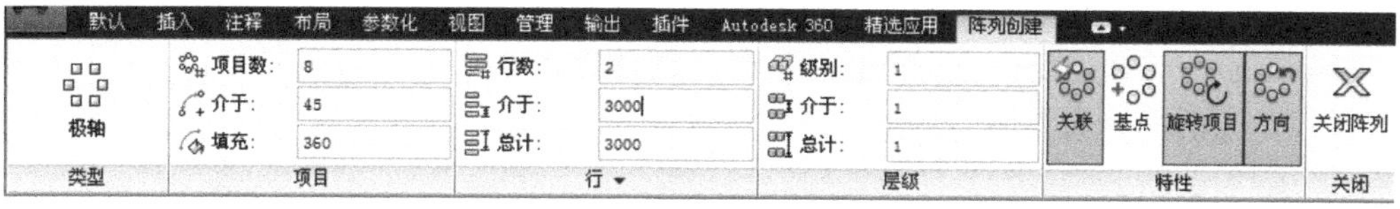

图 5-5

步骤⑤ 设置是否旋转项目。默认的情况下项目在绕基点旋转的过程中，自身也进行了旋转，即在特性面板中“旋转项目”处于按下状态点击按钮即可关闭“旋转项目”。如图 5-1a 所示为项目旋转打开。如图 5-1b 所示为项目旋转关闭。

如果对阵列完成后的效果不满意，只需鼠标左键单击阵列完成的对象，此时在菜单栏中自动生成阵列选项卡，其下有项目、特性、选项等多个面板，如图 5-6 所示，用户可根据己的需要对项目进行编辑、替换等修改。

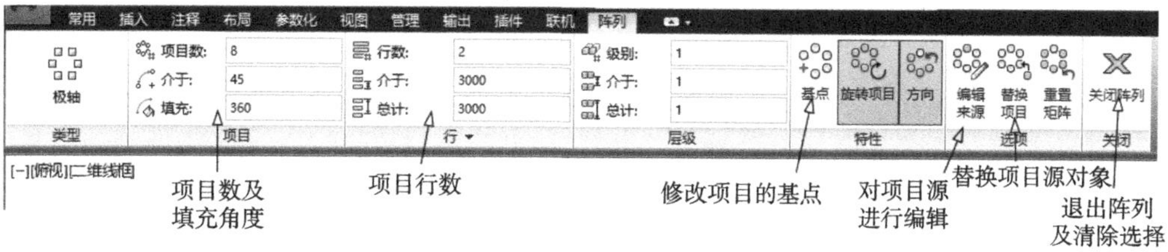

图 5-6

步骤⑥ 使用〈ESC〉键、空格键或〈Enter〉键退出阵列命令。或单击选项卡右侧的“关闭阵列”。

上一章绘制的十字路口，也可以利用极轴阵列得到最终的效果。首先只需绘制十字路任意一角的内容对象。然后在命令行输入“AR”，确定，选择该角图案为阵列对象，确定，在命令行输入“PO”选择阵列的方式为极轴阵列，空格键确定，选择十字相交的辅助线交点作为阵列的中心，设置阵列的项目数为 4，填充角度为 360°，设置完成后确定，即可获得十字路口最终的效果。

5.2 多线的设定与绘制

多线（ML，Mline）的设定与绘制比较复杂，因此只有按照一定的步骤反复练习，才能熟练掌握。绘制多线，首先要执行“Mlstyle”多线样式调整命令设置多线样式，再执行“ML”多线命令绘制多线。

5.2.1 多线样式设置

多线由多条平行线组成，每一条称为图元。

键盘输入“MLSTYLE”，按〈Enter〉键，打开“多线样式”对话框，如图5-7所示。默认情况下，当前只有一种“STANDARD”多线样式，要建立新的多线样式，步骤如下：

> **提示：**
> 多线样式具有以下限制：
> （1）不能编辑图形中已使用的任何多线样式的元素和多线特性。
> （2）要编辑现有的多线样式，必须在用此样式绘制多线之前进行。

步骤① 单击 新建(N)... 按钮，弹出“创建新的多线样式”对话框，如图5-8所示。

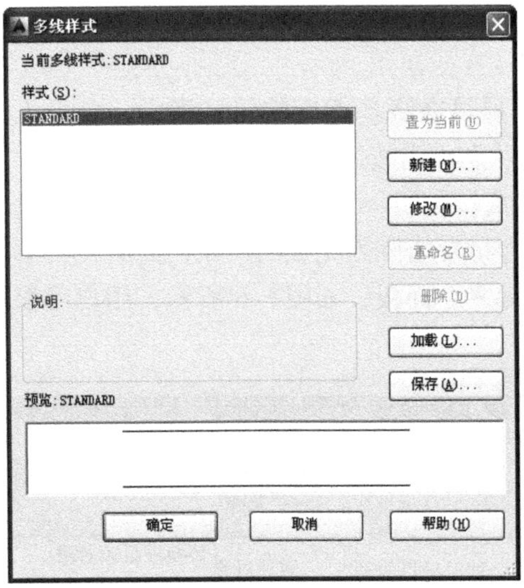

图5-7

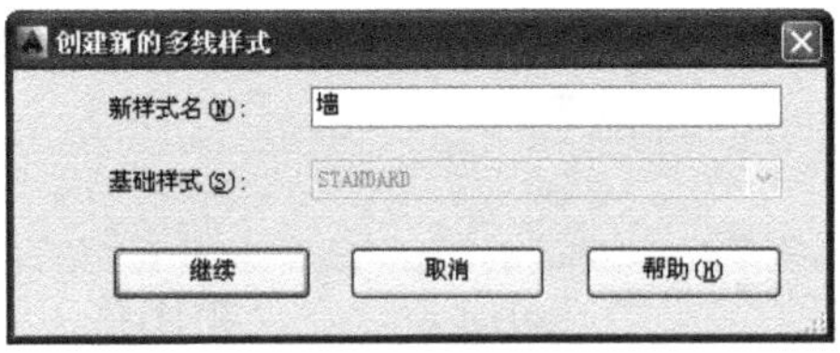

图5-8

步骤② 输入要设置的多线名称，比如“墙”，如图5-8所示。

步骤③ 单击 继续 ，打开“新建多线样式”对话框，如图5-9所示，通过该对话框来修改该多线样式的组成元素和多线特征。

步骤④ 设置“图元”。默认有两个图元，偏移量分别为0.5与-0.5，所有图元偏移量中，最大值与最小值的绝对值之和为多条样式的宽度。由于墙线为两条直线组成，所以这里不对图元进行调整，如图5-10所示。

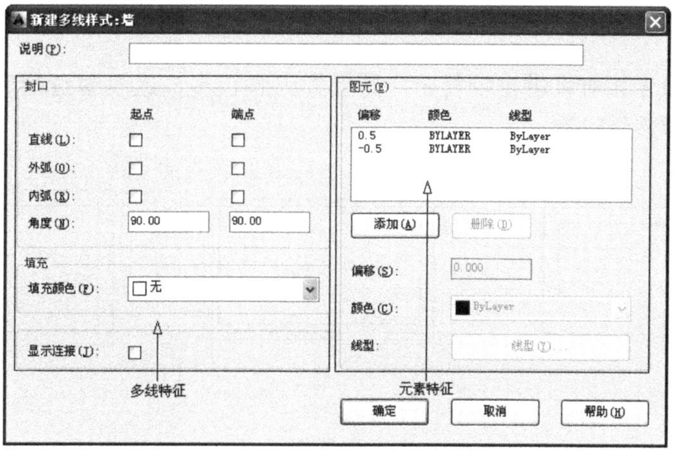

图 5-9

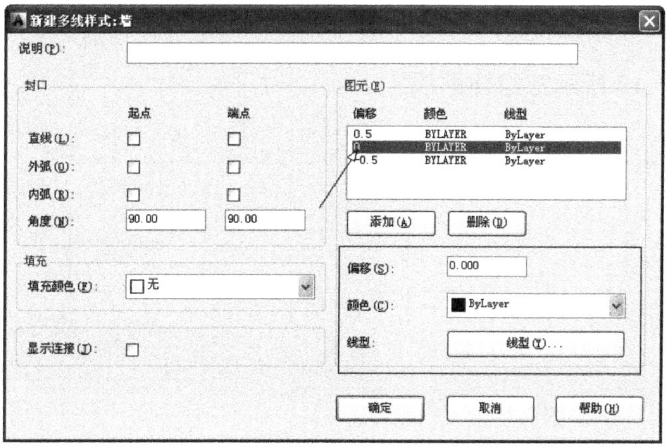

图 5-10

提示：

组成多线的上下两端的线段不要调整偏移距离，以确保整个多线的宽度为 1。方便“ML”绘制多线时比例的调整。

步骤 5 设置多线特性。通过设置“封口”，可以调整多线的起点和端点封口样式，可以有直线连接、外接圆弧连接、内接圆弧连接、连接倾斜角度等。本例中使用直线进行连接，在 直线(L): 起点 ☑ 端点 ☑ 中起点和端点下的方框内打勾即可。

对于“填充”，通常在绘制平面图不需要设置，而在绘制剖面图时需填充，可以根据需要选择填充颜色。

单击“确定”，完成设置，返回多线样式对话框，可以看到除了原有的“STANDARD”样式新增了“墙”的样式。

步骤 6 选择“墙”多线样式，单击 新建(N)... ，命名为“窗”进入“新建多线样式”对话框，所有参数会继承“墙”多线样式，单击两次添加。添加两条图元，选择其中一条，设置偏移为 0.2，这样另外一条，设置偏移为 -0.2，确定完成。

如果需要绘制墙体，选中“墙”多线样式则可以在“多线样式”对话框中单击 置为当前(U) 图标，将“墙”样式置为当前，单击确定。

5.2.2 绘制多线

ML 多线命令相对来讲比较复杂，其设置内容较多，这里通过绘制如图 5-11 所示的三个图案，来练习多线绘制。

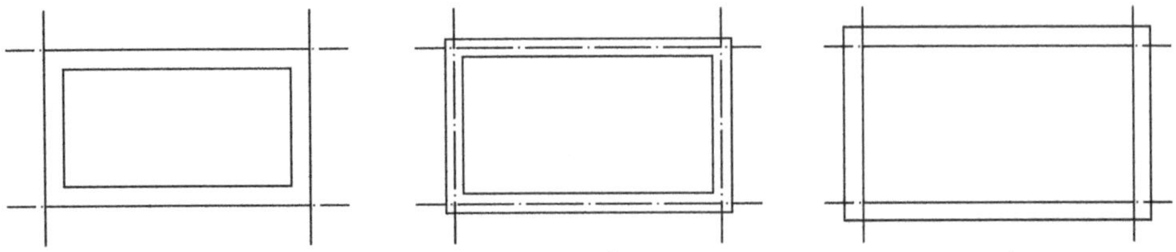

a） b） c）

图 5-11

步骤① 建立辅助线。

执行“LA”图层命令，确定。新建图层，分别设置辅助线和墙线图层，并设置辅助线图层线型为点画线。

转换到辅助线图层，绘制如图 5-12 所示三组辅助线。

a） b） c）

图 5-12

步骤② 绘制多线。

转换到墙线图层，执行“ML”多线命令，确定，在命令提示行可以看到，当前的设置为“当前设置：对正 = 上，比例 = 20.00，样式 = 墙”。

在开始绘制多线之前，要进行“J”（对齐方式）、“S”（比例）、“ST”（样式）三项调整，第一项“样式”已经通过“Mlstyle”调整完毕，只要看到提示“样式 = 墙”就是正确的。第二项“比例”需要根据具体的图形进行调整，这里采用 mm 为单位绘制，因而墙线合理比例应该是 240，输入“S”，确定，再输入 240，确定完成。第三项“调整对齐方式”，输入“J”，可以看到三种对齐方式为“上（T）/无（Z）/下（B）”。

> 提示：
>
> 多线的宽度 = 多线样式的宽度 × 比例。在多线设置的时候应确保多线样式的宽度为 1，就可方便地通过调整比例来调整多线的实际宽度。

> 提示：
>
> 很明显可以看到，三个图形，绘制的步骤几乎相同，辅助线控制点都一样，只是对齐方式不同，得到的图案效果就有很大的差别。所以在绘制多线的时候，只有合理选择对齐方式，才能正确绘制。

分别选择三种对齐方式，逆时针方向，绘制墙线，捕捉各组辅助线的点 1、2、3、4，最后输入 C（闭合）封闭图形。这样就可以得到如图 5-11 所示的三个图形。

【命令步骤】

命令：ML　MLINE
当前设置：对正 = 上，比例 = 20.00，样式 = 墙
指定起点或［对正(J)/比例(S)/样式(ST)］：　　（输入 J）
输入对正类型［上(T)/无(Z)/下(B)］<上>：　　（输入 B）
当前设置：对正 = 上，比例 = 20.00，样式 = 墙
指定起点或［对正(J)/比例(S)/样式(ST)］：　　（输入 S）
输入多线比例 <20.00>：　　（输入 240）
当前设置：对正 = 上，比例 = 240.00，样式 = 墙
指定起点或［对正(J)/比例(S)/样式(ST)］：　　（捕捉 1 点）
指定下一点：　　（捕捉 2 点）
指定下一点或［放弃(U)］：　　（捕捉 3 点）
指定下一点或［闭合(C)/放弃(U)］：　　（捕捉 4 点）
指定下一点或［闭合(C)/放弃(U)］：　　（输入 C）

5.3　绘制教室平面图

【思路分析】 分析教室平面图（图 5-13）。首先创建图层，对图形包含的对象进行归类，把不同类型的图形对象归属于不同的图层。而最关键的还是第一笔该从何着手绘制。仔细观察需要绘制的图形，可以发现，无论是绘制墙体、窗户还是门，关键就是要有它们的控制点。而要确定这些点就需要先确立辅助线，通过辅助线来确定各控制点位置，再逐一绘制。

【学习命令】“AR”（Array 阵列）、“LT”（Linetype 线型）、“ML”（Mline 多线）、“MY”（Mlstyle 多线样式调整）、“A”（Arc 圆弧）。

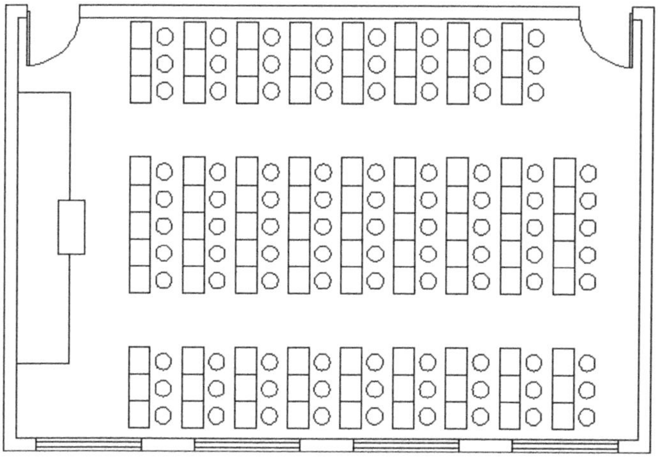

图 5-13

> 提示：
> 做好辅助线是完成一个复杂图形的关键。

【作图步骤】

步骤① 新建文件并建立图层。

新建文件，保存，命名为教室平面图，确定。

执行 LA 图层命令，分别建立辅助线、墙线、窗户、门、桌椅、文字等图层并为各图层设置不同颜色，更改辅助线图层线型为点画线，关闭图层面板。

步骤② 绘制辅助线。

转换到辅助线图层，执行“L 命令绘制一条长度14000的水平线和一条长度10000的垂直线，执行“O”偏移命令，向上偏移水平线距离8000，向右偏移垂直线距离12000得到外框为12000×8000的教室墙体中心线。然后执行“Z”视图全部显示，如图5-14所示。

此时的辅助线显示不是点画线，这是由于显示比例问题，因而执行“LT”线型管理器，调整线型比例，在全局比例因子中输入相应的值，使之正确显示出点画线。

执行“O”偏移命令，把垂直辅助线分别向右偏移距离500、2000、1000、2000、1000、2000、1000、2000、500作出窗户位置的辅助线。

执行“CO”命令，复制线段1得到线段3，对窗户的辅助线执行修剪得到如图5-15所示的效果。其目的是避免因与线段1相关的垂直辅助线过长而影响线段2上辅助线的观察。

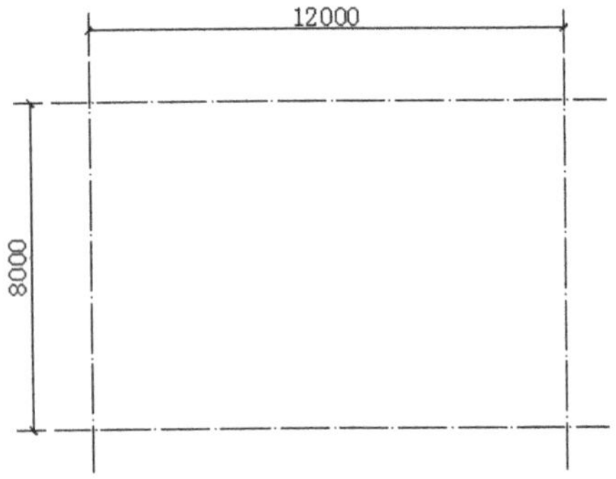

图5-14

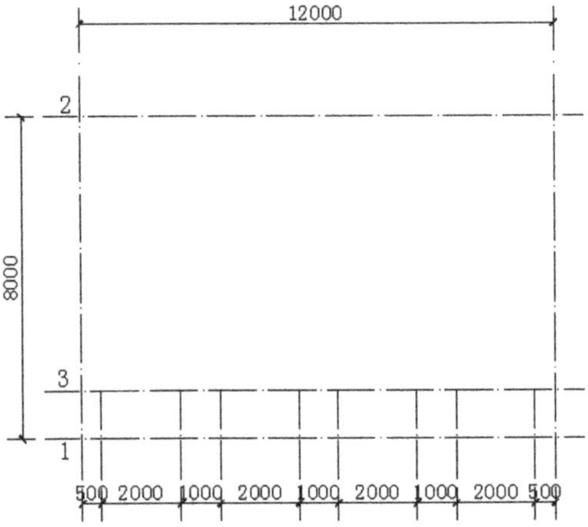

图5-15

同样方法制作与水平辅助线2相关的辅助线，垂直辅助线向右偏移距离分别为300、1000，左右对称，最终得到辅助线，如图5-16所示。

步骤③ 创建多线样式。

执行“Mlstyle”多线样式，设置“墙”“窗”两种多线样式，设置步骤参照5.2.1节。

步骤④ 绘制墙线。

转换到墙线图层，执行“ML”多线命令，将多线绘制参数对齐方式、比例、样式调整为“Z(中间对齐)、S=240、ST=墙”，捕捉各点绘制墙线得到如图5-17所示。

> **提示：**
> 在执行多线命令时，一定要注意命令行的提示内容，只有设置项目完全正确才能绘制，初学者往往容易出错。

这里的用“ML”绘制墙线，请初学者按着逆时针方向来依次捕捉各点，以避免绘图过程中遗漏墙体。通过关闭辅助线图层可以快速查看绘制的墙线是否能够满足要求。

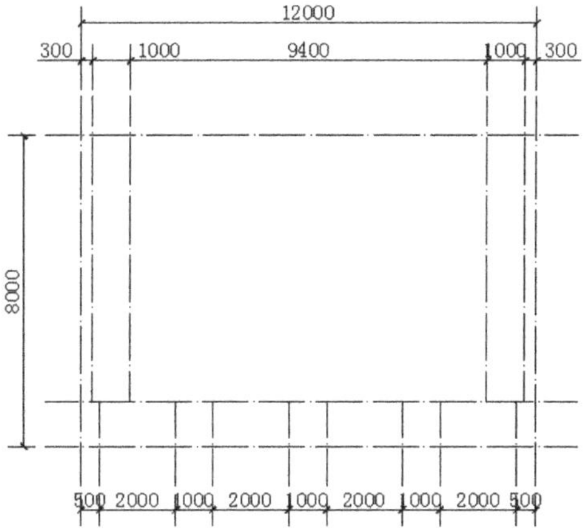

图 5-16

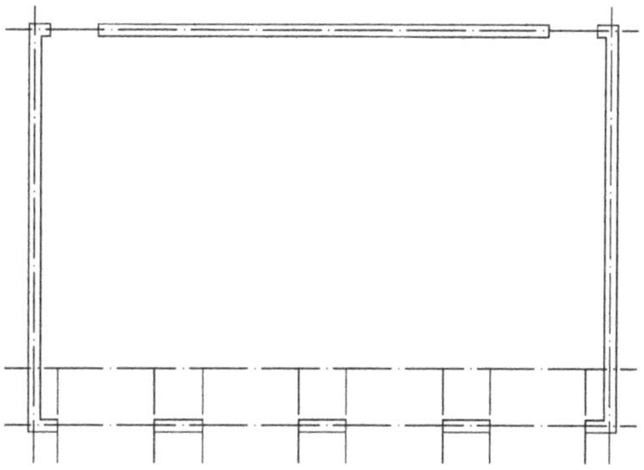

图 5-17

步骤⑤绘制窗户。

转换到窗户图层，执行“ML”多线命令，设置多线样式为窗，捕捉各控制点绘制窗户。

提示：

组成窗户的多线的上下两端的线段不要调整偏移距离，以确保整个多线的宽度为 1，方便“ML”绘制多线时比例的调整。

步骤⑥绘制门。

转换到门图层，绘制门的图例如图 5-18 所示。

在国家制图规范中，通常用一个矩形代表门板，一条圆弧代表门的开启方向。

执行“REC”命令，在如图 5-19a 所示的图形中，捕捉点 1 的位置作为矩形的第一角点，指定第二角点，输入坐标为（@50，-1000），得到门板的图案。

执行“A”圆弧命令。前面学习的绘制圆弧命令，利用三个点，逆时针方向绘制即可，而这里绘制圆弧时的三个点需要通过输入一定参数来获得特殊位置，即起点、圆心、结束点。

提示：

通过对多线和圆弧命令的进一步学习，读者要从中学习使用命令的插入命令。

首先捕捉点 2 的位置作为圆弧的起点，输入“C”（圆心），再捕捉点 1 为圆心，最后给定点 3 为结束点，得到圆弧来代表门的开启方式，如图 5-19b 所示。

也可以使用起点、结束点、圆心方式绘制圆弧代表门的开启方式。

执行“MI”镜像命令，得到右侧的门，关闭辅助线图层，如图 5-20 所示。

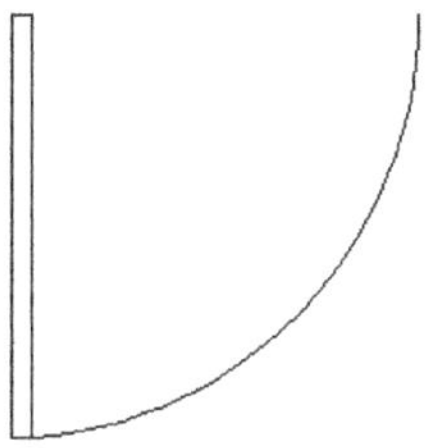

图 5-18

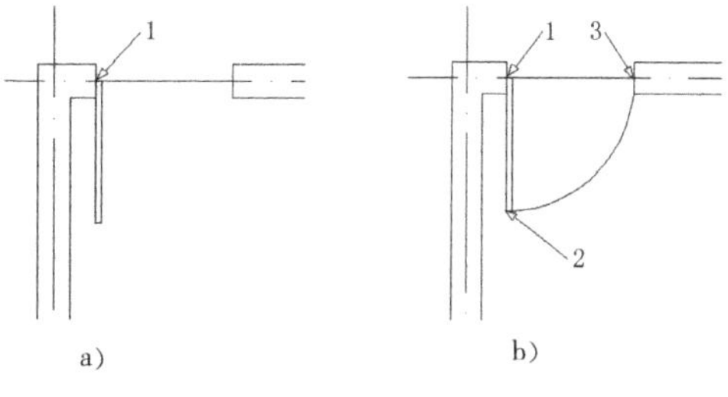

图 5-19

图 5-20

> 提示：
> 为了练习图块的制作和应用，可以将门制作为一个图块，然后再执行复制或镜像，这样便于选择。

步骤⑦绘制桌椅。

转换到桌椅图层，绘制桌椅。

首先在教室左下角的部位，绘制一个桌椅图案，如图 5-21 所示。该图案由一个矩形和一个圆表示。

执行“REC”矩形命令，选择任意点作为第一角点，输入（@400，500）为对角点绘制矩形。

再执行“C”圆命令，绘制一个半径 150 的圆。然后执行“M”移动命令将圆和矩形调整到合适的位置，作为一个桌椅图案，如图 5-21 所示。

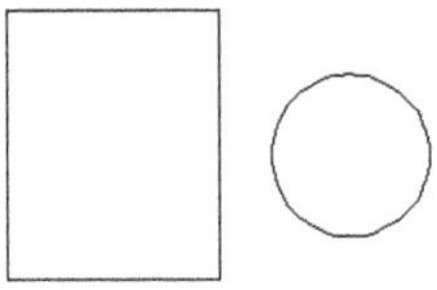

图 5-21

执行“B”图块命令，将桌椅图案定义为“桌椅”图块，方便选择等操作。

执行“AR”阵列命令。

选择桌椅为阵列对象，确定输入“R”，选择陈列方式为矩形陈列，确定，得到矩形阵列默认下的效果，然后调整阵列的参数，如图 5-22 所示。参数调整完成后得到的效果如图 5-23 所示。

> 提示：
> 在这不激活关联按钮是为了在下一个步骤方便对阵列对象桌椅的删除。

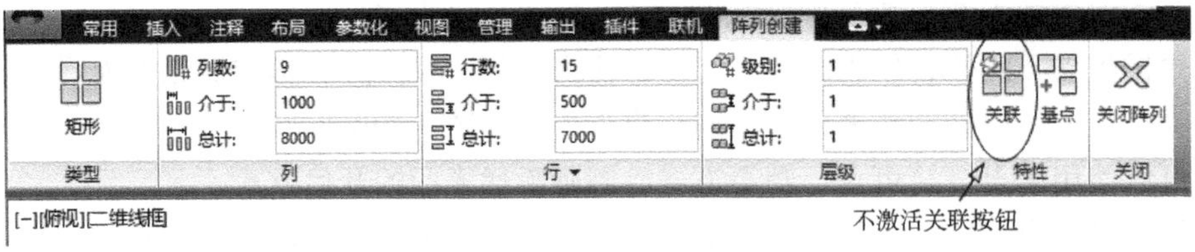

图 5-22

为了得到走道并方便后门的开启，阵列出的桌椅要进行必要的删除，如图 5-24 所示。

步骤⑧绘制讲台和讲桌。

绘制两个矩形，尺寸分别为 1000×5000 和 500×1000。

执行“M”移动命令，捕捉中点方式进行移动，再执行“TR”命令，进行必要的剪切，得到结果如图 5-13 所示。

最后转换到文字图层，执行“DT”单行文字命令，设置文字高度为 200，书写内容“教室平面图”，完成该图的制作。

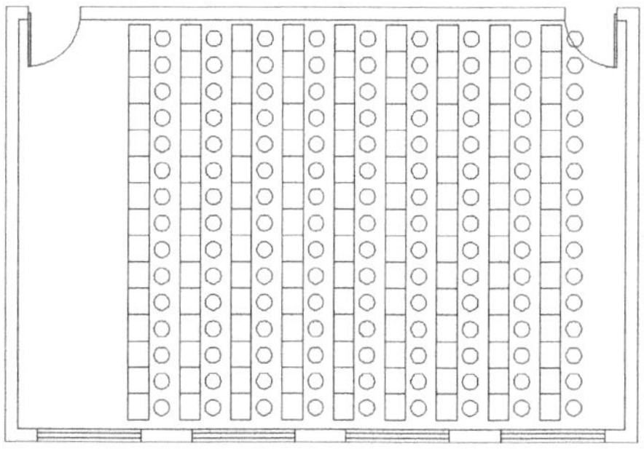

图 5-23

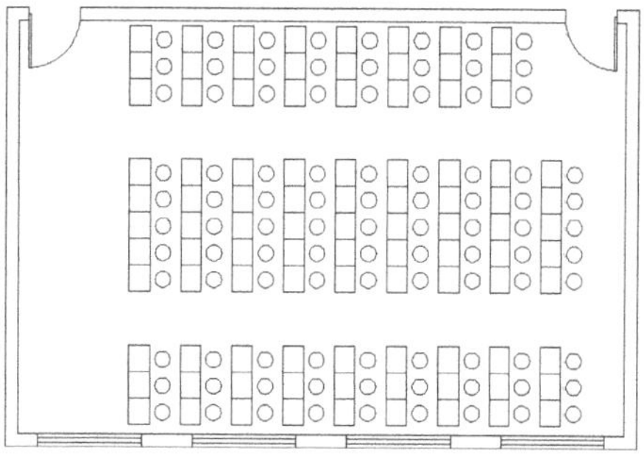

图 5-24

5.4 尺寸标注

尺寸标注（Dimension）是 AutoCAD 绘图的重要组成部分，也是工程图纸的重要内容，工程图纸的根本目的是反映图形对象的形状，而具体图形对象的真实大小和相互位置只有通过尺寸的标注才能够确定。在 AutoCAD 中执行尺寸标注，首先需要根据具体图形设置相应的标注样式，然后才能够进行图形对象的标注。

5.4.1 对尺寸标注的认识

要想正确设置尺寸标注样式，首先对尺寸标注的各个组成部分进行认识。

尺寸线用来表示所注尺寸的度量方向。尺寸线包括尺寸界线、尺寸线、尺寸起止符号和尺寸线上数值。尺寸线画在两尺寸界线之间，用来注写尺寸，用细实线绘制。尺寸线的上方标有数值，在土木建筑图中数值通常没有小数点。尺寸线和尺寸界线交点处用箭头、斜线等表示，在土木建筑工程中通常用45°粗实线表示。

5.4.2 创建尺寸标注样式

执行“D”（Dim style）标注样式命令，确定，打开“标注样式管理器”，如图 5-25 所示，左侧列出的是当前文件中的标注样式，默认情况下只有一种“ISO-25”，对于具体的工程图纸，往往需要根据具体情况创建不同的标注样式，应用于不同类型的标注，比如线形标注、对齐标注、圆弧标注等。

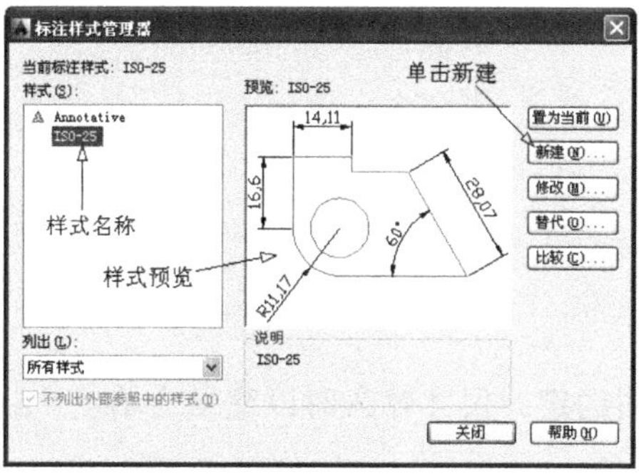

图 5-25

提示：

标注样式的调整非常重要，也是相对比较繁琐的，初学者请按照这里的步骤执行。

步骤① 单击右侧区域的 新建(N)... 图标，弹出 创建新标注样式 对话框进行新样式的命名及更改标注样式的应用类型，如图 5-26 所示。

命名新样式 建筑标注 ，应用范围 所有标注 ，也可以单击下拉箭头更改应用范围，如图 5-27 所示。

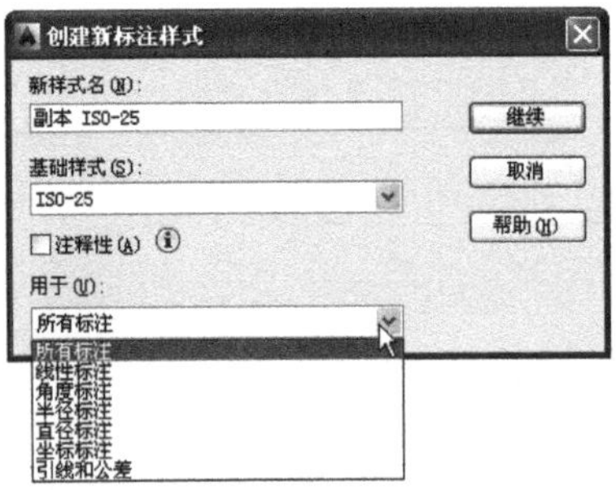

图 5-26

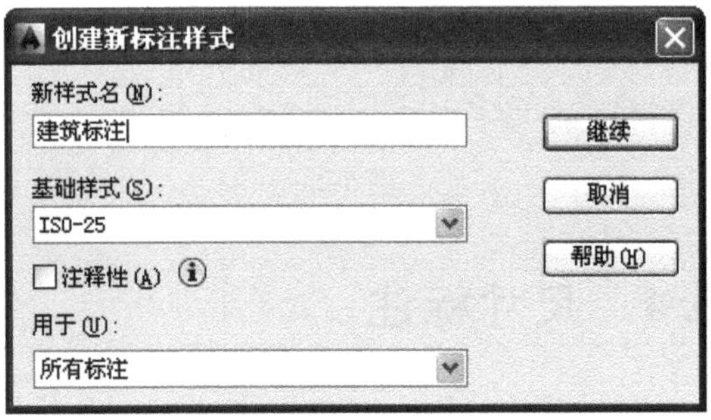

图 5-27

步骤② 单击 继续 图标，打开“新建标准样式”对话框，如图 5-28 所示。项目标签栏有许多内容需要调整，根据具体工程的需要，设置不同的内容。

这里以“建筑标注”样式为依据来进行调整，虽然能够调整的项目繁多，但其实只要把握住关键内容也非常简单，根据建筑制图标准和原有标注样式“ISO-25”的内容，仅需要调整七项内容就可以完成。

第一项，调整单位精度。

单击 主单位 选项卡，单击精度下拉箭头更改精度为 0，如图 5-29 所示。

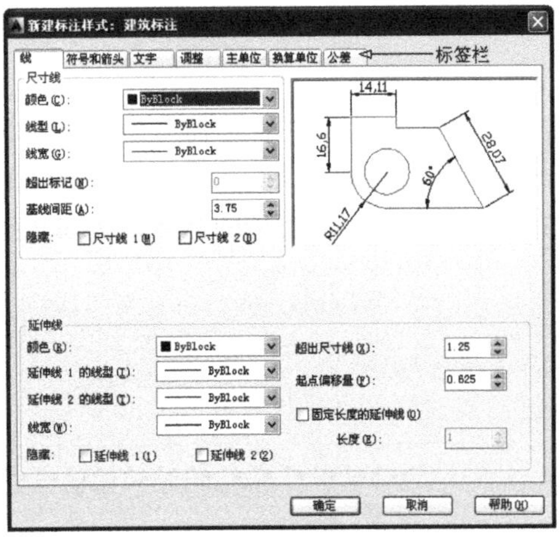

图 5-28

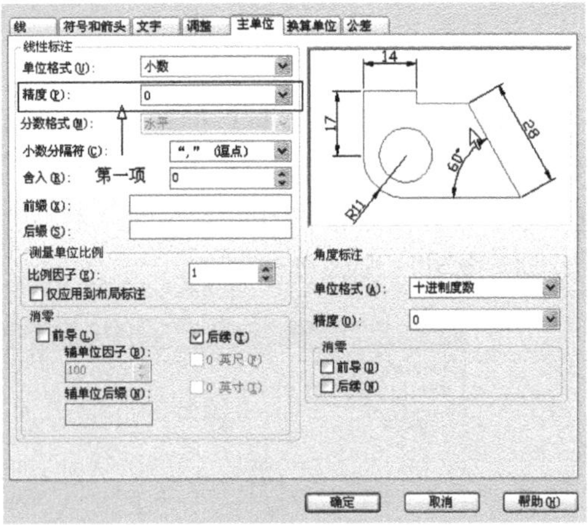

图 5-29

其余项目，比如比例因子，因为最初绘图约定，尺寸输入时以毫米为单位，故不需要调整。角度的精度也不作调整。

选项卡其他项目也不调整。

第二项，调整文字大小。

单击文字选项卡，打开文字调整对话框，调整文字高度，比如250，如图5-30所示。

第三项，调整文字从尺寸线偏移量。

依然在文字选项卡中，修改文字 从尺寸线的偏移量0.625 为100，目的是为了打印图纸时，避免文字和尺寸线重合，以便能够清晰显示。

当然，在文字选项卡中还有一些可以调整的项目，比如文字位置、水平方向和垂直方向也可以进行调整，文字的对齐方式也可以调整，只是此例中默认情况已符合要求，故不作调整。

第四项，调整箭头符号。

单击符号和箭头标签栏，打开如图5-31所示对话框，更改箭头的样式，在箭头位置，单击第一个(T):的下拉箭头，更改为“建筑标记”样式，第二个自动调整。

第五项，调整箭头大小。

依然在“符号和箭头”对话框中，更改的箭头大小为120，如图5-31所示位置。

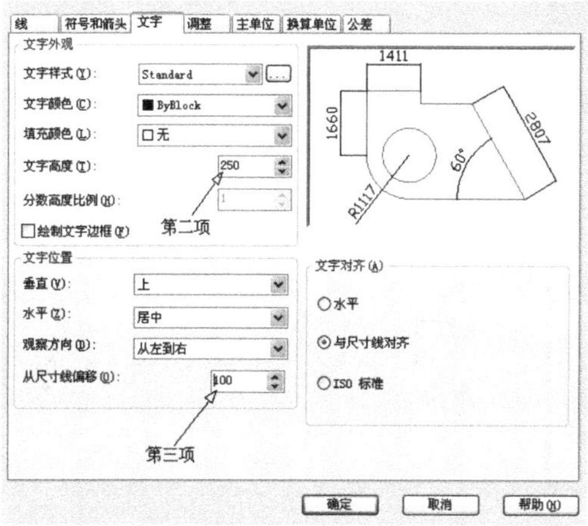

图5-30

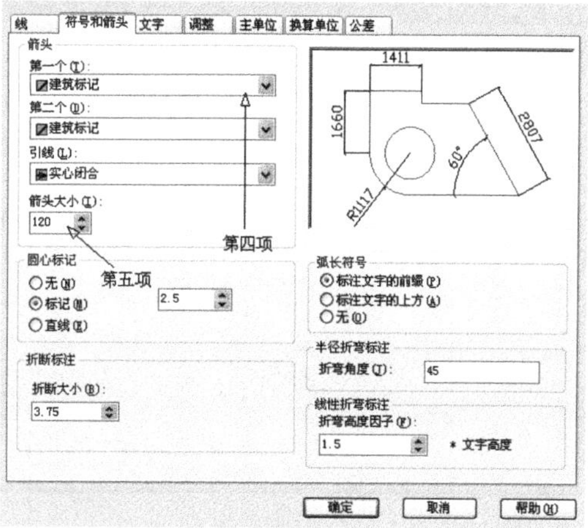

图5-31

第六项，修改超出尺寸线。

单击线选项卡，打开如图5-32所示对话框，这里修改超出尺寸线数值为400。

第七项，修改尺寸界限的起点偏移量。

还是在线选项卡中，如图5-32所示，这里调整起点偏移量为300。

经过上述七个项目的更改，可以得到最后的预览显示效果，如图5-33所示。

步骤③ 调整完成，单击确定，返回对话框，如图5-34所示，此时在左侧的列表中就出现了建筑标注样式，单击置为当前(U)，将建筑样式置为当前样式。单击关闭图标，关闭标准样式管理器。

设置完成了尺寸标注样式，单击功能区的注释标签，打开标注面板，如图5-35所示。接下来介绍一些常用的标注工具。

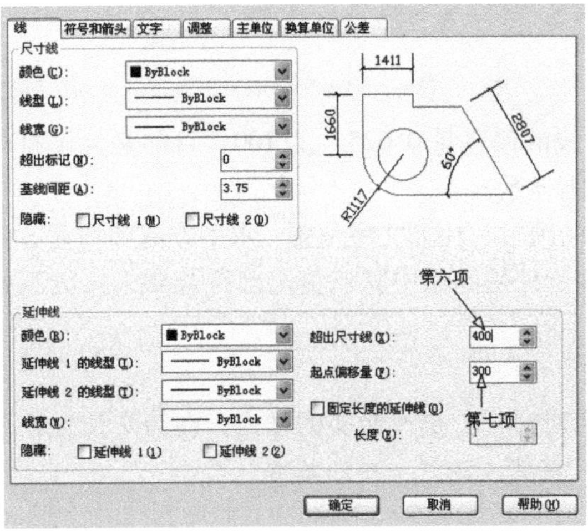

图 5-32

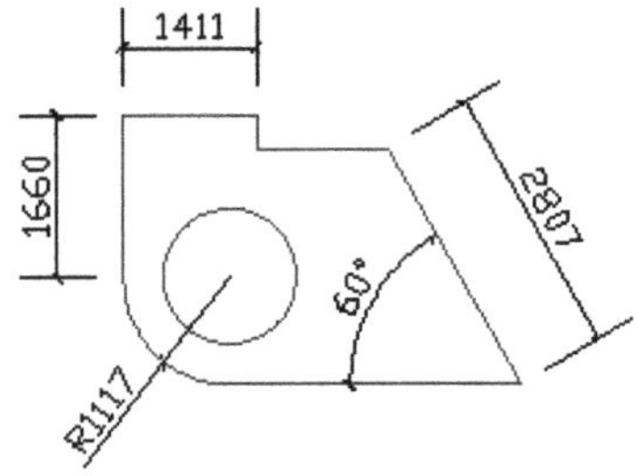

图 5-33

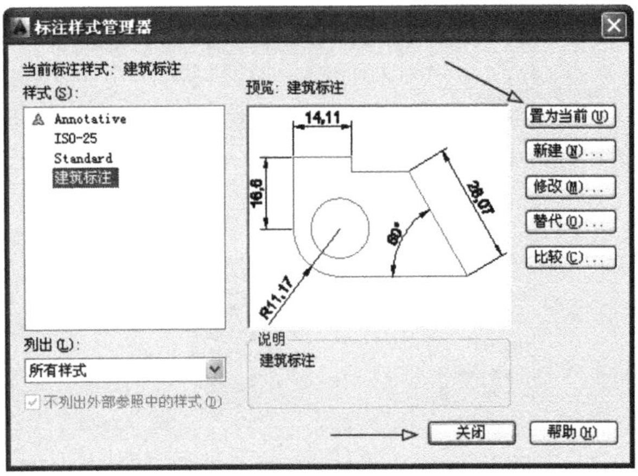

图 5-34

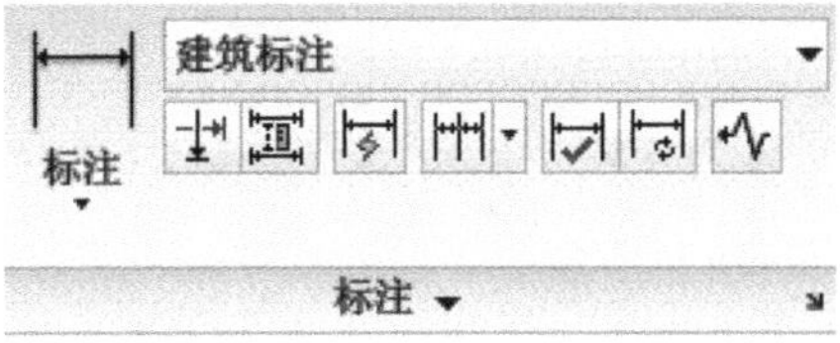

图 5-35

5.4.3 线性标注

(1) 键盘输入“DLI”，按〈Enter〉键，或单击图标，执行“Dim Linear”线性标注命令。线性标注表示标注指定两点之间的“X”轴或“Y”轴之间的距离。

(2) 指定两点作为标注的起点和结束点。

(3) 如果需要可以输入距离参数。

(4) 指定尺寸线的位置。可得到如图 5-36 所示的标注。

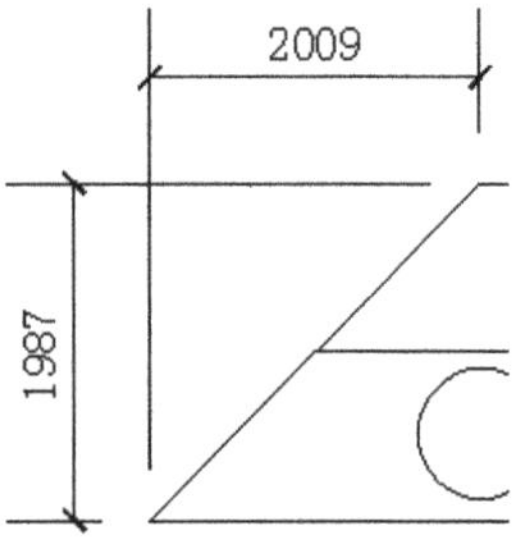

图 5-36

【命令步骤】

命令：DLI

DIMLINEAR

指定第一条延伸线原点或 <选择对象>：　　　　(指定起点)

指定第二条延伸线原点：　　　　(指定结束点)

创建了无关联的标注。

指定尺寸线位置或

[多行文字(M)/文字(T)/角度(A)/水平(H)/垂直(V)/旋转(R)]:　　（指定尺寸线位置）

标注文字 =2009

5.4.4　对齐标注

（1）键盘输入“DAL”，确定，或单击图标，执行“Dim Aligned”对齐标注命令。对齐标注表示标注指定两点之间的距离。

（2）指定两点作为标注的起点和结束点。

（3）如果需要可以输入距离参数。

（4）指定尺寸线的位置，可得到如图 5-37 所示的标注。

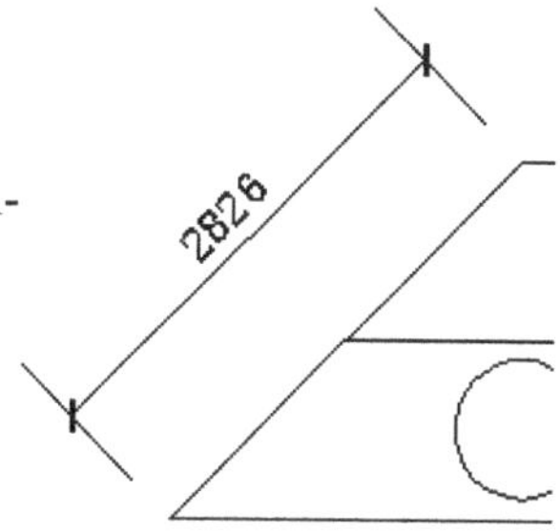

图 5-37

【命令步骤】

命令：DAL

DIMALIGNED

指定第一条延伸线原点或 <选择对象>:（指定起点）

指定第二条延伸线原点:（指定结束点）

创建了无关联的标注。

指定尺寸线位置或

[多行文字(M)/文字(T)/角度(A)]:（指定尺寸线位置）

标注文字 =2826

> **提示：**
> “对齐标注”的功能强大，可以替代“线性标注”。

5.4.5　半径标注

（1）键盘输入“DRA”（Dim Radius），确定，或单击标注半径，来标注圆或者圆弧的半径。

（2）选择圆或者圆弧。

（3）如果需要可以适当调整参数。

（4）指定标注尺寸线的位置，可得到如图 5-38 所示的标注。

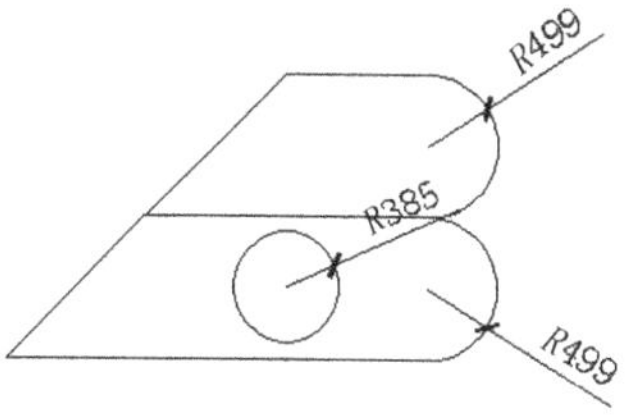

图 5-38

【命令步骤】

命令：DRA DIMRADIUS

选择圆弧或圆：

标注文字 = 385

指定尺寸线位置或 [多行文字(M)/文字(T)/角度(A)]:　　（指定尺寸线的位置或进行必要的设置）

5.4.6　直径标注

（1）键盘输入“DDI”（Dim Diameter），确定，或单击图标，标注圆或者圆弧的直径。

（2）选择圆或者圆弧。

（3）如果需要可以适当调整参数。

（4）指定标注尺寸线的位置，可得到如图 5-39 所示的标注。

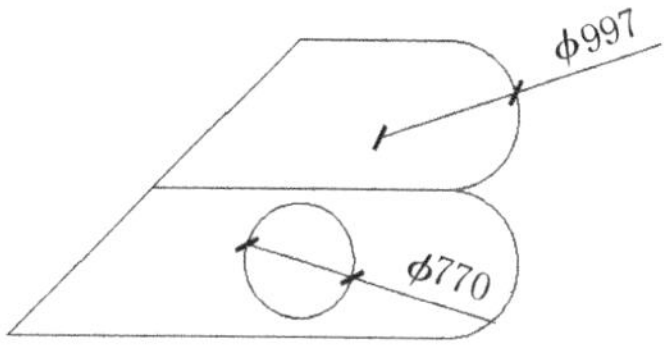

图 5-39

【命令步骤】

命令：DDI DIMDIAMETER

选择圆弧或圆：

标注文字 =770

指定尺寸线位置或［多行文字(M)/文字(T)/角度(A)］：　　（指定尺寸线的位置或进行必要的设置）

5.4.7 角度标注

（1）键盘输入 DAN （Dim Angular），确定，或单击图标，标注两条线的夹角，一段圆弧的角度或者标注圆上的两点之间的角度。

（2）选择两条非水平线、圆上的两点或者圆弧等。

（3）如果需要可以适当调整参数。

（4）指定标注尺寸线的位置，可得到如图 5-40 所示的标注。

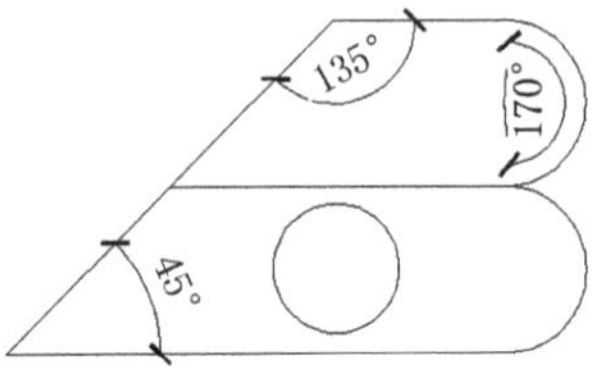

图 5-40

【命令步骤】

命令：DAN DIMANGULAR

选择圆弧、圆、直线或 <指定顶点>：

选择第二条直线：

指定标注弧线位置或［多行文字(M)/文字(T)/角度(A)/象限点(Q)］：

标注文字 =135

5.4.8 弧长标注

（1）键盘输入“DAR”（Dim Arc），确定，或单击图标，标注圆弧的长度或者“PL”线的圆弧段的长度，一段圆弧的角度或者标注圆上的两点之间的角度。

（2）选择圆弧或弧段。

（3）如果需要可以适当调整参数。

（4）指定标注尺寸线的位置，可得到如图 5-41 所示的标注。

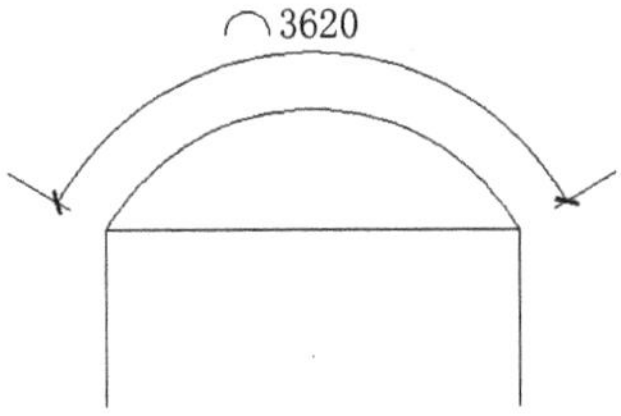

图 5-41

【命令步骤】

命令：DAR DIMARC

选择弧线段或多段线圆弧段：

定弧长标注位置或［多行文字(M)/文字(T)/角度(A)/部分(P)/引线(L)］：

标注文字 = 3620

5.4.9 连续标注

连续标注“DCO”（Dim Continue）是首尾相连的多个标注。利用现有标注的第二条尺寸延伸线的原点作为第一条尺寸延伸线的原点进行标注。

因而必须注意，在创建连续或基线标注之前，必须创建线性、对齐或角度标注。

在建筑设计中均采用连续标注。

如图 5-42a 所示图形的标注步骤为：

（1）执行“DLI”线性标注，或者单击图标，标注第一个尺寸即：1120 位置。

（2）执行“DCO”连续标注，或单击图标。

（3）指定窗户右侧点，继续指定墙体右角点。

（4）两次按〈Enter〉键确定，结束命令，可得到如图 5-42a 所

> **提示：**
>
> 基线标注和连续标注都是从上一个尺寸延伸线处测量的，除非指定另一点作为原点。

示的标注。

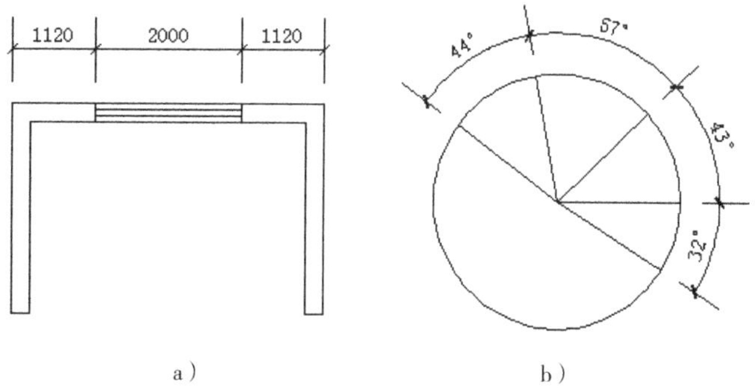

图 5-42

【命令步骤】

命令：DCO

DIMCONTINUE

指定第二条延伸线原点或［放弃(U)/选择(S)］<选择>： （指定下一点）

标注文字 = 2000

指定第二条延伸线原点或［放弃(U)/选择(S)］<选择>： （指定下一点）

标注文字 = 1120

指定第二条延伸线原点或［放弃(U)/选择(S)］<选择>： （按〈Enter〉键结束）

如图 5-42b 所示图形的标注步骤为：

（1）执行“DAN”角度标注，或单击△角度标注。标注第一个尺寸即：44°位置。

（2）执行“DCO”连续标注，或单击图标。

（3）指定圆右侧各点。

（4）两次按〈Enter〉键确定，结束命令，可得到如图 5-42b 所示的标注。

5.4.10 基线标注

基线标注“DBA”（Dim Baseline）是自同一基线处测量的多个标注。与连续标注不同，基线标注的每一个尺寸都是以第一条尺寸线的基线为依据，这在建筑工程图形中应用较少，而在电子、机械、制造等行业中应用较多。

执行基线标注的步骤和连续标注的步骤是一样的，前提是都要有线性标注、对齐标注或者角度标注。可自当前任务的最近创建的标注中以增量方式创建基线标注。

如图 5-43a 所示图形的标注步骤为：

（1）执行“DLI”线性标注，或者单击图标，标注第一个尺寸即：1120 位置。

（2）执行“DBA”基线标注，或单击图标。

（3）指定窗户右侧点，继续指定墙体右角点。

（4）按〈Enter〉键确定，结束命令，就得到如图 5-43a 所示的标注。

> 提示：
> 可以在键盘输入“Dimdli”命令，输入相应的数值可以快速调整基线间距。

【命令步骤】

命令：DBA DIMBASELINE

指定第二条延伸线原点或［放弃(U)/选择(S)］<选择>：　　　　(选择窗户右侧点)

标注文字 = 3120

指定第二条延伸线原点或［放弃(U)/选择(S)］<选择>：　　　　(选择墙角右侧点)

标注文字 = 4240

指定第二条延伸线原点或［放弃(U)/选择(S)］<选择>：　　　　(按〈Enter〉键确定)

如图 5-43b 所示图形的标注步骤为：

(1) 执行“DAN”角度标注，或单击△角度标注。标注第一个尺寸即：44°位置。

(2) 执行“DBA”基线标注，或单击图标。

(3) 指定圆右侧各点。

(4) 按〈Enter〉键确定，结束命令，可得到如图 5-43b 所示的标注。

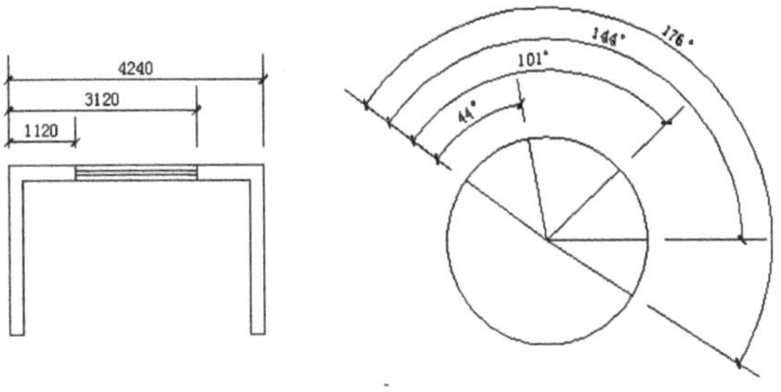

a)　　　　b)

图 5-43

不过，按照前面讲述的尺寸样式调整的七项内容，在执行基线标注时，可能会出现如图 5-44 所示的状况，这是因为在标注样式中对于基线标注间距默认值为 3.75，间距太小而造成的。

执行“D”命令，单击线选项，如图 5-45 所示对话框中，调整基线间距值为 500。确定返回标注样式管理器。返回绘图区重新进行基线标注即可完成如图 5-43b 所示的标注。

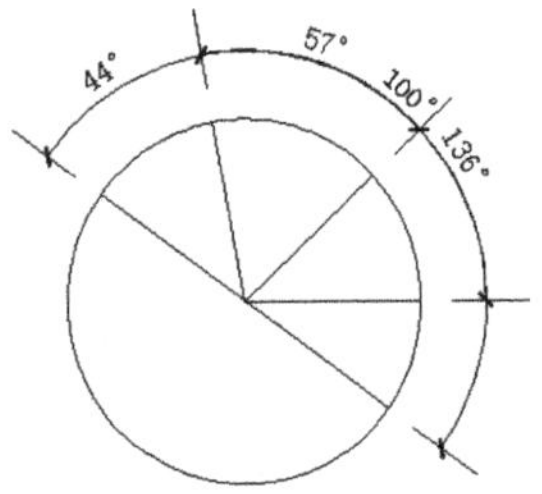

图 5-44

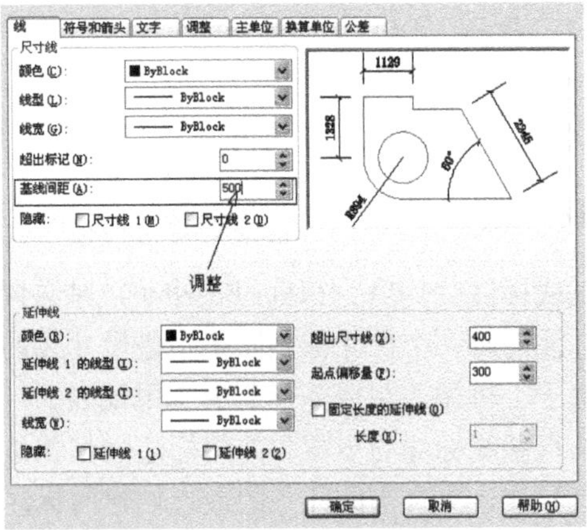

图 5-45

5.4.11　快速标注

快速标注“QDIM”(Dim Quick) 是指可以通过一次选择对多个图形对象进行标注，这是非常快速有效的方法，尤其是针对基线标注、连续标注以及标注一系列圆或者圆弧的直径、半径、圆点等。

> 提示：
> 创建系列基线标注或连续标注，或者为一系列圆或圆弧创建标注时，快速标注命令特别有用。

如图 5-46 所示，均为快速标注的结果。

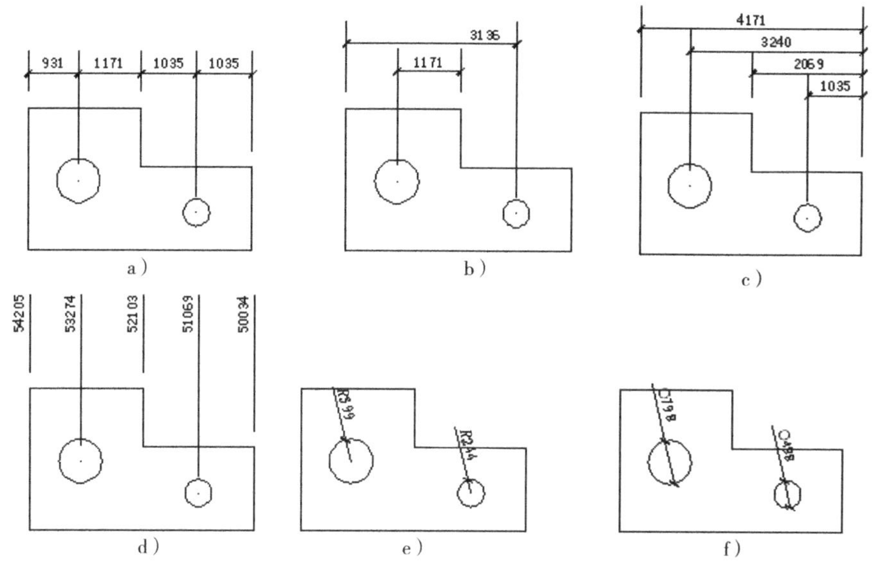

图 5-46
a）连续尺寸　b）并列尺寸　c）基线尺寸　d）坐标　e）半径　f）直径

（1）执行命令“Qdim”或单击快速标注。

（2）选择需要快速标注的图形对象，通常使用单选、窗口、交叉窗口或者栅栏选择，确定。

（3）选择需要标注的项目，在命令提示行有连续（C）/并列（S）/基线（B）/坐标（O）/半径（R）/直径（D）/基准点（P）/编辑（E）/设置（T）等项目，输入需要选择项目的首字母。

（4）指定尺寸线的位置。

【命令步骤】

命令：QDIM
关联标注优先级 = 端点
选择要标注的几何图形：指定对角点：找到 6 个　　（选择对象）
选择要标注的几何图形：　　（按〈Enter〉键确定）
指定尺寸线位置或 [连续(C)/并列(S)/基线(B)/坐标(O)/半径(R)/直径(D)/基准点(P)/编辑(E)/设置(T)] <连续>：　　（输入选项）
指定尺寸线位置或 [连续(C)/并列(S)/基线(B)/坐标(O)/半径(R)/直径(D)/基准点(P)/编辑(E)/设置(T)] <坐标>：　　（指定尺寸线位置）

5.4.12　尺寸标注的编辑修改

完成的标注尺寸线，有时候还需要调整相应的位置或者文字的内容等，通常情况下对于尺寸标注的组成、尺寸线、尺寸界线、文字等位置都可以通过夹点编辑来进行修改。

如图 5-47 所示，通过调整夹点 1 和 5 可以调整尺寸界线的位置，尺寸界线移动了，尺寸线上的文字也是动态变化的。

调整夹点 2 和 4，水平方向不会发生任何变化，而垂直方向移动则尺寸线可以跟随移动位置。

调整夹点 3，水平方向移动可以调整文字的位置，垂直方向移动可以调整尺寸线的位置。

而如果要调整尺寸线上面的文字的内容，可以有两种方法，一是双击尺寸标注。

另一种方法是执行“ED”（edit 文字编辑）命令，单击文字，得到如图 5-48a 所示状态。在文本框中输入需要的数值即可，同时功能区会自动打开“文字编辑器”面板，可以执行文字的更多编辑操作，这里更改为 2000，然后在空白处单击左键，在按〈Enter〉键完成。尺寸线上的文字更改完成，如图 5-48b 所示。

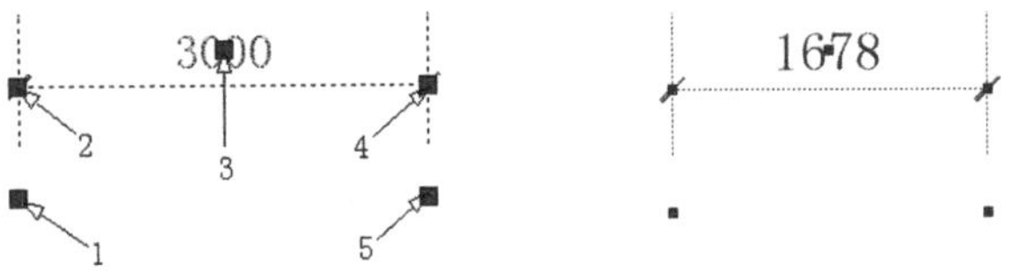

图 5-47

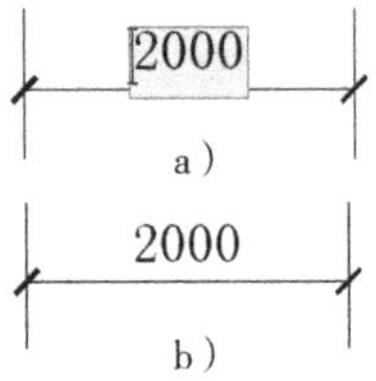

图 5-48

5.5 楼梯间平面图

5.5.1 绘制楼梯平面图

【思路分析】 绘制如图 5-49 所示的楼梯平面图，与绘制教室平面图思路相同，首先创建图层，然后确立辅助线，使用辅助线来明确控制点，再逐一绘制。

【学习命令】“ML”（Mline 多线）、“MY”（Mlstyle 多线样式调整）、“AR”（Array 阵列）、“LT”（Linetype 线型）等。

【作图步骤】

步骤① 建立文件。

按〈Ctrl + N〉新建文件，再按〈Ctrl + S〉保存文件，命名为“楼梯平面图”。

执行“LA”图层命令，分别建立辅助线、墙线、窗户、门、踏步、文字、标注等图层并为各图层设置不同颜色，更改辅助线图层线型为点画线，如图 5-50 所示。

步骤② 绘制辅助线。

转换到辅助线图层，执行“L”命令绘制一条尺寸为 3000 的水平线和一条尺寸为 6000 的垂直线，执行“O”偏移命令，确定，分别向上偏移水平线距离 5600，向右偏移垂直线距离 2600 得到外框为 2600 × 5600 的楼梯墙面中心线。

双击鼠标中间滚轴，令视图全部显示。

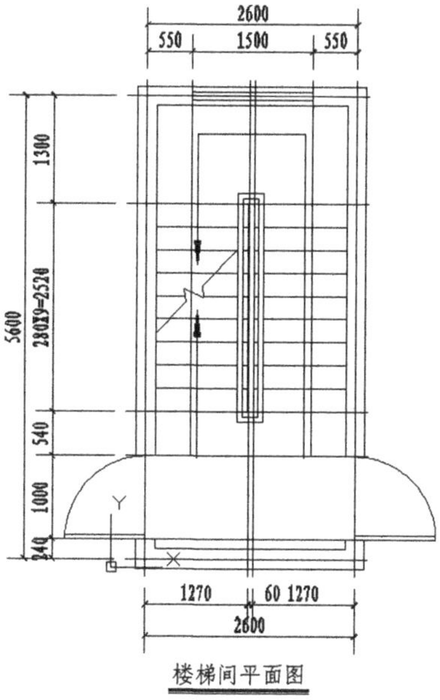

图 5-49

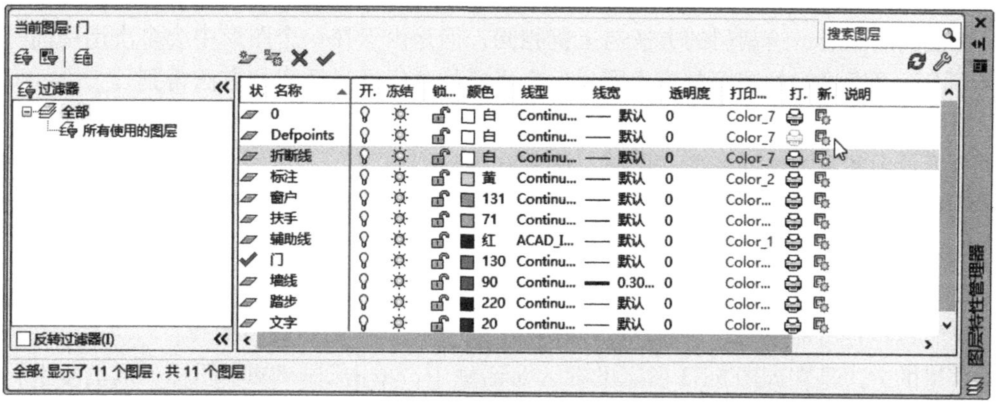

图 5-50

执行“LT”调整线型比例正确显示出点画线，如图 5-51 所示。执行“O”偏移命令，确定，将下侧水平辅助线依次向上偏移距离为 240、1000，得到左右位置门的辅助线，将左侧垂直线依次向右偏移距离 550、1500、550，然后对其执行“TR”进行修剪得到窗户位置的辅助线，如图 5-52 所示。

步骤 3 绘制墙体和窗。

转换到墙线图层，执行“MY”（Mlstyle）多线样式调整，设置墙线类型，并置为当前，执行“ML”命令绘制墙线。

转换到窗户图层，执行“MY”（Mlstyle）多线样式调整，设置窗户多线类型，并置为当前，执行“ML”命令，绘制窗户。

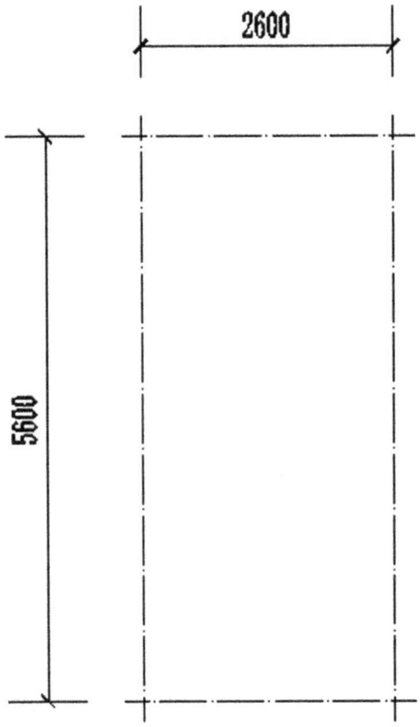

图 5-51

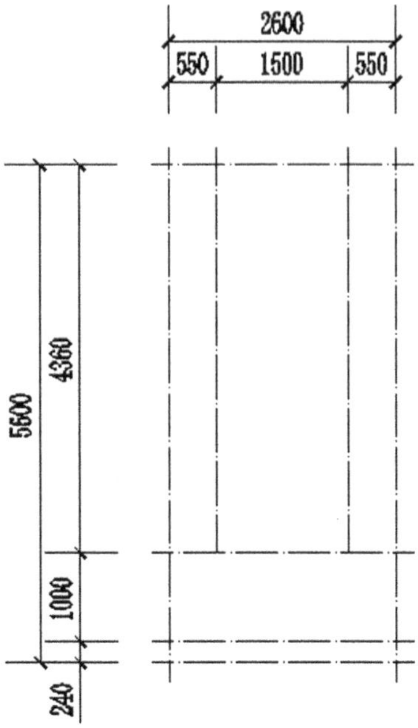

图 5-52

步骤④ 绘制门。

转换到门图层，绘制门的方法与上例相同，但是由于在一个图形中会多次运用同样的门图例，因而可以将门的图例制作为图块，在需要的时候通过插入的方法得到。

绘制好门，执行“B”图块命令，命名为“门”，在如图 5-49 所示图中的左侧门，捕捉门的右下角为基点，选择矩形和圆弧，确定，得到图块。

执行“I”插入图块命令，插入门图例关键的就是上下左右的开启方向不同，比如需要通过插入获得如图 5-49 所示右侧的门。

在打开的插入图块对话框中，如图 5-53 所示，输入旋转角度为 180°的结果如图 5-54 所示，显然这不是所需要的，旋转 360°也不行，那么怎么才能达到目的呢？

这里的方法是在如图 5-53 所示的插入对话框中，单击☐统一比例(U)图标，取消复选，然后在对应的 x、y 位置处输入特定参数，就可以得到满意的结果。

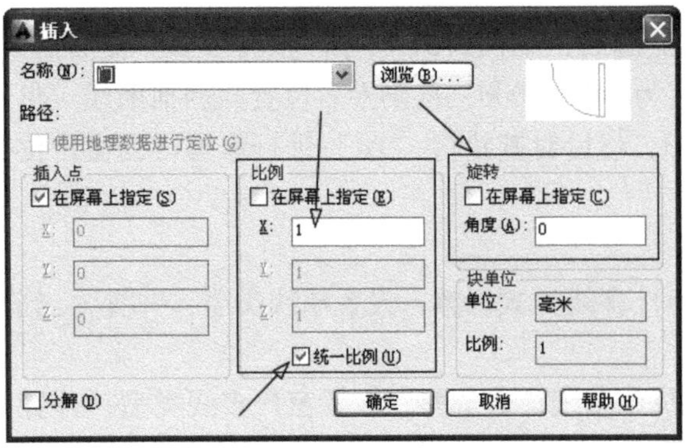

图 5-53

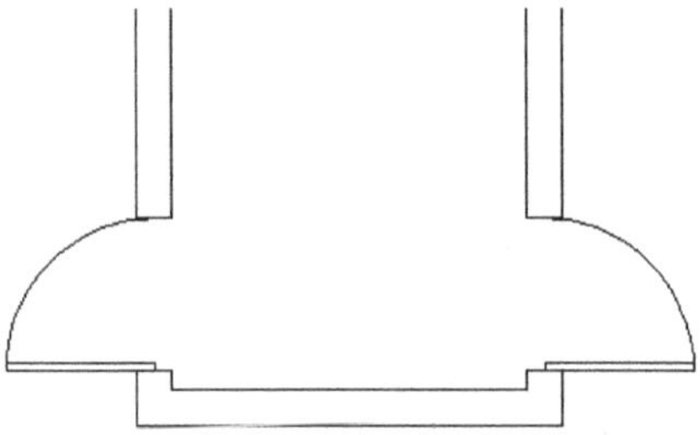

图 5-54

这里的参数设置，不旋转只调整比例时：

x = −1、y = 1 时，相当于图块沿 Y 轴对称插入。

x = 1、y = −1 时，相当于图块沿 X 轴对称插入。

x = −1、y = −1 时，相当于图块沿 X 轴和沿 Y 轴均对称后插入，也就是相当于旋转 180°插入。

> 提示：
> 这里设置插入图块参数的方法非常方便，请初学者多次尝试，并记住规律。

明白了上述的参数意义，可以在插入图块时，设置相应比例和角度得到插入方向。

步骤⑤ 绘制踏步。

转换到踏步图层，绘制踏步。

踏步的绘制是本图的关键。要分析清楚如何做辅助线，如何绘制第一条踏步线，如何绘制中间的梯井线。确保楼梯中踏步位置合理，要符合一定的尺度要求，当然这需要一定的工程制图基础。

如果没有制图基础，可以简单认为，中间的梯井是缝隙，休息平台尺寸为辅助线，这样就可以绘制了。

执行“O”偏移命令，先将水平方向的辅助线向下偏移 1300，再将得到的辅助线向下偏移 2520，将垂直方向的辅助线向右偏移 1270，再将得到的辅助线向右偏移 60，得到梯井的辅助线，如图 5-55 所示。这样就可以通过捕捉辅助线的交点，绘制出一条踏步线，关闭辅助线，如图 5-56 所示。有了第一条踏步线，则执行复制、偏移或阵列等方法都可以得到其他的踏步线。

这里执行“AR”阵列命令，而阵列过程中的关键是，设置阵列距离，一要注意距离有正负之分。设置好的参数如图 5-57 所示，在这注意关闭阵列项目的关联，以方便下一步的修剪。阵列后得到结果如图 5-58 所示。

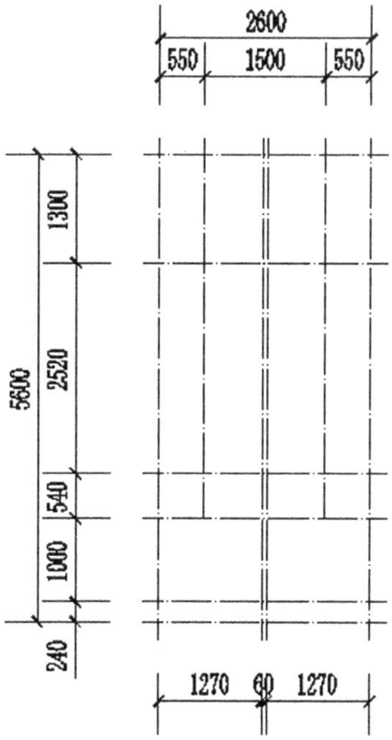

图 5-55

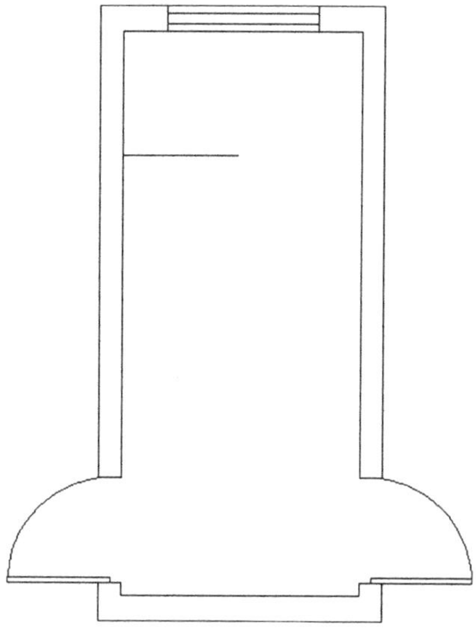

图 5-56

步骤⑥ 绘制梯井和扶手。

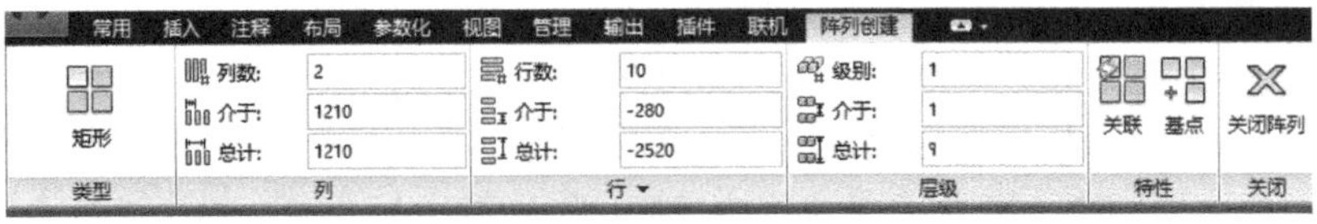

图 5-57

执行“REC”命令，在踏步的中间位置捕捉点绘制梯井的矩形。

执行“O“向外偏移距离 60，再次偏移 60，得到扶手的轮廓线，进行必要的剪切，就可以得到完整的图案。

再绘制 45°折断线，然后执行“PL”多段线绘制箭头表示上行和下行梯段，如图 5-59 所示。

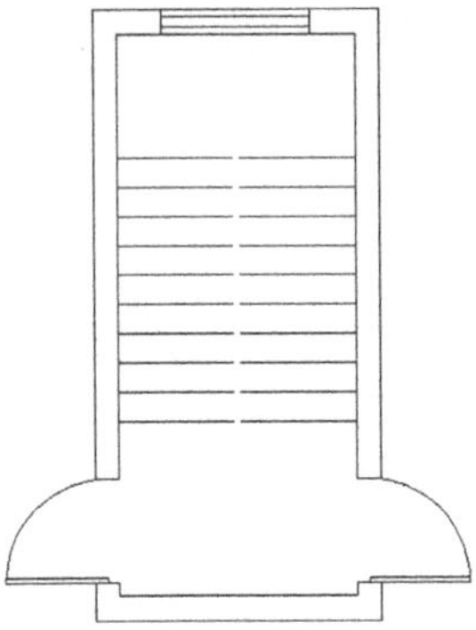

图 5-58

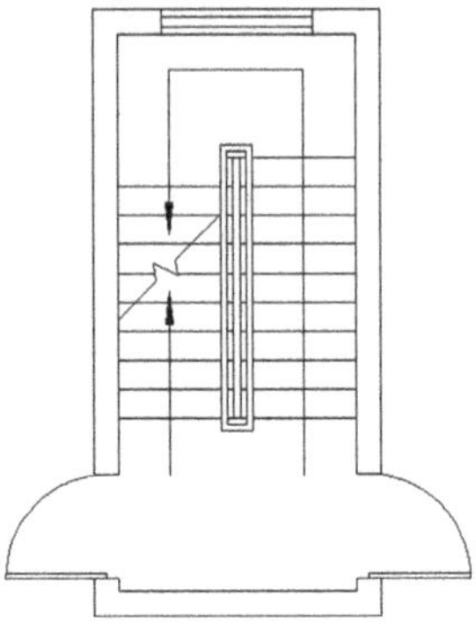

图 5-59

5.5.2 楼梯间平面图尺寸标注

步骤① 执行“D”打开标注样式管理器对话框，执行尺寸标注样式调整，建立“建筑标注”样式，修改七项参数，并将“建筑标注”样式置为当前。

步骤② 打开注释面板，首先标注上开间的细部尺寸，即标注窗户和墙体之间的距离。

执行“Qdim”快速标注，选择上开间的辅助线，确定，指定尺寸线的位置，得到第一道尺寸标注，如图 5-60 所示。

执行“DLI”线性标注，先选择左侧垂直辅助线上端点为第一点，再选择右侧垂直辅助线上端点为第二点，确定，指定尺寸线的位置，得到第二道尺寸标注，如图 5-61 所示。

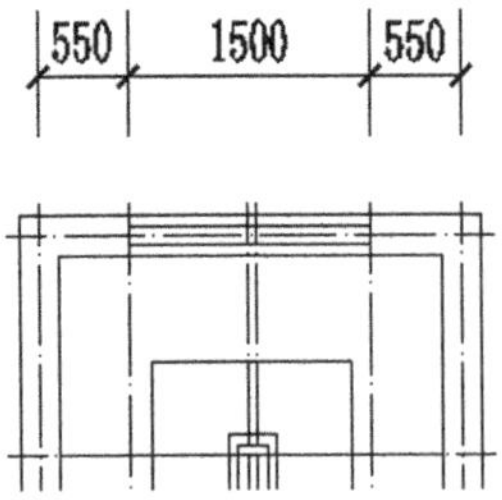

图 5-60

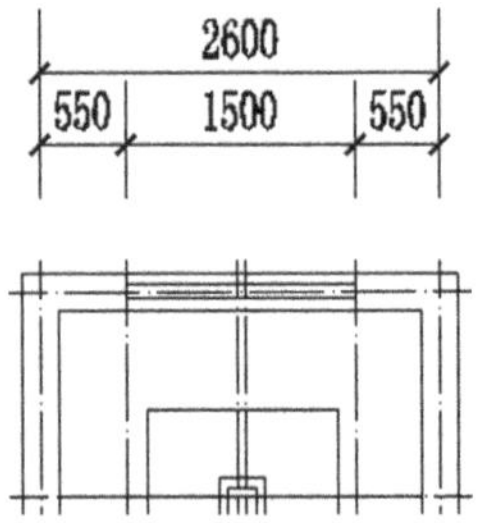

图 5-61

步骤③ 重复执行上述两步，标注下开间尺寸。

步骤④ 上一步学习了快速标注，现在来学习一下用连续标注来标注进深尺寸。

首先执行 DLI 线性标注，先选择下侧第二根水平辅助线左端点为第一点，再选择下侧第二根水平辅助线左端点为第二点，确定，指定尺寸线的位置，如图 5-62 所示。

然后执行 DCO 连续标注，由下而上依次选择需标注的水平辅助线左侧端点，得到第一道尺寸线，如图 5-63 所示。继续执行 DLI 线性标注标注第二道尺寸线，如图 5-64 所示。

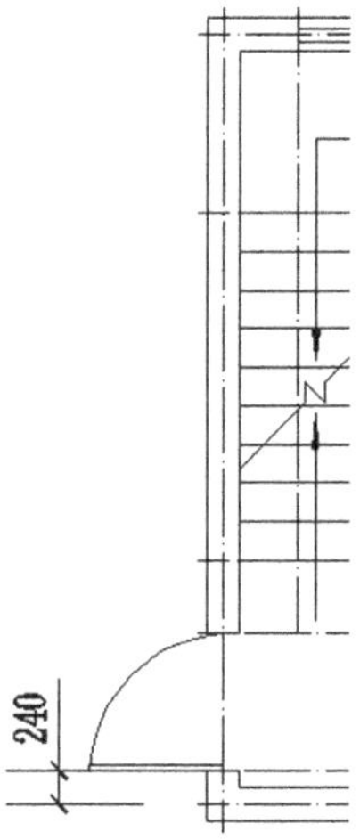

图 5-62

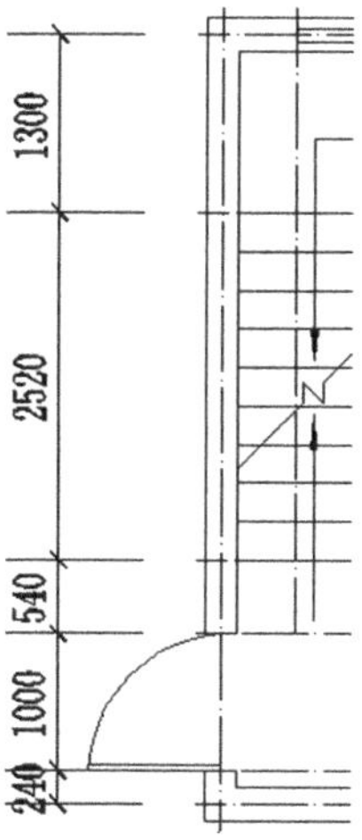

图 5-63

执行“ED”文字编辑命令，修改 2520 文字为 280 ×9 =2520，这样可以更清晰表达图中踏步的数量，符合建筑设计的制图规范要求，确定，修改完成后如图 5-65 所示。

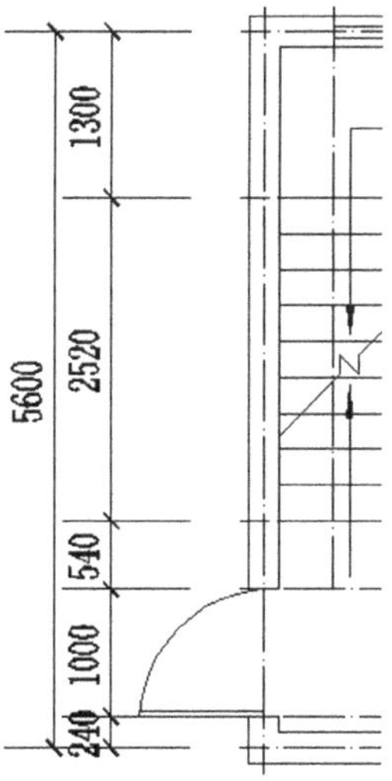

图 5-64

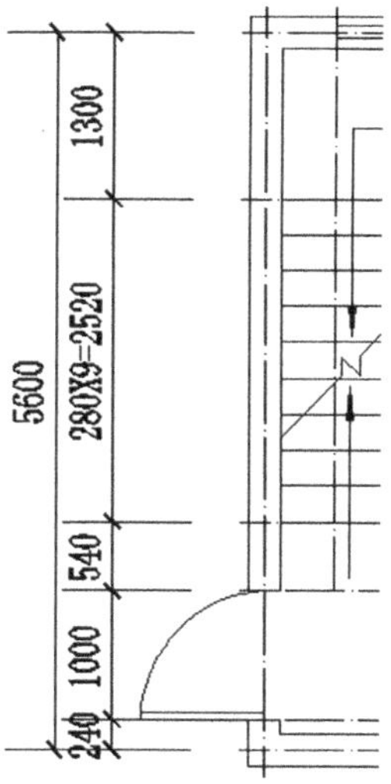

图 5-65

步骤 5 最后执行“DT”单行文字命令，书写图名“楼梯间平面图”，即可得到如图 5-49 所示的图案。

小结：

本章主要讲解了教室平面图和楼梯平面图绘制的思路和方法，同时讲述了尺寸标注的创建与使用，读者一定要通过反复练习熟练掌握尺寸标注的方法，学会建筑标注的严格标准。

第 6 章　进阶图案制作（三）

【学习提示】前面已经学习使用多线绘制简单房间的图形，当出现多个房间时候该如何绘制和处理复杂的平面图形呢？这是本章的主要内容。

【本节重点】拉伸命令、夹点编辑、文字、写块、快的属性定义、多线的编辑。

【学习命令】“S”（Stretch 拉伸）、“Mledit”（多线编辑）、“DT”（Dtext 单行文字）、“T”（Mtext 多行文字）、“W”（Wblock 写块）、“X”（Explode 分解）、“EL”（Ellipse 椭圆）。

6.1　S 拉伸命令的使用

“S”（Stretch）拉伸命令通过改变图形对象上一些关键点的位置，从而改变图形本身的长度、形状或位置。

通过拉伸命令，可以重定位穿过或在交叉窗口内的对象的端点。以便达到两个目的：

（1）将拉伸交叉窗口部分包围的对象。

（2）将移动（而不是拉伸）完全包含在交叉窗口中的对象或单独选定的对象。

执行拉伸命令与移动和复制命令类似，需要首先为拉伸指定一个基点，然后指定位移点。

要进行精确拉伸，需要使用对象捕捉、栅格捕捉和相对坐标输入。

提示 1：

拉伸命令有两个要点：

（1）必须使用交叉窗口选择对象。

（2）必须选择要拉伸图形对象的端点。

提示 2：

执行拉伸命令，如果是 AutoCAD 2005 以前的版本，只能一次性选择对象，不能多次选择，AutoCAD 2006 以后的版本可以多次选择。

6.1.1　拉伸练习（一）

如图 6-1 所示，线段 1 和线段 2 如果要延伸到点 4 和点 5 的位置，需要执行“S”拉伸命令，确定。

第一步选择对象，采用交叉窗口且选择到线段的端点 1 和端点 2 的位置处，虽然此时线段 3 也被选择，但是由于没有选择线段 3 的端点，所以拉伸命令对于线段 3 是无效的。

第二步指定基准点，任意一点。

第三步指定到达点，后两步的步骤与前面所学的复制、移动等步骤相同。

【命令步骤】

命令：S　STRETCH

以交叉窗口或交叉多边形选择要拉伸的对象…

选择对象：指定对角点：找到 3 个　　（交叉窗口选择）

选择对象：　　（按〈Enter〉键确定）
指定基点或 [位移(D)] <位移>：　　（指定第一点）
指定第二个点或 <使用第一个点作为位移>：　　（指定第二点）

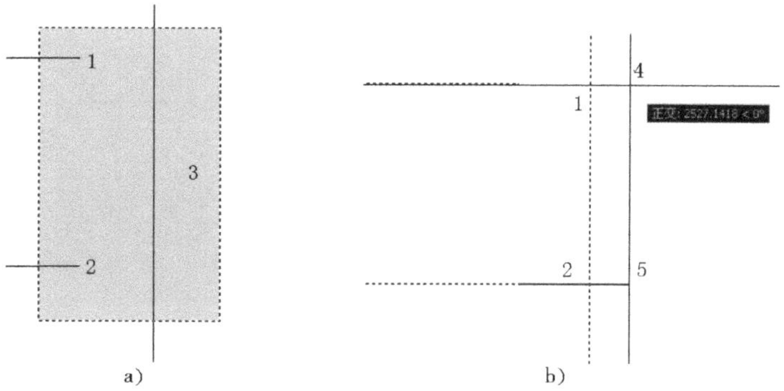

图 6-1

6.1.2　拉伸练习（二）

将如图 6-2 所示的正方形拉伸后成为长方形。

执行“S”拉伸命令，确定，第一步选择对象，如图 6-2a 所示采用交叉窗口且选择到线段的端点 1 和 2 的位置处，此时两条水平线的端点 1、端点 2 和垂直线段都被选择；第二步指定基准点；第三步指定到达点。

结果点 1 和 2 到达点 3 和 4 的位置，如图 6-2b 所示，而垂直线段相当于移动到了新的位置，所以正方形拉伸后成为长方形。

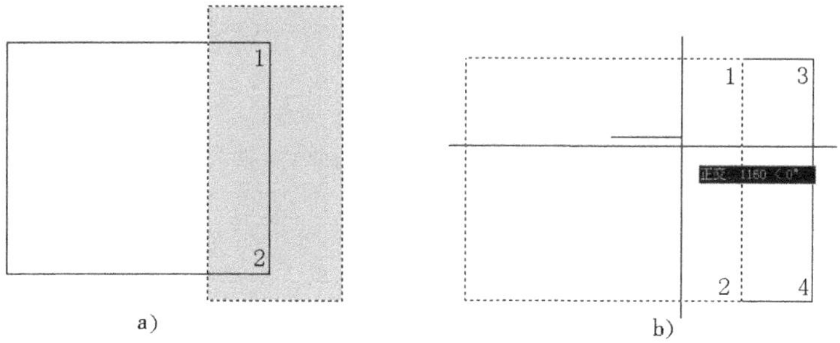

图 6-2

> 提示：
> 当图形对象的全部都在拉伸选择框中时，该对象相当于执行移动命令。

6.1.3　拉伸练习（三）

将如图 6-3 所示的屋顶平面图拉伸。

执行“S”拉伸命令，第一步选择对象，如图 6-3a 所示采用交叉窗口且选择，此时两条水平线的端点、右侧屋脊线和垂直线段都被选择。

第二步指定基准点，在如图 6-3b 所示 1 的位置。

第三步指定到达点，在如图 6-3b 所示 2 的位置。

拉伸后的结果如图 6-3c 所示。

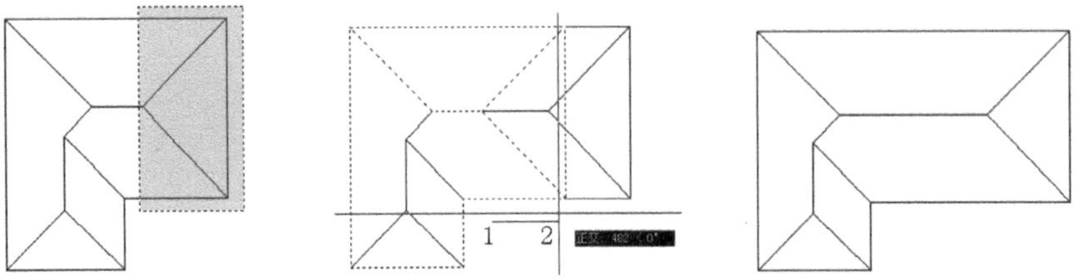
a) b) c)

图 6-3

6.2 夹点编辑

在 AutoCAD 中，每个图形都有一些关键点或者说控制点，通常称为夹点（Grips）。如图 6-4 所示，一条线段的起点、中间点和结束点，圆弧的起点、中间点、结束点和圆心点，圆的四个象限点和圆心点，矩形的四个角顶点和四条边的中点等。

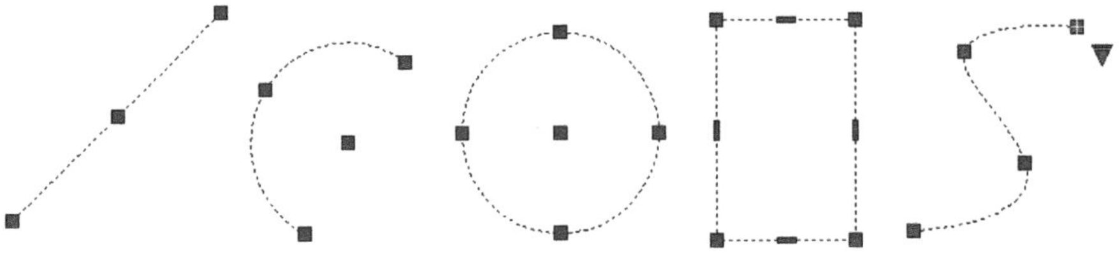

图 6-4

获得夹点的方法是当命令行不输入任何指令时，直接选择对象，此时就可以显示夹点。

夹点是一些实心的小方框或三角形，使用这些夹点可以实现快速拉伸、移动、旋转、缩放或镜像对象，这种编辑方式称为夹点编辑。

要执行夹点编辑，请先选择作为操作基点的夹点（基准夹点），选定夹点也称为热夹点，然后选择一种夹点编辑模式。可以通过按〈Enter〉键或空格键循环选择这些模式。还可以使用快捷键或单击鼠标右键查看所有模式和选项。

要把如图 6-5 所示矩形的右上角顶点移动到矩形右上方两线段交点位置，只需要执行以下操作：

首先在命令行无任何指令时，单击矩形，如图 6-5 所示。此时矩形有八个夹点，显示为蓝色。

然后单击矩形右上角顶点处的夹点，蓝色夹点变为红色。此时的命令行提示为“指定拉

> **提示：**
>
> 当选择了一个夹点后，可以反复按空格键，能得到不同的编辑命令（默认为拉伸）。
>
> 命令：
>
> ＊＊拉伸 ＊＊
>
> 指定拉伸点或［基点(B)/复制(C)/放弃(U)/退出(X)］：
>
> ＊＊移动 ＊＊
>
> 指定移动点或［基点(B)/复制(C)/放弃(U)/退出(X)］：
>
> ＊＊旋转 ＊＊
>
> 指定旋转角度或［基点(B)/复制(C)/放弃(U)/参照(R)/退出(X)］：
>
> ＊＊比例缩放 ＊＊
>
> 指定比例因子或［基点(B)/复制(C)/放弃(U)/参照(R)/退出(X)］：
>
> ＊＊镜像 ＊＊
>
> 指定第二点或［基点(B)/复制(C)/放弃(U)/退出(X)］：

伸点或［基点（B）/复制（C）/放弃（U）/退出（X）］：的提示。在该提示下单击捕捉矩形右上方两线段的交点（图 6-6），然后按 <Esc> 键取消，就完成了对矩形顶点的移动，如图 6-7 所示。

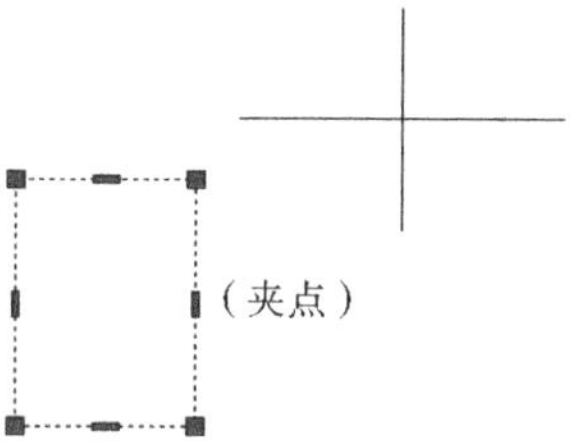

图 6-5

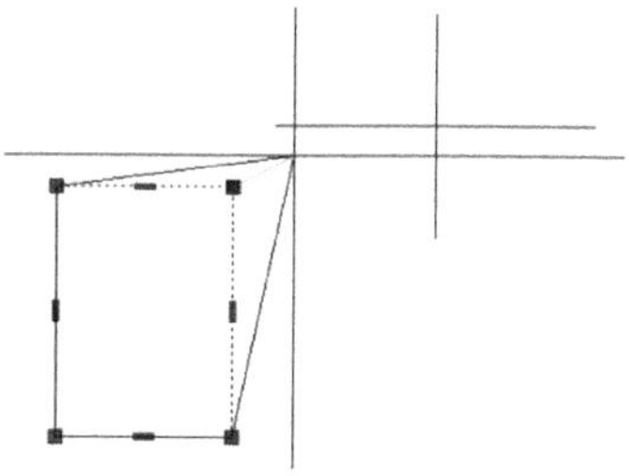

图 6-6

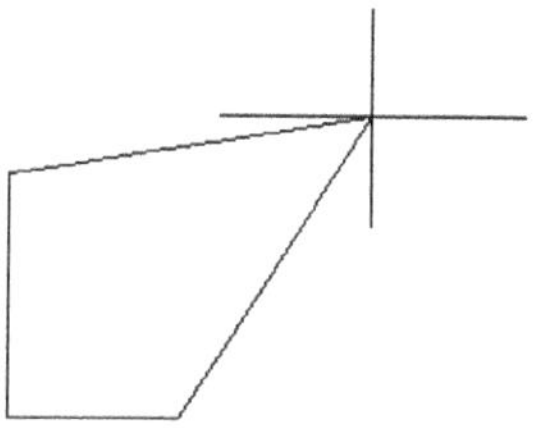

图 6-7

对于圆也可以进行夹点编辑，首先在确保没有输入任何命令的情况下，单击圆，出现五个夹点，然后选择任意一个象限点，向内或外部移动鼠标指针，就可以改变圆的半径使之变为新的圆，如图 6-8 所示。如果是单击圆的圆心夹点，移动鼠标指针整个圆就会移动，此时相当于执行移动命令，如图 6-9 所示。

> 提示：
> 锁定图层上的对象不显示夹点。

注意，按〈Esc〉键可以取消夹点显示，退出夹点编辑模式。

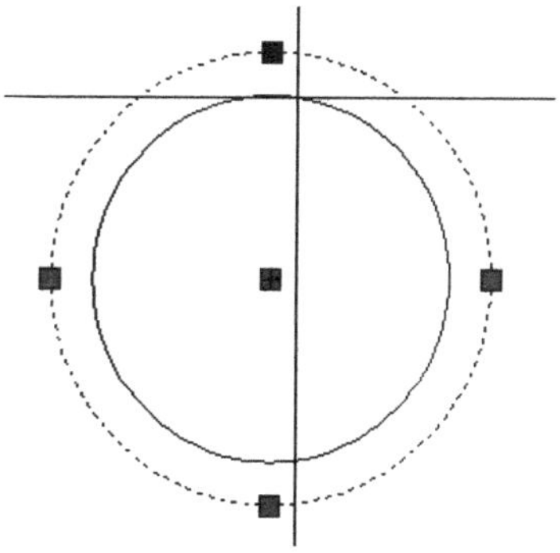

图 6-8

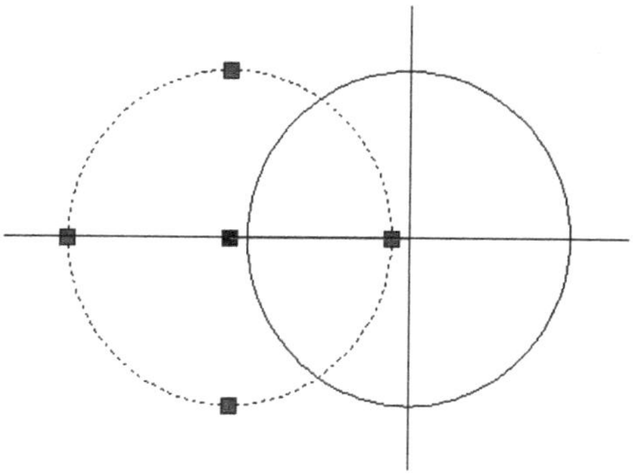

图 6-9

6.3　文字样式

6.3.1　文字样式的创建与单行文字

本书在前面的章节中，已经介绍过默认情况下单行文字的输入。执行"DT"单行文字命令，命令提示行提示当前文字样式为"Standard"，按〈Esc〉键取消单行文字的书写。

默认的文字样式"Standard"不符合建筑制图规范性要求，需要进行文字样式的设置。

执行"ST"文字样式命令，弹出"文字样式"对话框，如图 6-10 所示。

根据规范要求，书写字体要采用长仿宋样式。可以直接将默认的文字样式"Standard"样式更改，也可以新建一个文字样式。这里采用新建文字样式的方法。

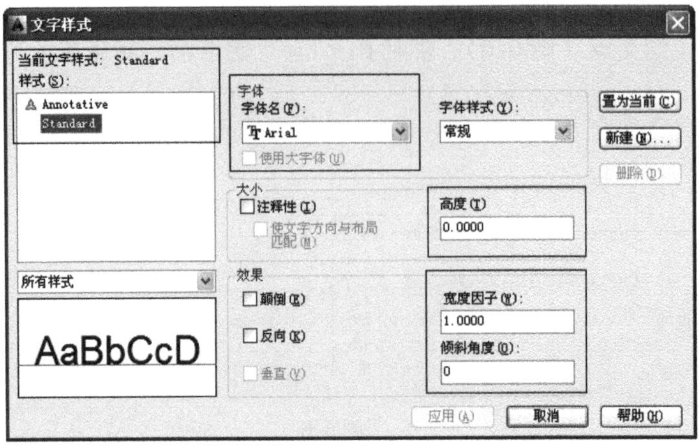

图 6-10

步骤① 单击[新建(N)...]，弹出新建文字样式对话框，将文字样式名称更改为“建筑文字”，如图 6-11 所示，单击确定，产生新的标注样式。

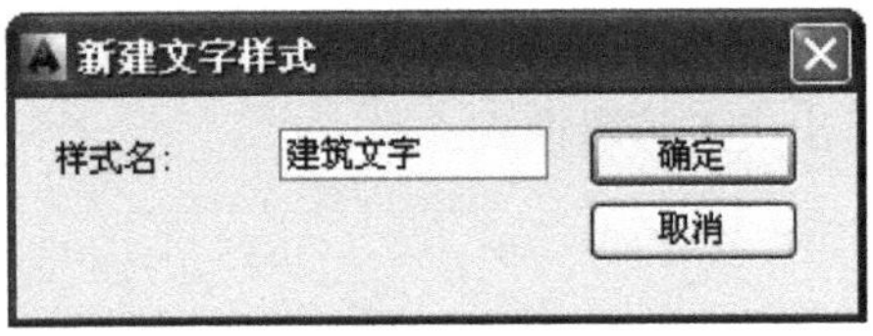

图 6-11

> 提示：
>
> 默认文字高度为 0.000，而不是书写时的文字高度为 0，这样在书写文字时可以进行调整文字高度，如果改变为其他的高度，在书写文字时就不能更改文字高度。
>
> 宽度因子指的是单个文字的宽度和高度的比值，由于建筑中采用的是长仿宋字体，所以将宽度因子改为 0.7。

步骤② 在样式处单击“建筑文字”，调整字体名为“仿宋”。

步骤③ 高度采用缺省值 0.000 即可，宽度因子改为 0.7。

单击置为当前，关闭文字样式对话框。

执行“DT”单行文字命令，命令提示行提示当前文字样式为“建筑文字”，根据前面学习的单行文字书写方法，书写如图 6-12 所示文字。

> 提示：
>
> 在使用单行文字书写完成一行时，按一次〈Enter〉键，代表换行，再次按一次〈Enter〉键代表书写完成。
>
> 即使使用单行文字能够书写出“多行”文字，但是每一行是独立存在的，即每一行文字是一个独立存在的对象。

图 6-12

6.3.2 多行文字

对于多行文字（T，Mtext），尤其是段落性文字的书写，如果采用单行文字并不好编辑与修改，所以应该采用多行文字命令。

在命令行输入　T　，确定，指定文本框的第一角点，再指定文本框的对角点，就会得到如图 6-13 所示的文字编辑器。

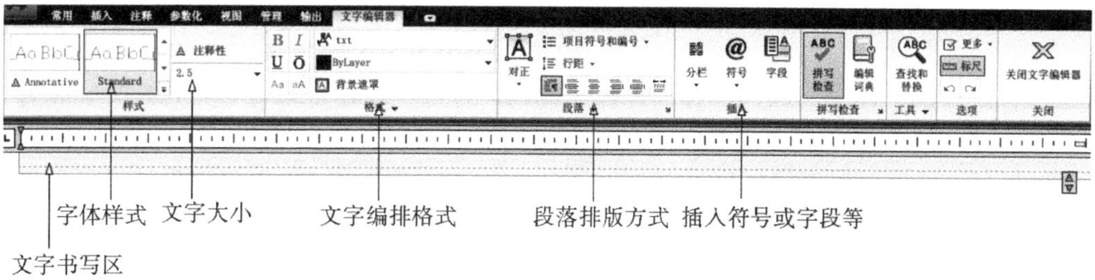

图 6-13

“多行文字”的文字编辑器中的选项卡包含大量的文字参数。

文字的大多数特征由文字样式控制。文字样式设置默认字体和其他选项，如行距、对正和颜色。可以使用当前文字样式或选择新样式。默认设置为“Standard”文字样式。

在多行文字对象中，可以通过将格式（如字体、下画线、粗体和不同的字体）应用到单个字符来替代当前文字样式。比如选择字体，可以在如图 6-14 所示的位置选择。通过插入工具，可以插入以“ASCII”或“RTF”格式保存的文件中的文字。也可以在多行文字中插入字段。

在本例中，设置样式为“建筑文字”，字体大小为 250（注意：更改完成高度必须单击〈Enter〉键确定，否则不能更改），书写如图 6-15 所示文字，单击功能区右侧关闭文字编辑器，或鼠标单击绘图区域其他位置完成多行文字的书写。

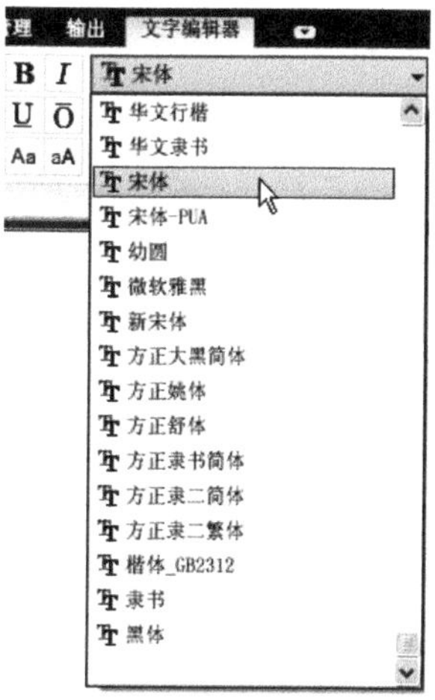

图 6-14

图 6-15

提示：

如果对已经书写完成的文字进行修改，只需要双击文字即可。

6.3.3　特殊符号的输入

在工程制图中，通常会需要标注一些特殊字符，比如直径符号 ϕ，地面相对标高 ± 等，这些符号不能直接从键盘输入。AutoCAD 中提供了一些控制码，在键盘中输入控制码即可达到输入特殊符号的目的。

AutoCAD 提供的特殊符号和控制码对照见表 6-1。

通过表 6-1 可以看出，AutoCAD 提供的控制码，均由两个百分号“%%”加一个字母组成。输入控制码后，在屏幕上不会立即显示它们所代表的特殊符号，只有在回车以后，控制码才会变成相应的特殊符号。

表 6-1　控制码及对应的特殊符号

输 入 符 号	显 示 效 果	符 号 含 义
%%C	φ	表示直径
%%D	°	表示角度
%%P	±	表示正负号
%%%	%	表示百分比
%%O	—	表示上画线
%%U	_	表示下画线

执行“DT”单行文字命令，输入如图 6-16a 所示的文字，右图为显示效果。如果中文显示为其他杂乱符号，需要执行“ST”字体命令，调整当前字体为宋体则能够正常显示为如图 6-16b 所示的结果，仿宋字体可能不支持某些符号。

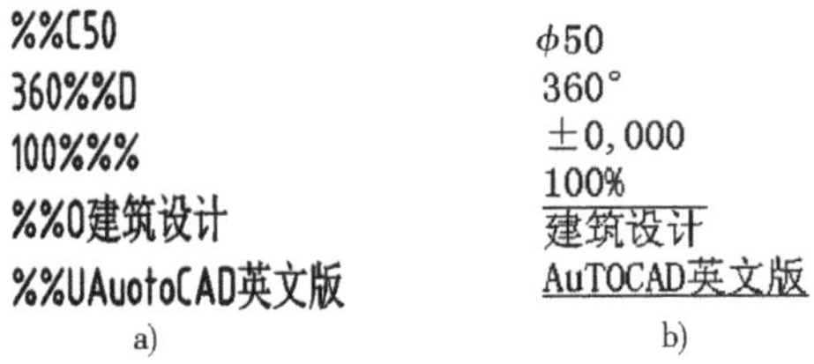

图 6-16

如果执行“T”多行文字输入，在出现文本书写窗口后，会自动打开文字编辑器，单击插图工具条的“符号”，可以弹出如图 6-17 所示的选项，用户可以根据需要选择特殊符号。

图 6-17

6.3.4　文字堆叠

执行“T”多行文字输入，在文本框中输入如图 6-18a 所示的文字，“^”符号可用〈shift + 6〉获得，选中“2^”，单击格式选项卡中的堆叠，如图 6-19 所示，将会形成“23m²”。依次选择“^1”“4/5”“5#6”进行堆叠，将形成如图 6-18b 所示的效果。

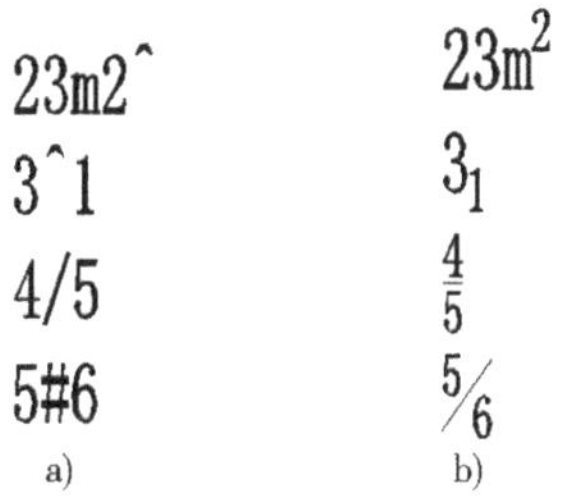

图 6-18

图 6-19

6.4　写块命令

“W”（Wblock）写块命令可以创建用作块的单独图形文件。

“W”写块命令的步骤有三步，与 B 块命令类似，只是第一步略有不同，如图 6-20 所示。

步骤① 指定名称和文件位置（路径），比如“C：\ Documents and Settings \ Administrator \ My Documents \ 门 . dwg”。

步骤② 指定图块的基点，作为插入图块时的插入点。

步骤③ 选择制作图块的对象。确定完成。

> 提示：
> 块命令和写块命令的对象都应该在“0”层。

“B”（Block）块与“W”（Wblock）写块命令都可以达到组合图形的目的，都可以有效、快速地绘制图形并降低图形文件的大小。

但是两者也有很多的不同点。

区别一：存在位置不同。

“B”块命令做出的图块只存在于该图形中，在其他图形中不能通过“I”（Insert）插入命令获得。“W”写块命令做出的图块作为一个单独的文件存在，是保存在硬盘的某一位置中，任何一个图形都可以执行“I”（Insert）插入命令获得。

区别二：操作步骤不同。

虽然同样是三个步骤，但是“B”块命令只要给出一个名称即可，而“W”写块命令则需要指定文件保存的路径和名称。

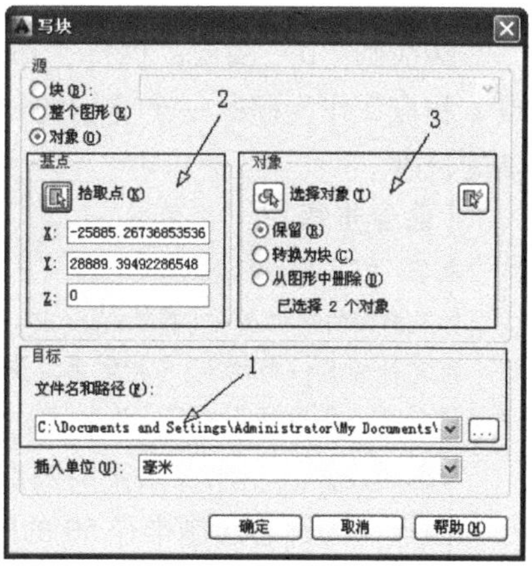

图 6-20

区别三：执行“I”插入图块操作不同。

“B”块命令做出的图块，可直接在下拉条的位置获得，而“W”写块命令做出的图块要通过单击 浏览(B)... 图标，到保存图块文件的具体位置获得。

6.4.1 绘制洗手盆

【学习提示】学习该实例制作方法并将其写为图块，如图 6-21 所示，以便在今后绘图过程中使用。

【学习命令】“EL （Ellipse 椭圆）、“RO（Rotate 旋转）。

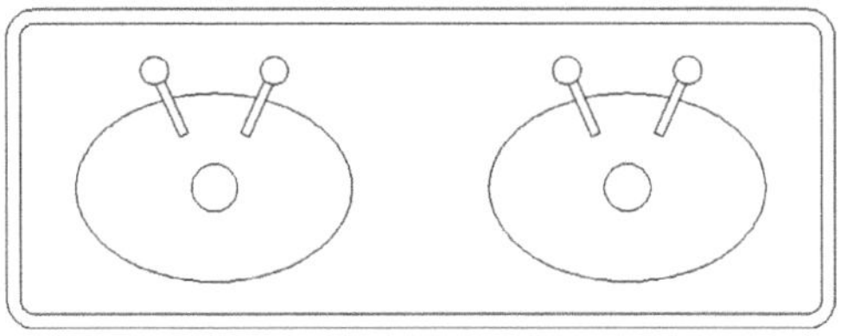

图 6-21 洗手盆

【作图步骤】

步骤① 建立新文件。

新建文件并建立辅助线图层。

步骤② 绘制辅助线。

转换到辅助线图层，执行“L”命令绘制一条长度 2000 的水平线段 1，和一条长度 1000 的垂直线段 2。执行“O”偏移命令，分别将水平线段 1 向上偏移 680，将垂直线段 2 向右偏移 1800 得到面盆的外轮廓尺寸，如图 6-22 所示。

继续向右偏移辅助线 2 距离分别为 150、300、300、150，向上偏移辅助线 1 距离分别为 100、200、200，得到辅助线如图 6-23 所示。

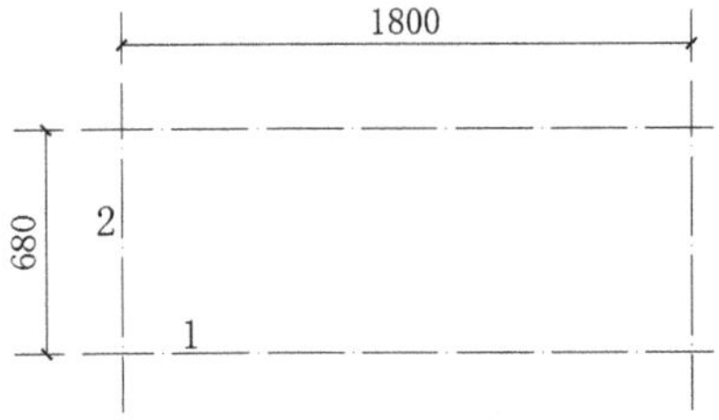

图 6-22

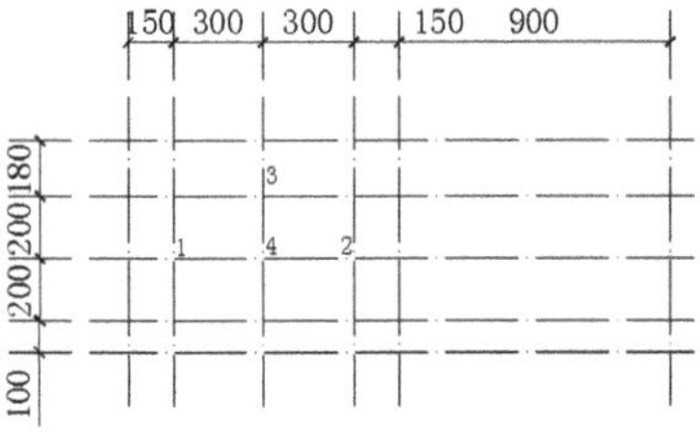

图 6-23

步骤③ 绘制椭圆洗手盆。

转换到“0”图层，执行“EL”椭圆命令，确定，捕捉点 1 和点 2 作为椭圆一个整轴的长度，捕捉点 3 作为椭圆半轴的长度。

> 提示：
> 使用椭圆命令绘制椭圆只要三个点即可，前两个点表示整轴长度，后一个表示半轴长度。

【命令步骤】

命令：EL ELLIPSE

指定椭圆的轴端点或［圆弧(A)/中心点(C)］：(指定椭圆轴的第一点)

指定轴的另一个端点：(指定第二点)

指定另一条半轴长度或［旋转(R)］：(指定另一轴的距离)

步骤④ 绘制水嘴图案的圆形和矩形。

以点 4 为圆心绘制半径 50 的圆，再以点 3 左侧某位置为圆心绘制半径 30 的圆，并绘制一个倾斜 120°的矩形。

> 提示：
> 执行矩形命令，设置相应参数后，下次执行该命令参数依然有效，因而要明白如何将参数再调整回去。

这里绘制矩形的步骤需要注意，因为需要的是一个有旋转角度的矩形，所以在指定矩形的第一点后，输入参数“R”，要求指定矩形的旋转角度，输入 120，然后再指定矩形的对角点。得到如图 6-24 所示结果。

【命令步骤】

命令：REC

RECTANG

指定第一个角点或［倒角(C)/标高(E)/圆角(F)/厚度(T)/宽度(W)］：　　（指定第一点）

指定另一个角点或［面积(A)/尺寸(D)/旋转(R)］：　　（输入R）

指定旋转角度或［拾取点(P)］<0>：　　（输入120）

指定另一个角点或［面积(A)/尺寸(D)/旋转(R)］：　　（指定第二点）

当然，也可以正常绘制一个矩形，然后执行“RO”旋转命令，确定，选择对象矩形，确定，给定基准点，设置基准点时一定注意，为确保能够看到合适的旋转角度，基准点选在旋转对象本身某一点位置，这里选择刚绘制的矩形左上角点，关闭正交模式，选择一个合理角度，确定。

执行“M”移动命令，移动矩形到小圆的合理位置，如图6-24所示。执行“TR”剪切命令，对于矩形和椭圆的相交位置进行适当剪切，然后执行镜像命令得到如图6-25所示效果。

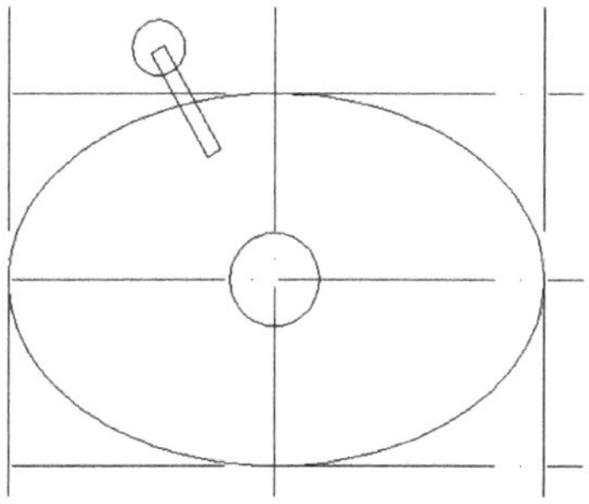

图6-24

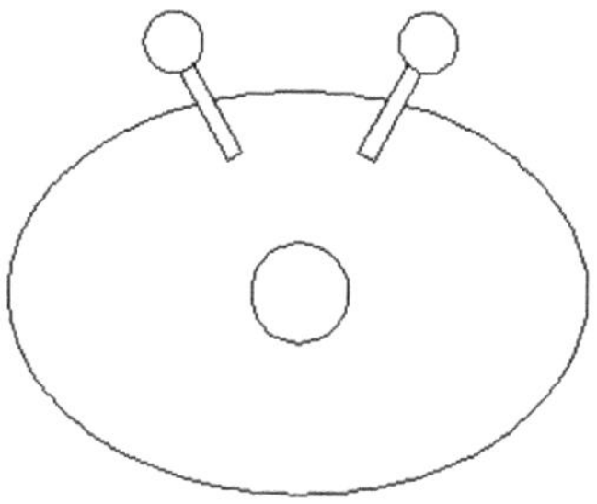

图6-25

步骤5 绘制外轮廓。

执行“REC”矩形命令，调整“F”（圆角）为60，以辅助线的外轮廓绘制矩形，然后向内偏移距离30，再执行“MI”镜像命令将如图6-26所示的左侧面盘镜像到右侧，可以得到如图6-21所示的图形。

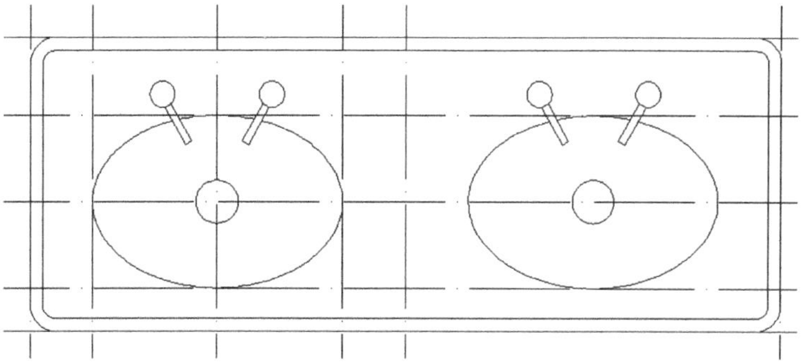

图6-26

> **提示：**
> 建议制作图块多用“W”写块命令，用户可以逐步积累自己的库文件。

步骤6 写块。

关闭辅助线图层，执行“W”写块命令，确定。

第一步，将图块命名保存位置为“D:\work\洁具.dwg”。

第二步，指定基准点，选择图形的左上角点。

第三步，选择需要写块的图案。

这样就可以把绘制好的洁具做成图块并且保存在硬盘的某个文件夹中，以便在今后的图形绘制中插入引用。

6.4.2 绘制小便斗

【思路分析】 如图 6-27 所示的实例中，由于图形比较简单，可以尝试不使用辅助线，而是使用对象捕捉和轨迹追踪的方法来找到合适的点，绘制精确的图形。

【学习命令】 对象捕捉、对象捕捉追踪、“REC”（Rectangle 矩形）、“F”（Fillet 圆角），“X”（Explode 分解）。

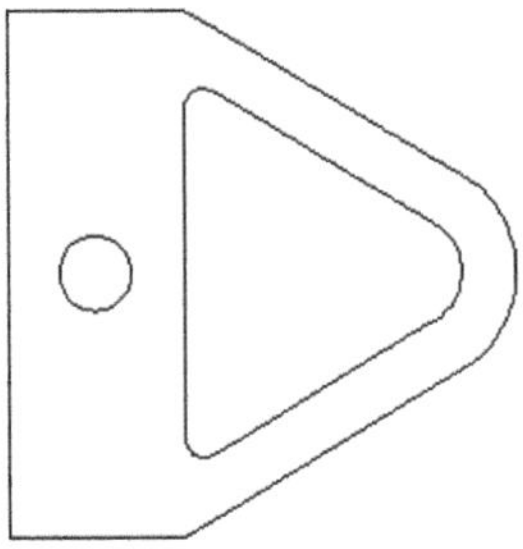

图 6-27

> **提示：**
> 注意这里追踪捕捉点时，只是先在中点位置停留，然后移动鼠标得到追踪线，不能单击。

【作图步骤】

步骤① 执行“REC”矩形命令，确定，绘制一个尺寸为 100×280 的矩形。

步骤② 绘制矩形中心位置的小圆。

这里的关键是如何找到矩形的中心，需要学习使用对象捕捉和对象捕捉追踪结合的方式。

执行“C”圆命令，确定，单击状态栏开关键或按键盘的〈F11〉键，打开对象捕捉追踪，接着右键单击打开对象捕捉，设置相应捕捉点，如图 6-28 所示。

首先捕捉到矩形顶部线段 1 的中间点，然后移动鼠标捕捉线段 2 的中间点，再向矩形的中间位置移动可以得到捕捉两次中点后形成的虚线交点，也就是矩形的中间点，如图 6-29

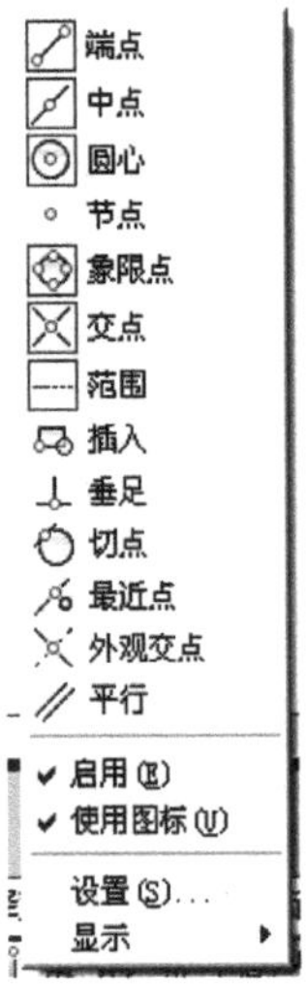

图 6-28

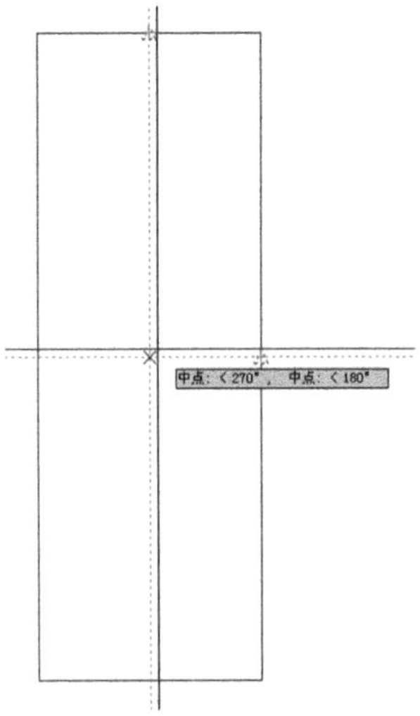

图 6-29

所示。输入半径 20 得到中间的小圆。

步骤③ 执行 L 命令，确定，捕捉矩形的右下角点为起点，绘制线段，结束点（@180<30），同样捕捉矩形右上角为起点绘制线段，结束点为（@180< -30）。或者执行“MI 镜像命令，镜像右下角的线段得到右上角的线段。

> **提示：**
> 这里绘制的倾角 30°的直线，长度可以任意，只要能够看到即可。

执行“F”圆角命令，确定，设置圆角“R”半径为 60，选择刚刚绘制的两条线段，圆角连接如图 6-30 所示。

执行“O”偏移命令，确定，向内偏移距离 30 得到如图 6-30 所示图形。

步骤④ 分别对线段 1、线段 2 和线段 1、线段 3 的夹角进行圆角处理。如果直接进行圆角命令，选择线段 1 时会将整个矩形选上，再选择线段 2，圆角后会变成如图 6-31 所示的情况，显然这是不对的。

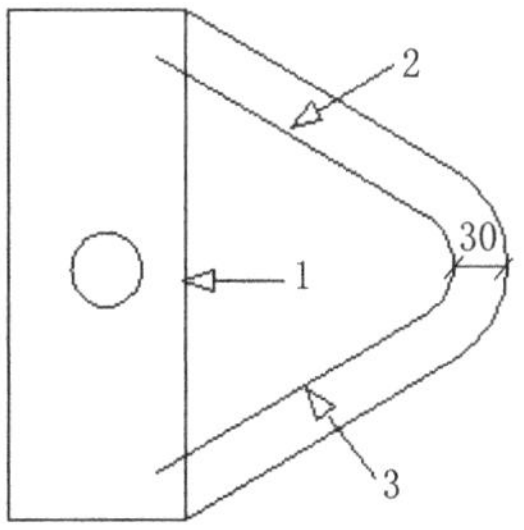

图 6-30

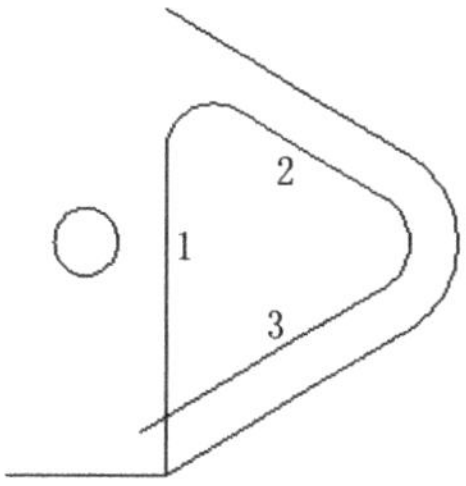

图 6-31

【重要提示】

那么这是为何？该如何处理呢？

由于线段 1 是矩形的一部分，而不是独立的线段，所以选择线段 1 时，实际选择了整个矩形。如果要进行圆角而不受到影响，就必须使线段 1 成为独立的线段，这就需要执行命令“X”（Explode）分解命令，将矩形分解为四条线段。

命令行输入“X”分解，确定，选择对象（这里选矩形），确定。

> **提示：**
> 分解命令可以分解多段线、标注、图案填充或块参照等复合对象，将其转换为单个的元素。
> 例如，分解多段线将其分为简单的线段和圆弧。分解块参照或关联标注使其替换为组成块或标注的对象副本。

执行“F”圆角命令，设置半径为 10，就可以对线段 1、线段 2 和线段 1、线段 3 的夹角进行圆角处理，结果如图 6-27 所示。

步骤⑤ 执行“W”写块命令，第一步，将图块命名保存位置为“D:\work\小便斗.dwg”；第二步，指定基准点，选择图形的左上角点；第三步，选择小便斗。

这样就可以把绘制好的小便斗做成图块并且保存在硬盘的某个文件夹中，以便在今后的图形绘制中插入引用。

6.4.3 绘制蹲便器

【思路分析】图 6-32 所示实例与上一实例制作相同，不需要绘制辅助线。

【学习命令】 REC （Rectangle 矩形）、 F （Fillet 圆角）、 X （Explode 分解）。

【作图步骤】

步骤① 执行 REC 矩形命令，确定，输入 F ，输入圆角半径为40，给定矩形第一点，对角点（@500，280），绘出矩形。

执行“O 向内偏移30，执行“L 线命令，确定，打开捕捉，连接外矩形的左上角点和左下角点，形成一条直线段，如图6-32所示。

> 提示：
> 对象捕捉一定要在需要的时候打开，不需要的时候关闭。

步骤② 执行“TR”修剪命令，剪切线段左侧的部分。

步骤③ 执行“O”偏移命令，向左偏移线段1，偏移距离120。

步骤④ 执行“X”分解外侧的矩形。然后执行“F”圆角命令，设置圆角半径为100，把线段1分别与外侧矩形的两条水平线进行圆角处理，得到如图6-33所示蹲便器图案。

步骤⑤ 执行“W”写块命令，图块命名保存位置为“D：\ work \ 蹲便器. dwg”，完成。

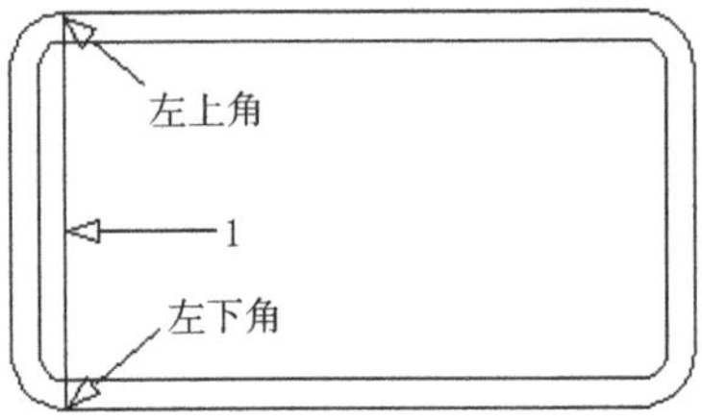

图6-32

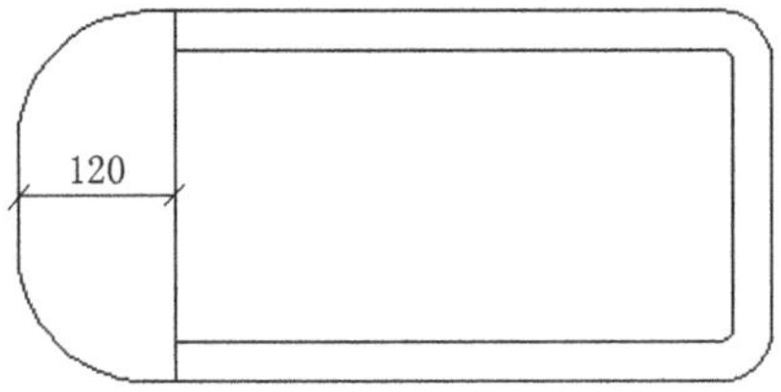

图6-33

6.5 块属性定义

属性块在工程制图、机械制图、电子制图等中有着广泛的应用。在建筑工程中的轴号标注，标高标注，都是带有属性定义的图块。

要创建属性块，必须先执行块的属性定义命令，也就是为图块添加属性文本，然后再执行相应的图块制作命令。

6.5.1 属性定义

要创建属性，首先创建包含属性特征的属性定义。

特征包括标记（标识属性的名称）、插入块时显示的提示、值的信息、文字格式、块中的位置和所有可选模式（不可见、常数、验证、预设、锁定位置和多行）。

键盘输入“ATT”（Attdef），确定，打开如图6-34所示的“属性定义”对话框，要定义一个属性，需要执行三个步骤，第一步，设置属性，包括标记、提示、属性值。第二步，设置属性文字，包括对齐方式、文字样式、高度、旋转等。第三步，单击确定插入图形中。

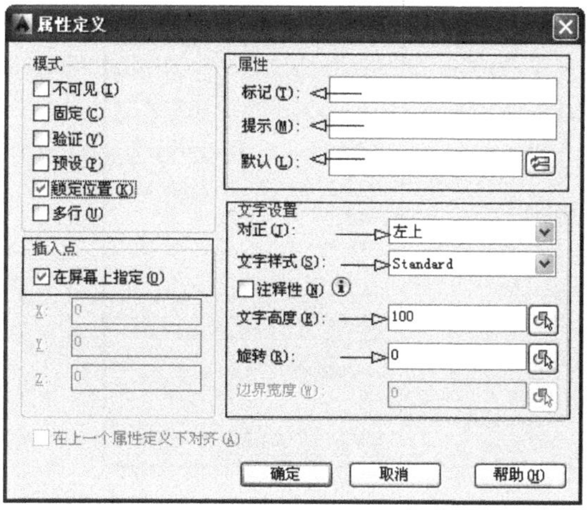

图 6-34

> 提示：
> 属性定义是较为复杂的命令，初学者掌握较为困难，请按照步骤，定义好对应的属性内容是最关键的。

6.5.2　将属性附着到块

创建一个或多个属性定义后，定义或重定义块时可以附着这些属性。当出现选择要包含到块定义中的对象的提示时，将要附着到块的所有属性包含到选择集中。

要同时使用几个属性时，应先分别定义这些属性，然后将它们包括在同一个块中。

通常，属性提示顺序与创建块时选择属性的顺序相同。但是，如果使用窗交选择或窗选择选择属性，则提示顺序与创建属性的顺序相反。可以使用块属性管理器来修改插入块参照时提示输入属性信息的次序。

定义属性块，既可以执行“B”图块命令，又可以执行“W”写块命令。

6.5.3　创建轴号属性图块

本例创建如图 6-35 所示轴号图块，该图块为属性图块，可以在插入时输入具体轴号。

具体操作步骤如下：

步骤① 键盘输入“C”命令绘制半径为 400 的圆，在执行“L”直线命令绘制直线。效果如图 6-36 所示。

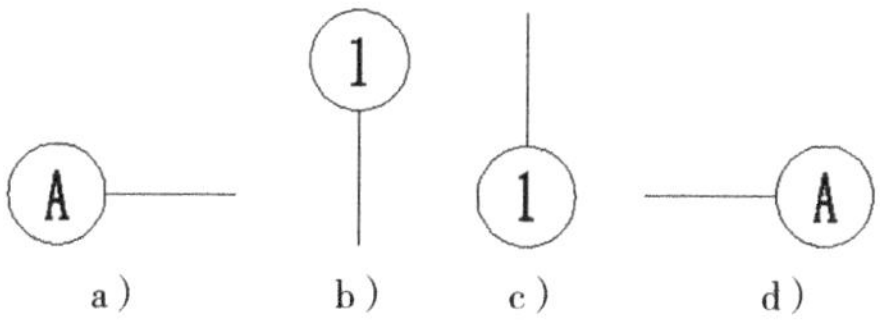

图 6-35

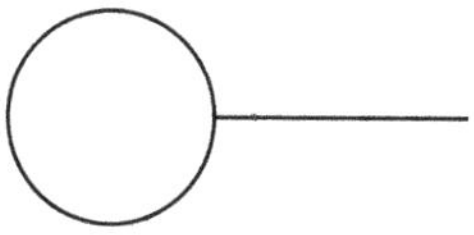

图 6-36

步骤② 键盘输入“ST”命令，弹出“文字样式”对话框，单击“新建”按钮，创建 A400 文字样式，设置字体、高度和宽度比例，如图 6-37 所示。

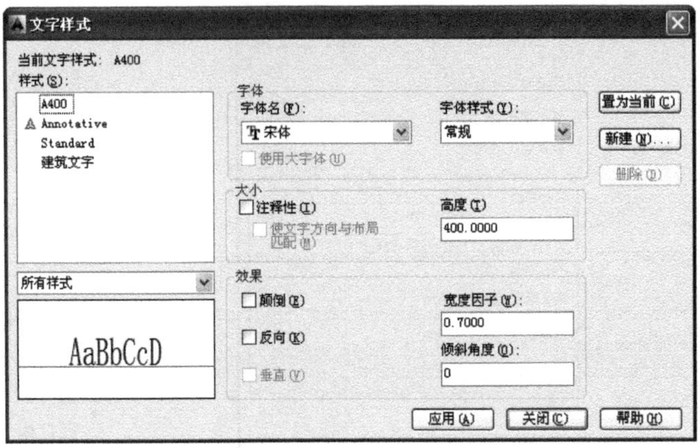

图 6-37

步骤③ 键盘输入“ATT”命令，确定，弹出“属性定义”对话框，如图 6-38 所示设置对话框的参数。

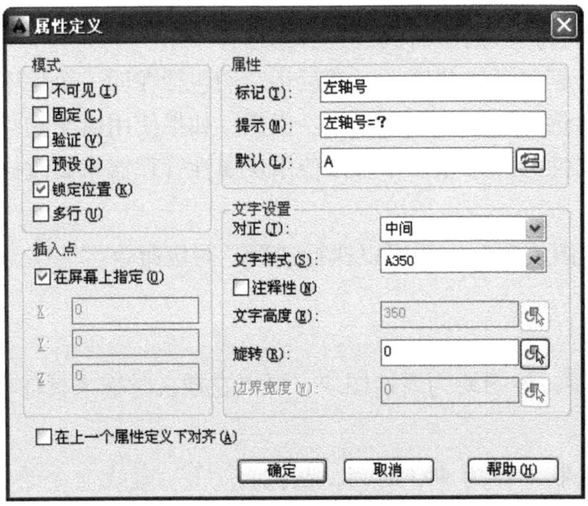

图 6-38

提示：

文字位置的对正应该选择中间，方可在捕捉的圆心位置对齐。

步骤④ 设置完成，单击“确定”按钮，命令行提示指定起点，拾取步骤 1 绘制的圆的圆心，效果如图 6-39 所示。

图 6-39

步骤⑤ 创建图块，如图 6-40 所示定义图块名称为“左轴号”，基点为直线右端点，选择图 6-39 所有的图形为定义对象。

步骤⑥ 单击“确定”按钮，弹出如图 6-41 所示的“编辑属性”对话框，输入属性 A，单击“确定”按钮，完成图块的创建，效果如图 6-35a 所示。

左轴号绘制完成后，运用绘制左轴号的同样方法绘制上、下和右轴号，效果分别如图 6-35b、图 6-35c、图 6-35d 所示。

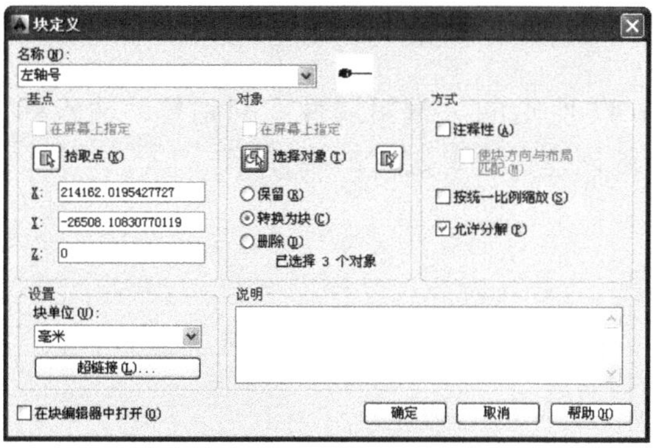

图 6-40

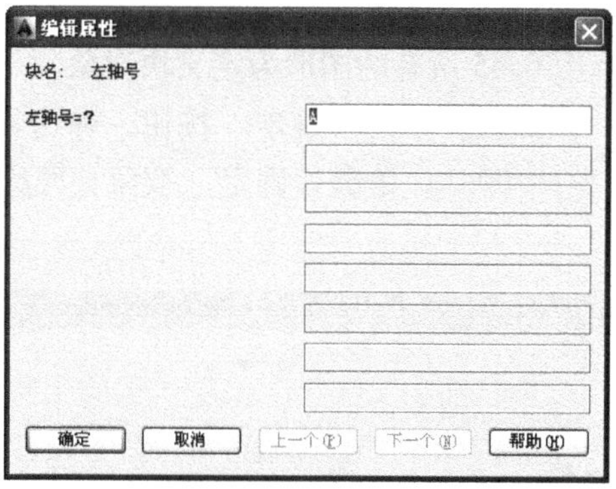

图 6-41

6.5.4　创建标高属性图块

本例创建如图 6-42 所示标高图块，该标高图块为动态加属性块，在插入图块时可输入具体标高值，带有翻转动作，可以改变标高箭头的方向。

具体操作步骤如下：

步骤① 使用“多段线”命令绘制标高符号，等腰直角三角形的底边为 600，高为 300，效果如图 6-43 所示。

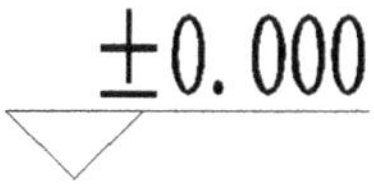

图 6-42

图 6-43

步骤② 用上例的方法创建 A350 文字样式，设置字体为宋体、高度为 350 和宽度比例为 0.7。

步骤③ 键盘输入“ATT”命令，弹出“属性定义”对话框，如图 6-44 所示设置对话框的参数。对于“默认”文本框中的数值 ±0.000，只需在该行输入“%%P0.000”即可。

步骤④ 设置完成，单击“确定”按钮，命令行提示指定起点，拾取图中水平线的右端点为文字插入的起点，效果如图 6-45 所示。

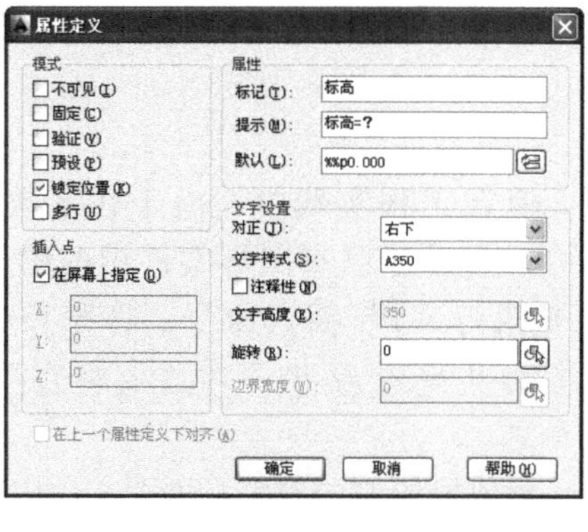

图 6-44

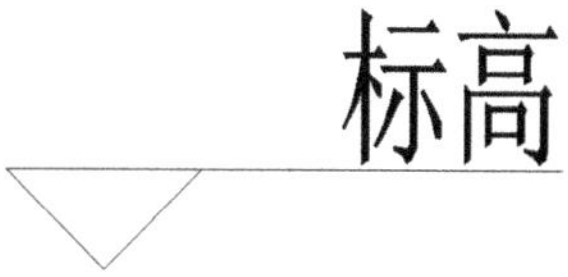

图 6-45

步骤⑤ 创建图块，如图 6-46 所示，定义图块名称为 标高 ，基点为三角的下点，选择图 6-45 所有的图形为定义块对象。

步骤⑥ 单击 确定 按钮，弹出如图 6-47 所示的 编辑属性 对话框，输入标高 %%p0.000 ，单击 确定 按钮，完成图块的创建，效果如图 6-42 所示。

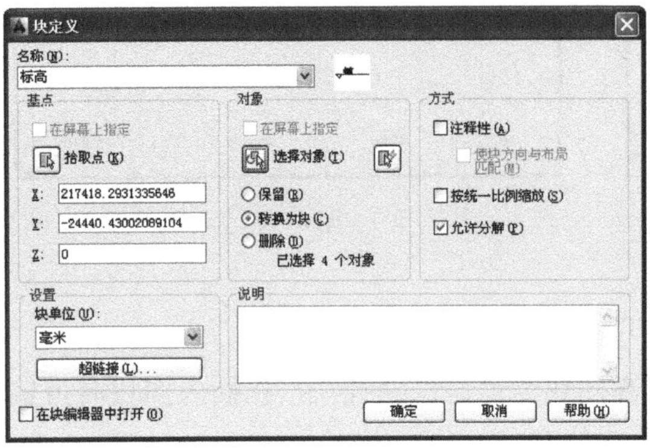

图 6-46

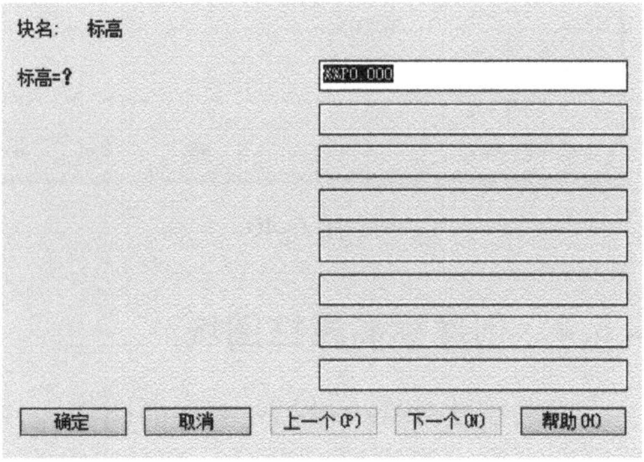

图 6-47

6.6 卫生间平面图

【思路分析】 分析如图 6-48 所示的卫生间平面图，可以看到本图与教室平面图和楼梯平面图的不同之处：前两例都是单一房间组成的平面图，而卫生间由三个房间组成。这就会涉及多线之间的交叉连接，那么如何着手绘制，如何调整多线的连接，以及怎样绘制卫生间内部隔断图案都是非常重要的问题。

【学习命令】 “I”（Insert 插入）、“Mledit”（多线编辑）、“S”（Stretch 拉伸）。

6.6.1 绘制卫生间平面图

【作图步骤】

步骤① 新建文件并设置图层。

按〈Ctrl + N〉键新建文件，确定，再按〈Ctrl + S〉键保存文件，命名为“卫生间平面图”，确定。

步骤② 建立图层。

前面建立图层的方式是执行“LA”命令，但在工程实践中，由于在多数情况下，使用的图层有一定的规律性和重复性，所以，可以借助于已有图形文件中的图层。获得已有图形文件中的图层方法有两个，一种方法是执行“I”插入命令，将原有文件按照外部图块方式插入，另一种方法是通过设计中心共享资源方式（这点将在第 7 章学习）。

这里先学习使用插入外部图块的方法，把上一章刚刚绘制的教室平面图文件作为图块插

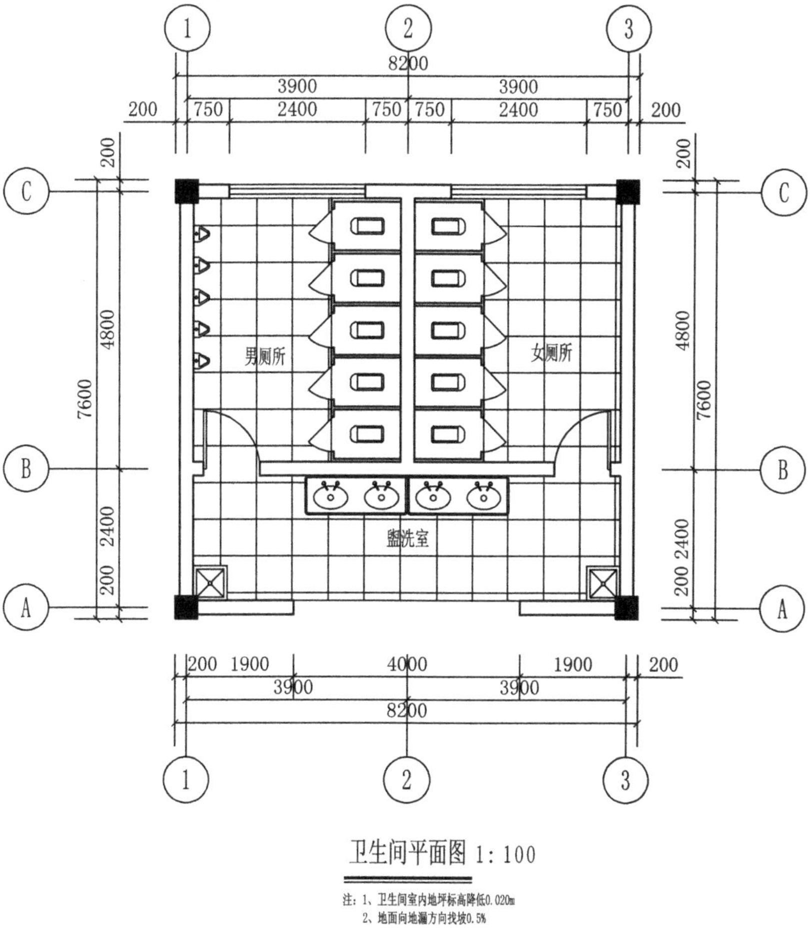

图 6-48

入，在如图 6-49 所示的对话框中，单击 浏览(B)...，选择“教室平面图”文件，确定插入图形中。

执行“E”删除命令，输入“A”，确定，代表全部选择，确定，删除该文件的所有图形对象。

这样随着图块的插入，可以获得相应的图层、线型、多线类型等内容，而无需继续设置。可以节约作图时间，提高作图速度。

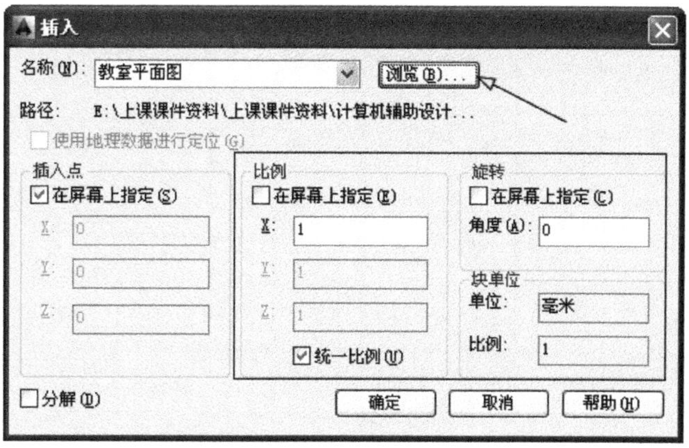

图 6-49

查看图层面板，就会看到在“教室平面图”中的所有图层，当然在这个图形中还需要添加几个图层，执行“LA”命令，新建洁具、柱子、铺地、隔断、标注等图层并设置不同的颜色，如图 6-50 所示。

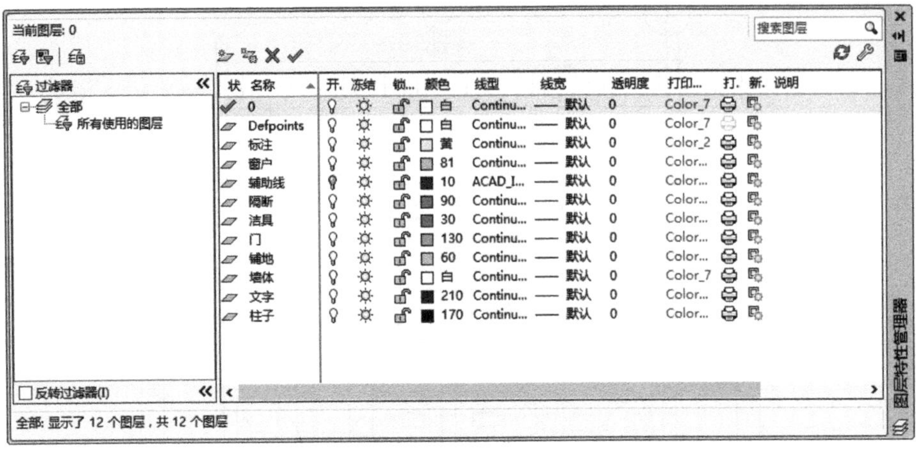

图 6-50

步骤 3 绘制辅助线。

转换到辅助线图层，绘制辅助线，这里的辅助线比较复杂一些，要按照一定的顺序，耐心绘制。首先还是先绘制一条水平线和一条垂直线，执行“L”命令，绘制水平线段长度 9000，垂直线段长度 8000，然后执行“O”偏移命令，水平线段分别向上偏移 2400、4800，垂直线段分别向右偏移 3900、3900，得到辅助线如图 6-51 所示。

继续做辅助线，由于本例辅助线较多，故先做与如图 6-51 所示中水平线段 1 相关的辅助线。

执行“O”偏移命令，分别将线段 4 和线段 6 向内偏移距离 1900，然后执行“S”拉伸命令，交叉窗口分别选择偏移的两条线段的上端点，确定，指定基点任意，打开正交模式，向下在合适位置单击鼠标左键指定第二点，结果如图 6-52 所示。

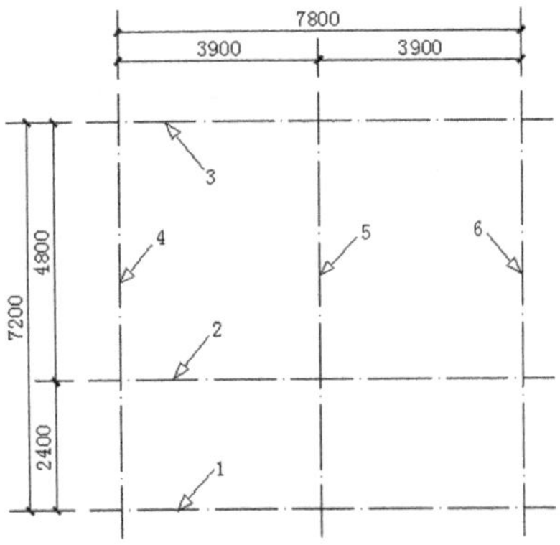

图 6-51

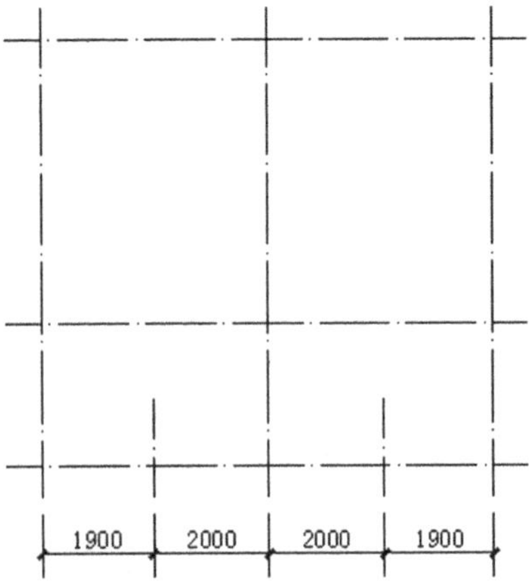

图 6-52

再做与如图 6-51 所示中水平线段 2 相关的辅助线。

执行“O”偏移命令，将线段 4 向右偏移 300、1000。执行“S”拉伸命令，将偏移后的线段两端分别向内拉伸，然后以线段 5 为参考线，执行“MI”镜像命令，得到对侧的辅助线，如图 6-53 所示。

最后做与水平线段 3 相关的辅助线。

执行　O　偏移命令，将线段 4 向右偏移 750，线段 5 向左偏移 750。执行　S　拉伸命令，交叉窗口选择偏移的辅助线下端点，向上拉伸，得到左侧窗位置的辅助线，如图 6-54 所示，再以线段 5 为参考线，执行“MI　镜像命令，得到右侧窗位置辅助线，如图 6-54 所示。

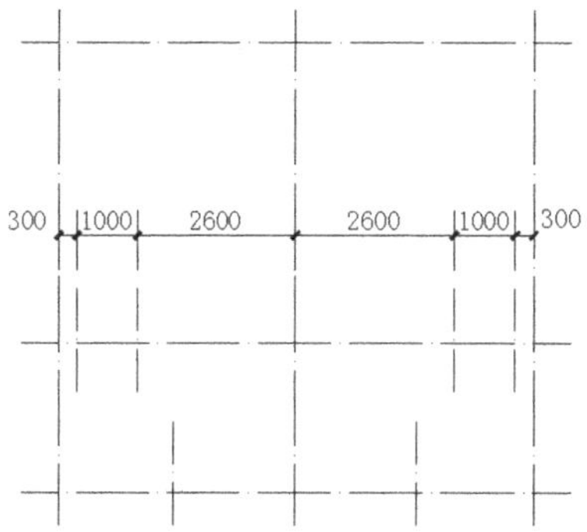

图 6-53

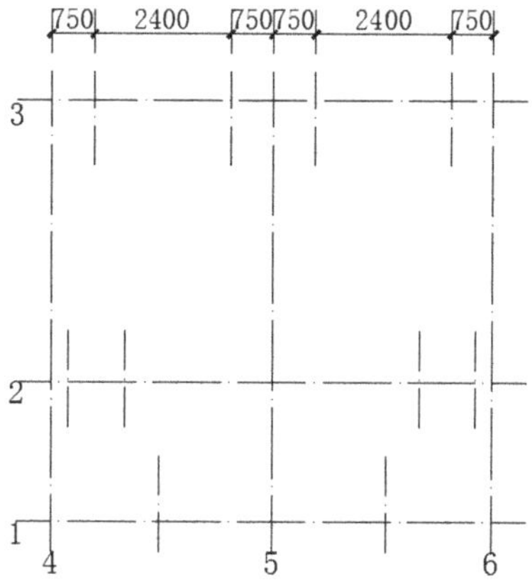

图 6-54

步骤④ 绘制墙线。

转换到墙体图层，执行“ML”多线命令，首先需要执行“MY”（Mlstyle）多线样式调整，设置对应的墙线格式，不过可以发现，在插入“教室平面图”的同时，也引入了该图形中设置好的多线样式“墙”和“窗”，这样就无需再设置，而直接进行多线绘制就可以了。

执行“ML”多线命令，确定，输入“ST”（多线样式），设置多线名称“墙”，输入“S”（比例），设置为 240，输入“J”（对齐方式），设置为“Z”（中心线对齐），然后捕捉各点绘制墙线，请按照一定的顺序，逆时针或者顺时针，结果如图 6-55 所示。

【命令步骤】

命令：ML　MLINE
当前设置：对正 = 上，比例 = 20.00，样式 = STANDARD
指定起点或 [对正(J)/比例(S)/样式(ST)]：　　(输入 ST)
输入多线样式名或 [?]：　　(输入墙)
当前设置：对正 = 上，比例 = 20.00，样式 = 墙
指定起点或 [对正(J)/比例(S)/样式(ST)]：　　(输入 S)
输入多线比例 <20.00>：　　(输入 240)
当前设置：对正 = 上，比例 = 240.00，样式 = 墙
指定起点或 [对正(J)/比例(S)/样式(ST)]：　　(输入 J)
输入对正类型 [上(T)/无(Z)/下(B)] <上>：　　(输入 Z)
当前设置：对正 = 无，比例 = 240.00，样式 = 墙
指定起点或 [对正(J)/比例(S)/样式(ST)]：　　(指定起点)
指定下一点：　　(捕捉下一点)

步骤⑤ 墙线修改编辑。

关闭辅助线图层，会发现在如图 6-56 所示的用线圈标识的部位，墙线的相交关系不正

确，那么该怎样调整呢？

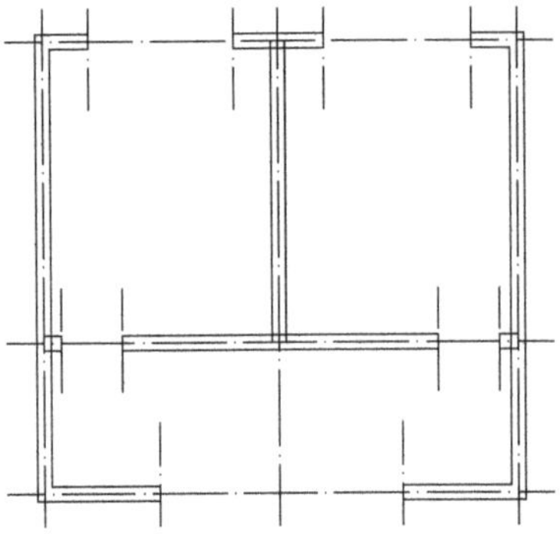

图 6-55

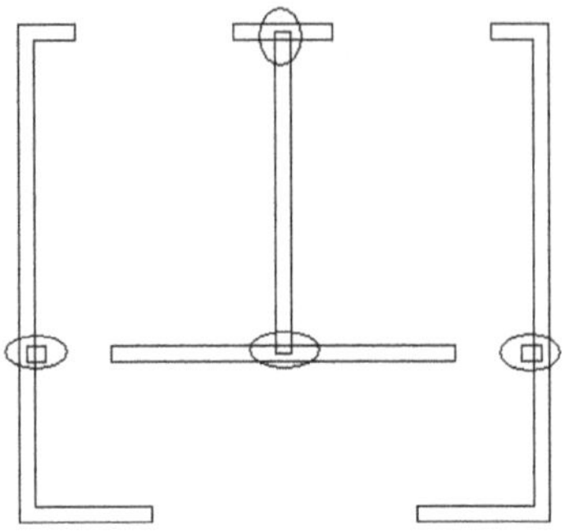

图 6-56

如果先执行“X”分解命令，再使用“TR”修剪命令进行修剪，这样墙线就成了普通线段了。失去了多线的意义。

这里执行新的命令，“Mledit”多线编辑命令，在 AutoCAD 2004 以后的版本中，可以在命令行不执行命令时，即待命令状态时，鼠标左键双击多线，得到如图 6-57 所示的多线编辑工具。这也就是在位编辑。

该编辑器中列出了多线相交连接的 12 种方式，根据组成多线的元素和连接样式的需要，选择某种样式，单击自动返回绘图区，选择需要编辑的两条多线，就可以得到需要的结果。

如果图形中有两条多线，则可以控制它们相交的方式。多线可以相交成“十”字形或“T”字形，并且“十”字形或“T”字形可以被闭合、打开或合并。

本例中由于墙线为双线，而且均为“T 形”连接方式，故选择图示 6-57 中“T 形打开”或“T 形合并”均可。

单击“T 形打开”，回到图形中选择需要编辑的多线对象。此时应当注意，“T 形”连接，在选择两条多线的时候有先后关系，次序正确才能够正常连接，次序相反就不能正确连接。

如图 6-58 所示的多线连接位置，如果先选择多线 1 后选择多线 2，结果就是如图 6-59

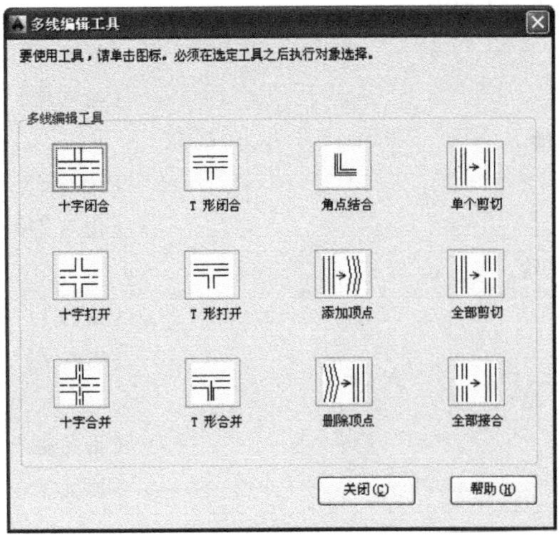

图 6-57

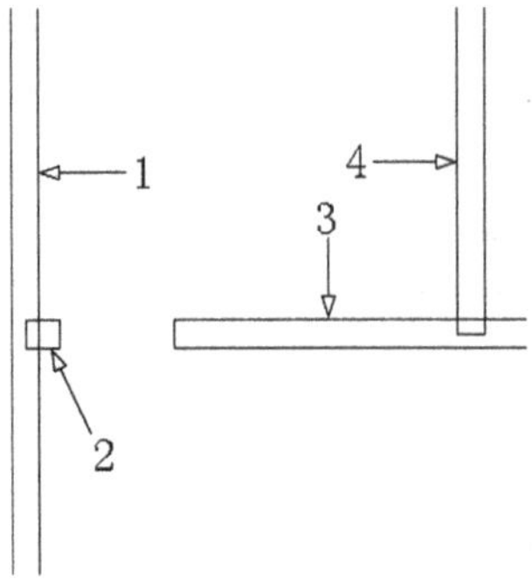

图 6-58

所示错误的结果，而先选择多线 4 后选择多线 3 则是正确的方式。完成多线编辑可以得到如图 6-60 所示的结果。也就是在进行　T 形打开　操作时，应该先选择 T 字的竖线部分，再选择横线部分。

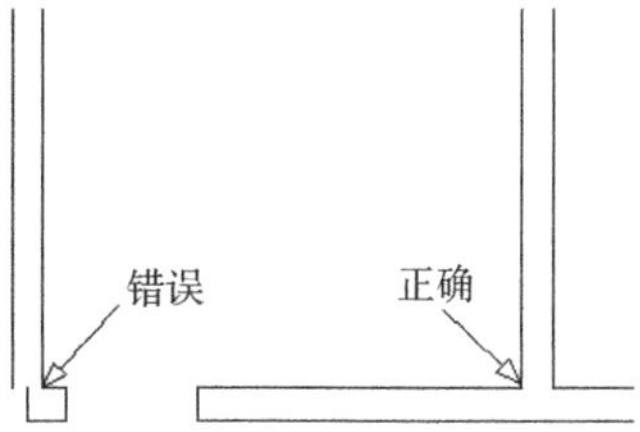

图 6-59

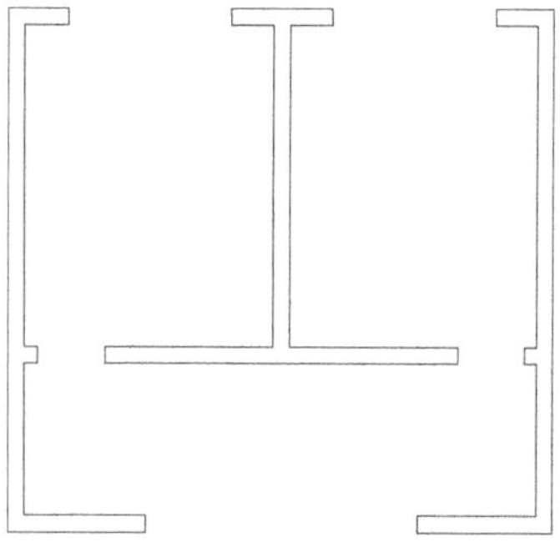

图 6-60

步骤⑥ 绘制窗。

转换到窗图层，绘制窗户方法与上一章实例相同。

步骤⑦ 绘制门。

转换到门图层，方法和上一章实例相同。绘制好门，完成后，执行“W”写块命令，把门保存图块到“D：\ work \ 门. dwg”文件，然后执行“I”插入指令，结果如图 6-61 所示。

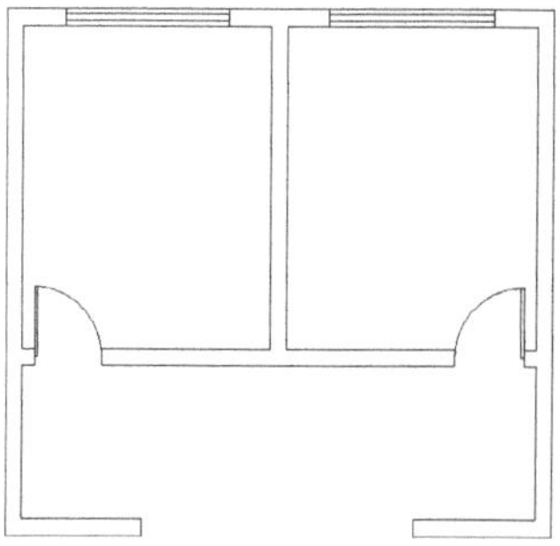

图 6-61

步骤⑧ 绘制柱子。

转换到柱子图层，执行“REC”矩形命令，指定任意一点为第一点，输入（@400，400）作为对角点，得到 400×400 的柱子。

执行“H”图案填充命令，注意，此时选择图案填充方式中的“solid”实体填充，如图 6-62 所示。确定填充区域时采用选取对象的方式，单击，回到绘图区域选择柱子轮廓线，确定，得到填充效果。

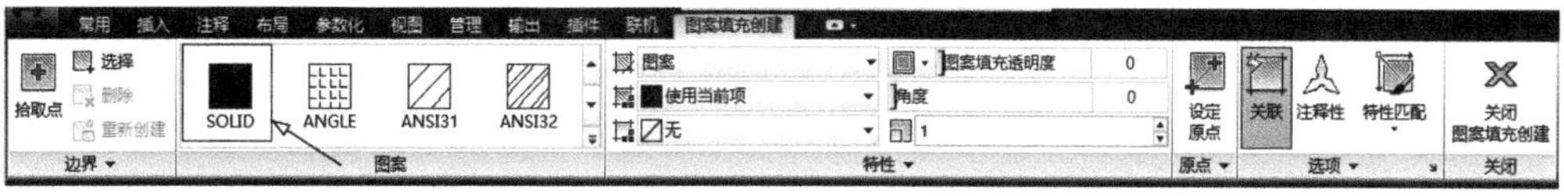

图 6-62

执行“W”写块命令，将柱子做成图块，捕捉柱子的中心点作为图块的基准点，保存为“柱子”。

执行“I”插入图块，在房间的四个角辅助线的交点位置插入，结果如图 6-63 所示。

步骤⑨ 绘制厕所隔断。

可以采用两种方式，一种方法是制作每个小间的辅助线，利用多线绘制和多线编辑命令逐一房间绘制，另一种方法是绘制一个小间作为图块，采用复制或者插入的方式，快速建立图形。这里采用第二种方法。

首先绘制辅助线，如图 6-64 所示尺寸。然后执行“ML”多线命令，绘制墙线，设置墙线宽度 50。执行 L 和 A 命令绘制门。

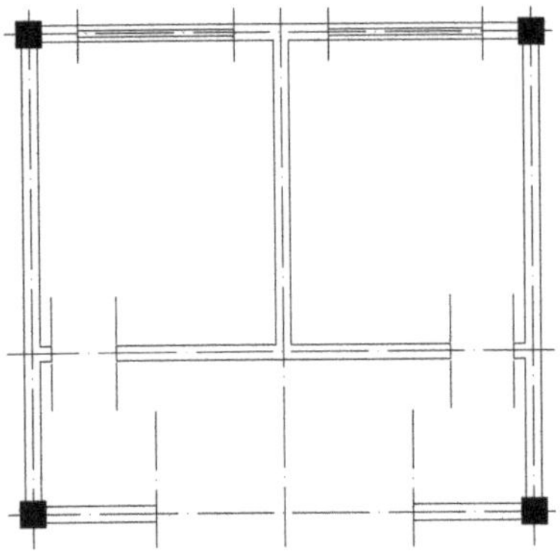

图 6-63

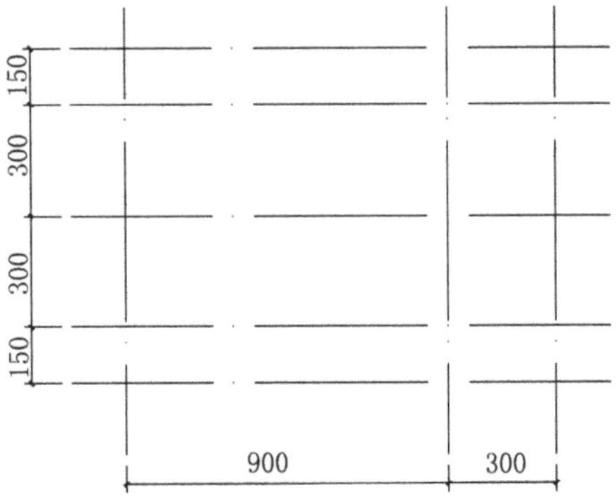

图 6-64

执行“I”插入命令，得到插入对话框，单击 浏览(B)... ，得到资源管理器对话框如图 6-65 所示，选择蹲便器，返回对话框，单击确定插入到图形中。

执行“M”移动命令，将蹲便器移动到辅助线的位置。结果如图 6-66 所示。

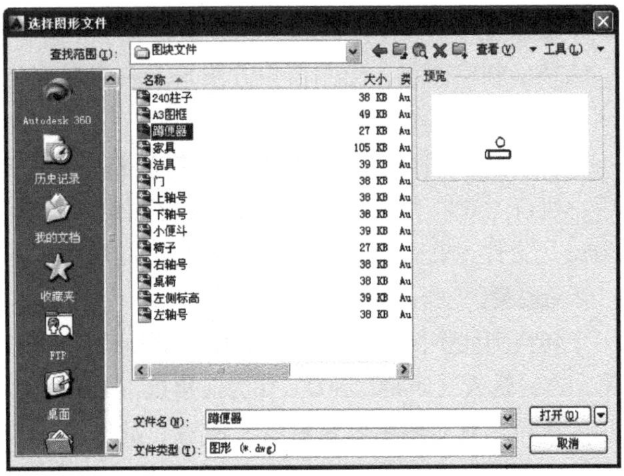

图 6-65

【重要提示】

现在厕所的隔间做好了，但是还不能制作图块，因为如果这样制作图块后，插入图块将会使得墙线重复，而导致图形不准确，因而需要先对图形进行处理。

执行“X”分解命令，将墙线进行分解，执行“TR”剪切命令和“E”删除命令，对辅助线以外的墙线内容删除，结果如图 6-67 所示。

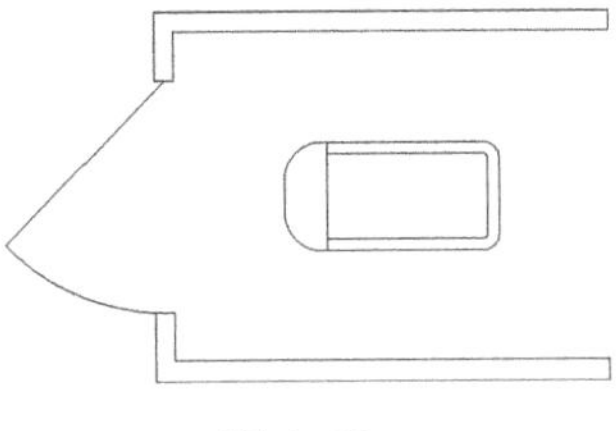

图 6-66

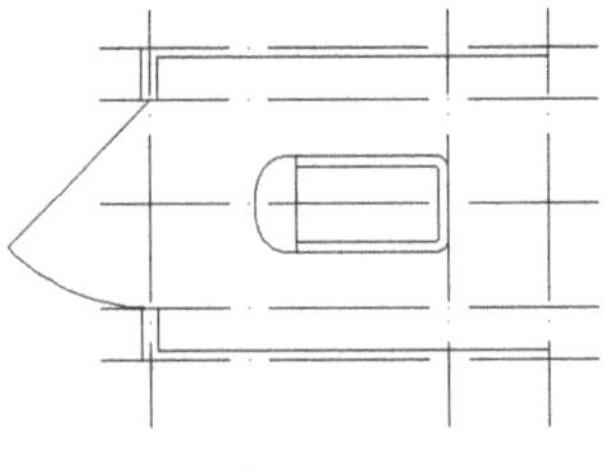

图 6-67

执行“W”写块命令，制作“隔间”图块，并以墙线的右下角为基准点。

执行“I”插入命令，将“隔间”图块插入到平面图形中，并执行“M”命令，移动到如图 6-68 所示的位置。在左下角靠墙位置需要补上一段线段长度为 25，如图 6-68 箭头所指。

重复执行插入命令或者执行“CO”复制命令，得到图 6-69 所示的墙体左侧隔断。注意此时需要在左上角补上一段线段长度为 25，如图 6-69 箭头所指。

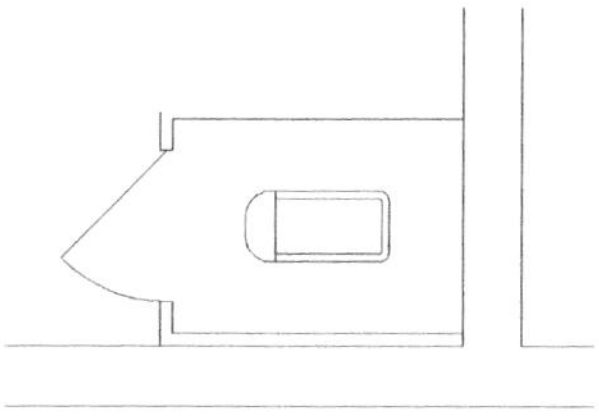

图 6-68

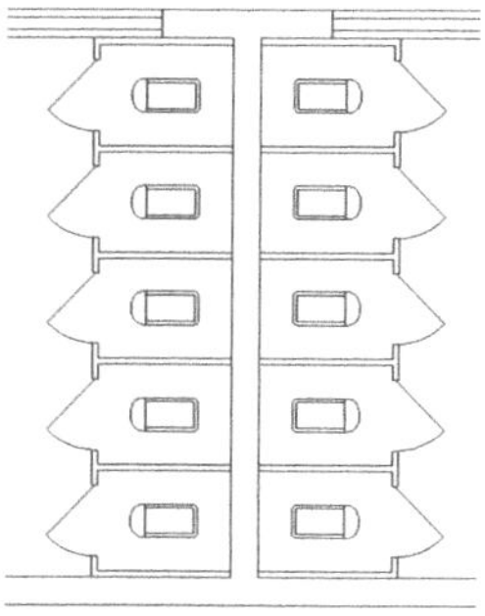

图 6-69

再执行“MI”镜像命令就可以得到右侧的图案，如图 6-69 所示。

步骤 10 绘制拖布池。

绘制靠近下方柱子的拖布池，执行“REC”矩形，绘制尺寸为 600×600 的矩形，然后执行“O”向内偏移距离 60，得到两个矩形。执行“L”命令，连接矩形的对角线，再执行“C”命令，以对角线的交点为圆心，绘制半径 30 的圆，执行“TR”修剪命令，得到如图 6-70 所示的结果。

步骤 11 插入其他洁具。

执行“I”插入命令，分别插入前面做好的“小便斗”和“洁具”，移动到合适的位置并复制，结果如图 6-71 所示。

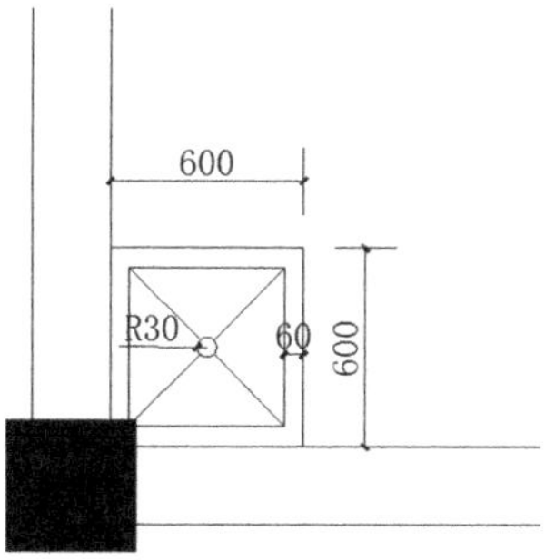

图 6-70

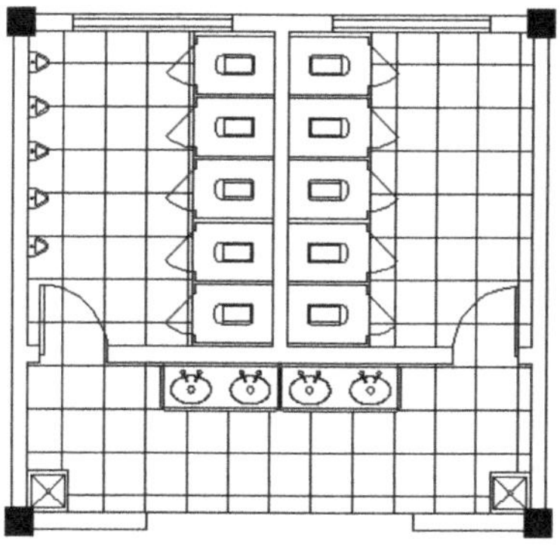

图 6-71

步骤 12 填充地面。

执行“L”命令，在门口位置及隔断位置各绘制一条高差线。然后转换到铺地图层执行图案填充命令，选择“NET”图案执行填充，比例设置为 200。

完成卫生间平面图图形部分的绘制。

6.6.2　卫生间平面图文字及尺寸标注

【思路分析】

本实例除练习文字书写、尺寸标注外，还将练习块的属性定义和引用。利用图块属性定义标注轴号会更快捷方便。标注结果如图 6-72 所示。

【作图步骤】

步骤① 执行　D　打开标注样式管理器对话框，执行尺寸标注样式调整，建立　建筑标注　样式，修改参数，并将建筑标注置为当前。

步骤② 这里的尺寸标注相对复杂，因而在标注之前，先做出相应的辅助线。

执行“O　偏移命令，做出柱子边线的辅助线。在上下方向将边线的辅助线分别向外偏移1000、400、400，在左右方向将边线的辅助线分别向外偏移1000、400，如图6-73所示。

步骤③ 打开注释面板，首先标注上开间的细部尺寸，即标注窗户和墙体之间的距离。

执行“QDIM”快速标注，选择上开间的辅助线，确定，指定尺寸线的位置。

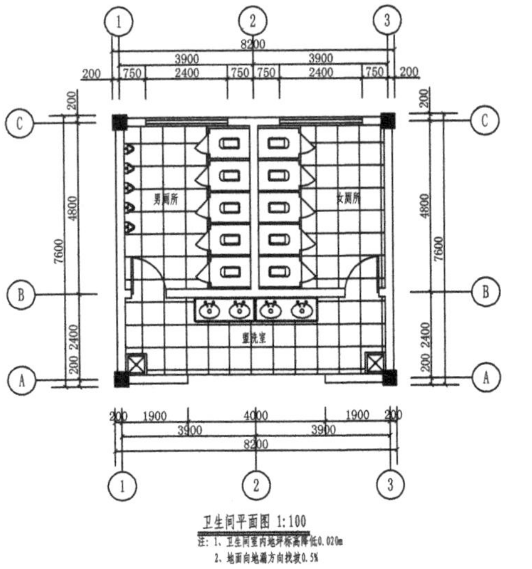

图6-72

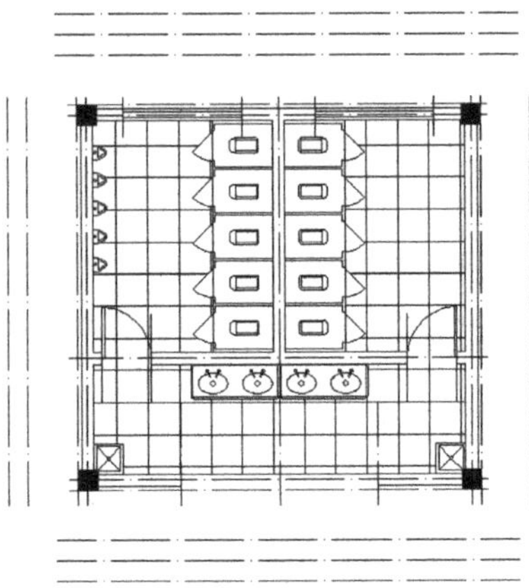

图6-73

【重要提示】注意，为了能够让多道尺寸线之间间距相同，指定尺寸线位置是非常关键的一步，这里捕捉先前做出的辅助线，得到尺寸线的具体位置。

调整部分尺寸线上文字的位置，并继续执行“QDIM”快速标注，标注第二道尺寸线，也就是开间尺寸，选择三条垂直墙线位置的辅助线，确定，指定尺寸线位置，捕捉辅助线。

执行“DLI”线性标注，捕捉柱子两端的端点，指定尺寸线的位置，得到第三道尺寸线，也就是总尺寸，如图6-74所示。

步骤④ 重复执行第三步的过程，得到其余三个方向的尺寸线，如图6-75所示。

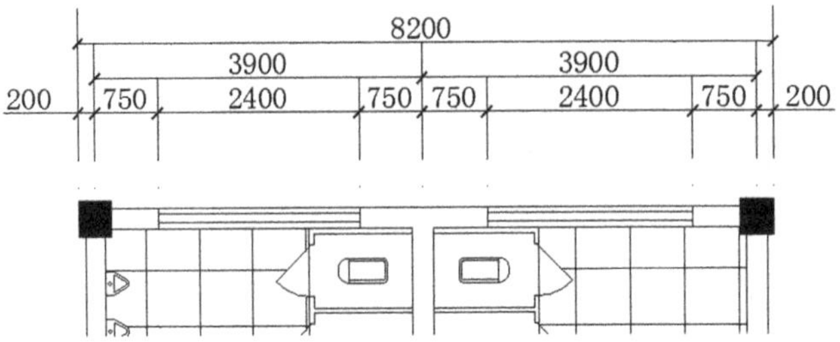

图6-74

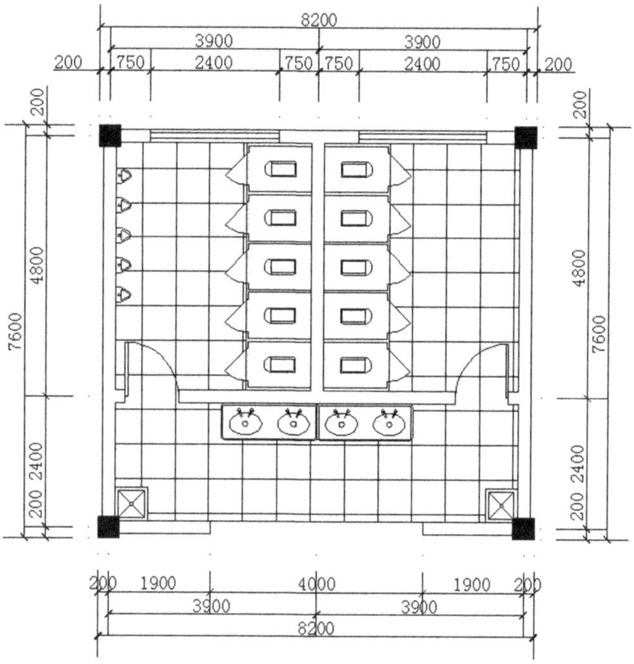

图 6-75

步骤 5 轴号标注。

轴号可直接插入 6.5.3 节“创建轴号属性图块”中已经制作好的图块。执行“I”插入命令，依次插入各个轴号，并根据提示输入相应的定位轴号，关闭辅助线后结果如图 6-76 所示。

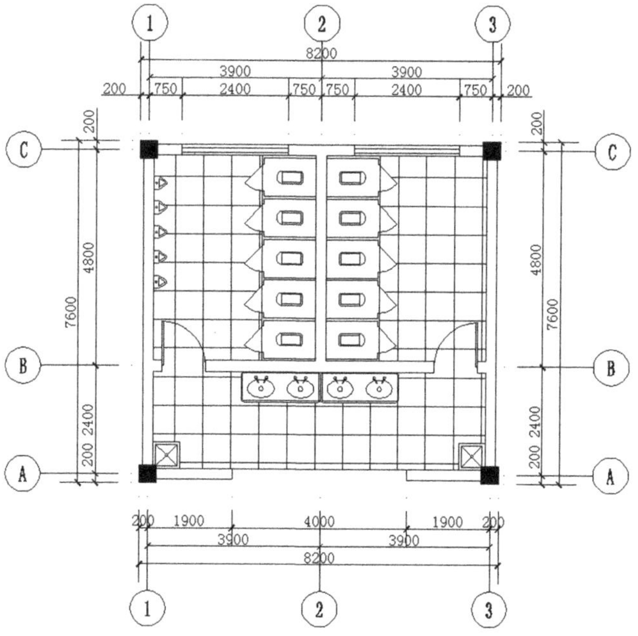

图 6-76

步骤 6 书写房间名称。

切换到文字图层。

参照 6.3.1 节设置文字样式 建筑文字 ，并置为当前。

执行 DT 单行文字命令，设置文字高度为 250，旋转角度为 0，输入 男厕所 女厕所 “盥洗室 等，执行“M 移动命令，将文字放到合适的位置。注意设置文字样式。

最后执行“DT”单行文字命令，设置文字高度为 350，书写图名“卫生间平面图”，并在其下方绘制一条宽度为 50 的多段线。

执行“T”多行文字命令，设定字高 250，在图名下方书写如图 6-77 所示文字，得到最终的图案，如前图 6-48 所示。

注：1.卫生间室内地坪标高降低0.020m。
2.地面向地漏方向找坡0.5%。

图 6-77

小结：

本章主要学习拉伸、夹点编辑等高级指令，通过这些命令可以更快速地编辑和修改图形，同时介绍了卫生间平面的绘制，让读者学会多个房间组合情况下平面图形的绘制思路和方法。

第7章　提高技巧

【学习提示】对于 AutoCAD 的基本操作，通过前面章节的学习已经可以掌握，要想做好工程图纸，还需要学习更多的高级指令以及 AutoCAD 的绘图技巧，本章将学习提高和技巧的操作。

【本章重点】多段线编辑、外部参照、设计中心的使用。

【学习命令】“PE”（Pedit 多段线的编辑）、“XR”（Xref 外部参照）、“PR”（Properties 对象特性管理器、快捷键〈Ctrl+1〉）、“DC”（Design Center 设计中心、快捷键〈Ctrl+2〉）、“TP”（Tool Paltettes 工具选项、快捷键〈Ctrl+3〉）、“MA”（Match Properties 特性匹配）、“PU”（Purge 图形对象清理）。

7.1　多段线的编辑

多段线是 AutoCAD 提供的一种特殊线条，前面已经介绍过多段线的绘制方法。作为图形对象，可以对多段线执行移动、复制等基本编辑命令，但是这些命令却不能编辑多段线内部的特性。所以 AutoCAD 提供了“PE”（Pedit 多段线编辑）命令，可以实现对多段线的特性修改，也可以将首尾相连的多条线段合并成为多段线。

命令行输入“PE”，确定，选择需要编辑的多段线、直线或圆弧，如果选择的是多段线，则看到提示“输入选项［闭合（C）/合并（J）/宽度（W）/编辑顶点（E）/拟合（F）/样条曲线（S）/非曲线化（D）/线型生成（L）/ 反转（R）/放弃（U）”，使用这些选项，可以完成多段线的修改，包括：

（1）闭合（C），如果正在编辑的多段线是非封闭的，上述提示中会出现“闭合（C）”选项，可使用该选项封闭。同样如果是一条闭合的多段线，则上述提示中第一个选项不是封闭而是打开，使用“打开（O）”选项可以打开闭合的多义线。

（2）合并（J），使用“合并（J）”选项，可以将其他的多段线、直线或圆弧连接到正在编辑的多段线上，从而形成一条新的多段线。

（3）宽度（W），“宽度（W）”选项，可以改变多段线的宽度，该命令只能设置统一的宽度。

（4）拟合（F）/样条曲线（S）/非曲线化（D），“拟合（F）”对多段线进行曲线拟合，就是通过多段线的每一个顶点建立一些连续的圆弧，这些圆弧彼此在连接点相切。“样条曲线（S）”以原多段线的定点为控制点生成样条曲线。“非曲线化（D）”可以将曲线化的多段线变为直线。

（5）线型生成（L），“线型生成（L）”选项用来控制多段线为非实线状态时的显示方式，比如虚线或者点画线等的多段线相交点的连续性。

（6）反转（R），输入“R”（反转），反转多段线顶点的顺序。

如果选择的线不是多段线时，AutoCAD 命令提示行将出现提示：

对象不是多段线

是否将其转换为多段线？< Y >

这时用默认选项 Y ，则把选定的直线或者圆弧转变为多段线，然后继续出现上述的提示内容进行编辑修改。

7.1.1 多段线编辑实例

下面通过实例绘制图 7-1 来分析多段线的编辑。

执行“L”命令，任意指定第一点，按〈F8〉键打开正交模式，向右侧移动鼠标指针，输入 300，向下移动鼠标指针，输入 150。然后执行“CO”命令，复制刚刚绘制的两段线段，按〈F3〉键打开对象捕捉，然后多次复制，得到如图 7-2a 所示效果。

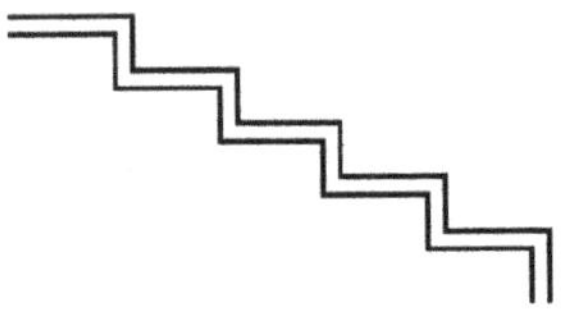

图 7-1

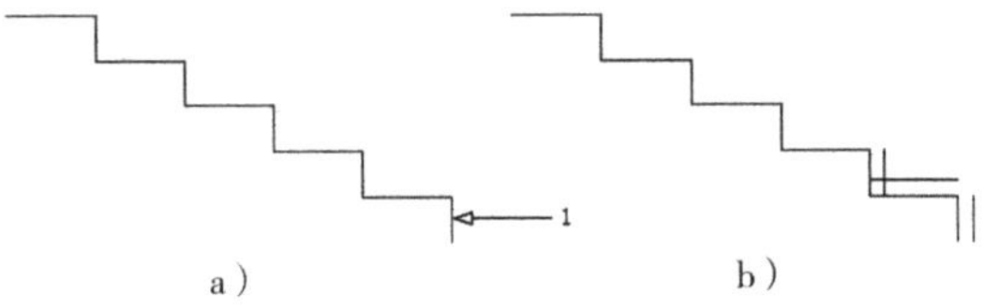

图 7-2

注意，此时如果执行“O”偏移命令，比如设置偏移距离 50，会得到图 7-2b 所示结果，显然这样不符合要求，而且绘制非常麻烦。

执行“L”命令绘制如图 7-1 所示的图案，这里如果是一条“PL”线，那么执行“O”偏移命令时，就非常方便。要把刚刚用“L”命令绘制的线段转换为多段线，然后再进行调整。

执行“PE”多段线编辑命令。

（1）选择线段 1（图 7-2a），这时在命令行会有提示：“选定的对象不是多段线，是否将其转换为多段线？< Y >”，直接按〈Enter〉键，将其转换为多段线。

（2）在接下来的选项中，输入“J”按〈Enter〉键，表示将加入其他线段作为多段线的一部分。注意此时的线段必须要确保首尾相连，不能出现交叉，或者出现重复线段。

（3）输入“W”按〈Enter〉键，表示要修改组成多段线的宽度。

（4）输入 10，表示新的多段线宽度。

（5）按〈Enter〉键确定，结束命令。

【命令步骤】

命令：PE

PEDIT 选择多段线或 [多条(M)]： （选择线段）

选定的对象不是多段线

是否将其转换为多段线？< Y > （按〈Enter〉键确认）

输入选项 [闭合(C)/合并(J)/宽度(W)/编辑顶点(E)/拟合(F)/样条曲线(S)/非曲线化(D)/线型生成(L)/反转(R)/放弃(U)]： （输入 J）

选择对象：指定对角点：找到 9 个 （选择对象）

选择对象： （按〈Enter〉键确认）

9 条线段已添加到多段线

输入选项［闭合(C)/合并(J)/宽度(W)/编辑顶点(E)/拟合(F)/样条曲线(S)/非曲线化(D)/线型生成(L)/ 反转(R)/放弃(U)］:　　(输入 W)

指定所有线段的新宽度:　　(输入 10)

输入选项［闭合(C)/合并(J)/宽度(W)/编辑顶点(E)/拟合(F)/样条曲线(S)/非曲线化(D)/线型生成(L)/ 反转(R)/放弃(U)］　　(按〈Enter〉键确认)

这样就可以得到带有一定宽度的多段线。执行“O”偏移命令，设置偏移距离 50，即可得到如图 7-1 所示的图案。

7.1.2　修改多段线中的线段

编辑多段线时，可以执行“M”“RO”或“SC”等命令修改多段线中的线段。

要选择多段线中的某段对象，则要按住〈Ctrl〉键单击鼠标左键，然后选中多段线中的单个圆弧或直线段（也称为子对象）。

选中子对象，可以执行“拉伸”“移动”“旋转”和“缩放”夹点模式修改多段线线段。

不能单独修改多段线线段的特性（如颜色或线型），但是可以使用“特性”选项板修改各条线段的宽度。

按〈Ctrl＋1〉键打开特性面板（图 7-3a），调整相应参数，则出现如图 7-3b 所示的效果。

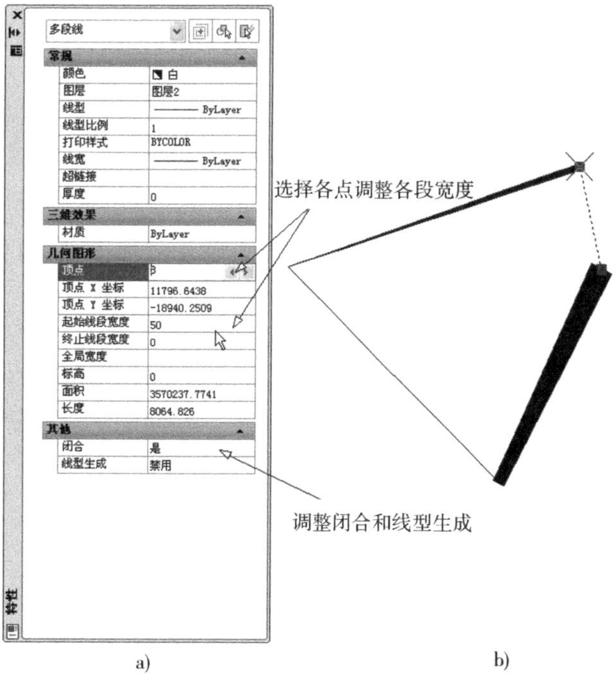

图 7-3

7.2 图块的更新与替换

图 7-4 所示的图形是制作好的餐桌和椅子，由于椅子做得过于简单，所以需要更改为如图 7-5 所示的图案，如何处理呢？

这里有两种方法，第一是图块更新和替换的方法，第二是外部参照的方法。

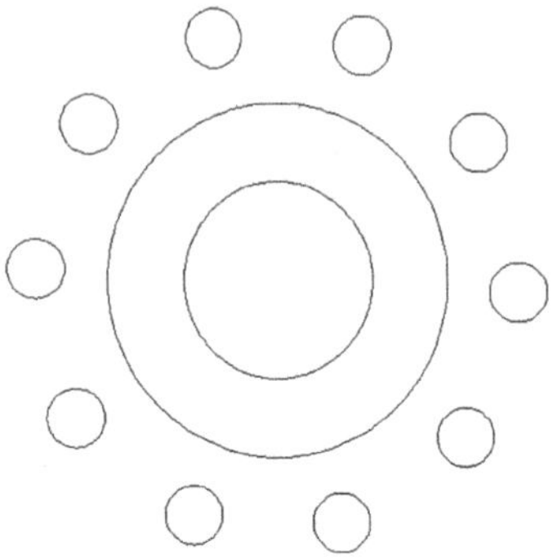

图 7-4

图 7-5

【作图步骤】

步骤① 执行“C”圆命令，绘制半径分别为 500 和 1000 的同心圆，表示“桌子”，在大圆外部，再绘制一个半径 200 的小圆，表示“椅子”，如图 7-6 所示。

步骤② 执行“B”做块命令，选择小圆的圆心为基点，选择小圆为对象，命名为“椅子”，做成图块。

步骤③ 执行“AR”阵列命令，选择极轴阵列方式，输入阵列参数，项目总数为 10，填充角度为 360°，选择小圆为对象阵列后产生 10 个椅子布置在圆桌的周围，如图 7-4 所示。

步骤④ 假如绘制了很多这样的桌椅后，认为制作的椅子图案过于简单，需要修改，想用比较复杂的椅子图案来替代原有的小圆椅。如果重新做会很麻烦，但因为在第二步中制作了图块，因而可以采用图块的更新和替换来修改。

执行“REC”矩形命令，更改“F”圆角为 20，绘制 300×300 的矩形。重复执行，更改“F”圆角为 10，绘制 50×400 的矩形，执行“M”移动命令，注意使用对象捕捉和对象捕捉追踪，移动到如图 7-7 所示的位置，执行“H”进行图案的填充。

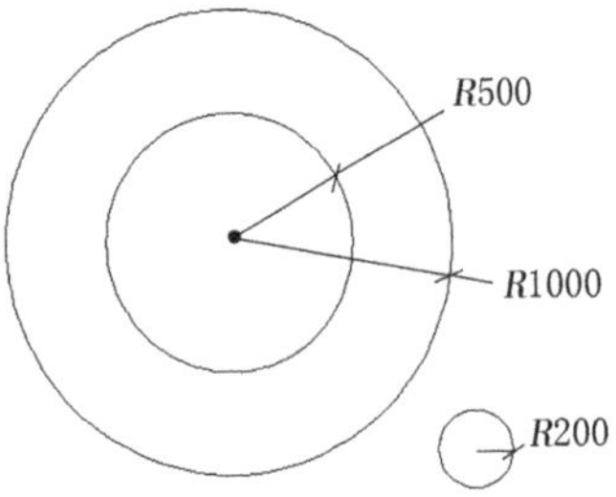

图 7-6

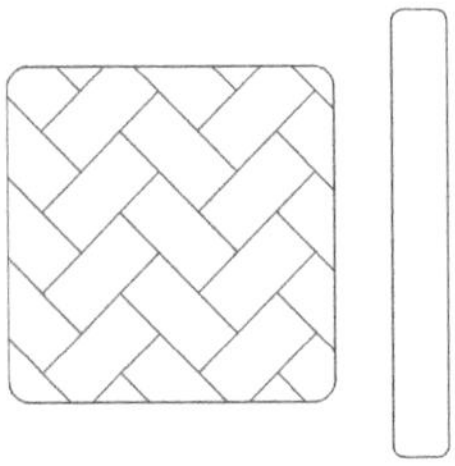

图 7-7

步骤⑤ 执行　B　图块命令，重新定义图块，这时图块命名还是　椅子　，选择椅子矩形的中心为插入点，选择图形对象，然后单击 确定 ，就会出现提示，如图 7-8 所示。单击选择　重新定义块　，就能得到如图 7-5 所示的图案。

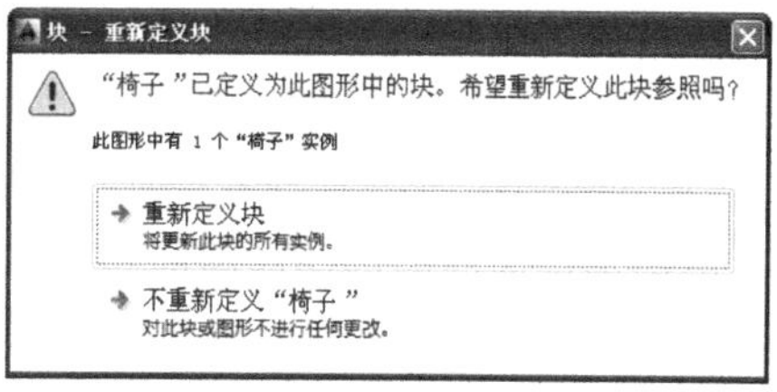

图 7-8

7.3　外部参照

使用图块的更新和替换，可以通过重新定义来快速修改图块内容，但是如果这时还是感觉椅子不合适或者随时会作出调整，那么就要继续重复绘制图形，重新定义图块，因而不是很方便。

而第二种方法，采用外部参照的就要容易得多。

可以将任意图形文件插入到当前图形中作为外部参照。

将图形文件附着为外部参照时，可将该参照图形链接到当前图形。打开或重新加载参照图形时，当前图形中将显示对该文件所做的所有更改。

单个图形文件可以作为外部参照同时附着到多个图形中。反之，也可以将多个图形作为参照图形附着到单个图形。

外部参照附着到图形时，应用程序窗口的右下角（状态栏托盘）将显示一个"管理外部参照"图标，如图 7-9 所示。

如果未找到一个或多个外部参照需要重载任何外部参照，"管理外部参照"图标中将出现一个叹号，如图 7-10 所示。如果单击"管理外部参照"图标，将显示"外部参照"选项板。

> **提示：**
>
> 附着参照类型在 2014 版本中增加了几类，单击 右侧的箭头弹出外部参照类型列表，请根据需要选择文件类型：
>
> 
>

图 7-9

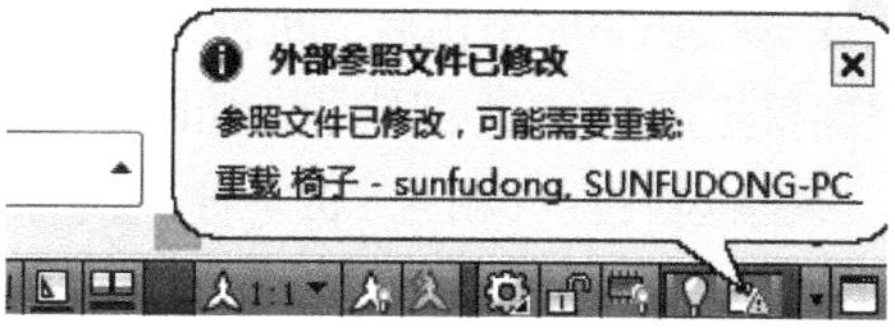

图 7-10

可以使用若干种方法附着外部参照：

（1）单击"视图"选项卡的"选项板"面板中的"外部参照选项板"图标。可以在命令提示下，输入"XR"（Xref）外部参照命令。

（2）在命令提示下，输入"XA"（XAttach）附着外部参照。

(3) 利用 DC 设计中心命令将外部参照附着到图形。

【作图步骤】

步骤① 执行〈Ctrl + N〉新建一个文件，绘制一个圆，半径为200，执行〈Ctrl + S〉文件存盘命名为 椅子 。

步骤② 执行〈Ctrl + N〉新建另一个文件，绘制两个同心圆，半径为 500 和 1000，得到图 7-4 所示的圆桌。执行〈Ctrl + S〉文件存盘命名为“桌椅”。

步骤③ 执行外部参照。

执行“XR”外部参照，打开“外部参照”选项板，如图 7-11 所示。

单击附着，打开“选择参照文件”窗口，如图 7-12 所示。选择“椅子”，单击 打开(O) 打开。返回如图 7-13 所示对话框。

步骤④ 调整外部引用对话框，如图 7-13 所示的对话框与“I”插入图块对话框相似，只是增加了一些调整项目，通常情况下，对于引用的对象，可以调整比例、旋转角度等，调整完毕后，单击“确定”，然后回到图形中，指定插入外部参照的点，这与插入图块也相同。

图 7-11

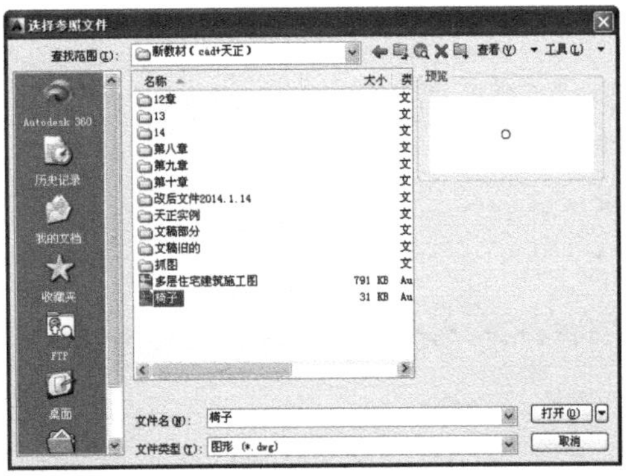

图 7-12

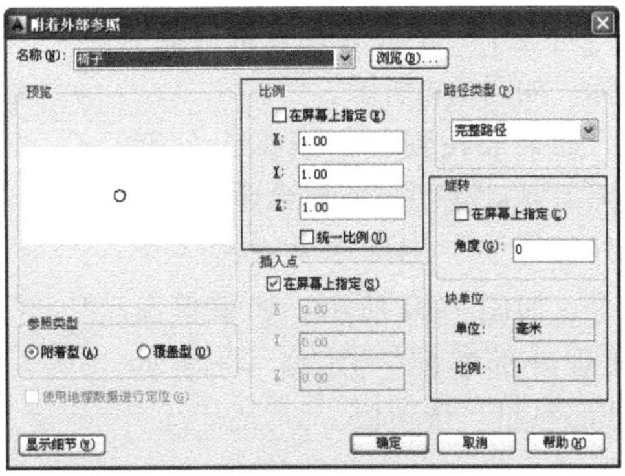

图 7-13

步骤⑤ 完成引用后，执行“AR”阵列，选择环形阵列，调高相应参数，确定，在桌子周围就生成 10 个小圆椅子，如图 7-4 所示。

步骤⑥ 按〈Ctrl + Tab〉键，执行图形窗口转换。该命令可以循环操作，只要按住〈Ctrl〉键，再按〈Tab〉键，会依次转换窗口。

删除圆，重新绘制椅子图案，如图 7-7 所示，按〈Ctrl + S〉键存盘。

步骤⑦ 按〈Ctrl + Tab〉键，转换到圆桌图形文件，这时在界面的右下角会有如图 7-14 所示的提示：“参照文件已修改，可能需要重载”，单击 重载 椅子 - Administrator, WUZI 即可完成所有椅子的改变。

或者在外部参照选项板中，如图 7-15 所示，单击刷新右侧的小三角，然后选择重载所有参照，原有的小圆椅子就完成改变。

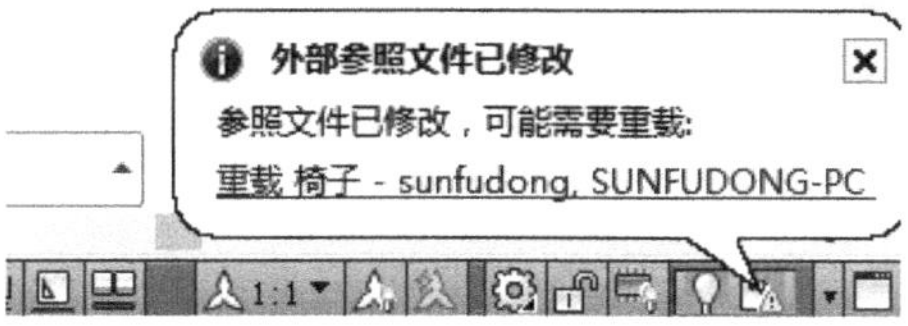

图 7-14

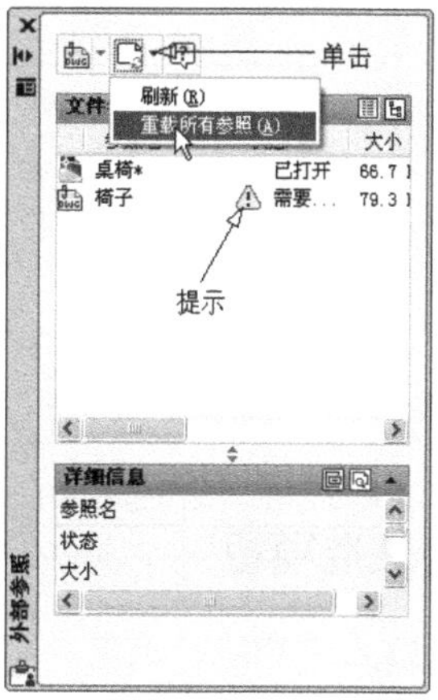

图 7-15

7.4　对象特性管理器

AutoCAD 提供了专门进行图形对象特性编辑和管理的工具，即对象特性管理器（PR，Properties），快捷键为〈Ctrl + 1〉。在特性管理器中图形的所有属性特征一目了然，可以非常方便地进行修改编辑。

（1）可以在图形对象中显示和更改任何对象的当前特性。

（2）可以通过多种方式在图形中显示和更改任何对象的当前特性：

1）打开“快捷特性”选项板以查看和更改对象的选定特性的设置。

2）打开“特性”选项板，然后查看和更改对象的所有特性的设置。

3）查看和更改“图层”工具栏上的“图层”控件以及“特性”工具栏上的“颜色”“线型”“线宽”和“打印样式”控件中的设置。

7.4.1　快捷特性选项板

对于选定对象，用户可以使用“快捷特性”选项板访问可通过“特性”选项板访问的特性的子集。

单击状态栏的图标，可以控制快捷特性的显示和隐藏。

“快捷特性”选项板列出了每种对象类型或一组对象最常用的特性。可以在自定义用户界面（CUI）编辑器中为任意对象轻松自定义快捷特性。

选定一个或多个同一类型的对象时，“快捷特性”选项板将显示该对象类型的选定特性，如图 7-16 所示。

当鼠标指针移动到位置时，“快捷特性”选项板会弹出用户自定义的快捷特性，如图 7-17 所示，用户可以通过单击对应选项进行调整。

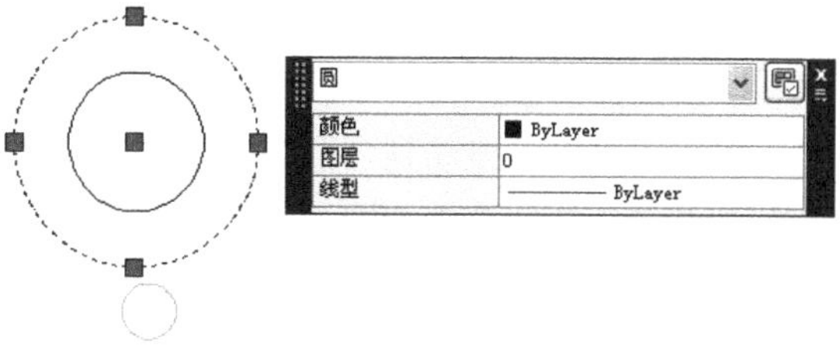

图 7-16

选定两个或两个以上不同类型的对象时，“快捷特性”选项板将显示选择集中所有对象的共有特性（如果存在），如图 7-18 所示。

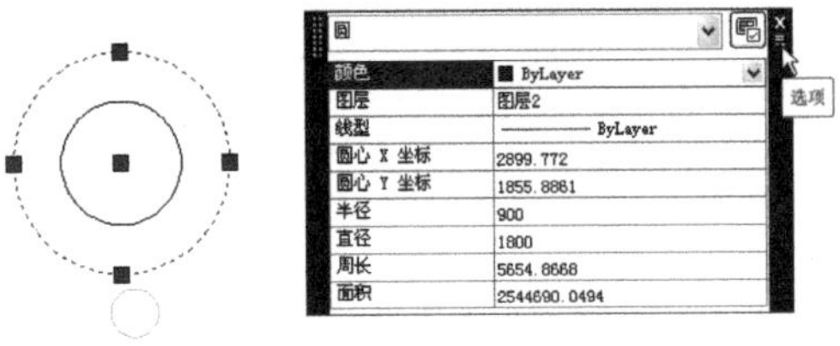

图 7-17

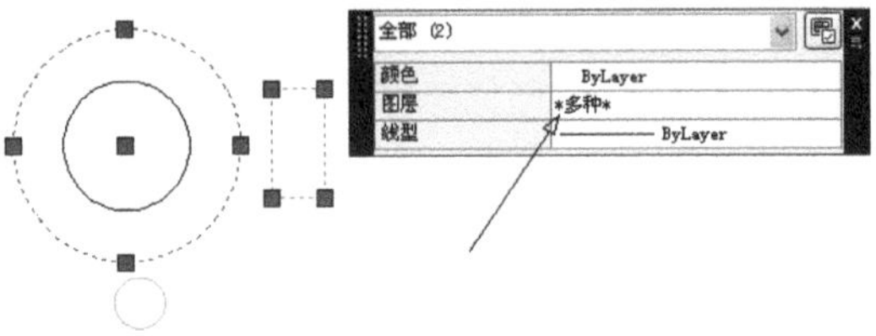

图 7-18

7.4.2 特性选项板

命令行输入“PR”，确定，或按〈Ctrl + 1〉键，或者在某些图形对象上双击鼠标左键，都可以打开“特性”选项板，如图 7-19 所示。

“特性”选项板列出了选定对象或一组对象的特性的当前设置。可以修改任何能够通过指定新值进行修改的特性。

选中多个对象时，“特性”选项板只显示选择集中所有对象的共有特性。

如果未选中对象，“特性”选项板只显示当前图层的常规特性、附着到图层的打印样式表的名称、视图特性以及有关用户坐标系（UCS）的信息。

选取图形对象不同，打开的属性对话框内容也有所不同，主要有常规、几何图形、打印样式、视图等。如图 7-19 所示选择了一个矩形，其特性管理主要项目有常规、几何图形和其他等，在常规属性中可以修改该图形对象的颜色、图层、线型、打印样式、线宽等选项；在几何属性中可以更改图形对象的坐标位置、线宽、面积、长度等。

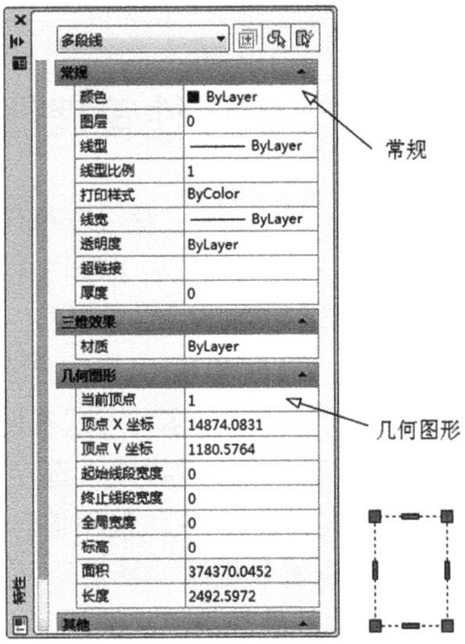

图 7-19

7.5 设计中心

AutoCAD 为用户提供了一个直观、高效的工具——设计中心。通过设计中心不仅可以浏览、查找、预览和管理 AutoCAD 图形中的图层、图块、标注、外部参照等资源，而且只需要通过简单的拖放操作，即可将这些资源插入到当前图形。

通过设计中心，用户可以组织对图形、块、图案填充和其他图形内容的访问。可以将源图形中的任何内容拖动到当前图形中。可以将图形、块和填充拖动到工具选项板上。源图形可以位于用户的计算机、网络位置或网站上。另外，如果打开了多个图形，则可以通过设计中心在图形之间复制和粘贴其他内容（如图层定义、布局和文字样式）来简化绘图过程。

单击功能区的视图选项卡的选项板位置的图标，或者键盘输入“DC”（Design Center），确定，或者按〈Ctrl + 2〉键，都可以打开如图 7-20 所示的“设计中心”选项板。

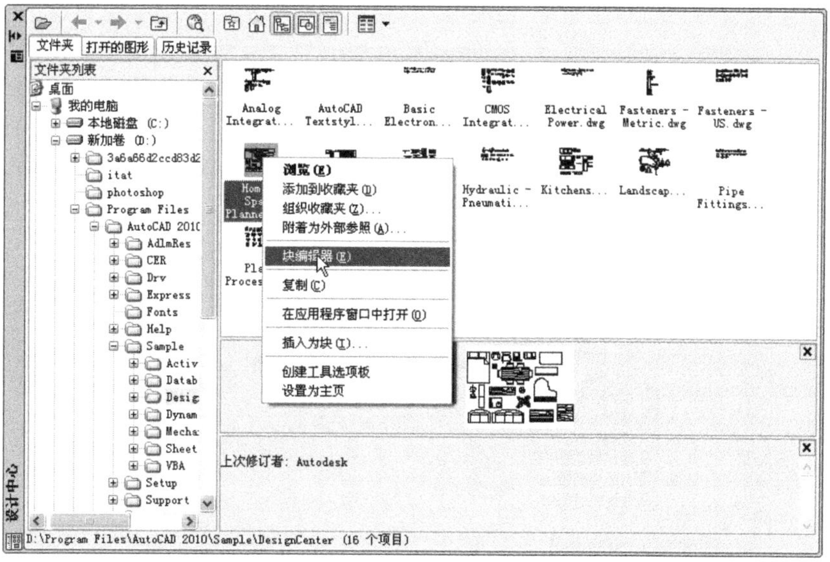

图 7-20

通过设计中心可以完成以下操作：

（1）浏览用户计算机、网络驱动器和 Web 页上的图形内容（如图形或符号库）。

（2）在定义表中查看图形文件中命名对象（如块和图层）的定义，然后将定义插入、附着、复制和粘贴到当前图形中。

（3）更新（重定义）块定义。

（4）向图形中添加内容（如外部参照、块和填充）。

（5）在新窗口中打开图形文件。

“设计中心”选项板操作步骤如下：

步骤 1 执行〈Ctrl + N〉，新建文件。

步骤 2 打开设计中心。

命令行输入“DC”，确定，或者按〈Ctrl + 2〉键，打开“设计中心”选项板，如图 7-20 所示。

第一次启动设计中心时，默认打开的选项卡为“文件夹”。内容显示区采用大图表显示，左边的资源管理器采用“树状列表”显示方式显示系统的树形结构，浏览资源的同时，在内容显示区显示所浏览资源的有关细节或内容。也可以搜索资源，方法与 Windows 资源管理器类似。

步骤 3 利用设计中心插入图形。

设计中心的最大优势是可以将系统文件夹中的 AutoCAD 图形文件分解为不同的可插入内容，从而在新图形中有选择地插入这些图形元素，其内容包括块、标注样式、图层、线型、表格样式、文字样式、外部参照、布局和多重引线样式等。插入到当前图形的方法步骤如下：

先在左侧树状文件夹位置找到需要使用的 AutoCAD 文件，比如“实例 5”。双击该文件或单击该文件前的“ + ”号，可以看到该文件可参照的内容。鼠标左键双击“块”，看到该文件内所有的图块显示在右侧区域，如图 7-21 所示。

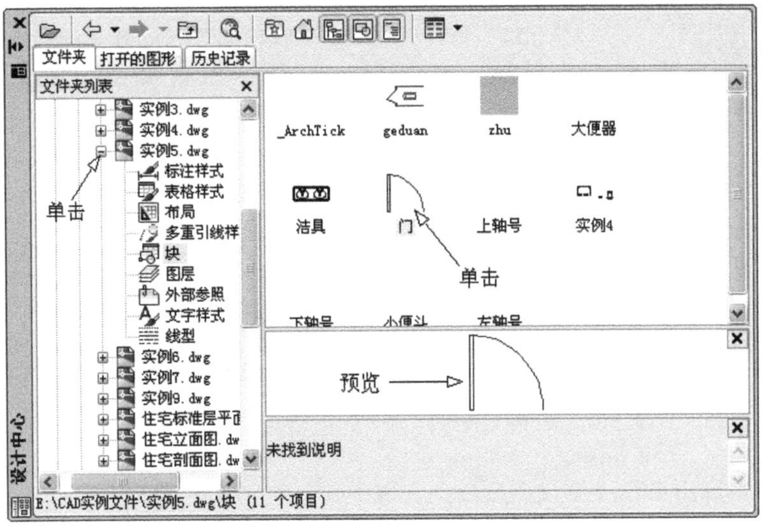

图 7-21

选择“门”插入到当前图形中的方法有：

（1）鼠标左键单击“门”，按住鼠标拖放到当前图形中。相当于直接插入图形，但是比例无法正确调整。

（2）鼠标右键单击“门”，会出现如图 7-22 所示的选项，选择“插入块”项目，打开插入图块对话框。

（3）通过双击鼠标左键打开插入图块对话框。通过插入对话框可以调整插入比例和角度，方便操作。

步骤④ 利用设计中心插入图层。

在左侧树状文件夹位置，单击图层，右侧区域将显示该文件中的所有图层，如图 7-23 所示，选择需要的图层，单击鼠标左键拖放到当前图形中，可以快速创建图层。

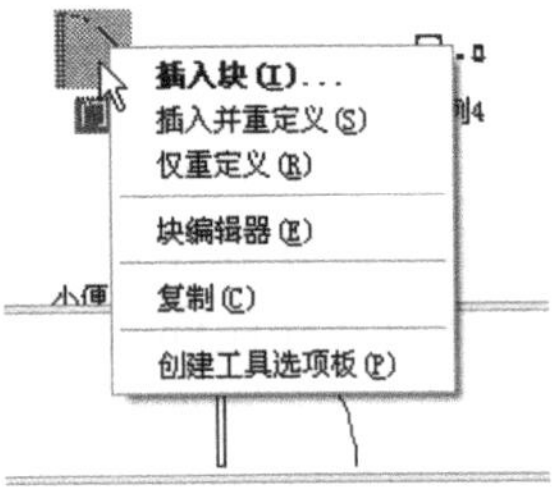

图 7-22

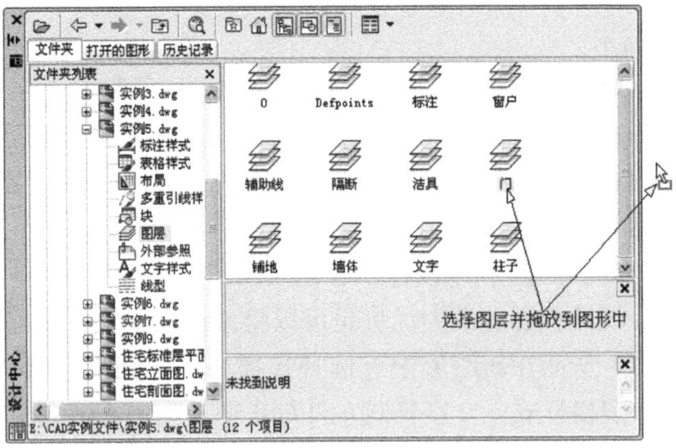

图 7-23

步骤⑤ 利用设计中心插入线型、文字类型、标注类型、外部参照和图表类型等。方法同步骤4。

7.6　工具选项

可以通过多种方法在工具选项板中添加工具。

鼠标右键单击“工具选项板”窗口中任意位置，在弹出的选项栏中单击新建工具选项板。

以下方法可以在工具选项板中添加工具：

（1）把如下任意一项拖动到工具选项板：几何对象（如直线、圆等）、标注、图案填充、渐变填充、块、外部参照或光栅图像。

（2）将图形、块和图案填充从设计中心拖至工具选项板。将已添加到工具选项板中的图形拖动到另一个图形中时，图形将作为块插入。

（3）使用“自定义”对话框将命令拖至工具选项板，正如将此命令添加至工具栏一样。

（4）使用自定义用户界面（CUI）编辑器将命令从“命令列表”窗格拖动至工具选项板。

（5）使用“剪切”“复制”和“粘贴”可以将一个工具选项板中的工具移动或复制到另一个工具选项板中。

（6）通过创建新选项板并使用快捷菜单重命名、删除或移动选项板来管理工具选项板。

（7）在设计中心树状图中的文件夹、图形文件或块上单击鼠标右键，然后在快捷菜单中单击“创建工具选项板”，创建包含预定义内容的工具选项板选项卡。具体操作步骤如下：

步骤① 打开工具选项板。

命令行输入“TP”（Tool Paltettes），确定，打开工具选项板，或者按〈Ctrl+3〉键，打开如图7-24所示的窗口。

在默认情况下，工具选项板有多个选项卡。可以通过在选项板窗口单击鼠标右键，选择“新建选项板”，新建一个空白选项卡，然后命名该选项卡，如图7-25所示。

步骤② 将设计中心内容添加到工具选项板。

在设计中心（DesignCenter）文件夹上右击鼠标，选择快捷菜单的“创建块的工具选项板”，如图7-26所示，在设计中心内存储的图形对象就出现在工具选项板中新建的设计中心选项卡上，这样就可以将设计中心与工具选项板结合，建立一个快捷方便的工具选项板，从而方便在绘图时插入引用。

步骤③ 利用工具选项板绘图。

只需要将工具选项板中的图形对象拖放到当前图形，该图形对象就以图块的形式插入到当前图形中。

这一点与设计中心方法相同。如图7-27所示为工具选项板“Kitchens”中的部分图案，通过鼠标拖放到当前图形中。

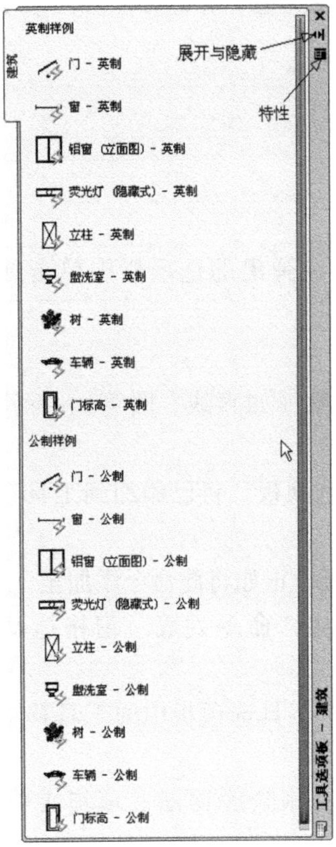

图 7-24

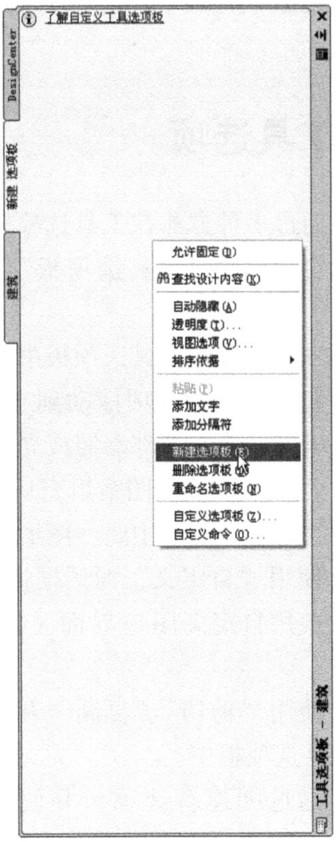

图 7-25

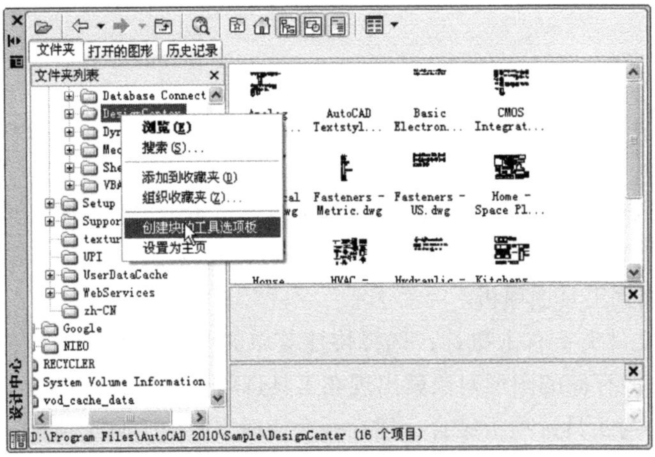

图 7-26

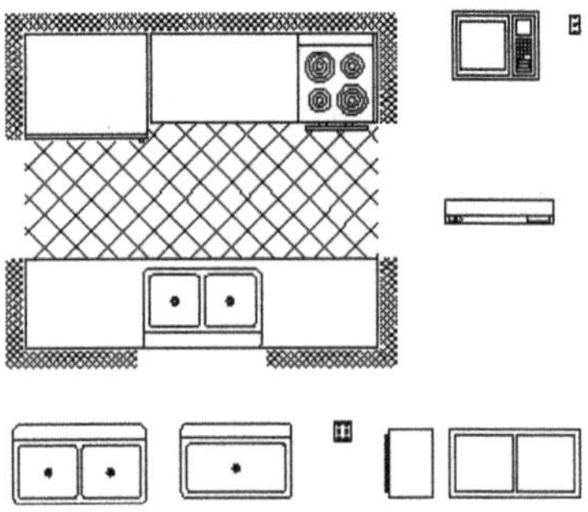

图 7-27

7.7 特性匹配

使用“特性匹配”（MA，Match Properties），可以将一个对象的某些特性或所有特性复制到其他对象。

可以复制的特性类型包括颜色、图层、线型、线型比例、线宽、打印样式、视口特性替代和三维厚度等。

默认情况下，所有可用特性均可自动从选定的第一个对象复制到其他对象。如果不希望复制特定特性，可使用“设置　选项禁止复制该特性。可以在执行命令过程中随时选择“设置”选项。

执行命令中，命令行提示：

目标对象或［设置(S)］：

输入“S”，重新设置可复制的特性项目。

如图7-28所示，在特性设置对话框中，可以对复选框中列出的特性进行选择，只有被选中的特性才能从源图形对象复制到目标图形对象中。对一些特性只属于特殊的图形对象，如尺寸标注特性只属于尺寸标注线，文本属性只属于文本。对于特殊特性只能在同类型对象之间进行复制。

设置完成后，命令行出现原有提示，选择目标图形对象进行复制特性。

此命令对于批量修改文本，比如房间名称等非常快捷方便，如图7-29a所示的众多文字内容，只有“卫生间”这个文字对象的图层、大小、字体符合要求，其他的均不符合，那么执行“MA”特性匹配就能非常方便地进行修改。

输入“MA”命令，确定，执行特性匹配。选择“卫生间”为源对象，然后选择其他文字内容，确定完成修改如图7-29b所示。

【命令步骤】

命令：MA MATCHPROP

选择源对象：

当前活动设置：　颜色　图层　线型　线型比例　线宽　厚度　打印样式　标注　文字　填充图案　多段线　视口　表格材质　阴影显示　多重引线

选择目标对象或［设置(S)］：

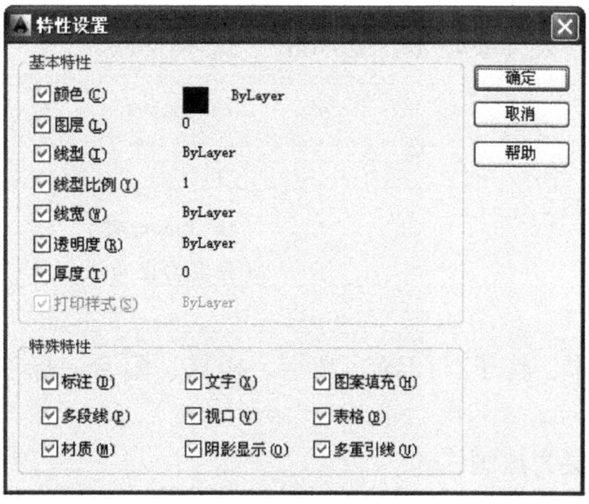

图7-28

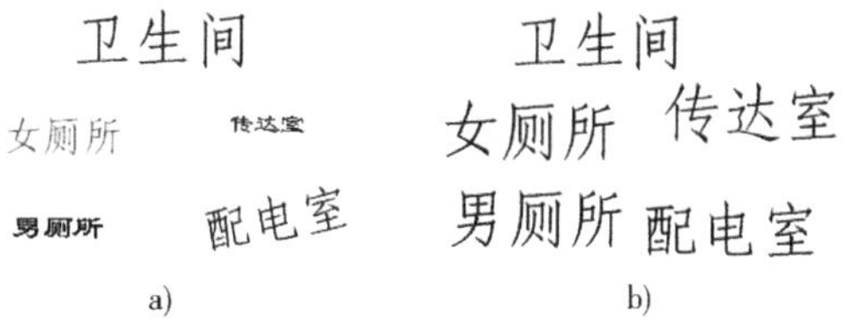

图7-29

7.8 样板图文件（.dwt）

在 AutoCAD 中可以从默认图形样板文件创建一个使用预定义设置的图形。但是这个系统默认的样板图文件，初始设置内容较少，每次绘图都会做很多重复性的工作，为了更方便绘制图形，可以根据需要自己建立样板文件，比如建筑平面图样板文件，创建完成后保存为“.dwt”格式文件，那么在每次新建文件时就可以选择自己的样板图文件开始绘图了。

7.8.1 创建样板图文件

本例创建比例为 1:100 的“建筑平面图样板”文件，步骤如下：

步骤① 新建文件设置单位。

执行〈Ctrl + N〉新建文件，然后设置图形单位（Units）。

本书开始曾约定以毫米为单位输入尺寸。在 AutoCAD 中，通常以 1:1 的比例进行绘制，而在打印出图时再考虑以 1:100 的比例输出。比如建筑实际尺寸为 10m，在绘图时输入的尺寸为 10000。因此，将系统单位设置为毫米（mm）。以 1:1 的比例绘制，输入尺寸不需要进行换算，比较方便。

命令行输入“UN”（Units），确定，打开“图形单位”对话框，修改设置如图 7-30 所示。

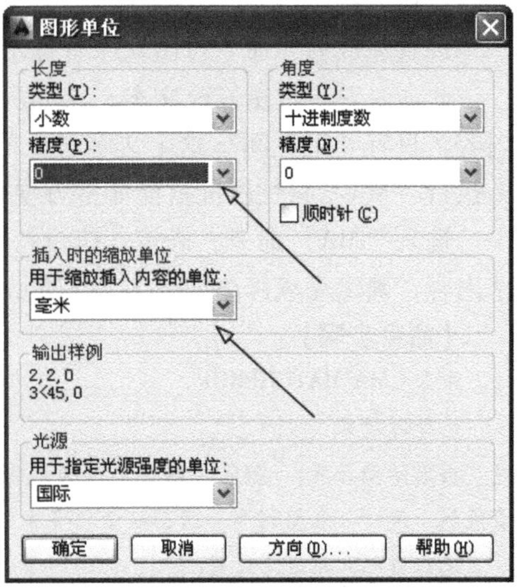

图 7-30

步骤② 设置图形界限。

AutoCAD 默认的图形界限为 420 × 297，虽然是 A3 图幅，但是在以 1:1 的比例绘图，以 1:100 比例输出时，图纸空间将被缩小 100 倍，所以如果需要使用 A3 图幅，则应该将图形界限设置为 42000 × 29700，扩大 100 倍。

命令行输入“Limits”，确定，指定左下角点，按〈Enter〉键默认（0，0），指定右上角点，输入（@42000，29700）。

【命令步骤】

命令：limits

重新设置模型空间界限：

指定左下角点或［开(ON)/关(OFF)］<0,0>：　　　　（按〈Enter〉键）

指定右上角点 <420,297>：42000,29700　　　　（指定右上角点）

步骤③ 建立图层。

执行“LA”图层命令，新建辅助线、墙体、柱子、门窗、文字、楼梯、阳台、标注、轴号等图层，并分别设置不同的颜色。

设置部分图层的线型，比如设置辅助线图层为点画线。

设置部分图层的线宽，比如设置墙体图层线宽为 0.30mm。

设置完成的结果如图 7-31 所示。

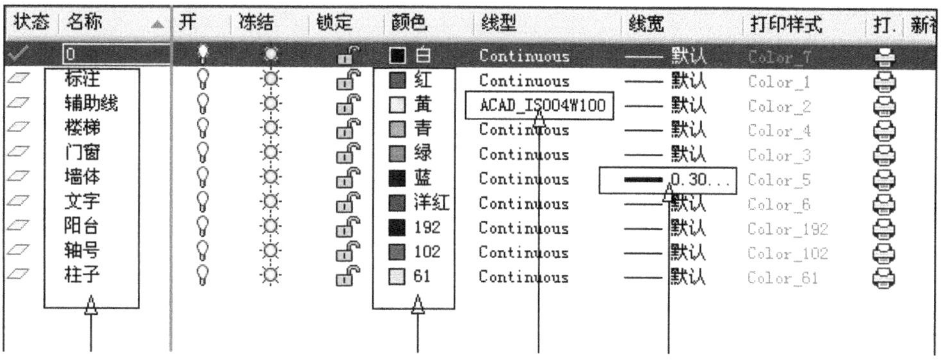

图 7-31

步骤④ 调整线型比例和线宽显示。

转换到辅助线图层，执行“L”命令，绘制长度为 30000 的一条线段，然后执行“LT”命令，打开线型管理对话框，调整全局比例因子为 30，辅助线显示为合适的点画线。

转换到墙体图层，执行“L”命令，任意绘制一条线，但是并没有显示出线宽 0.300，此时需要打开状态栏的线宽显示开关，单击状态栏+图标，打开线宽显示，此时绘制的线就可以正常显示宽度。

步骤⑤ 设置文字样式。

由于在建筑图纸的绘制过程中，文字的大小通常使用 3.5 号字、5 号字和 7 号字，所以可以设置三种固定高度的文字样式。

执行命令“ST”，确定，打开字体管理对话框，新建文字样式“3.5 号字”“5 号字”和“7 号字”，设置字体为“仿宋”，字高分别为 250、350 和 500，宽度因子设置为 0.7，如图 7-32 所示。

步骤⑥ 设置标注样式。

执行命令“D”，确定，打开标注样式管理器窗口，新建样式“建筑标注”，设置前面讲述的七个选项内容，然后将“建筑标注”置为当前样式，如图 7-33 所示。

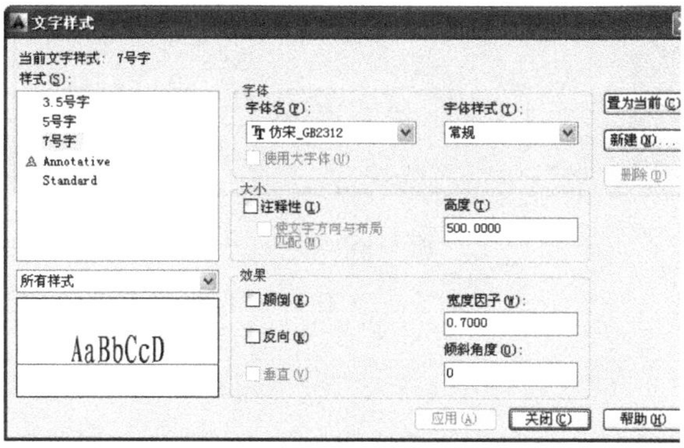

图 7-32

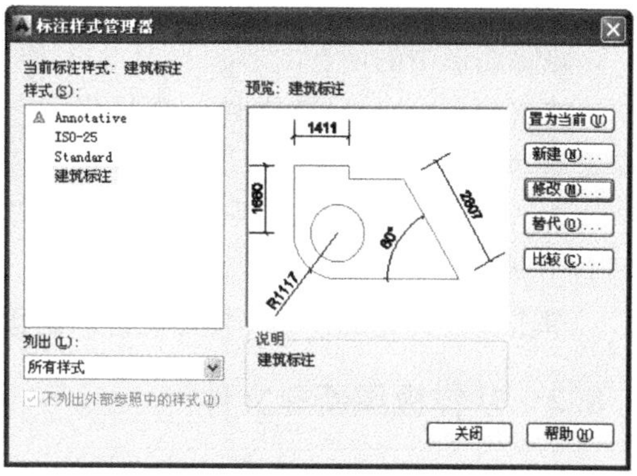

图 7-33

步骤⑦ 设置多线格式。

执行命令“MY”，确定，打开多线对话框，设置“墙体”多线如图 7-34 所示，设置

窗户　多线如图 7-35 所示。

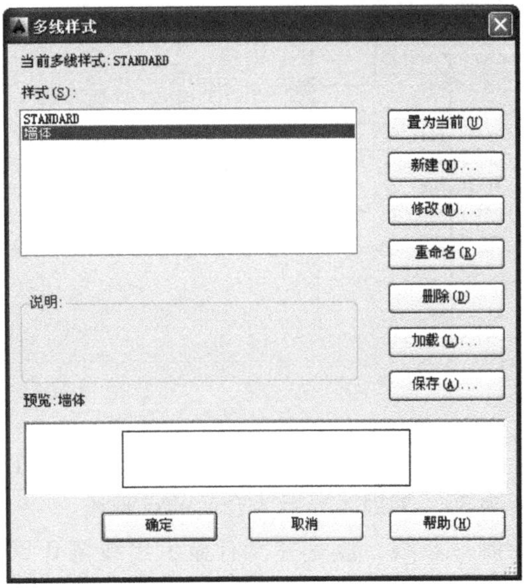

图 7-34

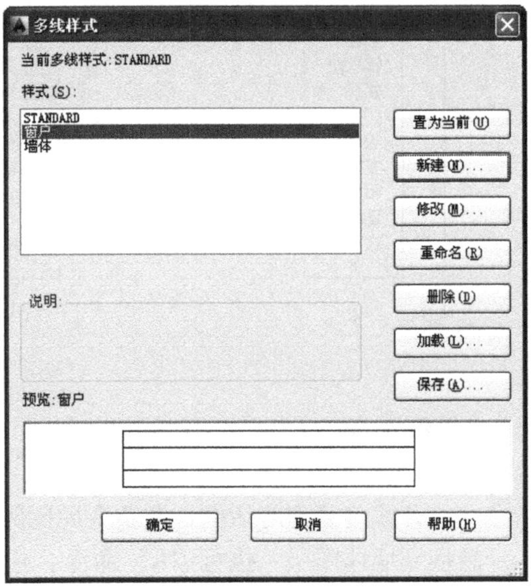

图 7-35

步骤 8　建立图块。

为减少在绘制过程中图块的创建，可以在样板文件中置入图块。读者可以自行在样板文件中创建图块，也可以采用插入、设计中心等方式引入图块。光盘文件中提供了部分图块，这里采用插入方式将随书光盘中的外部图块引入。其中包含了部分动态块，动态块的创建与使用方法，读者可以参考随书光盘中的视频文件。

步骤 9　存盘为“.dwt”文件。

删除图形中的所有内容。

按〈Ctrl + S〉保存文件，选择保存文件类型为“AutoCAD 图形样板(*.dwt)”，命名为“A3 平面图”，如图 7-36 所示。

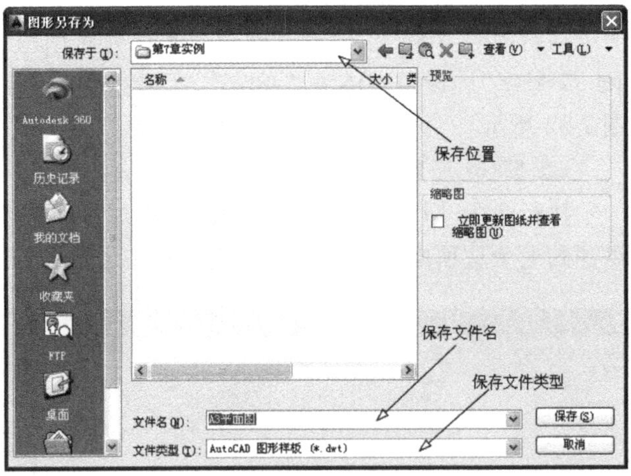

图 7-36

单击保存，完成整个样板图文件的制作。

7.8.2　从样板图新建文件

创建完样板文件，当需要绘制相应的平面图时，要利用已有的样板图文件，有两种方法：

第一种方法，执行〈Ctrl + N〉新建文件，在弹出的对话框中选择样板文件，默认情况是系统选择的“acadiso.dwt”文件。此时单击“查找范围”的下拉箭头，到对应的文件夹，然后在其下方的区域选择 A3 平面图 文件，单击打开，完成新文件的创建，如图 7-37 所示。

第二种方法是，修改默认选项设置。

如果感觉这样每次选择比较麻烦，那么可以通过 AutoCAD 的选项来更改默认设置。方法如下：

键盘输入“OP”选项，确定，在弹出的对话框中单击“文件”选项卡，单击展开“样板设置”节点。

在“样板设置”节点上，展开“快速新建的默认样板文件名”节点。

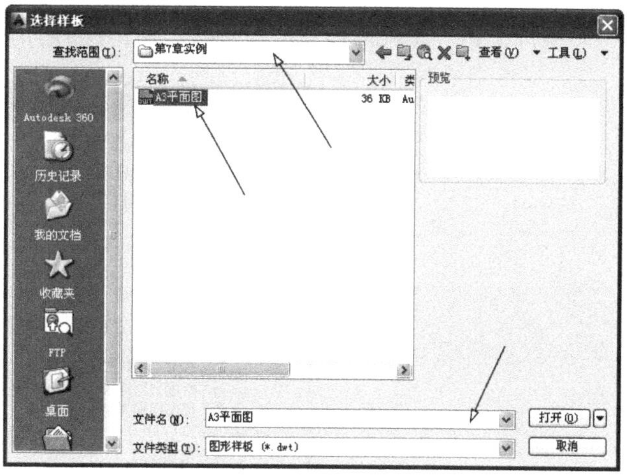

图 7-37

单击浏览指定图形样板文件的路径和文件名，单击“应用”并“确定”，如图 7-38 所示。

执行“Qnew”命令，或者单击□图标，即可不用出现对话框而完成新建文件。

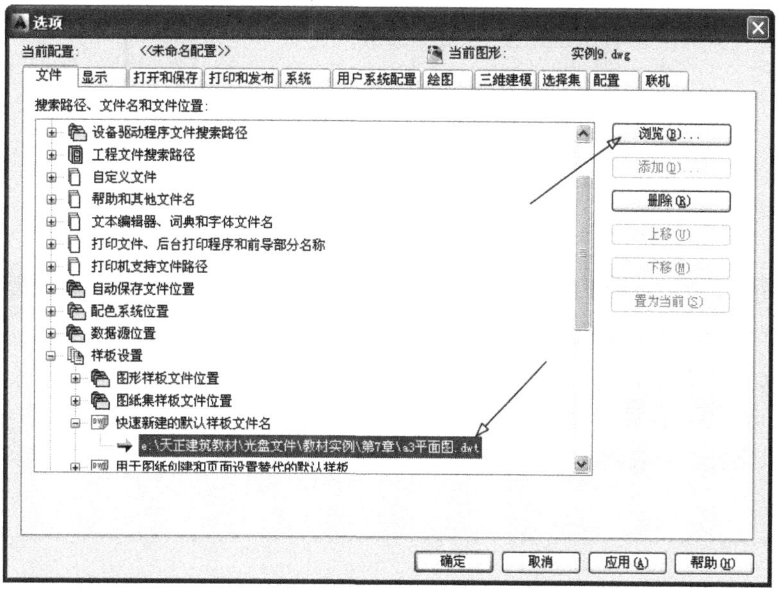

图 7-38

7.9 图形对象清理

执行绘图过程中，可能会因为插入图块、定义线型、采用样板文件等原因，使大量的垃圾信息存在于图形文件中，造成文件过大，从而使 AutoCAD 的文件在保存、显示、传输等过程中非常不便，为了解决这样的问题，AutoCAD 提供了图形清理命令，可以实现对图形中出现的设置好而没有使用的各种对象内容清理，包括标注样式、表格样式、材质、打印样式、多线样式、多重引线样式、块、视觉样式、图层、文字样式、线型等。

执行 PU （Purge）命令，确定，打开图形清理对话框，如图 7-39 所示。

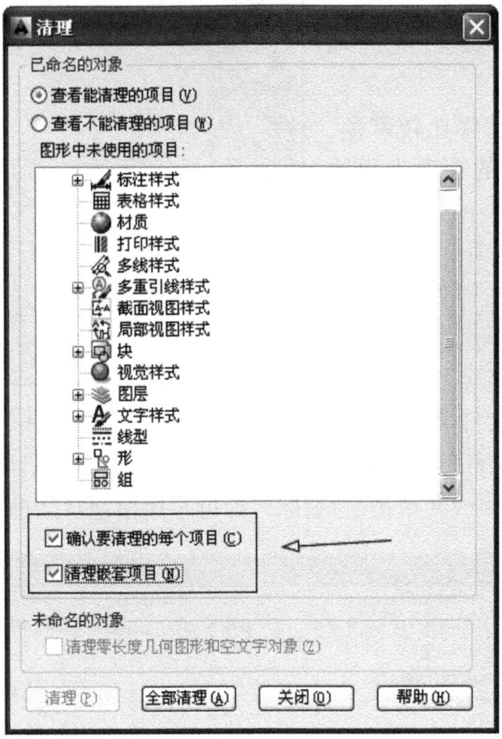

图 7-39

复选对话框下面的两项内容即："确认要清理的每个项目" 和 "清理嵌套项目"。

然后单击全部清理(A)，全部清理。

清理完成后，图形中多余的图层、线型等内容被删除掉，图形文件变小。

执行〈Ctrl + S〉存盘，保存文件。

用户可以比较一下在清理前后文件大小会有很大的改变。尤其是在工程实践中的大型图纸文件。

小结：

本章主要学习了多段线编辑、图块更新与替换、外部参照、特性面板、设计中心、工具选项、特性匹配等提高操作，学习了创建样板文件的方法。利用样板图新建文件这是 AutoCAD 最基本的要求，只是用户可以根据自己的需要和经验创建好相应专业和设计项目的样板，以便于快速作图。

第 8 章　建筑平面图的绘制

【思路分析】利用前面的基础、进阶和提高知识的准备，结合基本绘图、修改命令，高级绘图和高级编辑修改命令等来绘制建筑平面图，明确绘制的思路和方法，有效分析具体的图形，从而简化作图过程，提高绘图速度。

【本章重点】绘制住宅标准层平面图的思路和方法。

【作图步骤】

建筑平面图的绘制一般步骤如下：

（1）新建文件和初始设置。

（2）轴线绘制。

（3）墙体绘制。

（4）门窗辅助线及门窗的绘制。

（5）构造柱绘制。

（6）阳台、台阶等绘制。

（7）其他构配件绘制。

（8）尺寸标注、轴号标注。

（9）文字说明。

（10）图形清理。

8.1　新建文件和初始设置

步骤① 按〈Ctrl + N〉键，新建文件，打开随书光盘选择“平面样板 . dwt”文件为样板图，得到新建立的文件。

使用该样板图设置好的绘图环境。执行“LA”图层命令，打开“图层特性管理器”对话框，创建图层，如图 8-1 所示。

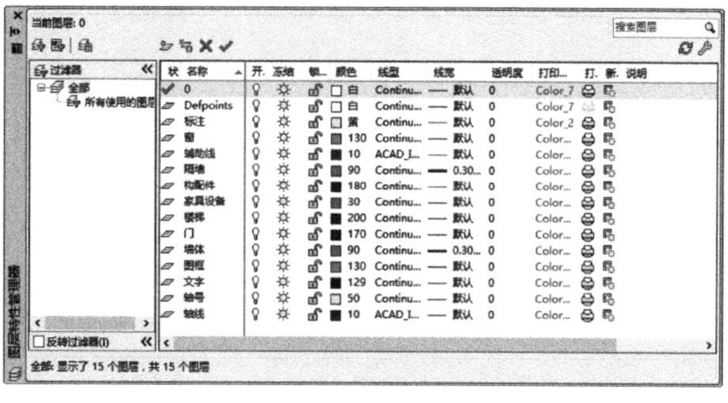

图 8-1

步骤② 按〈Ctrl+S〉键，保存文件，将新文件保存为 住宅标准层平面图 ，确定。

步骤③ 设置系统自动保存文件时间。

执行“OP”命令，打开“选项”对话框，单击“打开和保存”选项卡，复选“自动保存”，并将时间设置为10分钟，单击确定完成。这样在绘制的过程中每隔10分钟系统会自动保存文件，如图8-2所示。

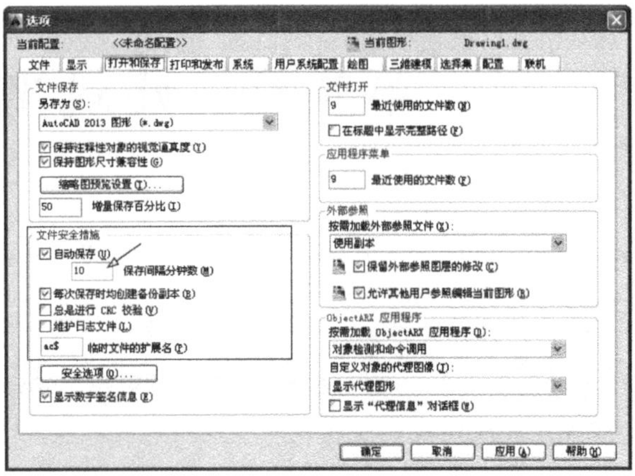

图8-2

8.2 轴线绘制

轴线是用来定位墙体或柱子的定位线，正确地绘制轴线有利于快速、高效地绘制墙体或柱子。

由于该住宅平面图为左右对称结构，故在绘制时，先绘制左侧的一半内容，再利用镜像命令即可获得全部图形。其绘制步骤如下：

步骤① 绘制水平轴线。

将“辅助线”图层置为当前图层，执行“L”直线命令，绘制长度为22000的水平直线和长度为14300的垂直直线，如图8-3所示。

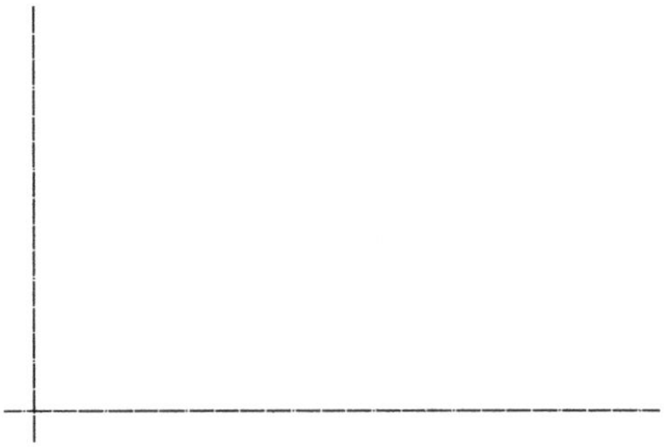

图8-3

执行“O”偏移命令，依次将水平轴线向上偏移距离1500、2700、1500、900、2400、3300，效果如图8-4所示。

图8-4

步骤② 绘制底部轴线。

执行　O　偏移命令，依次将左侧垂直轴线向右偏移距离3000、3400、3600，效果如图8-5所示。

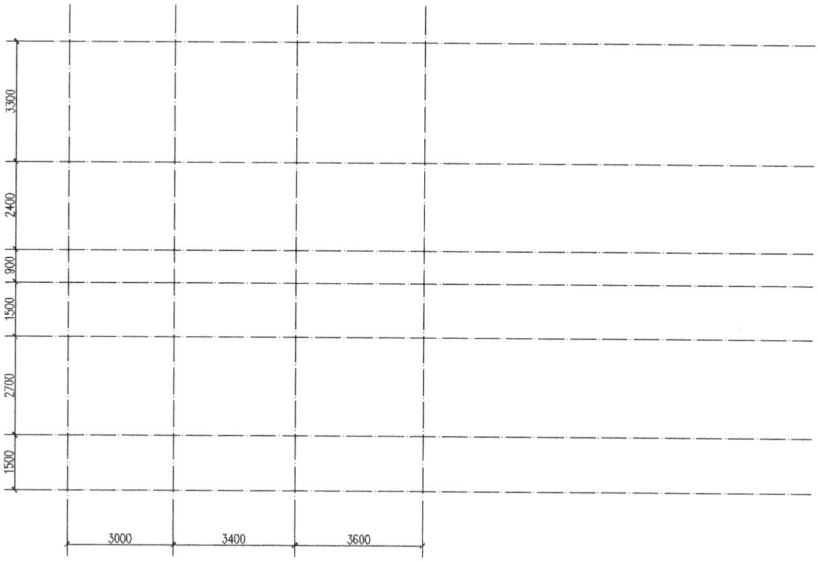

图8-5

步骤③ 绘制上部轴线。

执行“O”偏移命令，依次将左侧垂直轴线向右偏移距离2400、1800、4500，效果如图8-6所示。

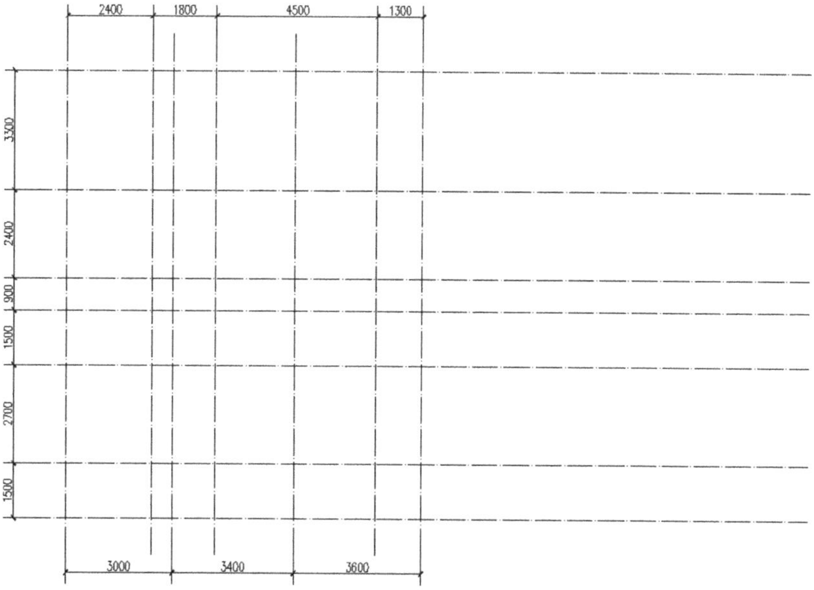

图8-6

步骤④ 修剪调整轴线。

执行 BR 打断命令和 TR 修剪命令，对所绘制的轴线进行修建调整，得到的效果如图 8-7 所示。

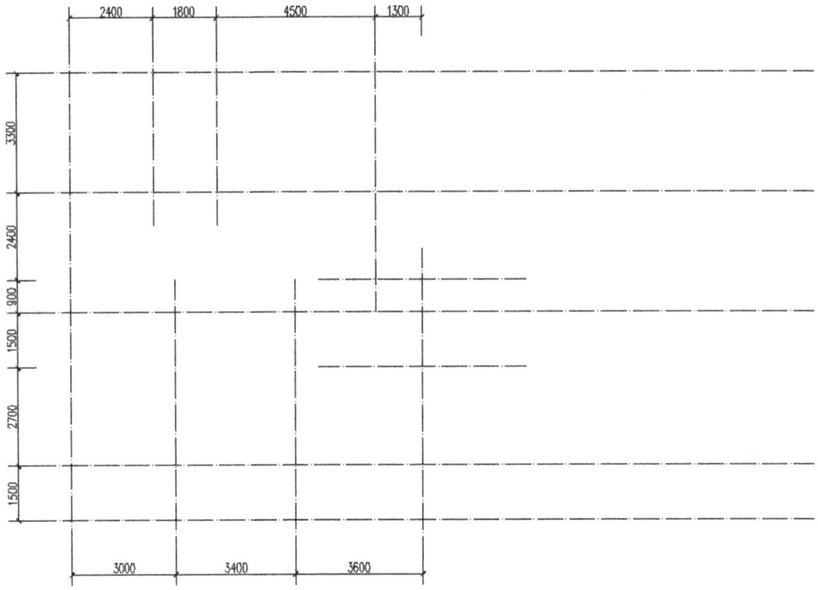

图 8-7

步骤⑤ 绘制副轴号。

执行“O”偏移命令，将轴线 1 向上偏移 1200，将轴线 2 向上偏移 600，将轴线 3 向左偏移 2200 再执行“BR”打断命令，将其长度调整到合适的位置，得到效果如图 8-8 所示。

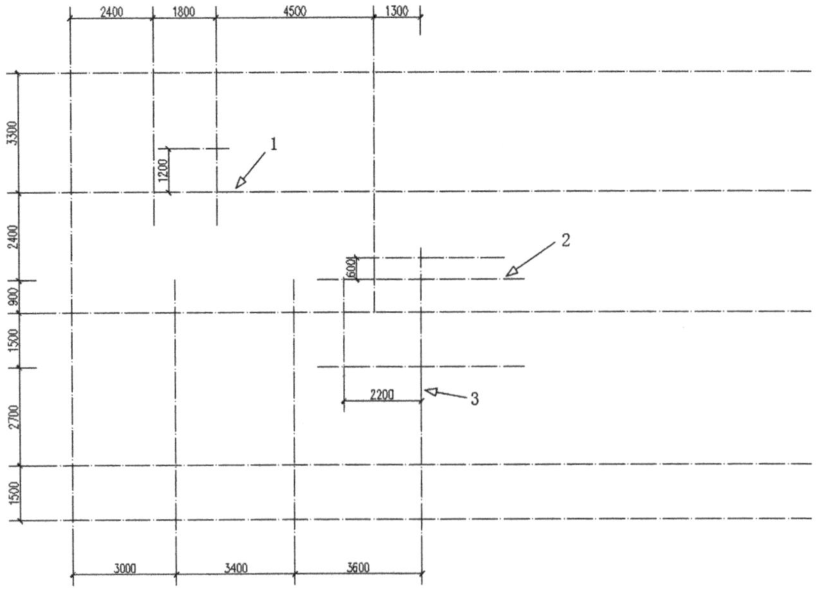

图 8-8

8.3 墙体绘制

具体步骤如下：

步骤① 将当前图层设为“墙体 图层，同时在状态栏中右击“对象捕捉 图标，设置对象捕捉模式为端点和交点对象捕捉方式等，如图 8-9 所示。

步骤② 执行“ML”命令，绘制墙线，修改当前设置为“对正 = 无，比例 = 240.00，样式 = WALL”，绘制相应的墙体，空格重复命令，修改当前设置“比例 = 120.00”，绘制墙线 1、墙线 2，如图 8-10 所示。

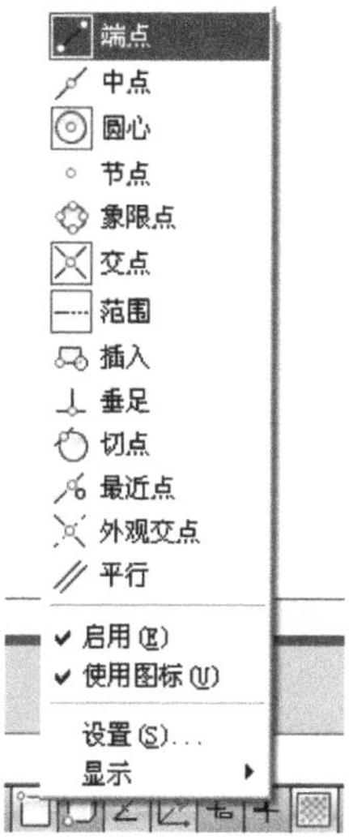

图 8-9

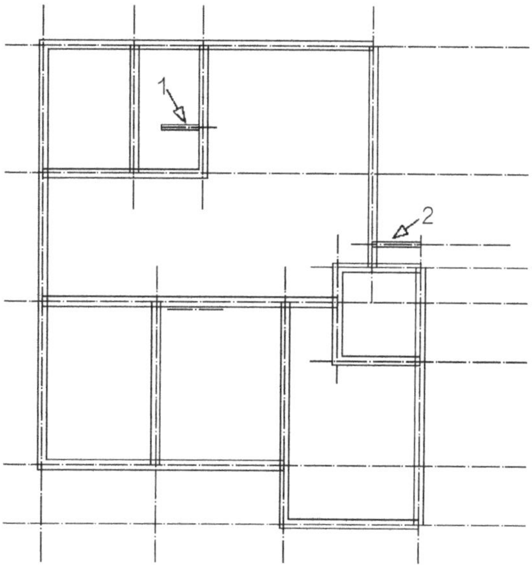

图 8-10

8.4 门窗辅助线及门窗的绘制

步骤① 将当前图层设为“辅助线”图层，执行“O”偏移命令，将最左侧的轴线向右偏移 800，并将偏移得到的轴线转换到辅助线图层，使其转化为辅助线。

步骤② 执行“BR”打断命令，将步骤 1 得到的辅助线进行打断至合适的长度，得到上方窗户的一条辅助线。

步骤③ 执行“O”偏移命令，将步骤 2 得到的辅助线依次向右偏移 1200、850、900、1650、2100、1750，即可得到上部的窗户辅助线，如图 8-11 所示。

步骤④ 应用上面的方法，绘制左侧、下部及其内部的门窗辅助线，如图 8-12 所示。

步骤⑤ 执行“TR”修剪命令，根据步骤 4 绘制好的辅助线，对已经绘制好的墙体进行修剪，修剪出门窗洞口，再执行“EX”延伸命令，选择辅助线 1 为边界，将墙线 2 延伸至辅助线 1，如图 8-13 所示。

步骤⑥ 多线编辑，在多线上任意位置双击鼠标左键，调出“Mledit”命令，弹出“多

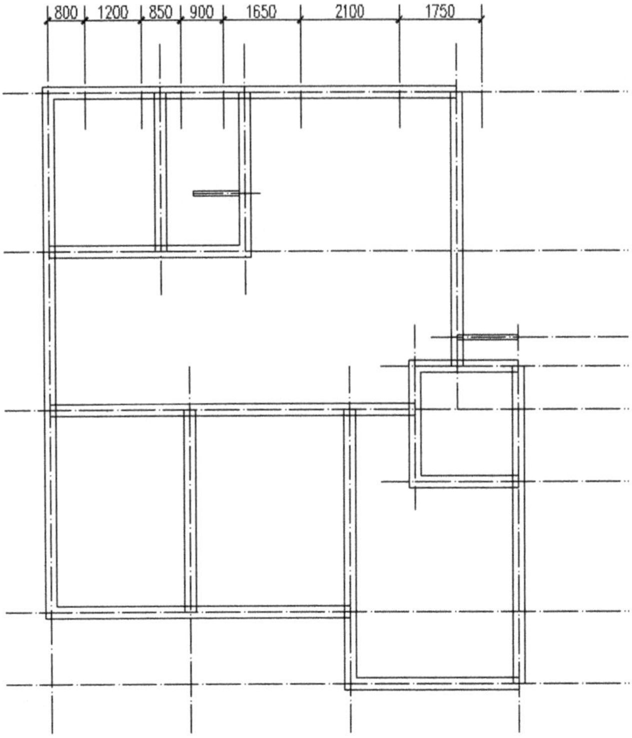
800
1200
850
900
1650
2100
1750

图 8-11

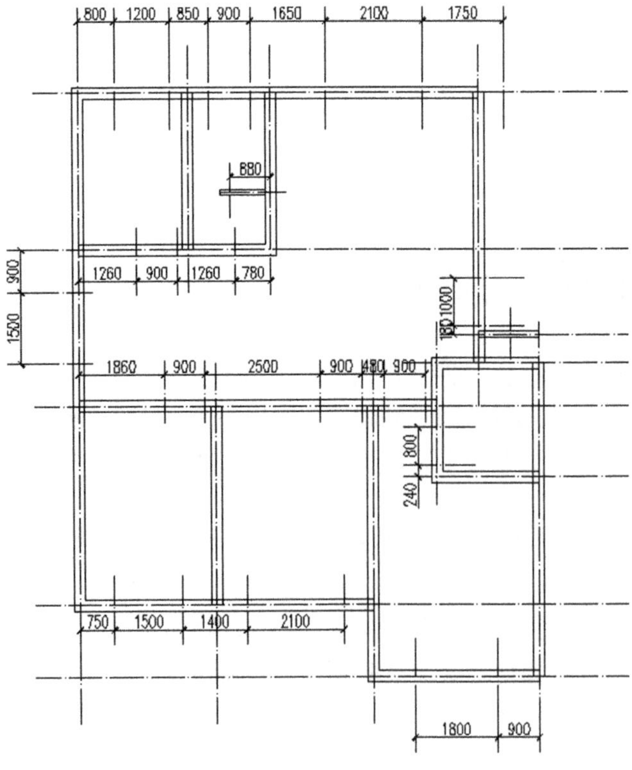
800
1200
850
900
1650
2100
1750
880
1260
900
1260
780
900
1500
1860
900
2500
900
480
900
1000
800
240
750
1500
1400
2100
1800
900

图 8-12

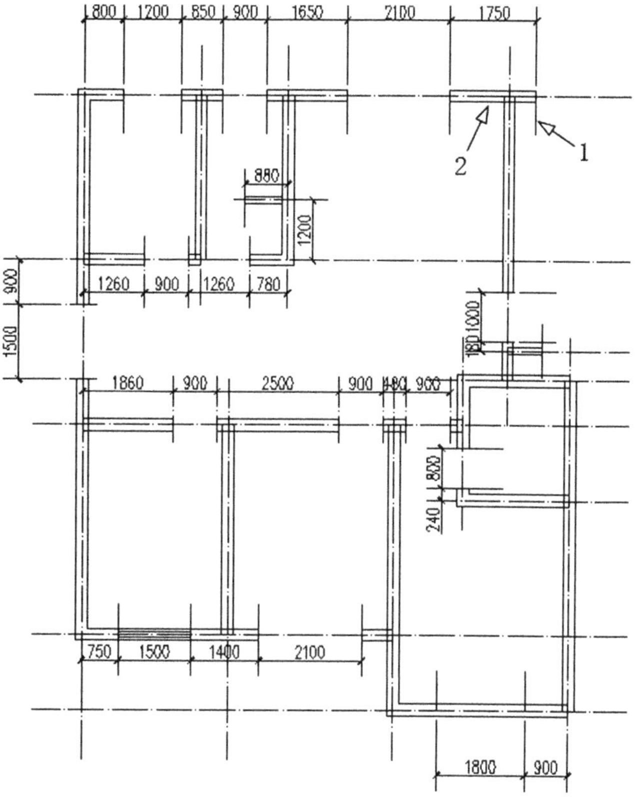

图 8-13

线编辑工具”对话框，如图 8-14 所示，单击“T 形合并”按钮，对墙体“T 形”相交的地方进行修改，应用同样的方法，对墙体“L 形”相交的地方进行编辑，编辑完成后如图 8-15 所示。

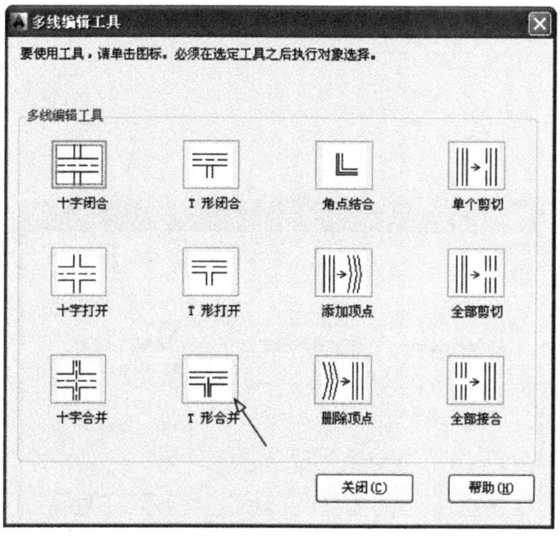

图 8-14

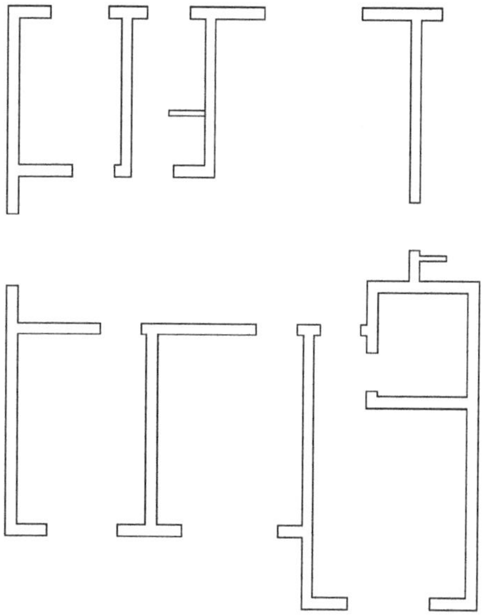

图 8-15

注意：在进行 T形合并 时，当提示选择第一条多线时，单击 T形 的竖线部分，后选择横线部分。

步骤⑦ 将图层切换到 窗 图层，执行“ML 命令，设置“对正 = 无，比例 = 240.00，样式 = WIN”，绘制窗户，如图 8-16 所示。

步骤⑧ 绘制飘窗，执行“PL”命令，按〈F8〉键打开正交模式，如图 8-17 所示，指定第 1 点，第 2 点向上移动十字光标，输入距离 480，第 3 点向右移动十字光标，输入距离 2100，指定第 4 点。

执行“O”命令，将刚绘制的线依次偏移 40、80，再执行“L”命令，连接第 5 点和第 6 点。应用同样的方法绘制飘窗，效果如图 8-18 所示。

步骤⑨ 切换至“门”图层，执行“I”插入命令，弹出“插入”对话框，如图 8-19 所示，选择图块“门”，单击“确定”按钮，将门插入如图 8-20 所示的门洞线与轴线的交点。可

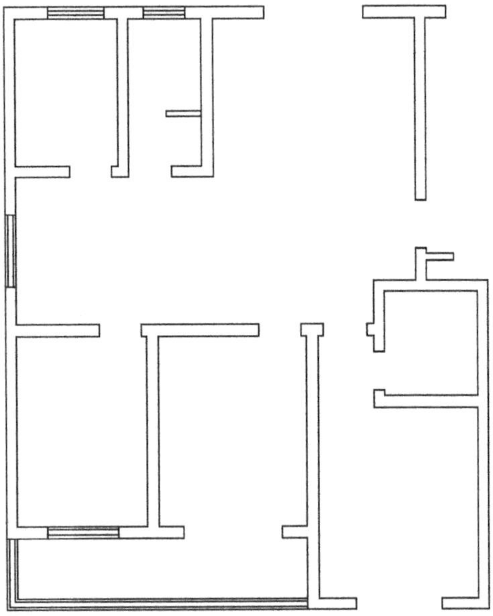

图 8-16

图 8-17

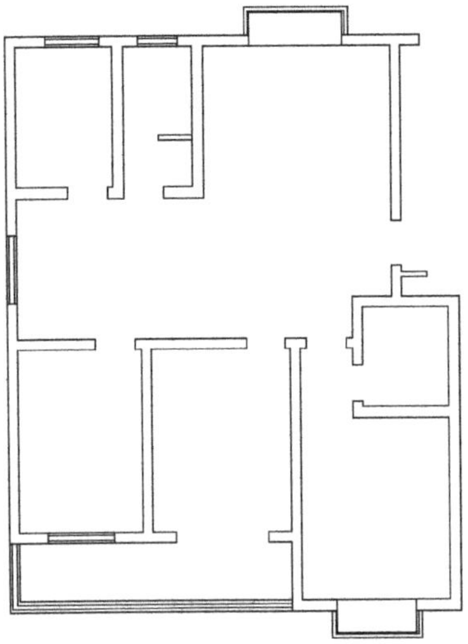

图 8-18

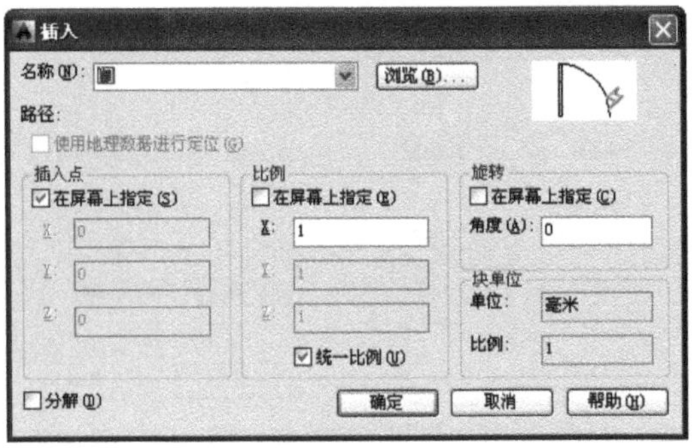

图 8-19

以利用动态块的夹点对其进行翻转和改变大小，也可以选中动态块后右击鼠标，在弹出的快捷菜单中选择　快捷特性　命令，在　块参照　面板中修改门洞宽度、旋转角度和翻转状态等，如图 8-21 所示。

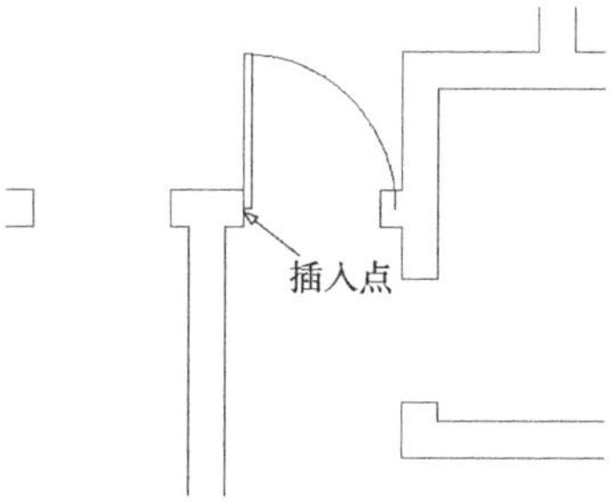

图 8-20

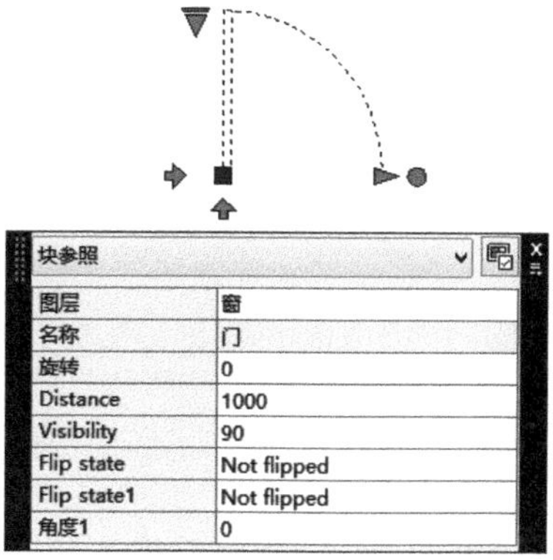

图 8-21

步骤 10 执行“CO”复制命令，以步骤 9 插入的门为对象，复制到所有平开门门洞位置，如图 8-22 所示。

步骤 11 使用“M”移动等命令，以及动态门块的编辑夹点，调整门的位置以及门的开启方向，执行“L”直线命令，在卫生间和厨房门口绘制高差线，如图 8-23 所示。

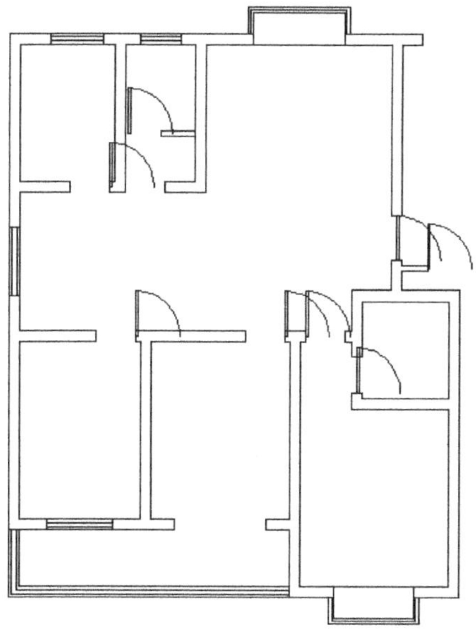

图 8-22

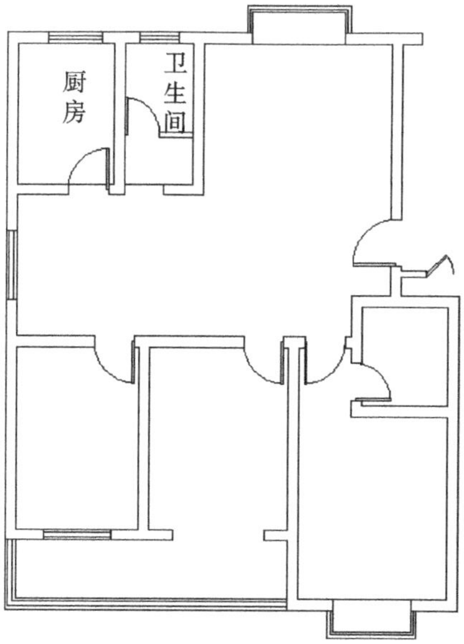

图 8-23

步骤 12 绘制推拉门。执行“REC”矩形命令，指定点 1 为第一点，键盘输入第二点（@1100，50）便得到矩形，执行“CO”复制命令，选择矩形为复制对象，指定矩形右上角点为基点，将其复制至点 2，执行“L”直线命令，连接点 3 和点 4 绘制高差线，如图 8-24所示。

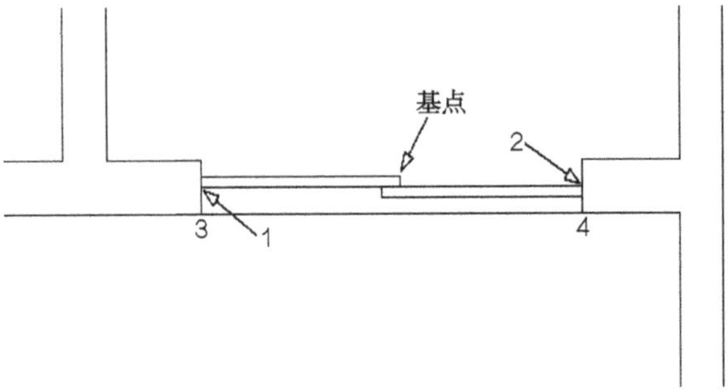

图8-24

8.5 柱子的绘制

本例中的柱子尺寸均为240×240，绘制步骤如下：

步骤① 将图层切换至0层。注意：在制作图块时，一定保证在“0”层绘制对象。

步骤② 执行“REC”矩形命令，绘制尺寸为240×240的矩形柱子，并执行“H”填充命令，选择“solid”实体填充。

步骤③ 执行“B”写块命令，将做好的柱子命名为“柱子”，选择柱子的中心点作为插入点，方便插入时的操作。

步骤④ 切换图层切换至“柱子”层，执行“I”插入命令，将柱子插入墙体中，插入时要打开辅助线图层，以方便捕捉轴线交点布置柱子，再执行“CO”复制命令，将其插入的柱子复制到相应的位置。复制左下角处柱子时，要对阳台窗户进行修剪，先在窗户拐角处绘制一个240×240的矩形，如图8-25a所示，执行“TR”修剪命令，将矩形内部的多线剪掉，再将绘制的矩形删掉，如图8-25b所示，最终效果如图8-26所示。

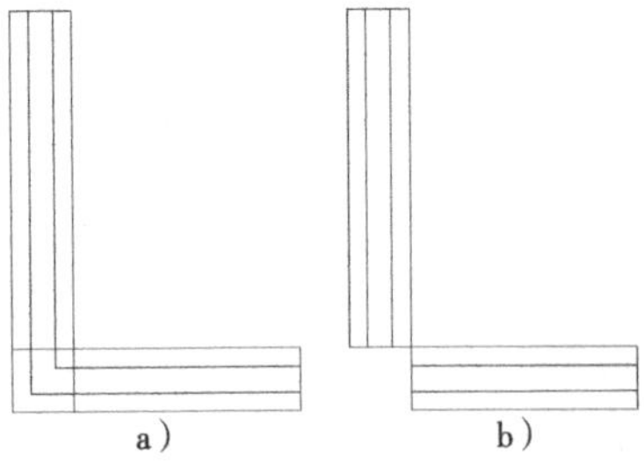

图8-25

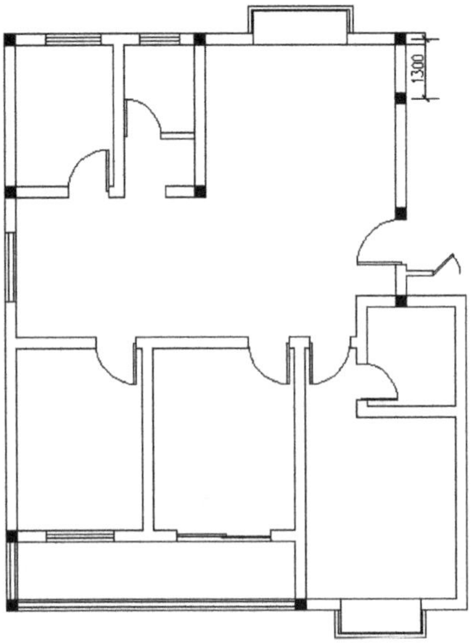

图8-26

8.6　构配件的绘制及洁具、厨具布置

步骤① 绘制空调板。切换至　构配件　图层，执行　PL　命令，按〈F8〉键打开正交模式，如图 8-27 所示，指定第 1 点，向下移动光标，输入距离 540 得第 2 点，从第 2 点向右移动光标，输入距离 1100 得第 3 点，从第 3 点向上移动十字光标，输入距离 540 得第 4 点。

步骤② 执行“O”偏移命令，将步骤 1 绘制的多段线依次向内偏移 30、30，分别执行“REC ”矩形命令和“C ”圆命令，在其内部绘制 750 × 300 的矩形和半径为 20 的圆，然后放置在合适的位置，再执行“T”单行文字命令，书写文字“AC”，设置文字高度为 200，放置在矩形内部合适的位置，如图 8-28 所示。

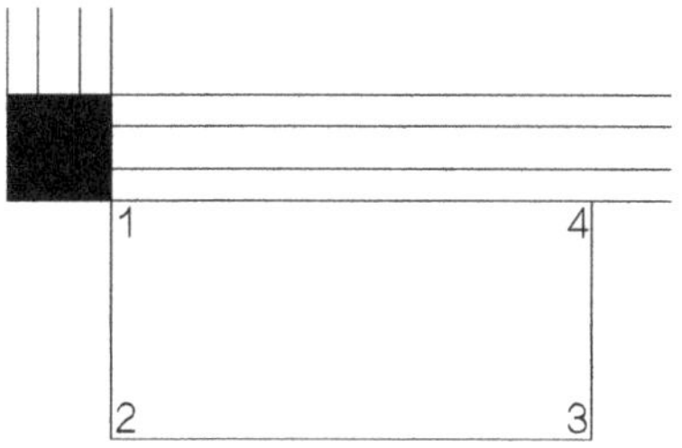

图 8-27

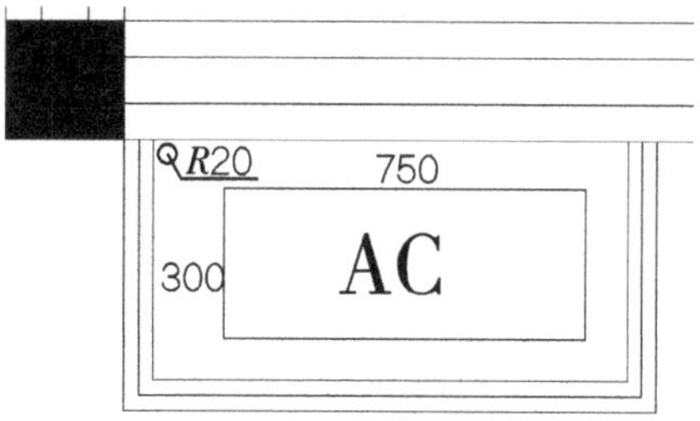

图 8-28

步骤③ 切换至“家具设备”图层，执行“REC”矩形命令，如图 8-29 所示，指定第 1 点，键盘输入下一顶点（@ 600，3060），绘制出橱柜，指定第 2 点，键盘输入下一顶点（@ 450，1020），绘制出卫生间洗脸盆平台。

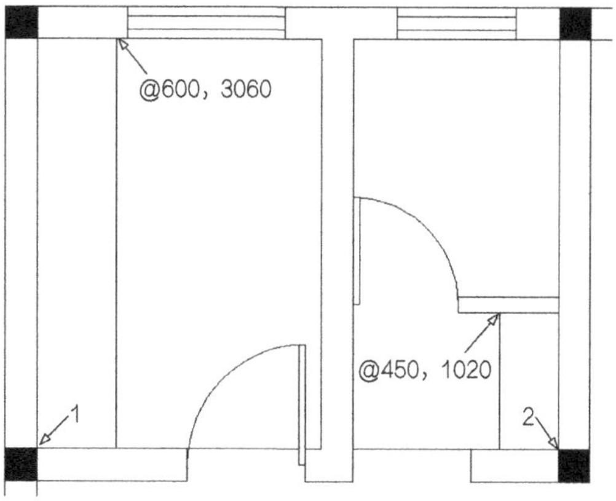

图 8-29

步骤④ 执行“I”插入命令，弹出“插入”对话框，单击“浏览”按钮，选择本书随书光盘中文件第 8 章的“家具设备 . dwg”文件，单击“打开”按钮，再单击“插入”对话框中的“确定”按钮插入到图形当中，并把插入图形当中的块布置到合适的位置，空格键重复插入命令，在阳台地漏处插入“找坡”图块，找坡角度设置为 1%，调整其位置，如图 8-30 所示。

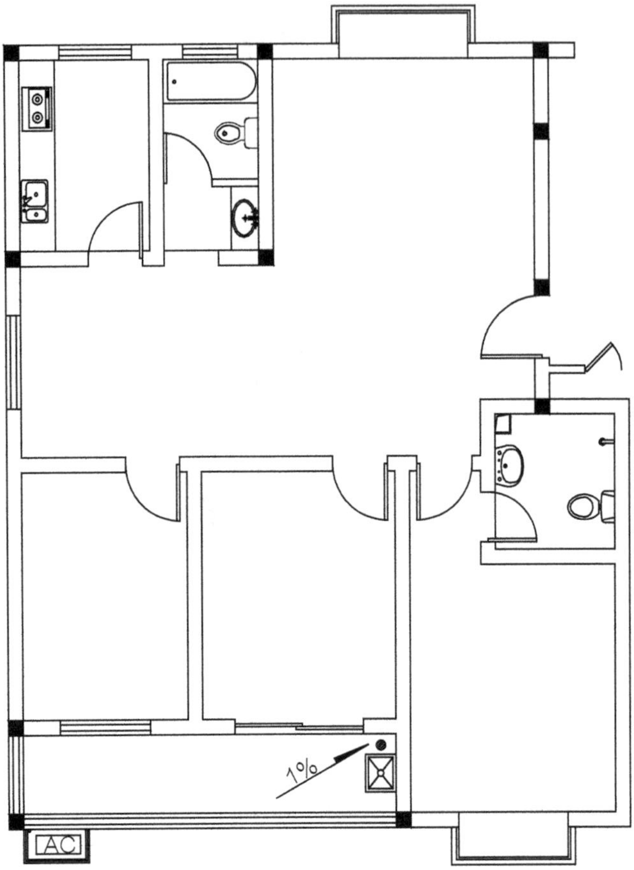

图 8-30

8.7 细部尺寸和轴线尺寸标注

通常情况下，在建筑平面图中需要标注三道尺寸线，即细部尺寸、轴线尺寸、总尺寸。细部尺寸是指门洞、窗洞等细部位置的定形、定位尺寸；轴线尺寸是指轴线之间的尺寸，即开间和进深尺寸；总尺寸是指建筑物的外包尺寸，即最外围的尺寸。

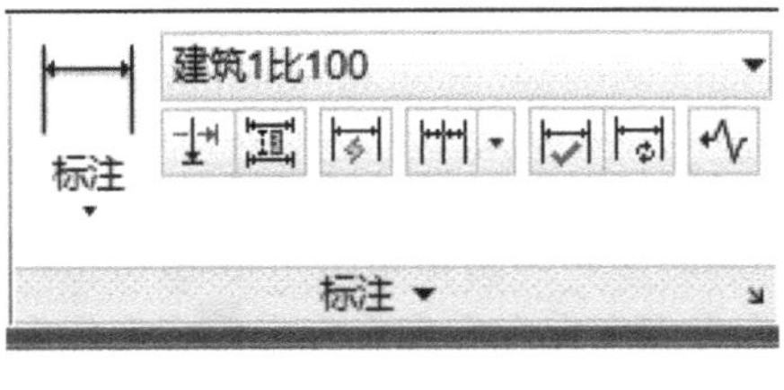

图 8-31

为了让标注出来的尺寸线美观大方，可以设置多道尺寸线间距，以便标注完成后尺寸线间距相同。尺寸标注的具体步骤如下：

步骤① 单击“注释” | “标注”工具栏面板。如图 8-31 所示，在标注样式下拉列表中选择标注样式“建筑 1 比 100”，本节采用样板图中定义的“建筑 1 比 100”标注样式进行标注。

步骤② 打开“辅助线”图层，将上、左、下侧最端部的轴线分别向外偏移距离 120、

1380、400、400，再把偏移得到的所有轴线转化到辅助线图层，使其变为辅助线，如图 8-32 所示的图形。

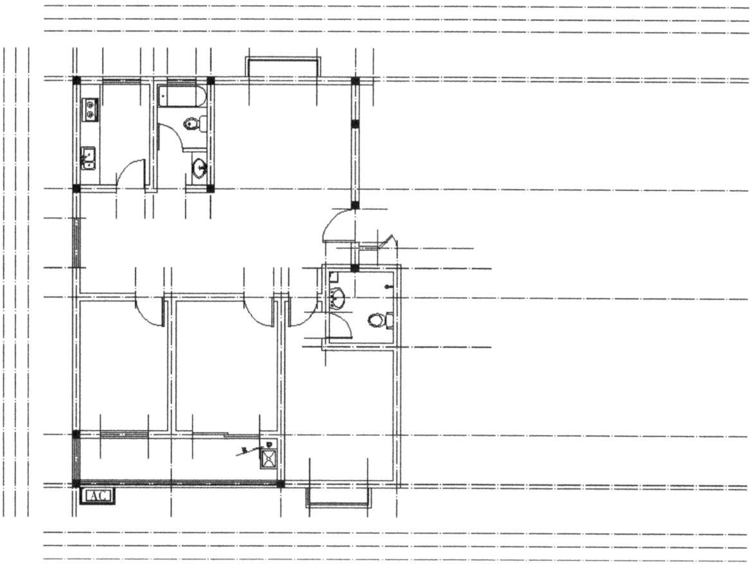

图 8-32

步骤③ 切换至“标注”图层，使用“DLI”线性标注和“DCO”线性标注命令或者使用“Qdim”快速标注命令，创建尺寸标注，创建完成后，对部分尺寸线上的数字位置进行调整，如图 8-33 所示。

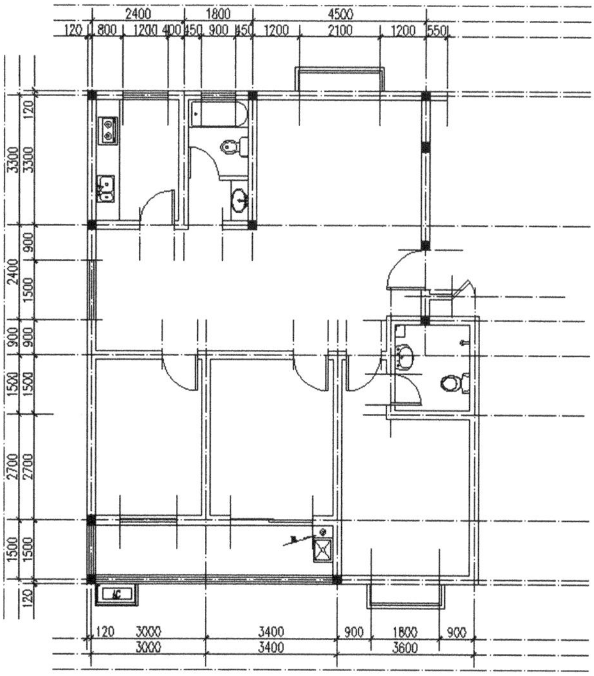

图 8-33

8.8 执行镜像命令

在执行镜像命令之前一定要考虑清楚镜像的内容，一定避免出现交叉或者重复线。

步骤① 打开辅助线及轴线图层，执行“MI 镜像命令，选择如图 8-34 所示的内容，选择中心轴线镜像，镜像完成后，使用“DLI”线性标注命令，补充完全楼梯间上部的细部和轴线尺寸，得到如图 8-35 所示（关闭辅助线和轴线图层后）效果。

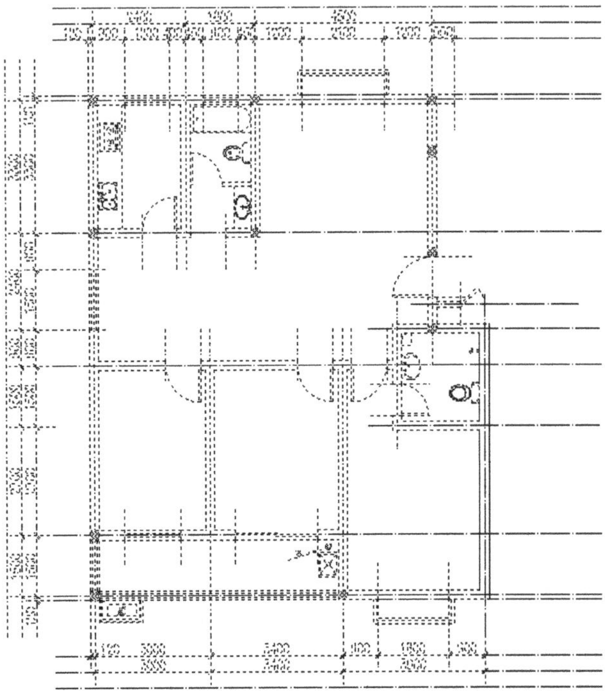

图 8-34

步骤② 多线编辑。双击中心轴线上的墙线，弹出“多线编辑工具”对话框，在 1 处选择“角点结合”编辑方式，2 处和 3 处选择“T 形打开” 编辑方式，编辑完成后如图 8-36 所示。

步骤③ 切换至“窗”图层，执行“ML”命令，设置“对正 = 无，比例 = 240.00，样式 = WIN”，绘制楼梯间的窗户，如图 8-37 所示。

步骤④ 切换至“墙体”图层，执行“E”命令，将右下角的垂直方向的窗户删除，单击墙体 1，如图 8-38 所示，将点 2 处的夹点移动至点 3 处，执行“ML”命令，设置“对正 = 无，比例 = 240.00，样式 = WALL”，连接点 2、点 3 绘制墙体，如图 8-39 所示。双击该墙体，弹出“多线编辑工具”对话框，在此处选择“T 形打开”编辑方式对该处墙线进行编辑（图 8-38 中的点 2 为该处墙线的中点，点 3、点 4 均为柱边的中点）。

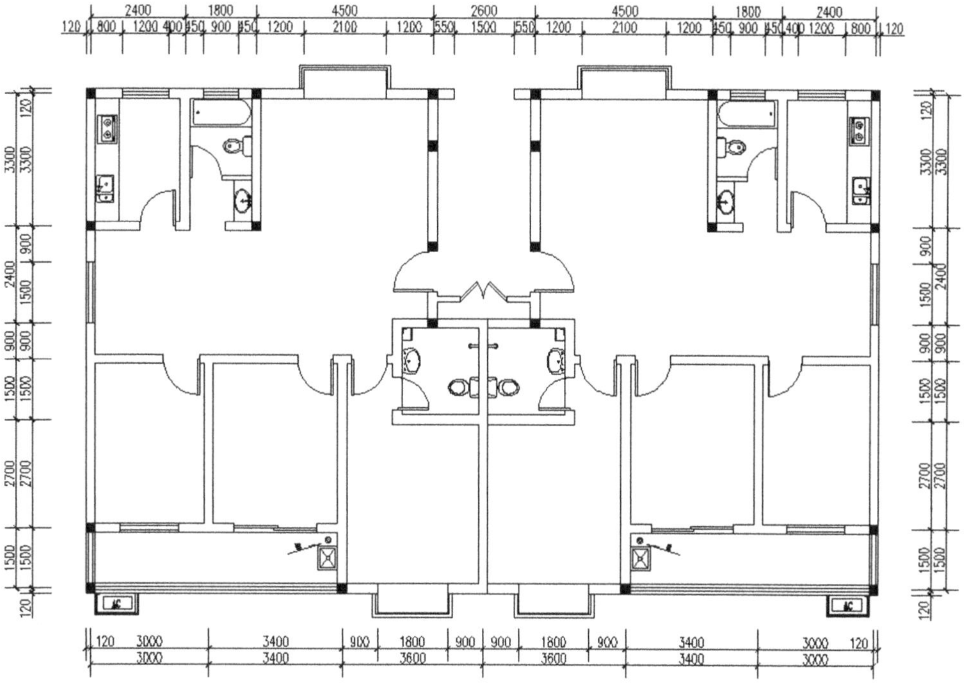

图 8-35

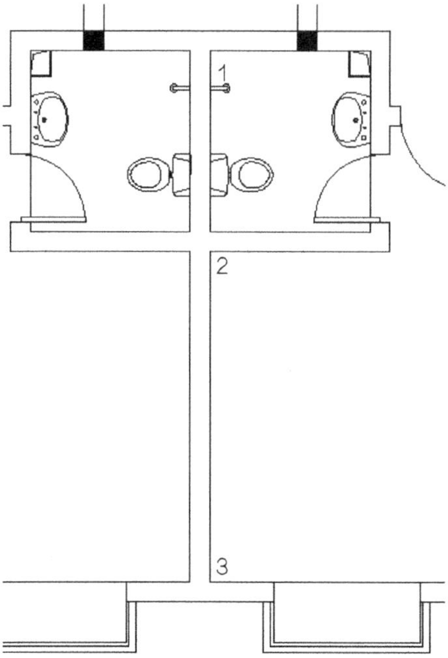

图 8-36

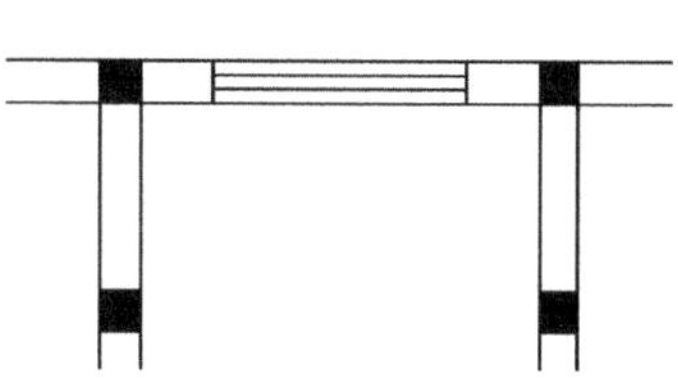

图 8-37

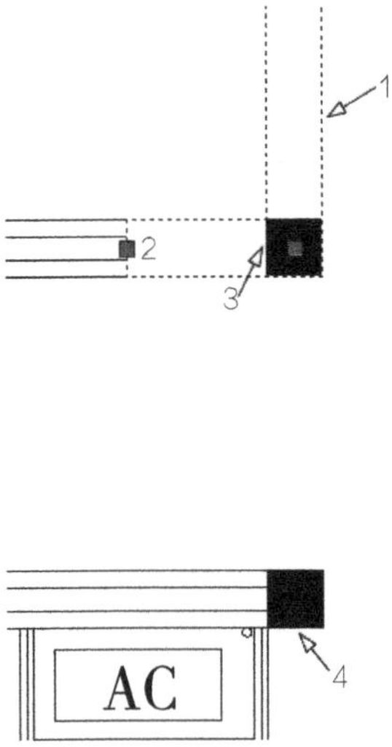

图 8-38

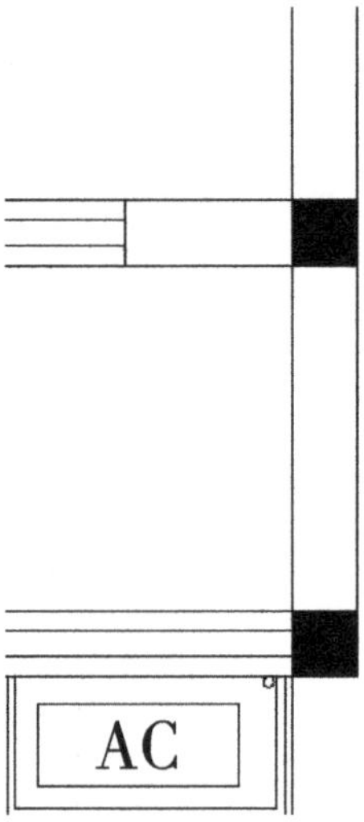

图 8-39

8.9 绘制楼梯间

依据第 5 章第 5 节的方法，使用偏移、直线、多段线、阵列等命令绘制踏步、梯井、扶手等内容，如图 8-40 所示。

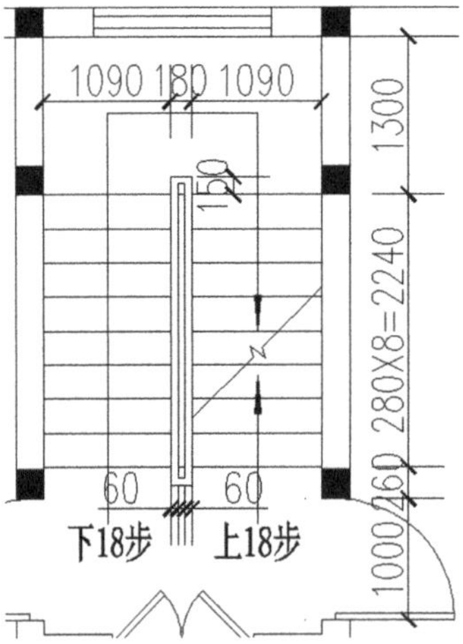

图 8-40

8.10 总尺寸线标注

执行“DLI”线性标注命令，标注每侧的总尺寸线，标注完成后如图 8-41 所示（关闭辅助线和轴线图层显示）。

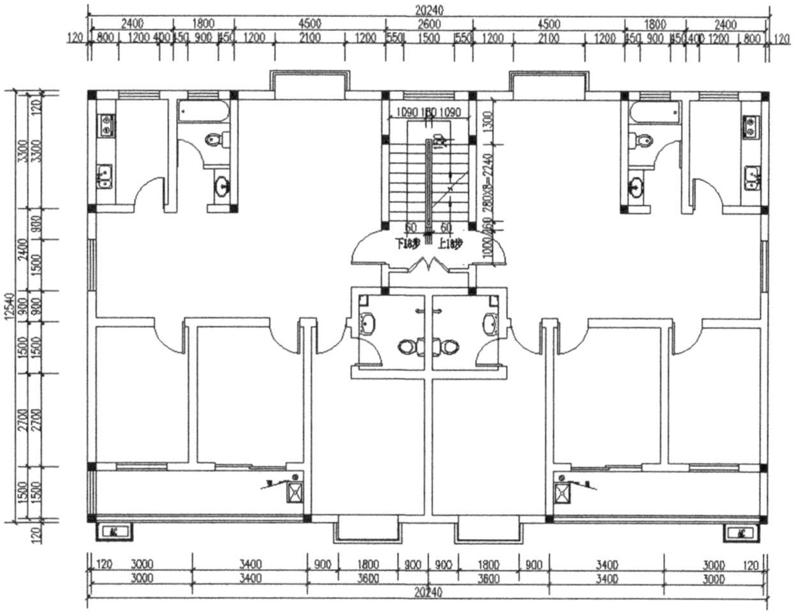

图 8-41

8.11　定位轴线的标注

前面学习过程中，已经使用图块的属性定义方式，将上轴号、下轴号、左轴号、右轴号定义，并且执行写块命令，以文件形式将图形保存。

在本例中执行“I”插入命令，分别选择“上轴号”“下轴号”“左轴号”“右轴号”，根据提示输入具体的轴号就可以得到每一侧的定位轴号，如图 8-42 所示。

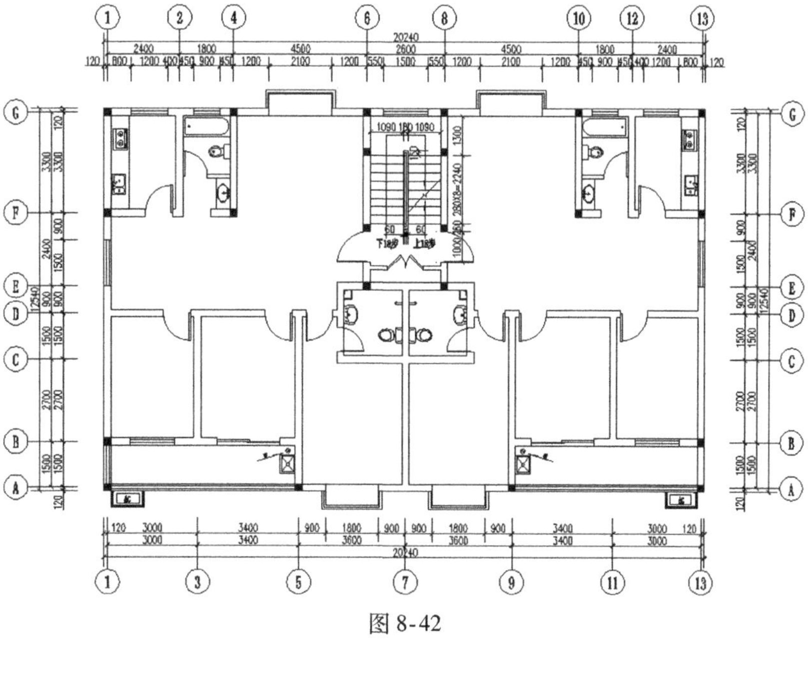

图 8-42

8.12 房间内部尺寸和名称标注

步骤① 在左侧户型中标注房间内部尺寸。执行线性标注，在如图 8-43 所示位置标注相应内容。

步骤② 在右侧户型中标注房间名称。执行“DT”单行文字命令，书写房间名称，调整对应的字体，和相应的位置，得到结果如图 8-43 所示。

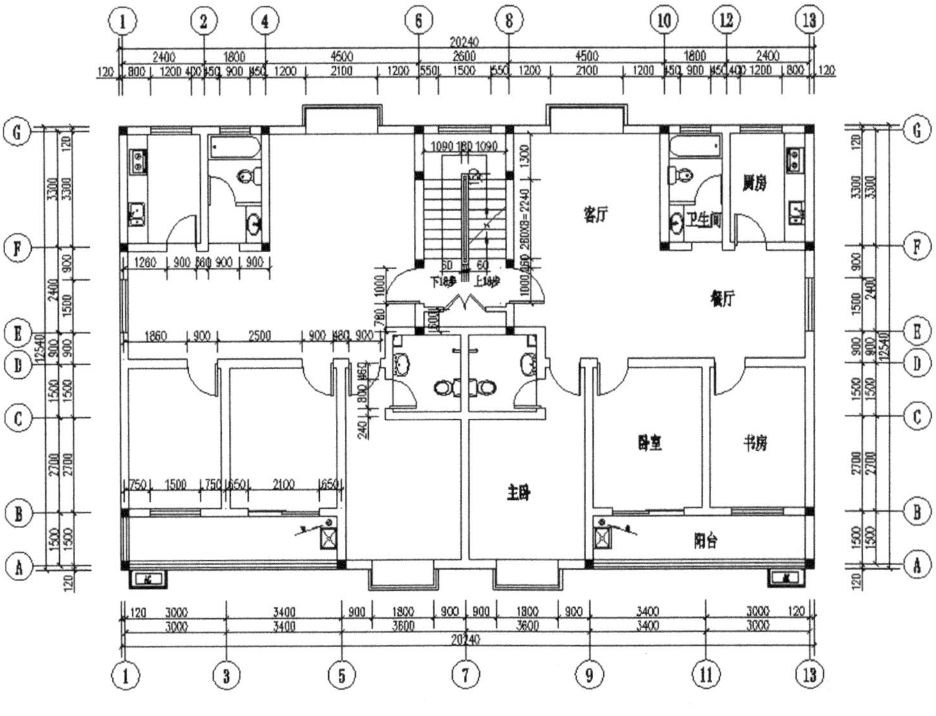

图 8-43

8.13 标注标高

执行“I”插入命令，在左侧客厅内合适的位置插入标高图块，设置数值为 3.000，在执行“T”单行文字命令，在标高图块上方书写（6.000）和（9.000），如图 8-44 所示。

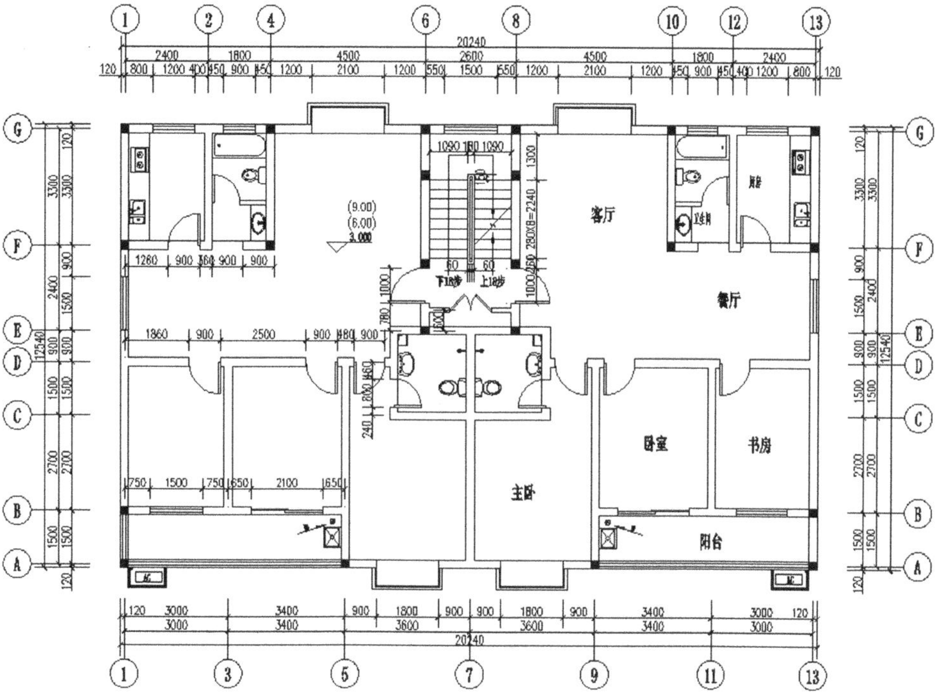

图 8-44

8.14　标注图名和打印比例

切换至“文字”图层，使用标注样式“建筑注释文字”，执行“DT”单行文字命令，设置文字高度为 600，书写文字内容为“标准层单元平面图”。

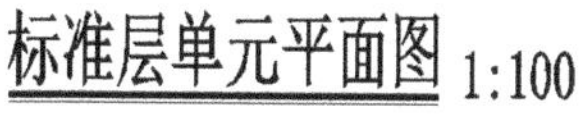

图 8-45

回车重复执行单行文字命令，修改文字高度为 500，书写内容“1∶100”。并在文字底部绘制一条粗实线和一条细实线，粗实线可使用“PL”多段线绘制，线宽 50，绘制效果如图 8-45 所示。

8.15　插入图框

执行“I”插入命令，选择“A3 图框 1 比 100”文件，找到合适的插入点，输入相应属性值，确定，如图 8-46 所示。

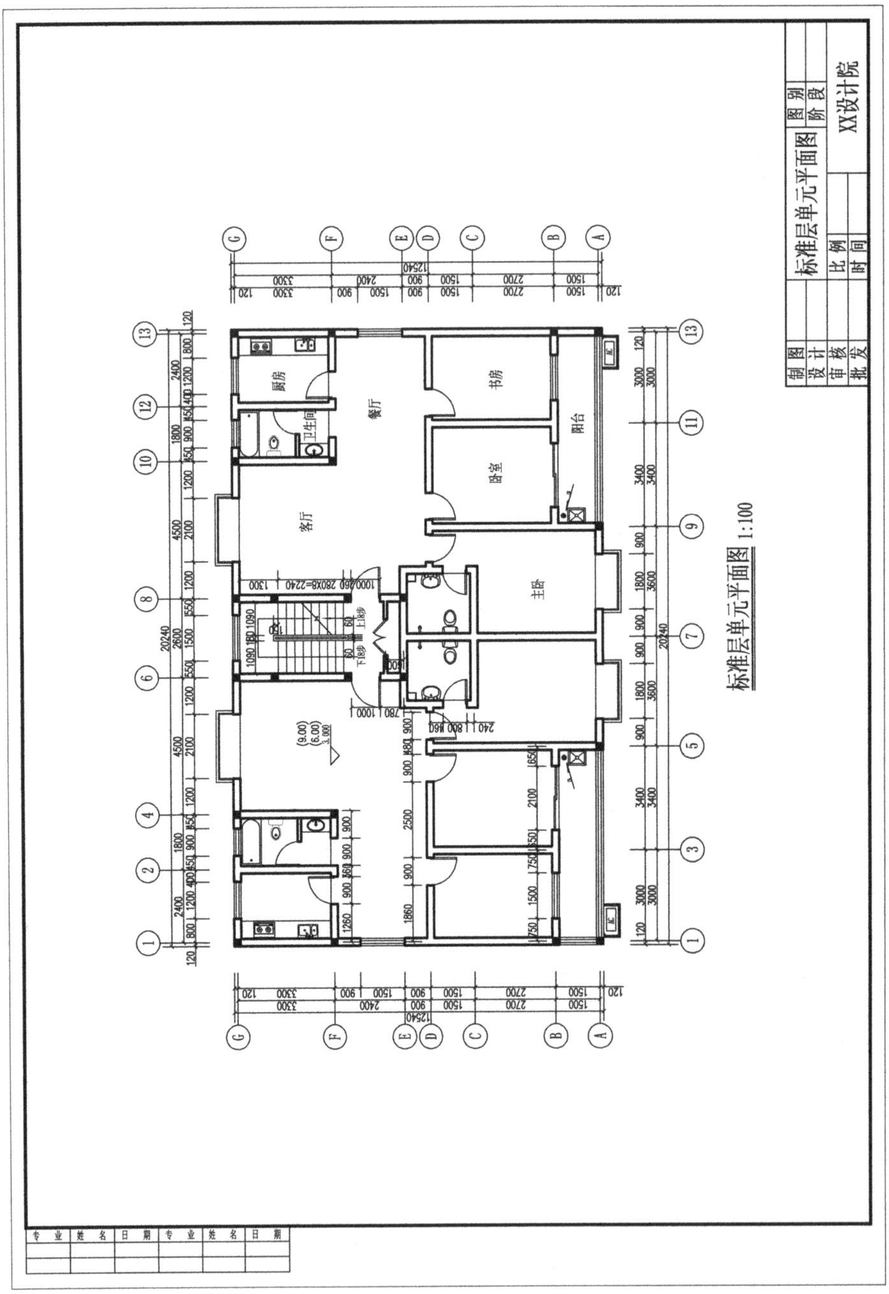

（见文后插页）

图8-46

8.16　图形清理

保存文件，执行　PU　图形清理命令，在弹出的　清理　对话框中复选下面两项内容：“确认要清理的每个项目　和“清理嵌套项目　，如图 8-47 所示，完成后保存文件。

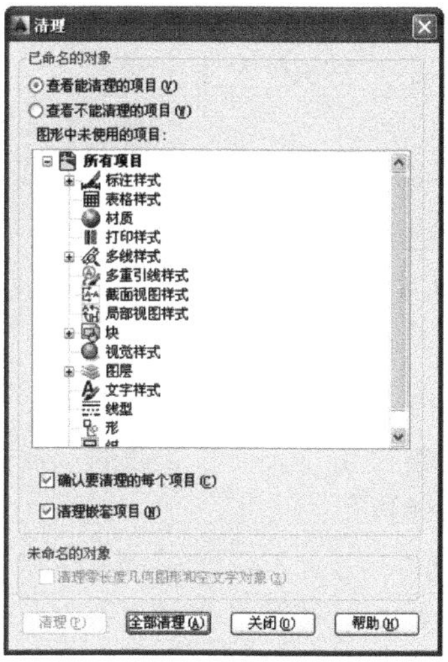

图 8-47

小结：

本章主要学习绘制平面图的思路和方法，实例绘制中的步骤和方法是常用的一种，当然并不一定要完全按照这样的顺序，有时候需要对不同设计灵活掌握。建筑平面图应该是设计师绘制最多的图形，读者需要反复练习，才能将熟练掌握。

第 9 章　建筑立面图的绘制

【思路分析】 本章将学习绘制建筑立面图。以住宅平面图为基础，绘制对应的立面图。
【本章重点】 绘制住宅立面图的思路和方法。
【作图步骤】
建筑立面图的绘制一般步骤如下：
(1) 新建文件并进行初始设置。
(2) 引入原有平面图作为参考。
(3) 辅助线绘制。
(4) 墙体绘制。
(5) 门窗绘制。
(6) 楼梯、阳台、台阶等绘制。
(7) 散水等其他构配件绘制。
(8) 尺寸标注、轴号标注。
(9) 文字说明。
(10) 图形清理。

完成了平面图的绘制，下面学习绘制建筑立面图。

在绘图之前，首先仔细观察图的整体结构，确定绘图方案，本例建筑立面图是一个完全对称结构，可以考虑先画一半结构的立面图，再利用镜像命令生成另一半立面图。

9.1　新建文件和初始设置

步骤① 按〈Ctrl + N〉键，新建文件，打开随书光盘“立面样板 . dwt”文件为样板图，得到新建立的文件。

步骤② 按〈Ctrl + S〉键，保存文件，将新文件保存为“住宅标准层平面图”，确定。

步骤③ 设置系统自动保存文件时间。执行“OP”命令，打开“选项”对话框，单击“打开和保存”选项卡，复选“自动保存”，并将时间设置为 10 分钟，单击确定完成。这样在绘制的过程中每隔 10 分钟系统会自动保存文件。

9.2　插入首层平面图

将原有的平面图引入到图形中，以便于绘制辅助线，并作为立面的参考。执行以下操作步骤：

步骤① 执行“I”插入命令，单击“浏览”，找到保存的“标准层单元平面图”，插入到当前的图形中。

步骤② 执行　X　分解命令，选择插入的图形，将其分解。

步骤③ 执行　E　删除等命令，删除不必要的内容，只保留需要的南墙面部分，并删除不需要的辅助线。

步骤④ 执行　M　移动命令和　O　偏移命令，根据与南墙面相关的门、窗、阳台灯构件的轮廓位置，调整部分轴线和辅助线位置，如图 9-1 所示。

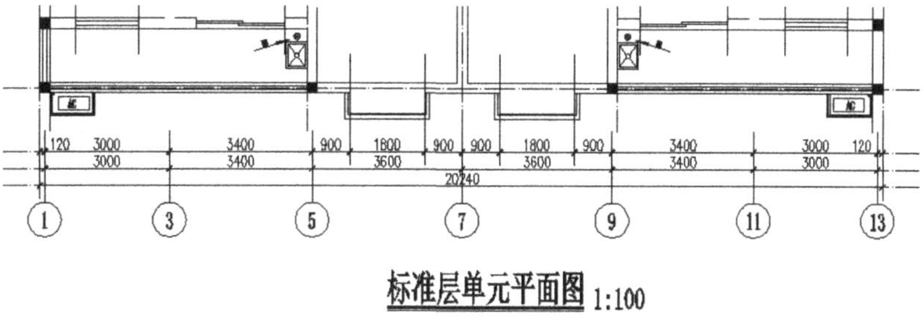

图 9-1

9.3　绘制辅助线

步骤① 绘制垂直辅助线。执行“S”拉伸命令，交叉窗口选择如图 9-2 所示的内容，将图名等向下拉伸，距离为 22000，将拉伸的垂直轴线转换到辅助线图层，即可得到垂直辅助线。

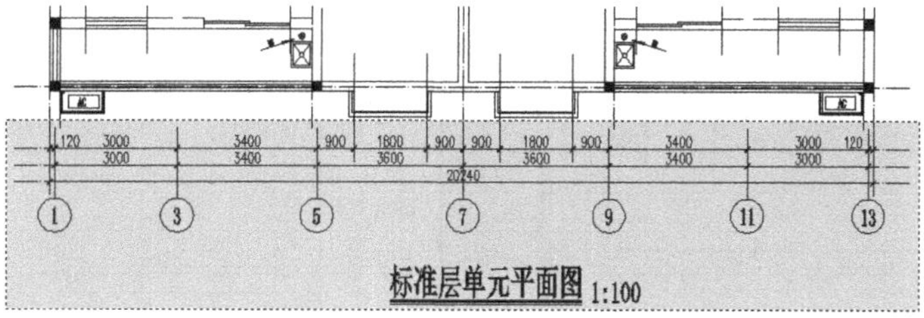

图 9-2

步骤② 绘制水平辅助线。执行“O”偏移命令，将第一道尺寸线上的辅助线向上偏移 3000。

步骤③ 绘制室内外高差线和层高辅助线。执行“O”偏移命令，将水平辅助线依次向上偏移 150、2600、3000、3000、3000、3000、3000，得到室内外高差线和层高辅助线，如图 9-3 所示。

步骤④ 绘制出门窗等辅助线。

本例中，需要绘制的图形主要包括三个区域，首层立面、一标准层立面、顶层和屋顶立面。

执行“O”偏移、“TR”修剪等命令，绘制出门窗等图形的定位位置，如图 9-4 所示。

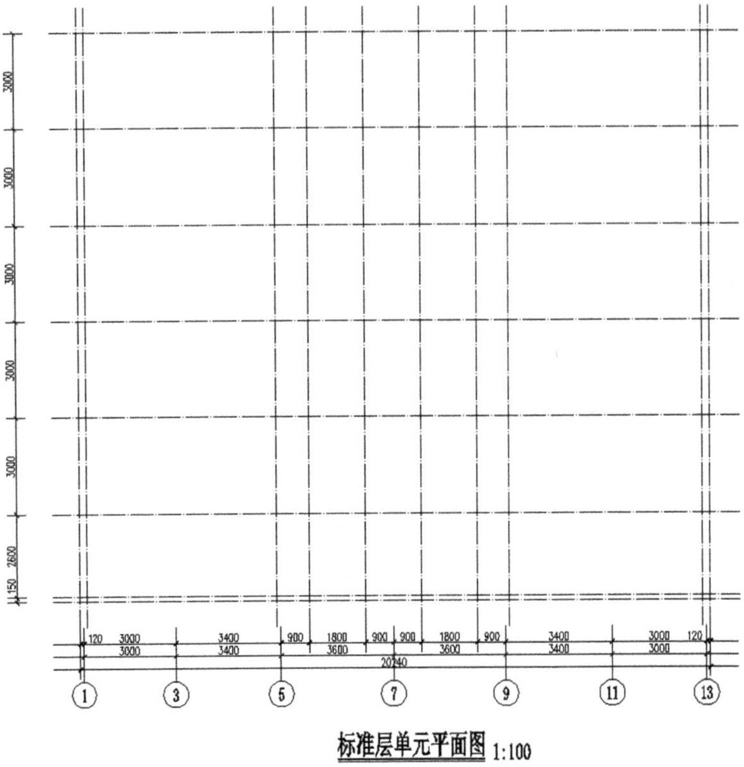

图 9-3

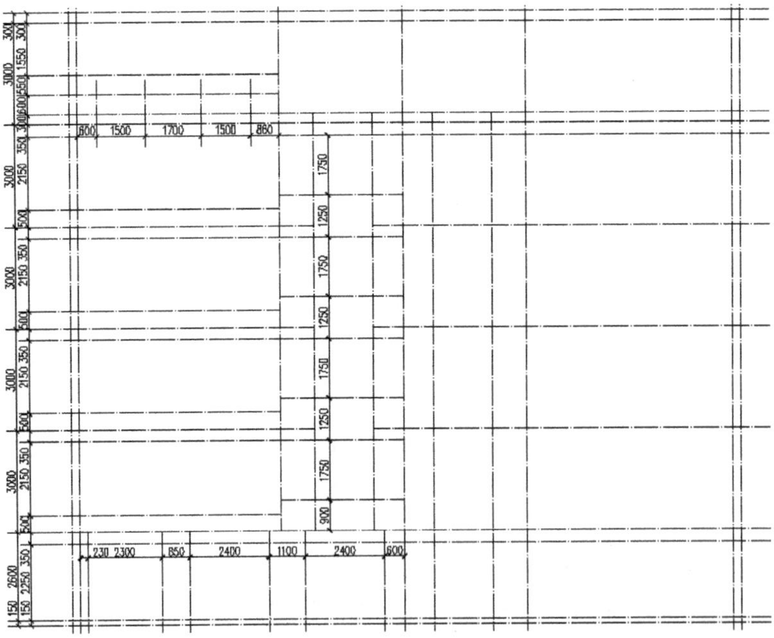

图 9-4

9.4　绘制首层立面门

本立面图里，有2300×2250和2400×2250两种类型的卷帘门，绘制方法步骤如下：

步骤1 绘制卷帘门。切换至“门”图层，执行“REC”矩形命令，绘制2300×2250的矩形。执行“H”填充命令，在绘制的矩形中填充“LINE”图案，设置合适的比例。最后再执行“B”写块命令，将绘制好的门写成块，如图9-5所示。

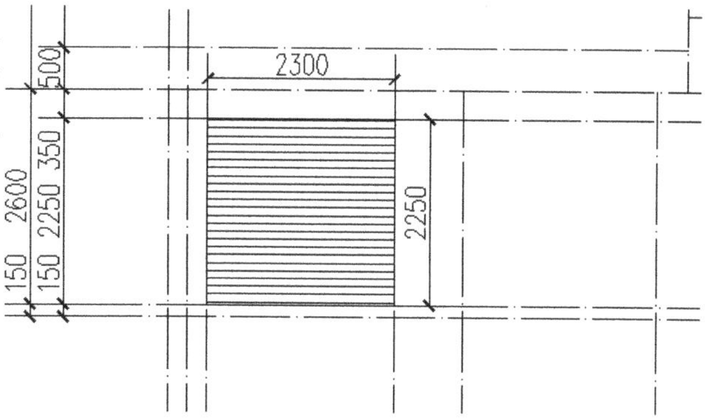

图9-5

步骤2 运用步骤1的方法，绘制2400×2250类型的卷帘门。

步骤3 执行“CO”复制命令，选择2400×2250类型卷帘门图形为复制对象，以门图形的左下角点为基点，将其复制到合适的位置，如图9-6所示。

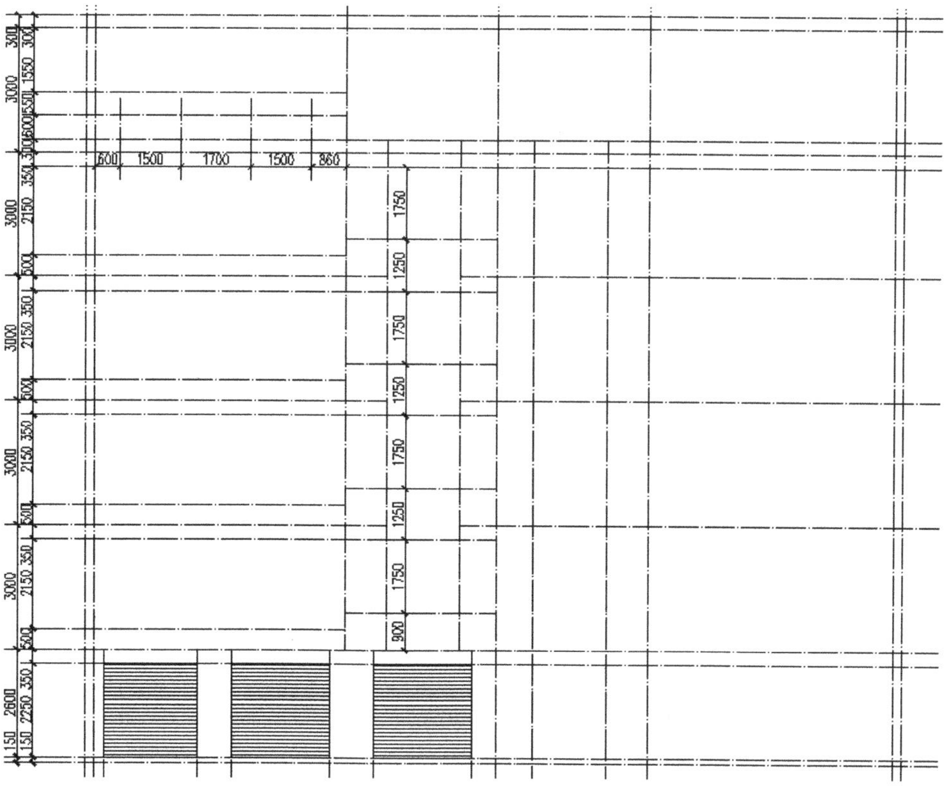

图9-6

9.5 绘制窗户

在建筑立面图中，门窗均为重要图形对象，窗户反映了建筑物的采光的状况。在绘制窗户之前，应观察该立面图上共有多少种类的窗户。在用 AutoCAD 绘制一种窗户时，可以先绘制一个例子，将其制作为块，插入图中即可。在本例中，有 2 种窗户，阳台窗户和主卧室窗户。绘制方法步骤如下：

步骤① 绘制窗户图块。切换到“0”图层，分别绘制，如图 9-7 所示阳台窗户图案和主卧室窗户图案，把所绘制好的窗户图案分别成块，并分别命名为“阳台窗户”和“主卧室窗户”。

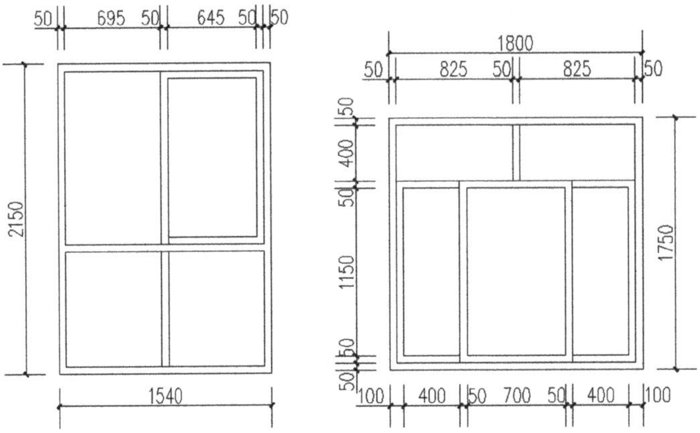

图 9-7

步骤② 切换到“窗”图层，执行“I”插入命令，选择步骤 1 的窗户图块分别插入到如图 9-8 所示的位置。

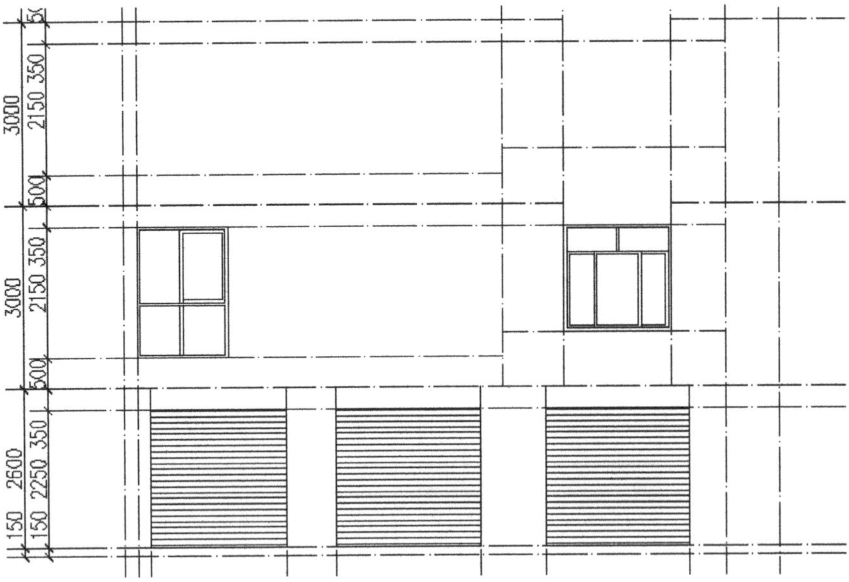

图 9-8

步骤③ 执行 CO 复制命令，选择步骤 2 的阳台窗户图块为复制对象，以窗图形的左下角点为基点，向右并列复制 4 个，如图 9-9 所示。

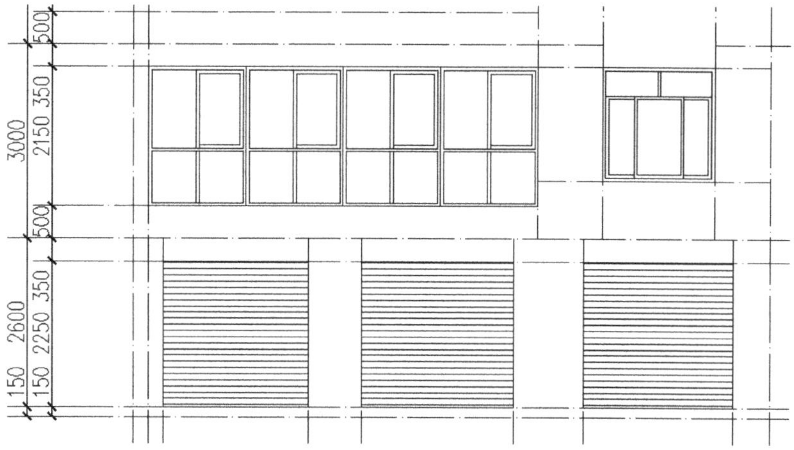

图 9-9

步骤④ 绘制窗户的窗台板。切换至“构配件”图层，执行“REC”矩形命令，在点 1 和点 2 分别绘制 6230×100 的矩形；重复矩形命令，在主卧室窗户附近绘制一个 2000×100 的矩形，并将其移动至楼梯间窗户下方，使矩形顶边的中点与窗户的底边中点对齐，执行“CO”复制命令，将该矩形向上复制一个，使其底边中点与窗户顶边的中点对齐，如图 9-10 所示。

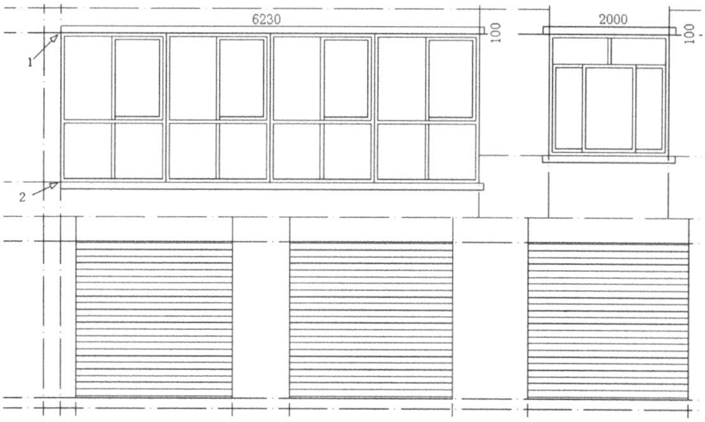

图 9-10

步骤⑤ 切换至“窗”图层，执行“I”插入块命令，在顶层矮窗辅助线位置插入“矮窗”图块（读者可从光盘中的第 9 章获得该图块），如图 9-11 所示。

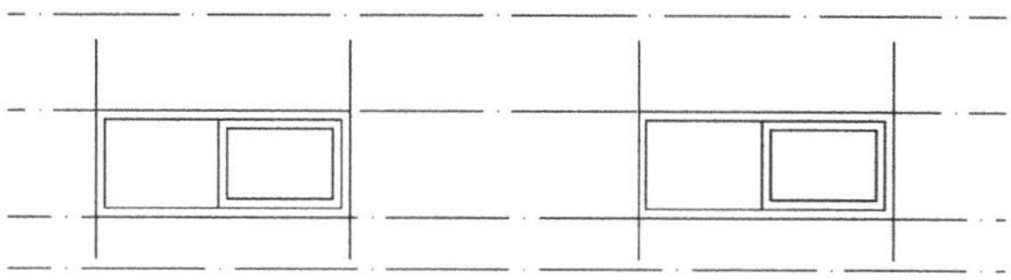

图 9-11

9.6 绘制空调板、装饰构件

步骤① 绘制空调板、装饰构件。切换到 0 图层，分别绘制如图9-12所示空调板、装饰构件图案，把所绘制好的窗户图案分别成块，并分别命名为“空调板 和“装饰构件”。

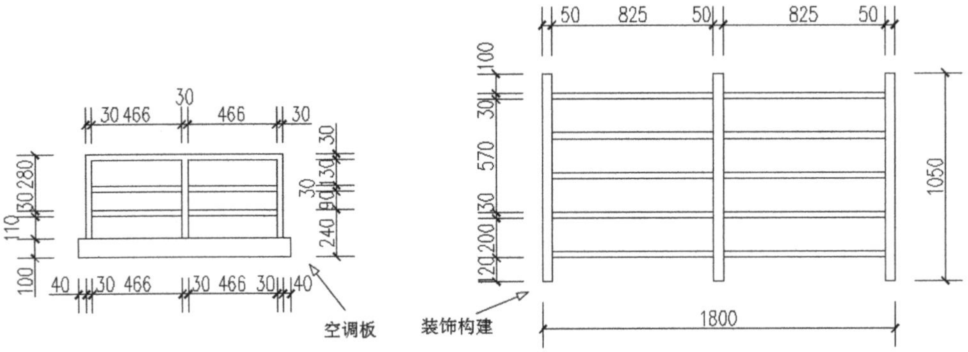

图9-12

步骤② 插入空调板、装饰构件。

切换至“构配件”图层，执行“I”插入块命令，分别插入“空调板”和“装饰构件”图块，再执行“M”移动命令，将插入的图块移动到相应的位置，如图9-13所示。

图9-13

9.7 绘制标准层立面

步骤 执行“CO”复制命令，选择复制对象如图9-14所示，指定第二层层高辅助线的端点为基点，依次向上复制4个，分别捕捉相应的层高辅助线端点。然后执行“E”删除命令，删除多余的装饰构件，结果如图 9-15 所示。

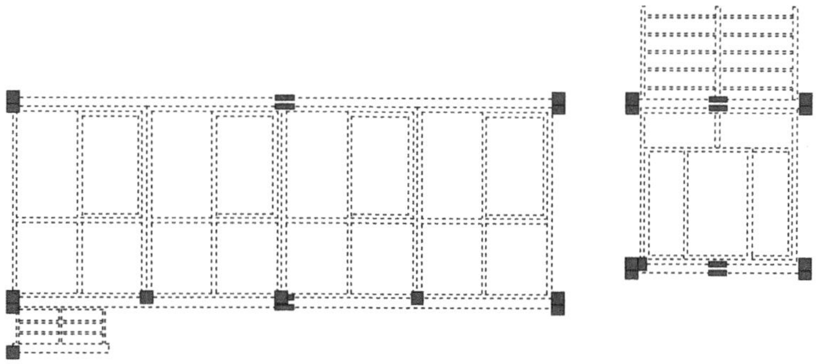

图 9-14

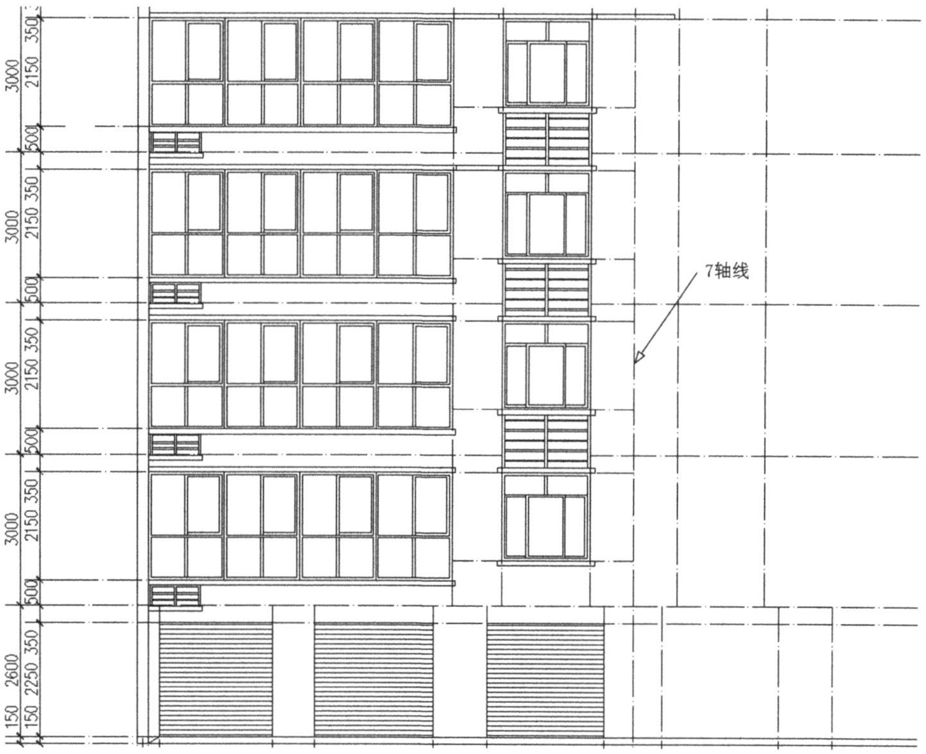

图 9-15

9.8　绘制对侧立面图

执行“MI”镜像命令，实线窗口选择上述步骤所绘制的门、窗、构件等图形，以如图 9-15中所示的 7 号轴线所在辅助线为镜像线，绘制另一半立面图。镜像后关闭辅助线，如图 9-16 所示。

图 9-16

9.9 绘制顶层老虎窗

步骤 1 运用圆、直线、矩形、复制、修剪、偏移、镜像等命令绘制顶层的老虎窗，在绘制的过程中，绘制不同的对象时，应注意切换至不同的图层中进行绘制，绘制尺寸如图 9-17所示。

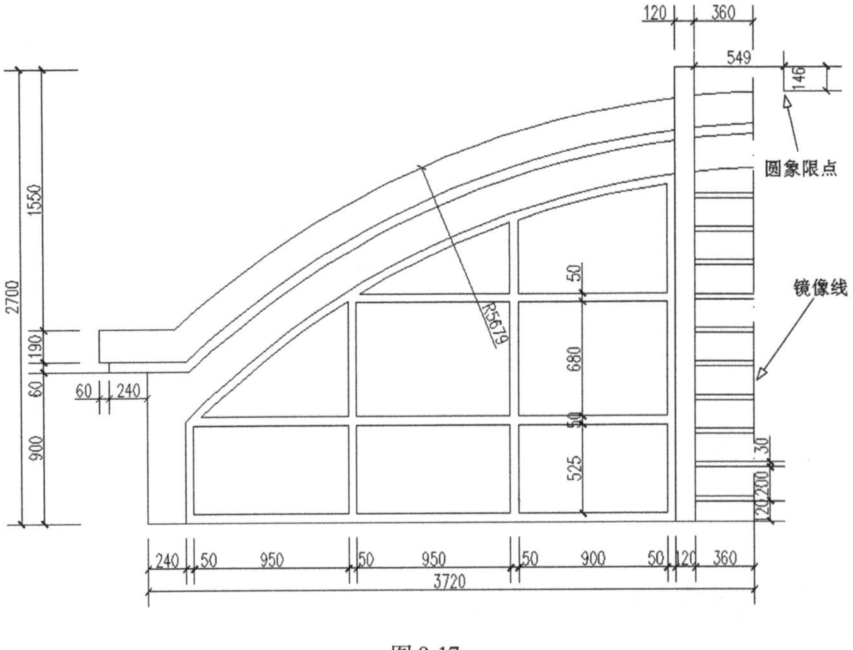

图 9-17

步骤 2 执行“B”成块命令，将步骤 1 所绘制的图形成块，再执行“M”移动命令将其移动至如图 9-18 所示的位置。

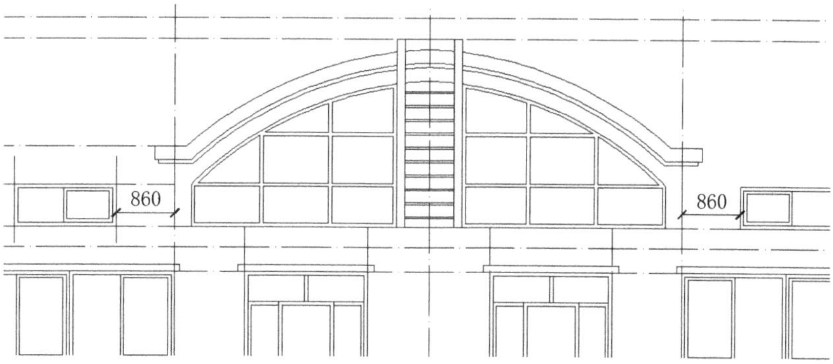

图 9-18

9.10　绘制柱子和其他构件

步骤① 切换至“柱子”图层，执行“REC”矩形命令，绘制 1 号轴（图 9-3）上的柱子。

步骤② 执行“MI”镜像命令，以 7 号轴（图 9-3）的辅助线为镜像线，将步骤 1 绘制好的柱子镜像到右侧。

步骤③ 切换至“构配件”图层，执行“O”偏移命令，将与顶层矮窗底边平齐的辅助线向下偏移 100 得到一条辅助线。在这两条辅助线上，执行“REC”命令，在这两条辅助线上，步骤 1、步骤 2 绘制好的柱子之间绘制矩形构件，如图 9-19 所示。

图 9-19

步骤④ 切换至 构配件 图层，执行 REC 矩形命令，绘制矩形，将第四层的阳台窗户和主卧室窗户上部的构件，第五层主卧室窗户上部的构件连接起来。

再执行 S 拉伸命令，将第五层的两侧阳台窗户上部的构件拉伸至该层主卧室窗户上部的构件，使其连接起来，如图9-20所示。

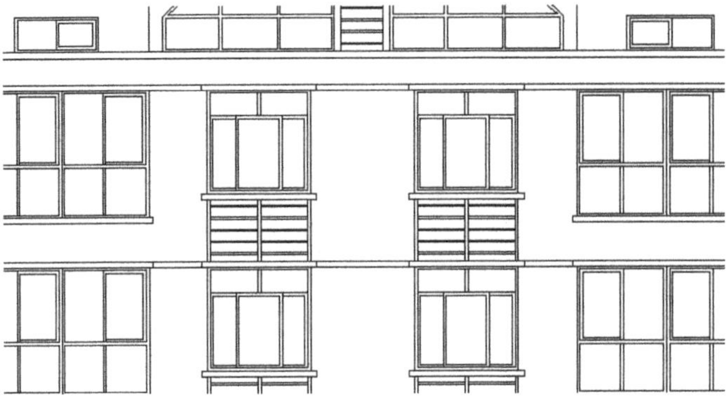

图9-20

9.11 执行镜像命令

步骤① 执行“MI”镜像命令，选择除13号轴（图9-3）上的柱子外的所有建筑图形对象为镜像对象，以13号轴的辅助线为镜像轴，完成镜像后如图9-21所示。

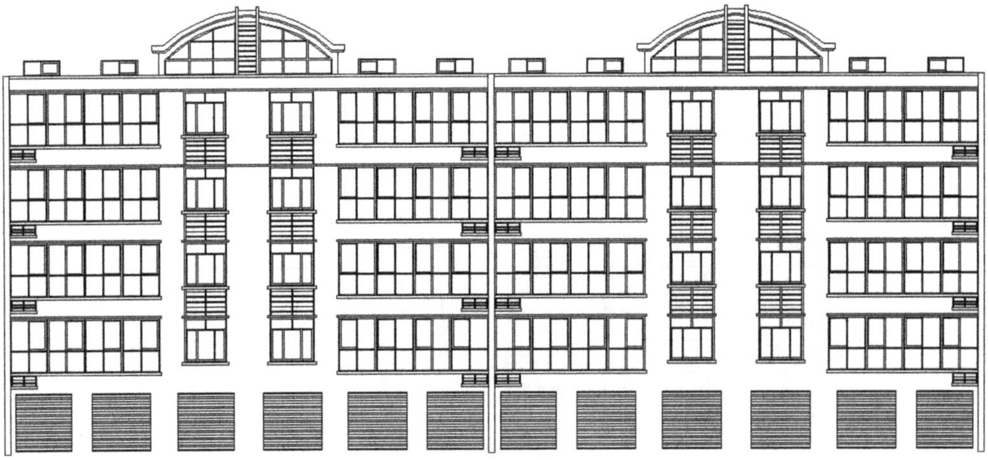

图9-21

步骤② 切换至“辅助线”图层，执行“L”偏移命令，在图9-21中最右侧的矩形柱子右边上绘制一条辅助线，执行“O”偏移命令，将刚绘制的辅助线向右偏移30，留出建筑的变形缝，得到另一条辅助线，如图9-22所示。

步骤③ 执行“MI”镜像命令，选择图9-21中右侧单元的所有的物体为镜像对象，以步骤2偏移得到的辅助线为镜像线，镜像完成后如图9-23所示。

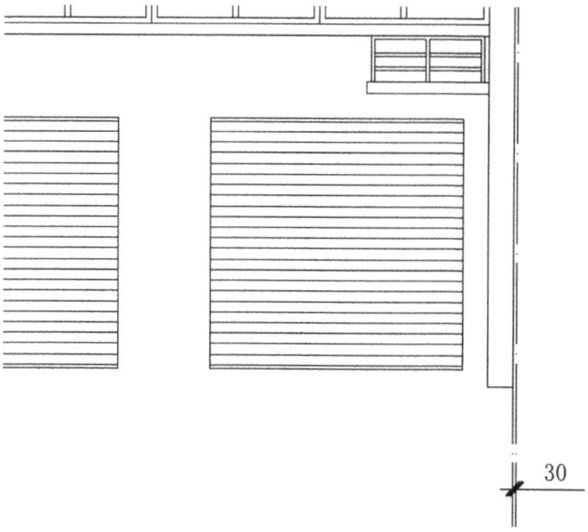

图 9-22

图 9-23

9.12　绘制屋顶和斜坡

步骤① 切换至“屋顶”图层，绘制如图 9-24 所示的屋顶，具体尺寸如图 9-25 所示。

图 9-24

步骤② 执行“H”图案填充命令，设置填充图案为 ACAD-ISO02W100，比例为 45，角度为 90，在绘图区拾取屋顶区域内的点，完成图案填充，填充效果如图 9-24 所示。

步骤③ 切换至“墙体”图层，执行“L”直线命令，在建筑主体两侧的屋檐下、柱子上绘制墙体，如图 9-26 所示。

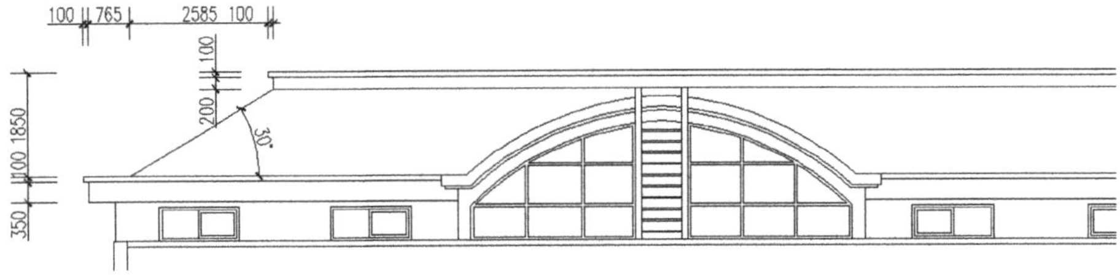

图 9-25

步骤④ 切换至“斜坡”图层，执行“L”直线命令，绘制首层的斜坡，再执行“TR”修剪命令，修剪掉斜坡梯形内部的矩形柱子部分。

步骤⑤ 执行“H”图案填充命令，设置填充图案为 LINE，比例为 20，在绘图区拾取斜坡区域内的点，完成图案填充，局部如图 9-27 所示。

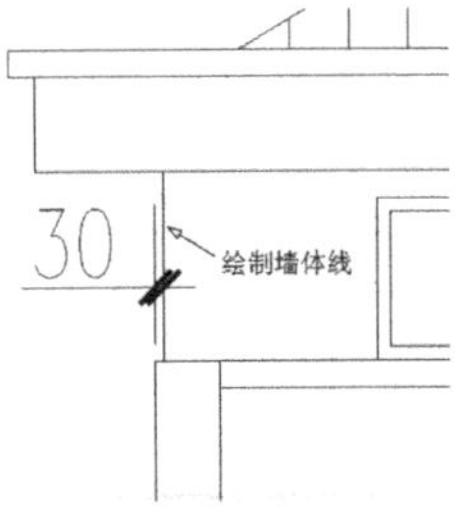

图 9-26

图 9-27

9.13 绘制轮廓线和地面线

步骤 切换至“轮廓线”图层，执行“PL”多段线命令，设置线宽为 60，围绕地面以上的建筑物外轮廓绘制建筑的外轮廓线。空格键重复“PL”多段线命令，设置线宽为 100，在建筑物下方绘制一条地面线，并使地面线的上边缘与建筑坡道的下边缘对齐，如图 9-28 所示。

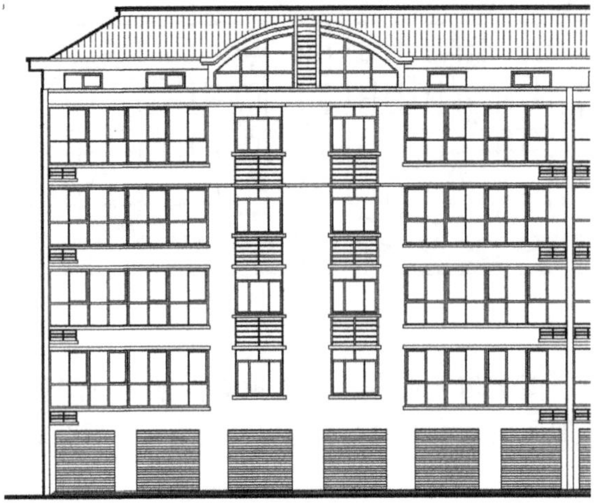

图 9-28

9.14　标注山墙定位轴号及标注尺寸线

步骤① 切换至 轴线 图层，执行 I 插入命令，选择 下轴号 ，分别插入轴号1和33，位置在建筑物的左右两侧山墙下方，如图9-29所示。

步骤② 切换至“标注”图层，执行“DLI”线性标注入命令，在1号和33号定位轴号之间标注建筑物的纵轴尺寸，如图9-29所示。

步骤③ 为了建筑立面左右两侧标注的准确和美观，标注的方法与平面标注的方法类似，首先在1号轴左侧的辅助线向左偏移1500，并将对应的窗、楼层等辅助线延伸到该位置线。再执行“O”偏移命令，将刚偏移得到的辅助线依次向左偏移500、400、400，作为尺寸线所在位置。

步骤④ 根据所学尺寸标注的方法，标注建筑左侧的尺寸线，并将标注后部分尺寸文字进行调整。执行“MI”镜像命令，选择刚标注好的尺寸线为镜像对象，以建筑物的中心线为镜像轴，将左侧的尺寸标注镜像到建筑右侧，如图9-29所示。

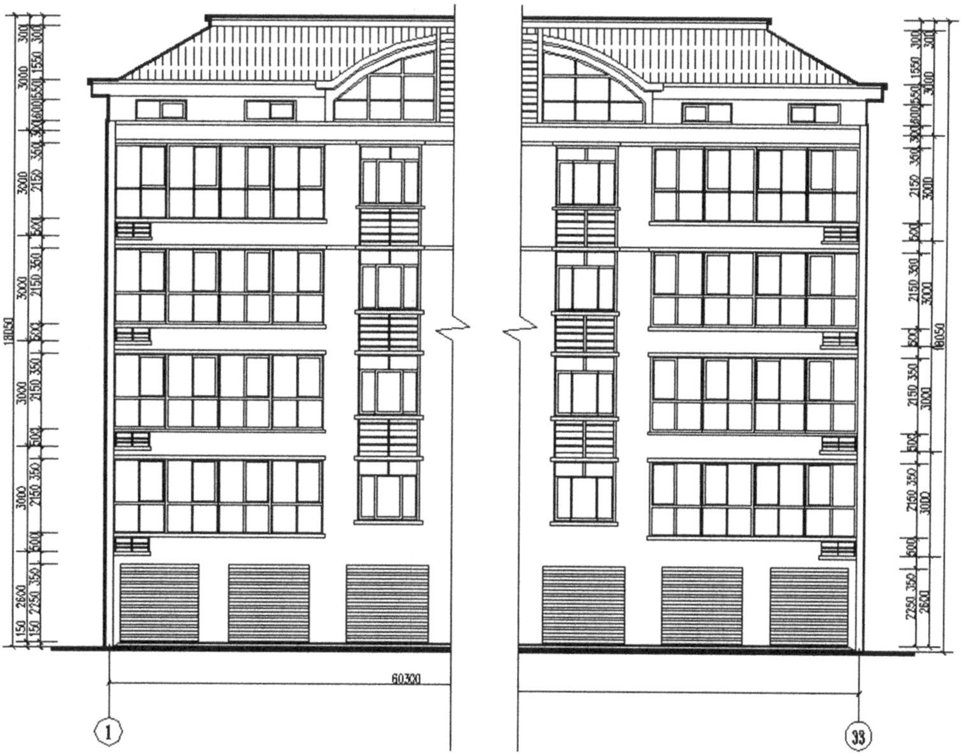

图 9-29

9.15　标注标高

立面图标注主要是为了标注建筑物的竖向标高，应该显示出各主要构件的位置和标高，例如室外地面标高、女儿墙的标高、门窗洞的标高以及一些局部尺寸等。在需绘制详图之处，尚需添加详图符号。

与平面图的标注不同，AutoCAD 没有自带立面图标高符号。因此，无法利用 AutoCAD 所自带的标注功能来实现。通常，使用标高图块来创建立面图的标高。

标高分两部分，层高标高和门窗标高。为了清楚美观，左侧标注层高标高，右侧标注门窗标高。

具体步骤如下：

步骤① 切换至“标注”图层，执行“I”插入命令，选择“标高”图块，调整标高动态块的夹点，以得到合适的标高符号，捕捉层高位置，在左侧尺寸线上分别标注各层层高标高，如图 9-30 所示。

步骤② 执行“I”插入命令，选择“标高”图块，调整标高动态块的夹点，以得到合适的标高符号，捕捉窗高位置，在右侧尺寸线上分别标注窗户标高，如图 9-30 所示。

图 9-30

步骤③ 执行“I”插入命令，选择“标高”图块，调整标高动态块的夹点，以得到合适的标高符号，在左侧单元立面上标注卧室窗户的标高，如图 9-31 所示。

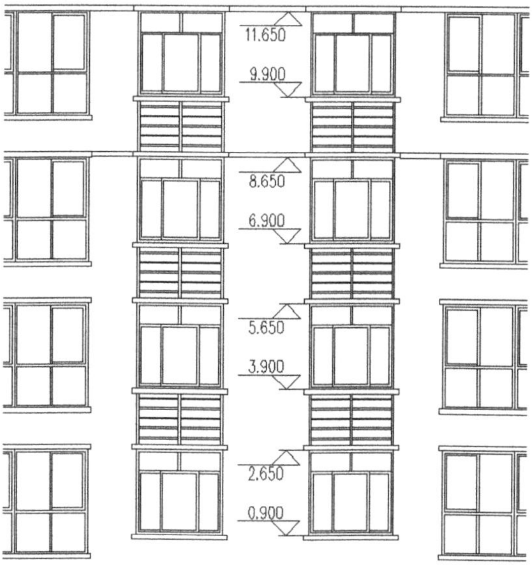

图 9-31

9.16　文字标注

步骤① 将当前图层设为“标注”层。

步骤② 执行“PL”多段线命令，绘制引出线，并在引出线的下端点执行“C”绘制圆命令绘制一个直径为 40 的圆，并执行填充命令，进行实体填充，如图 9-32 所示。绘制引出线长度没有具体要求，合适文字即可。

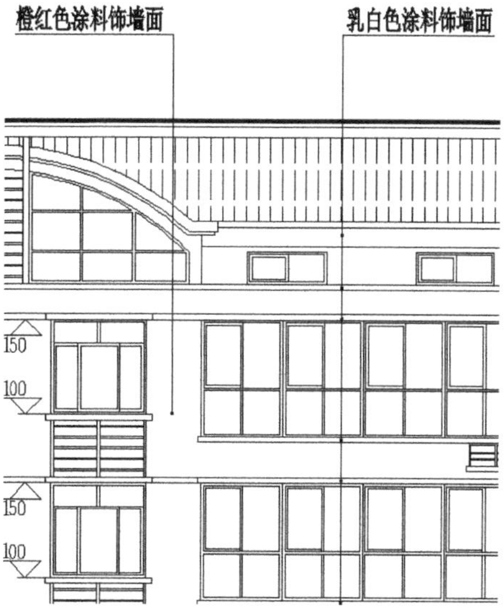

图 9-32

步骤③ 执行“DT”单行文字命令，以“建筑注释文字”为文字样式，文字高度 350，输入文字内容“橙红色涂料饰墙面”，如图 9-32 所示。

步骤④ 用同样的方法绘制右边其他的材质做法注释索引，如图 9-33 所示。

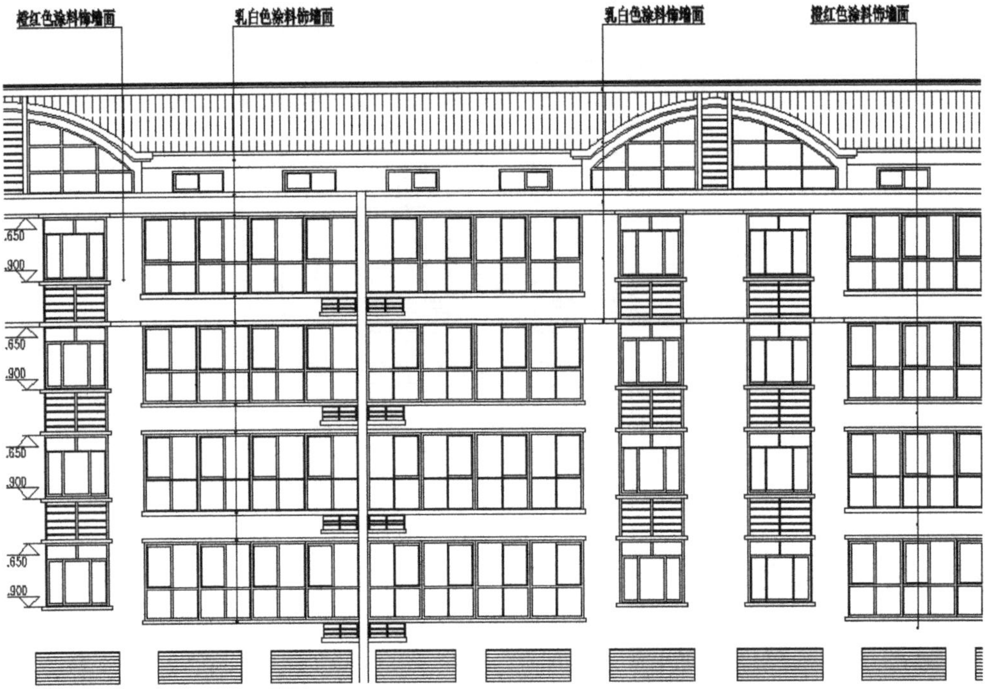

图 9-33

9.17 书写图名比例

将“标准层单元平面图”文字内容，移动到立面图的中间位置，执行“ED”文字编辑命令，修改为“南立面图”，并执行“S”拉伸命令，调整文字下面的直线的长度及数字的位置，如图 9-34 所示。

图 9-34

9.18 插入图框

执行“I”插入命令，选择“A2 加长图框”，插入图形合理位置，如图 9-35 所示。

（见文后插页）

图9-35

9.19 图形清理

执行 PU 图形清理命令，清理所有项目，然后按〈Ctrl + S〉键保存文件，完成绘制。

小结：

本章主要学习绘制立面图的思路和方法，这是设计人员常用的一种思路和方法，当然根据不同的设计，绘图的步骤也会有所差别，希望读者多加练习，自己总结更好的方法才能将 CAD 制图的技术熟练掌握。

第 10 章 建筑剖面图的绘制

【思路分析】 本章将学习绘制建筑剖面图。以住宅平面图为基础，绘制对应的剖面图。剖面图的绘制在很多方面与立面图做法相同。

【本章重点】 绘制住宅剖面图的思路和方法。

【作图步骤】

建筑剖面图的绘制一般步骤如下：

（1）新建文件并进行初始设置。

（2）引入原有平面图作为参考。

（3）辅助线绘制。

（4）楼板、梁的绘制。

（5）墙体绘制。

（6）门窗绘制。

（7）楼梯、阳台、台阶等绘制。

（8）散水等其他构配件绘制。

（9）尺寸标注、轴号标注。

（10）文字说明。

（11）图形清理。

10.1 新建文件和初始设置

按〈Ctrl + N〉键，新建文件，打开随书光盘“剖面样板 . dwt”文件为样板图，得到新建立的文件，并使用该样板图设置好的绘图环境。

按〈Ctrl + S〉键，保存文件，将新文件保存为“建筑剖面图”，确定。

执行“OP”选项命令，打开“选项”对话框，设置系统自动保存文件时间为 10 分钟，单击确定完成。

步骤① 执行“I”插入命令，打开“插入”对话框，单击“浏览”按钮，找到随书光盘第 10 章中“一层单元平面图 . dwg”文件，设置选择角度为 -90°，并单击左下角处的“分解”选项，将原图形分解，如图 10-1 所示，确定，在屏幕上指定插入点，即可插入图形。

步骤② 将图层切换至“辅助线”层。

步骤③ 执行“L”直线命令，根据平面图中剖切符号的位置，绘制剖切辅助线。

步骤④ 执行“TR”修剪等命令，以剖切辅助线为边界，对剖切位置以下的图形进行修剪。

步骤⑤ 执行“E”删除命令，删除剖切位置以下的图形，结果如图 10-2 所示。

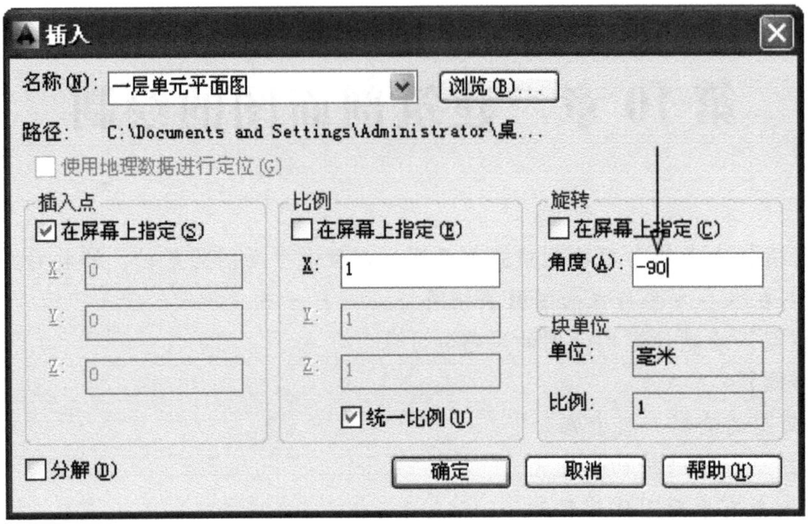

图 10-1

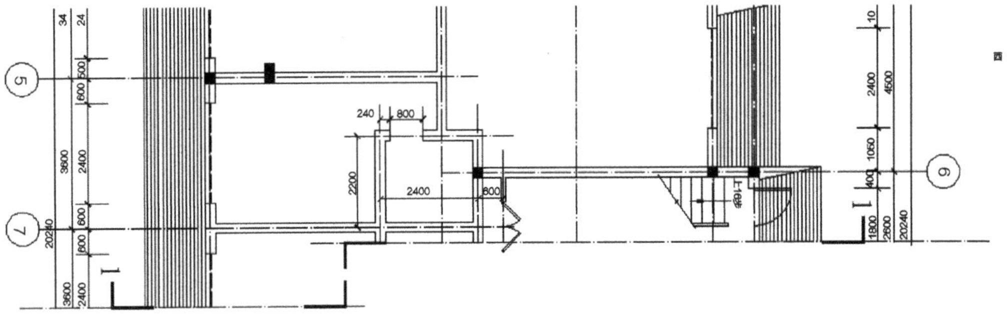

图 10-2

10.2 绘制辅助线

步骤① 绘制垂直辅助线。

切换至“辅助线”图层，执行“O”偏移命令，将上辅助线 1 下偏移 20000，再执行“S”拉伸命令，调整其长度，得到绘制剖面图的水平辅助线，即室外地坪地面线。

执行“L”直线命令，并打开正交，以平面图 A 轴轴线与辅助线 1 的交点为直线的起点，向下绘制一条垂直辅助线，即剖面图的 A 轴辅助线，如图 10-3 所示。

执行“O”偏移命令，将垂直辅助线依次向右偏移 4200、2400、600、5100、1000，得到其余垂直辅助线，如图 10-4 所示。

步骤② 绘制水平辅助线。

执行“O”偏移命令，分别将室外地坪辅助线向上偏移距离为：150、2600、3000、3000、3000、3000、3000、3000，得到楼层层高辅助线及屋顶辅助线，如图 10-5 所示。

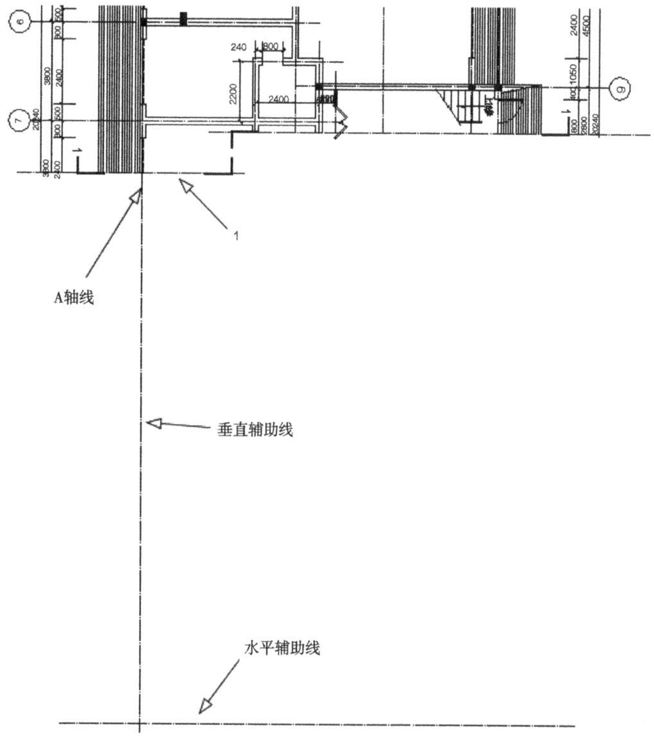

图 10-3

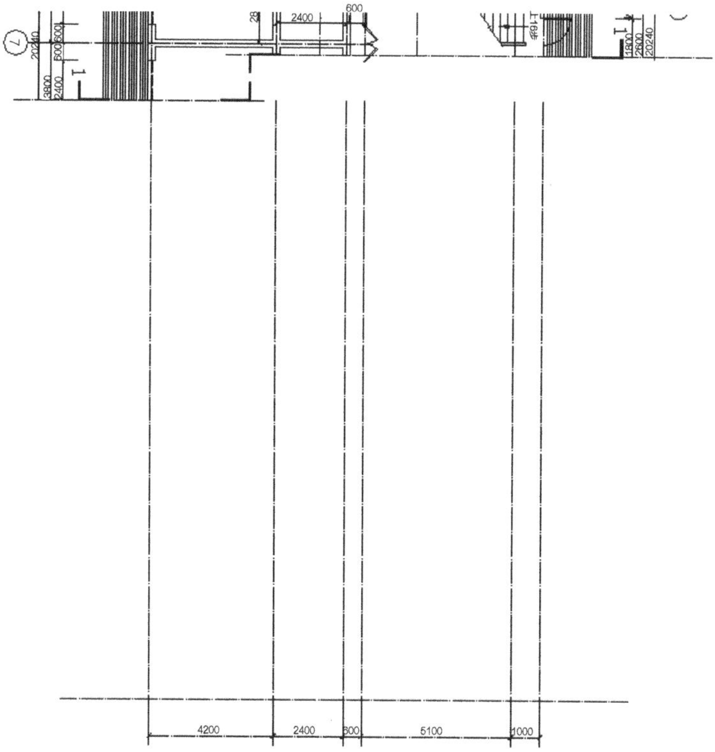

图 10-4

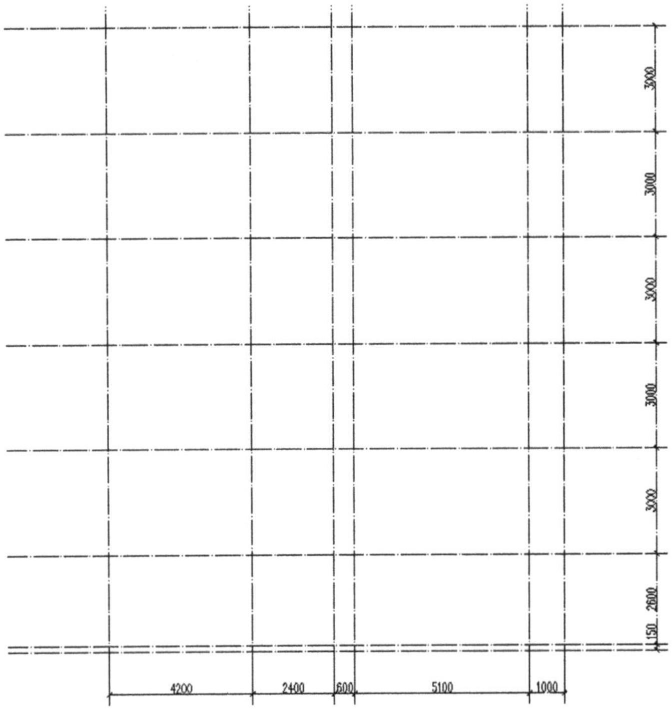

图 10-5

10.3 绘制楼板

步骤① 切换至“辅助线”图层，执行“O”偏移、“TR”修剪等命令绘制储藏室层和一层的辅助线，如图 10-6 所示。

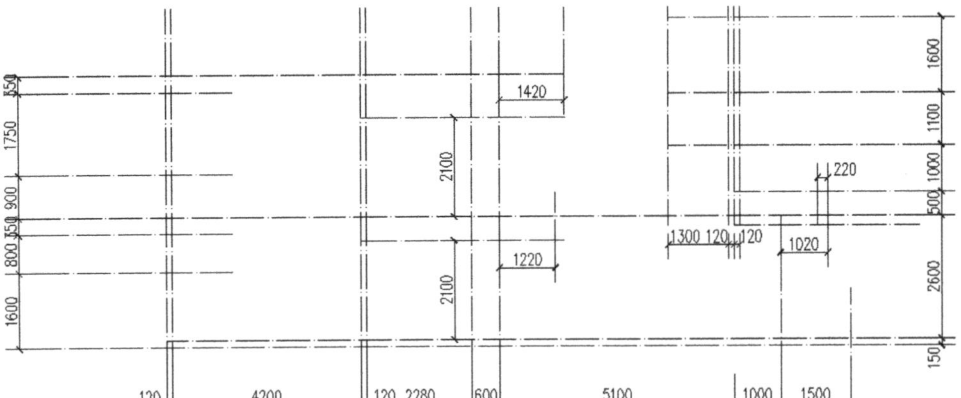

图 10-6

步骤② 切换至“楼板”图层，执行“ML”多线命令，设置“对正 = 上，比例 =

120.00，样式 =LOUBAN ，绘制储藏室的地平线、一层及标准层的楼板，如图 10-7 所示。

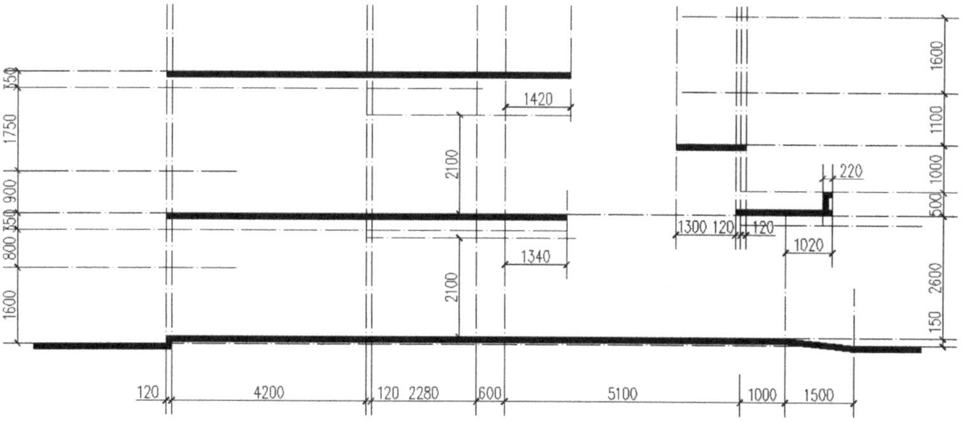

图 10-7

步骤③ 切换至“梁”图层，执行“ML”多线命令，设置“比例 = 240.00，样式 = LOUBAN”，对正方式根据不同的情况进行选择，绘制储藏室、一层的梁，如图 10-8 所示。

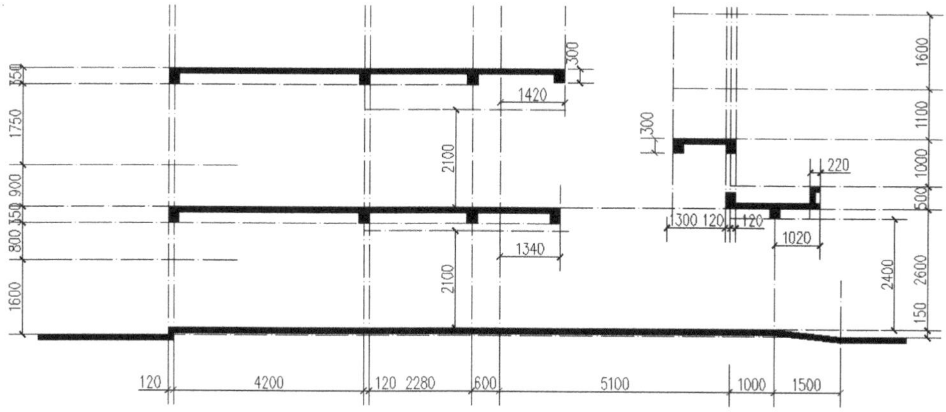

图 10-8

10.4 绘制墙体

步骤① 切换到“墙体”图层。执行“ML”多线命令，设置“对正 = 上，比例 = 240.00，样式 =WALL”，绘制墙体，关闭辅助线，如图 10-9 所示。

步骤② 空格键重复执行“ML”多线命令，设置“对正 = 上，比例 = 120.00，样式 =WALL”，绘制墙体，关闭辅助线，如图 10-10 所示。

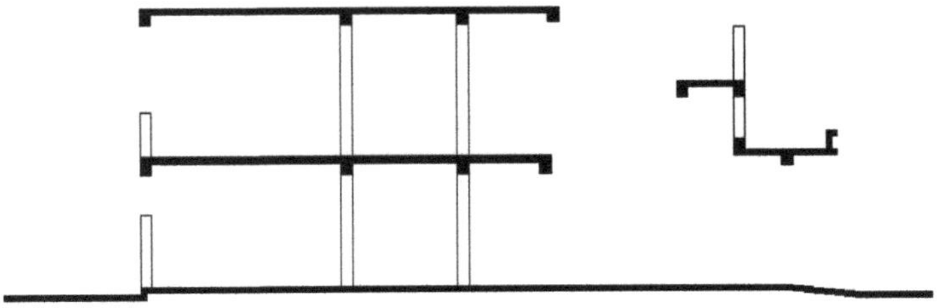

图 10-9

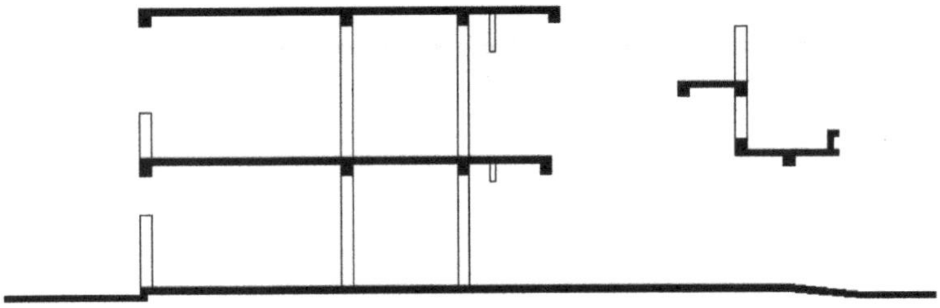

图 10-10

10.5 绘制门窗

步骤① 切换至“门”图层，执行“ML”多线命令，设置“对正 = 上，比例 = 240.00，样式 =WIN”，绘制剖面门 1，空格键重复执行“ML”多线命令，设置“对正 = 上，比例 = 120.00，样式 =WIN”，绘制剖面门 2、剖面门 3，关闭辅助线，如图 10-11 所示。

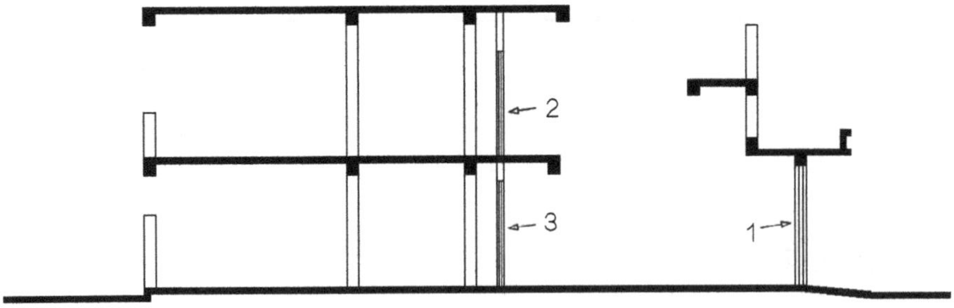

图 10-11

步骤② 切换至“梁”图层，执行“多线”命令，修改当前设置为“对正 = 无，比例 = 120.00，样式 =LOUBAN”，在门 2 和门 3 的上方分别绘制高度为 250 的过梁，如图 10-12所示。

执行“多线”命令，修改当前设置为“对正 = 无，比例 = 240.00，样式 = LOUBAN”，绘制窗底梁。空格键重复执行“多线”命令，修改当前设置为“比例 = 100.00，样式 = LOUBAN”，分别设置上、下对齐方式，绘制飘窗的上下窗台板，如图 10-13 所示。

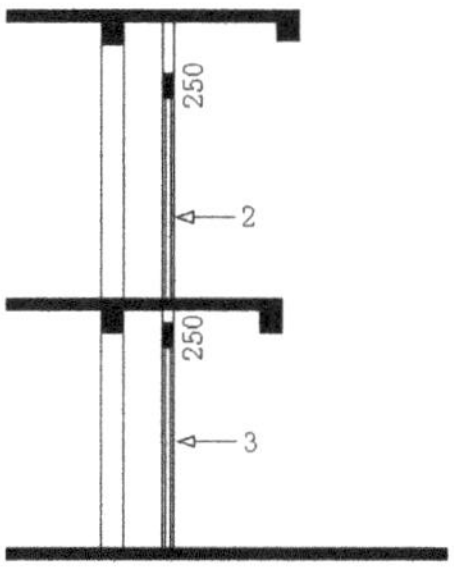

图 10-12

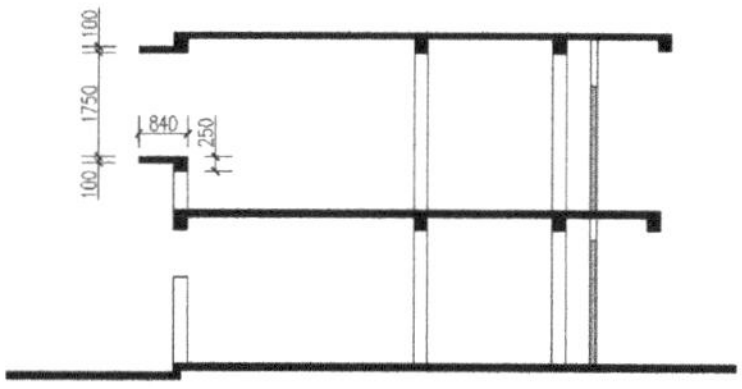

图 10-13

步骤③ 切换至“窗”图层，执行“ML”多线命令，设置“对正 = 上，比例 = 240.00，样式 =WIN”，在相应的窗户位置绘制窗户，关闭辅助线，如图 10-14 所示。

步骤④ 执行“CO”复制命令，选择如图 10-15所示为复制对象，指定层高辅助线端点为基点，向上复制出标准层的相关对象，关闭辅助线，如图 10-16 所示。

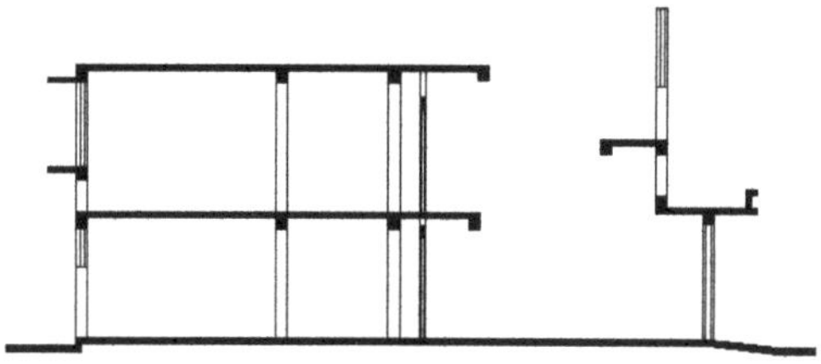

图 10-14

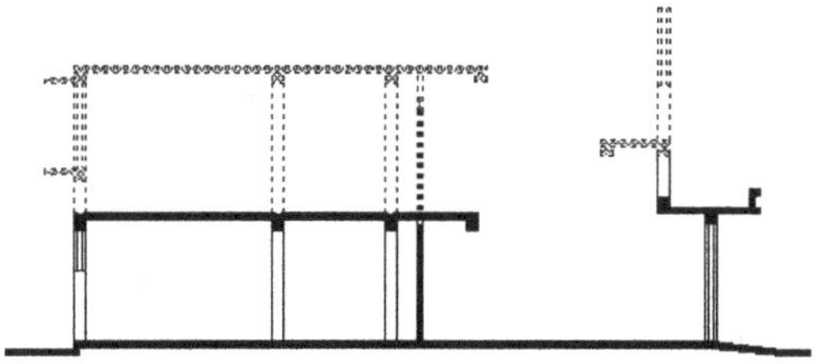

图 10-15

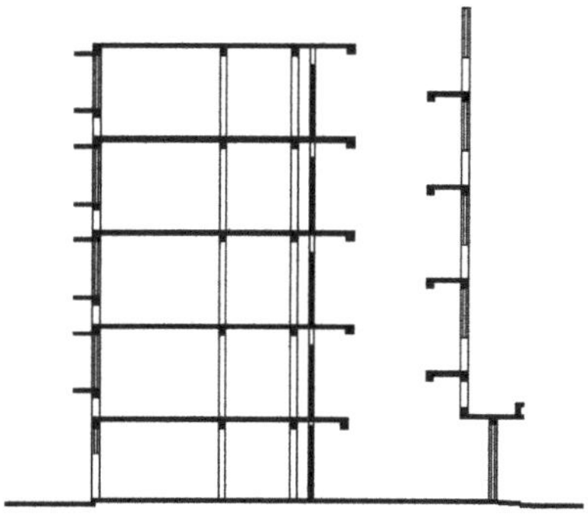

图 10-16

步骤⑤ 切换至“墙”图层，执行“ML”多线命令，设置“对正 = 无，样式 = WALL”，设置不同的比例绘制顶层相应的墙体，墙体 240，隔墙 120 等，结果如图 10-17 所示。

步骤⑥ 切换至“门”图层，执行“ML”多线命令，设置“对正 = 无，比例 = 120.00，样式 =WIN”，绘制顶层的剖面门，切换至“窗”图层，执行“ML”多线命令，设置“对正 = 下，比例 = 170.00，样式 =WIN”，绘制顶层的剖面窗，如图 10-18 所示。

步骤⑦ 切换至“梁”图层，执行“ML”多线命令，设置“样式 =LOUBAN”，再设置不同的比例和对齐方式，绘制顶层相应的梁及窗台板，普通墙体部分的梁设置 240，隔墙部分的设置 120，结果如图 10-19 所示。

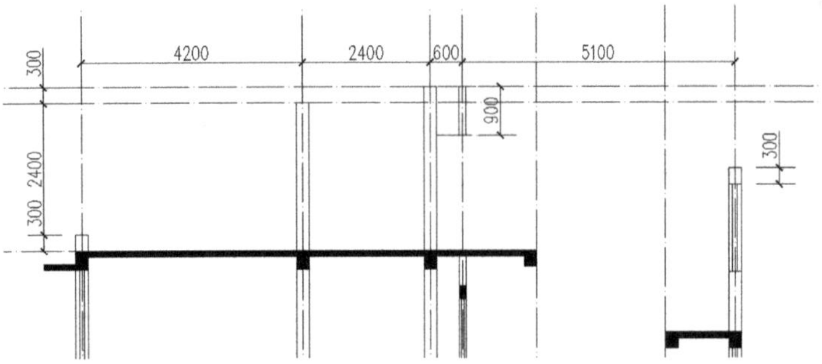

图 10-17

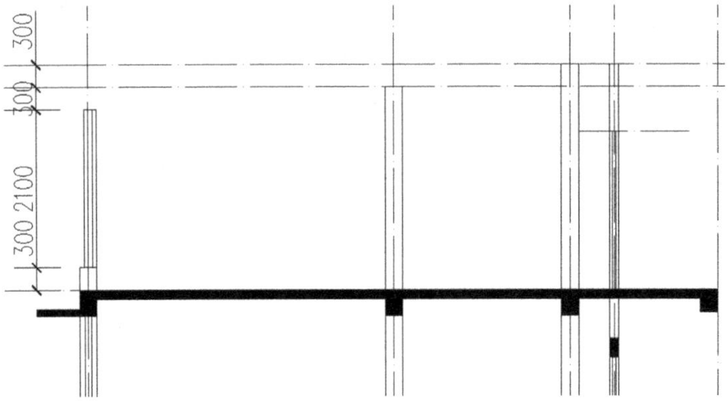

图 10-18

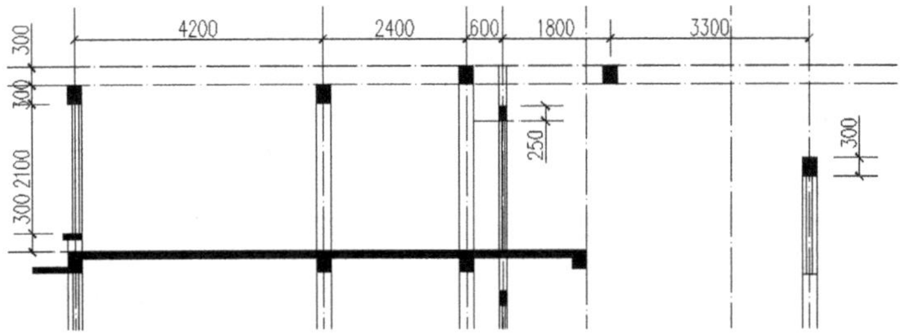

图 10-19

10.6 绘制屋顶

步骤① 切换至“屋顶”图层，执行“ML”多线命令，设置“对正 = 上，比例 = 100.00，样式 =LOUBAN”，绘制屋顶，如图 10-20 所示。

步骤② 执行“ML”多线命令，修改当前设置为“样式 =LOUBAN”，具体的比例、对其方式及尺寸如图 10-21 所示，绘制屋顶构建。

步骤③ 切换至“轮廓线”图层，执行“L”直线命令，绘制屋顶级屋顶构件的轮廓线，看不见的轮廓线则用虚线表示，如图 10-22 所示。

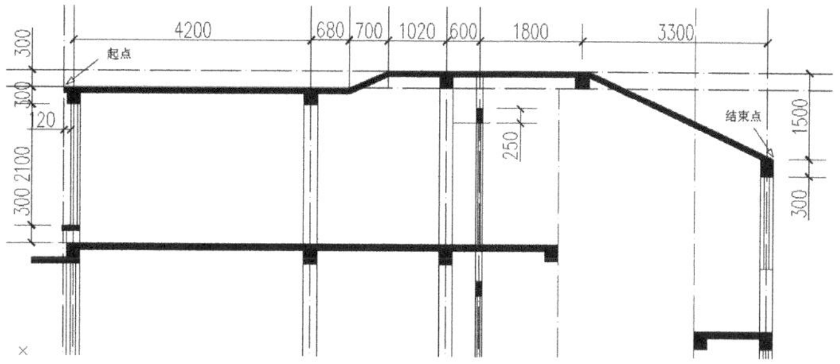

图 10-20

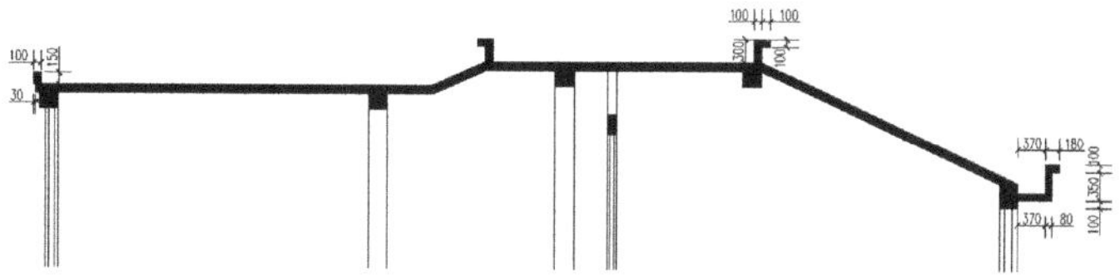

图 10-21

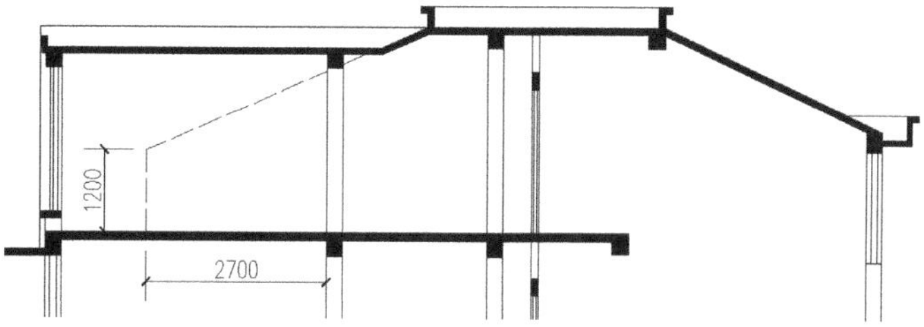

图 10-22

10.7 绘制楼梯

步骤① 切换至“楼梯”图层，执行“PL”多段线命令，打开正交模式，运用方向距输入方法先绘制出一个踏步，然后执行“CO”复制命令复制出其他踏步，这样就绘制出储藏层的楼梯踏步，如图 10-23 所示。

步骤② 空格键重复执行“PL”多端线命令，连接点 1 与点 2 得到一条直线，再执行“O”偏移命令，将得到的直线向下侧偏移 120，删除连接得到的直线，即可得到楼梯板的厚度，如图 10-24 所示。

步骤③ 用同样的方法绘制一层和标准层的楼梯踏步，再执行“CO”复制命令，以标准层的楼梯踏步为复制对象，复制出其他标准层和顶层的楼梯踏步，如图 10-25 所示。

步骤④ 执行“TR”修剪命令，对楼梯踏步的局部部位进行修剪和延伸调整。

步骤⑤ 执行“H”填充命令，选择“SOLID”图案对被剖切到的梯段板进行填充，如图 10-26 所示。

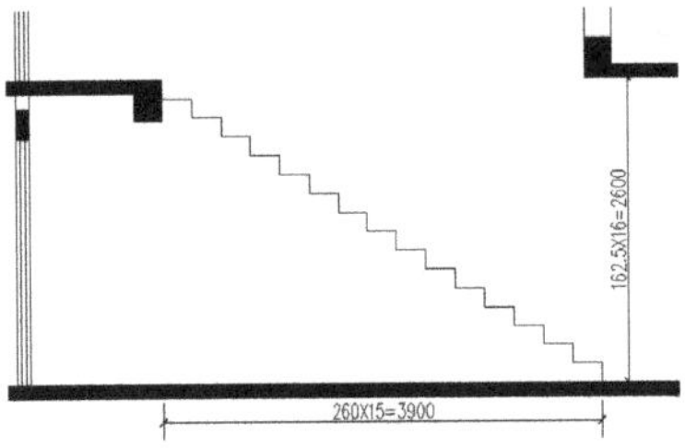

图 10-23

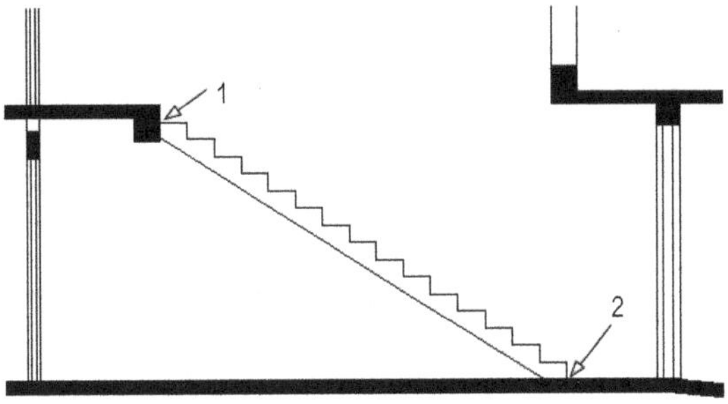

图 10-24

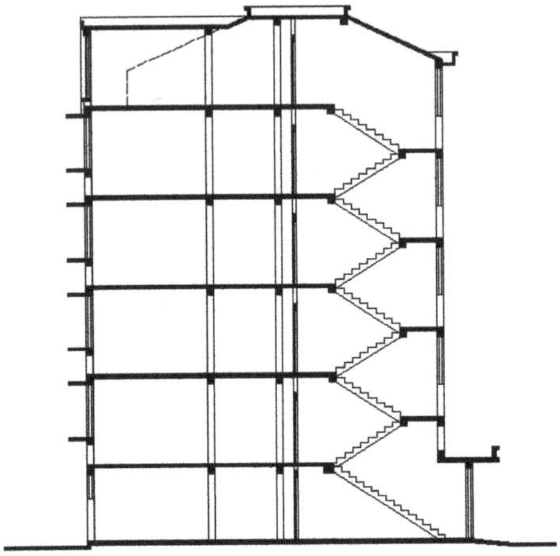

图 10-25

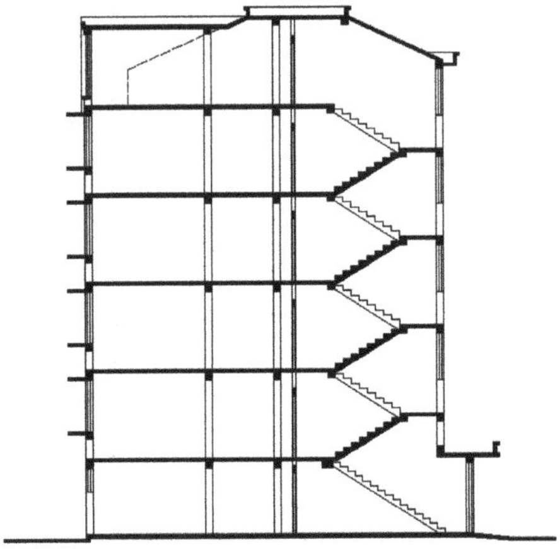

图 10-26

步骤 6 切换至“栏杆”图层，执行“多线”命令，修改当前设置为“对正 = 无，比例 = 60.00，样式 = WALL”，分别捕捉第一级、第二级和最后一级踏步线的中点为起点，各绘制一条高度为1050 的多线，如图 10-27 所示。

步骤 7 切换至“栏杆”图层，执行“ML”多线命令，修改当前设置为“对正 = 下，比例 = 60.00，样式 = WALL”，绘制的顺序依次为点 1、2、3、4，绘制完扶手如图 10-28 所示。

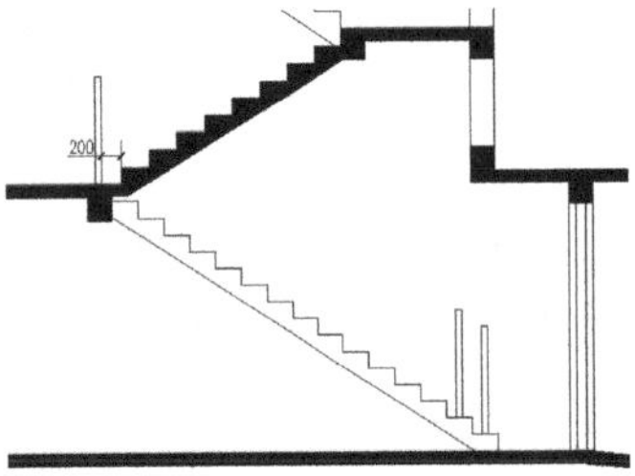

图 10-27

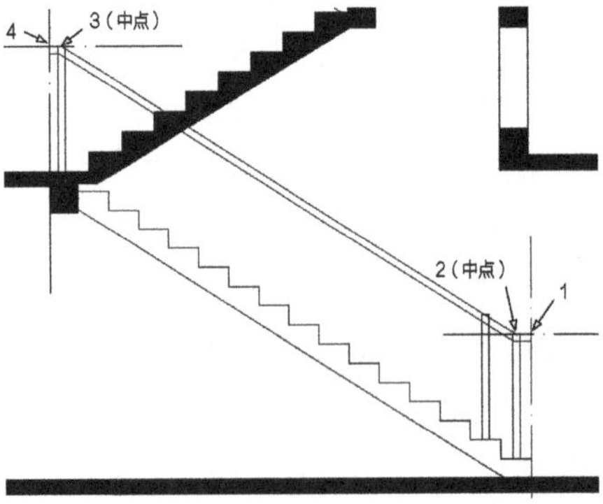

图 10-28

步骤⑧ 双击扶手多线，弹出多线编辑对话框，在多线编辑工具里面选择　T 形合并　，对扶手和栏杆进行编辑（方法与前面的墙体多线编辑一样）。再执行　CO　复制命令，以编辑后的栏杆 1 为复制对象，指定该踏步踏面的中点为基点，选择该梯段各踏步踏面中点为插入点，复制出该梯段的其他栏杆，如图 10-29 所示。

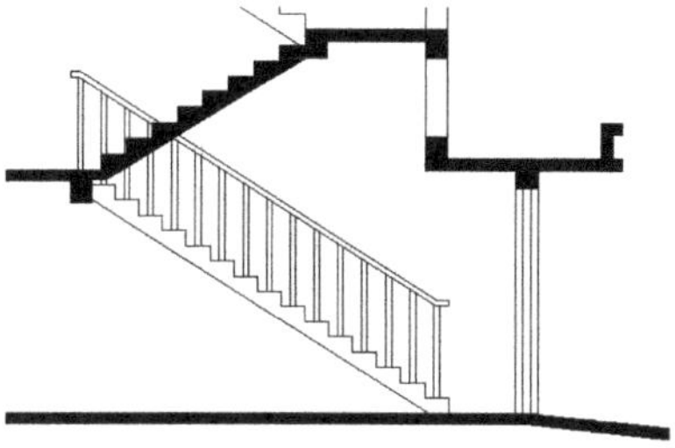

图 10-29

步骤⑨ 用同样的方法绘制一层和标准层楼梯的栏杆和扶手，再执行“CO”复制命令，以标准层楼梯的栏杆和扶手为复制对象，复制出其他标准层的栏杆和扶手，如图 10-30 所示。

步骤⑩ 执行“X”分解和“TR”修剪命令，对栏杆、扶手交错的地方以及被遮挡的栏杆、扶手进行修剪调整，修剪完后局部效果如图 10-31 所示。

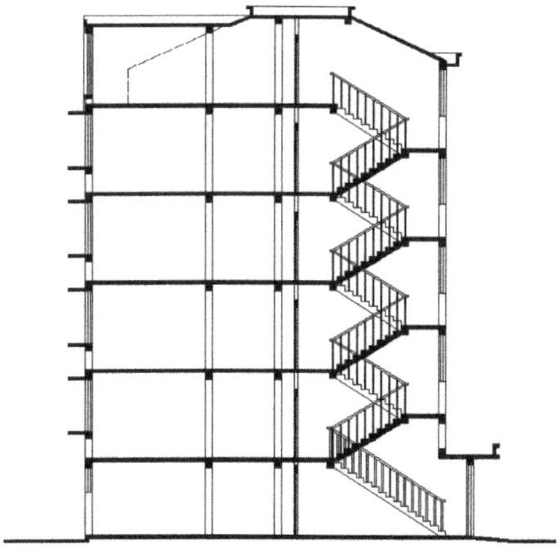

图 10-30

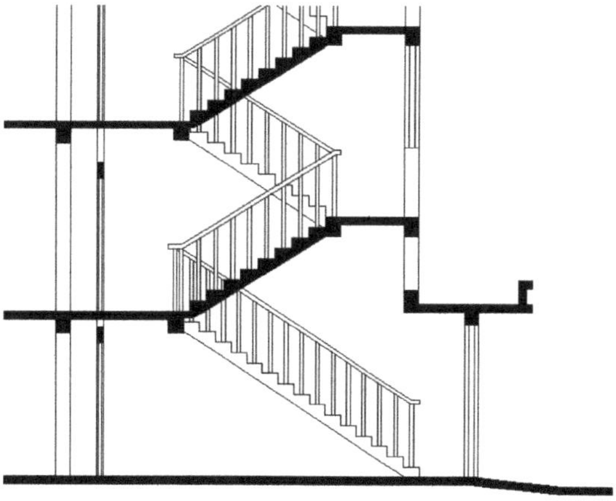

图 10-31

10.8　绘制立面门窗

步骤① 切换至“门”图层，执行“REC”矩形命令和“PL”多段线命令，在储藏层相应的位置绘制门洞，如图 10-32 所示。

步骤② 切换至“0”图层，按如图 10-33 所示的尺寸绘制卫生间门（左）和入户门

（右），绘制完成后并写成块，写块时的拾取点均为门的左下角点，分别命名为 卫生间门 和 入户门 。

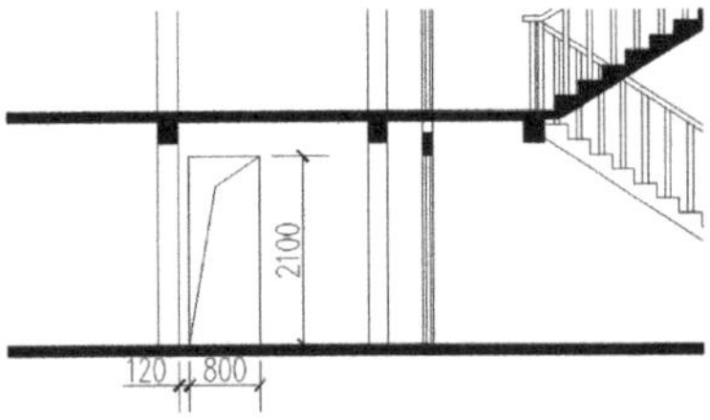

图 10-32

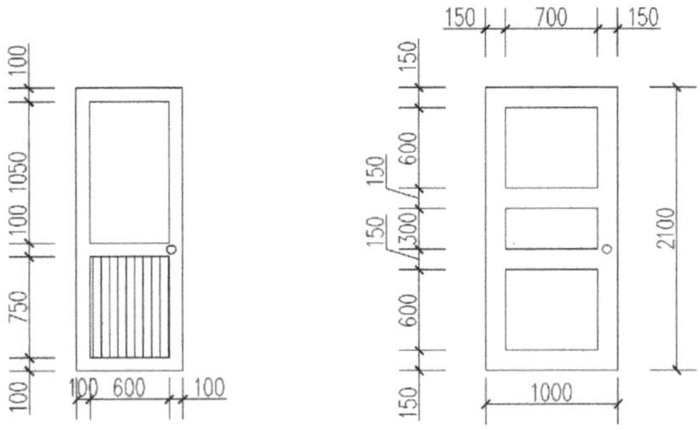

图 10-33

步骤③ 切换至“门”图层，执行“I”插入命令，在一层相应的位置插入步骤 2 绘制好的卫生间门和入户门，如图 10-34 所示。

步骤④ 执行“CO”复制命令，选择步骤 3 插入的门为对象，复制出其他层的门，再执行“X”分解和“TR”修剪命令，对一层入户门被楼梯扶手挡住的部分进行修剪，如图 10-35所示。

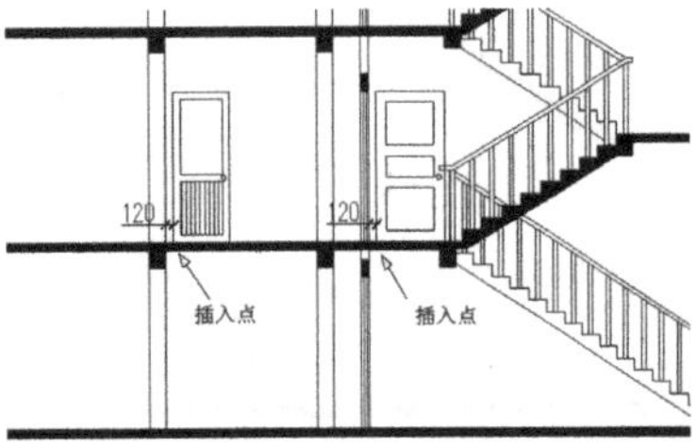

图 10-34

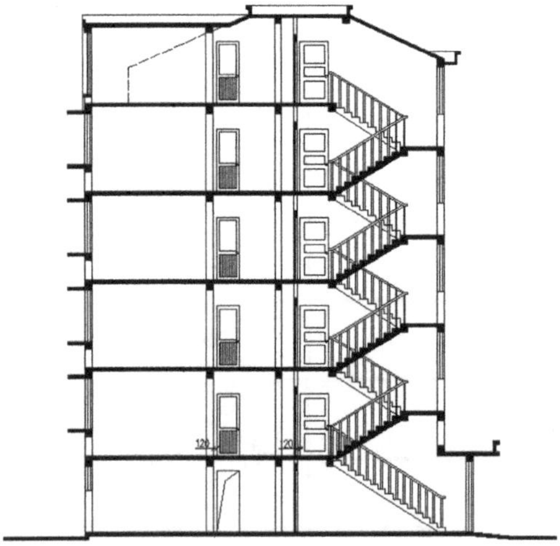

图 10-35

步骤⑤ 切换至“0”图层，按如图 10-36 所示的尺寸绘制飘窗和装饰构件，绘制完成后并写成块，分别命名为“装飘窗”和“装饰构件”。

步骤⑥ 切换至“窗”图层，执行“I”插入命令，插入步骤 5 绘制好的飘窗，如图 10-37所示。

步骤⑦ 执行“CO”复制命令，选择步骤 6 插入的飘窗为对象，复制出其他层的飘窗，如图 10-38 所示。

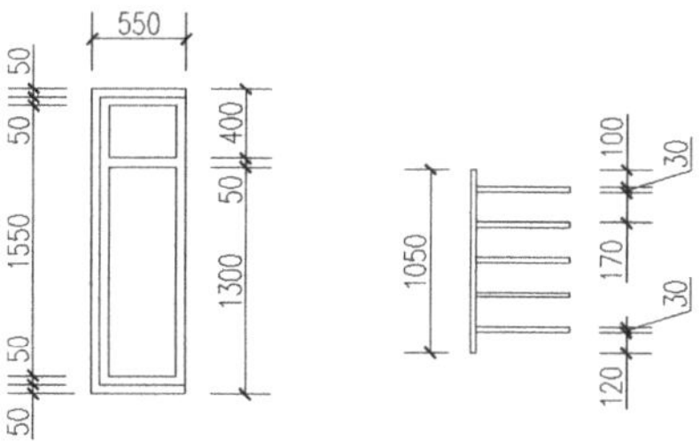

图 10-36

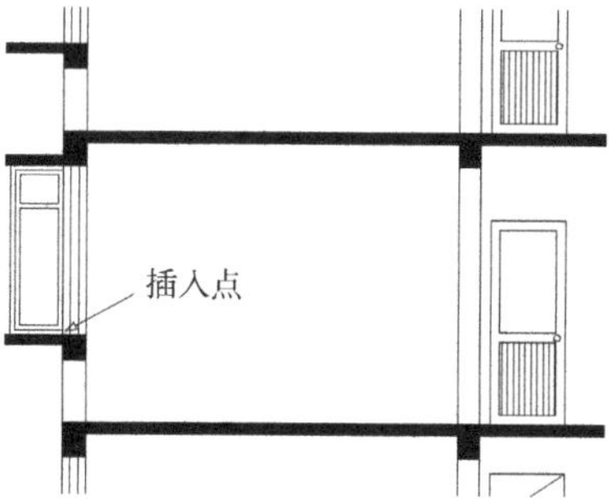

图 10-37

步骤 8 切换至“装饰构件”图层，执行“I”插入命令，插入步骤 5 绘制好的装饰构件，如图 10-39 所示。

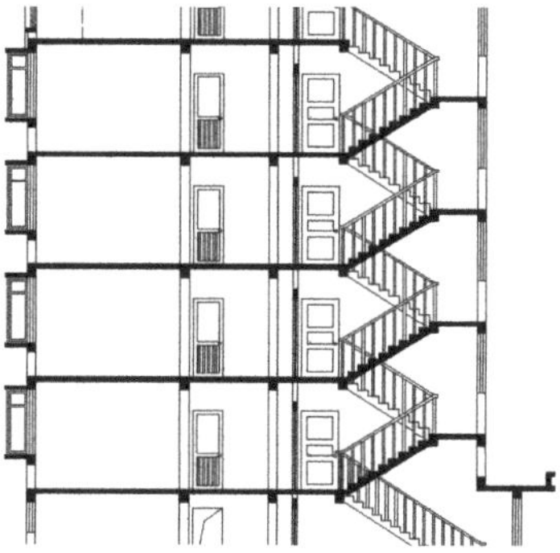

图 10-38

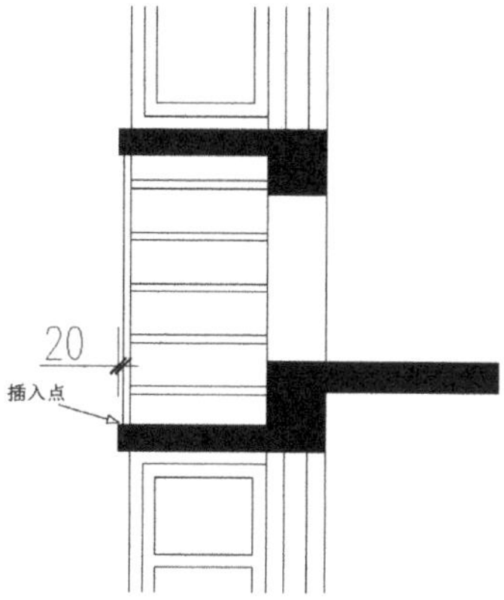

图 10-39

步骤 9 执行“CO”复制命令，选择步骤 5 插入的装饰构件为对象，复制出其他层的装饰构件，如图 10-40 所示。

步骤 10 执行“REC”矩形命令和“C”圆命令，在顶层老虎窗处绘制栏杆，再执行“TR”修剪命令进行修剪，如图 10-41 所示。

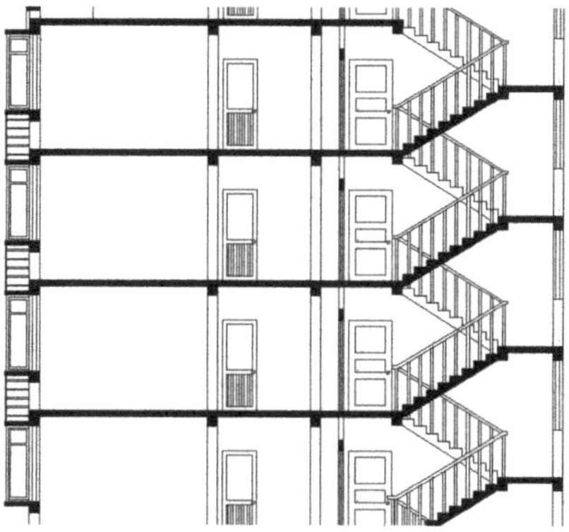

图 10-40

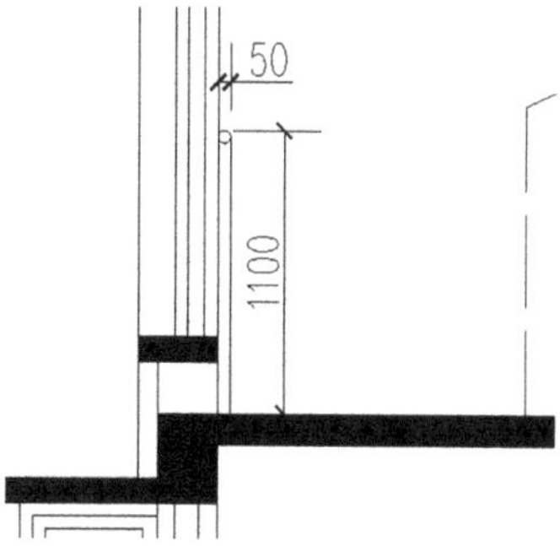

图 10-41

10.9 符号标注

步骤① 切换至 符号标注 图层，执行 C 圆命令，在需要索引的地方绘制一个半径合适的圆，如图 10-42 所示。

步骤② 执行“I”插入命令，插入“索引符号”属性动态块，根据提示，设置属性文字“说明 = 上翻沿一，图号 =6，图页 = 建 8”，插入完成后，单击属性块，调整其夹点，如图 10-43 所示。

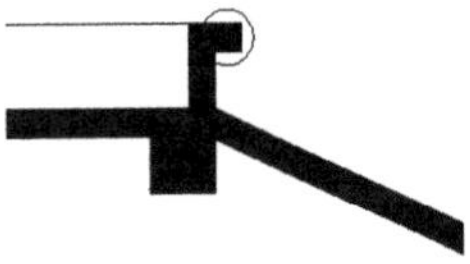

图 10-42

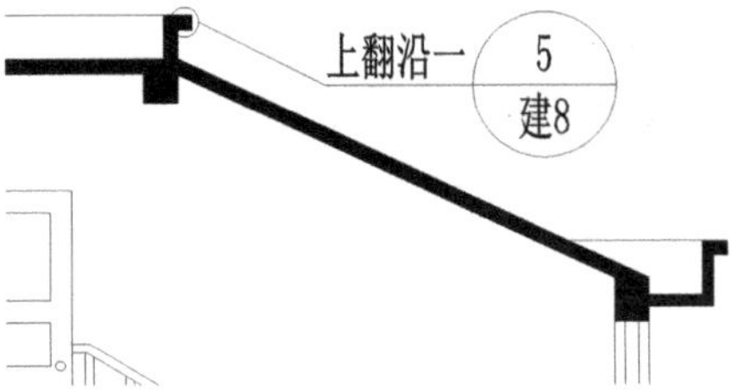

图 10-43

步骤③ 用同样的方法插入其他索引符号。执行“PL”多段线命令和“DT”单行文字命令，绘制顶层老虎窗位置的栏杆引线标注，如图 10-44 所示。

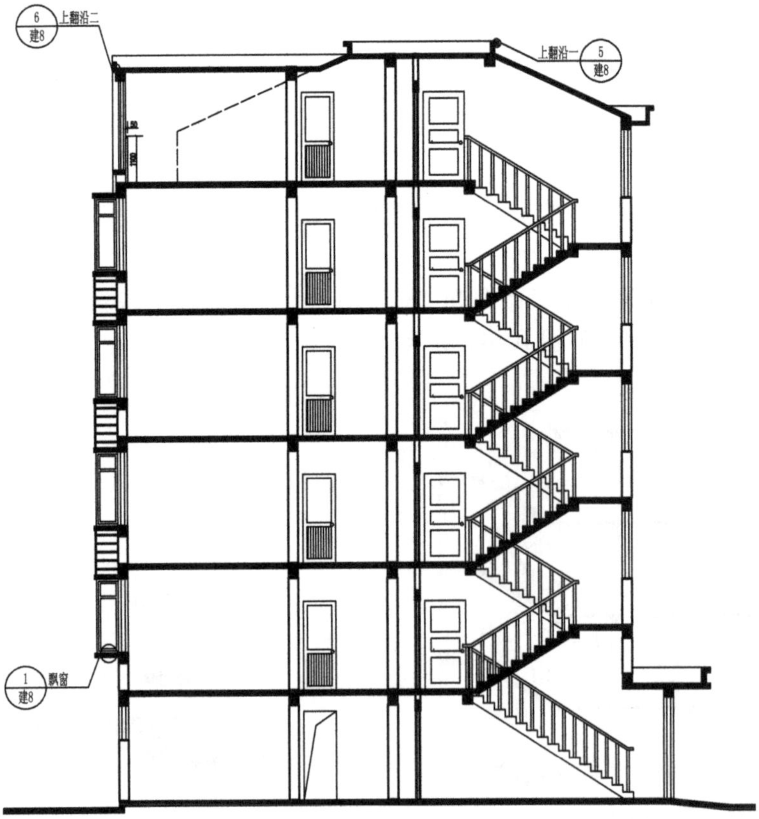

图 10-44

10.10　标注尺寸线和标高标注

方法和步骤与立面图相同。

第一步，执行尺寸标注，做好尺寸标注需要的辅助线，然后执行标注。由于各楼层的内容几乎相同，所以进行尺寸标注时，可以不用全部作辅助线，也不需要全部标注，只需要标注地下室、一层、屋顶部分就可以，其他楼层可以复制产生。

第二步，标注标高，与立面图做法相同，完成后如图 10-45 所示。

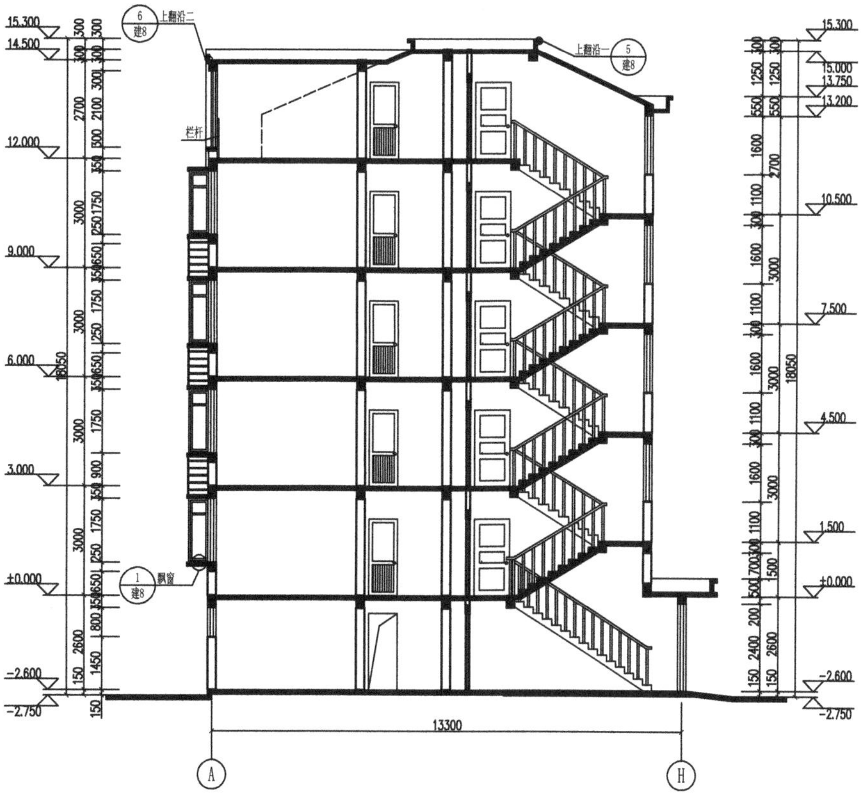

图 10-45

10.11　书写图名比例

将“一层单元平面图 1:100”图中的文字内容，移动到剖面图下方的中间位置，双击执行文字编辑命令，修改为“1-1 剖面图 1:100”，效果如图 10-46 所示。

1-1剖面图 1:100

图 10-46

10.12　插入图框

执行“I”插入命令，选择“A3 图框 1 比 100”，插入图形合理位置，效果如图 10-47 所示。

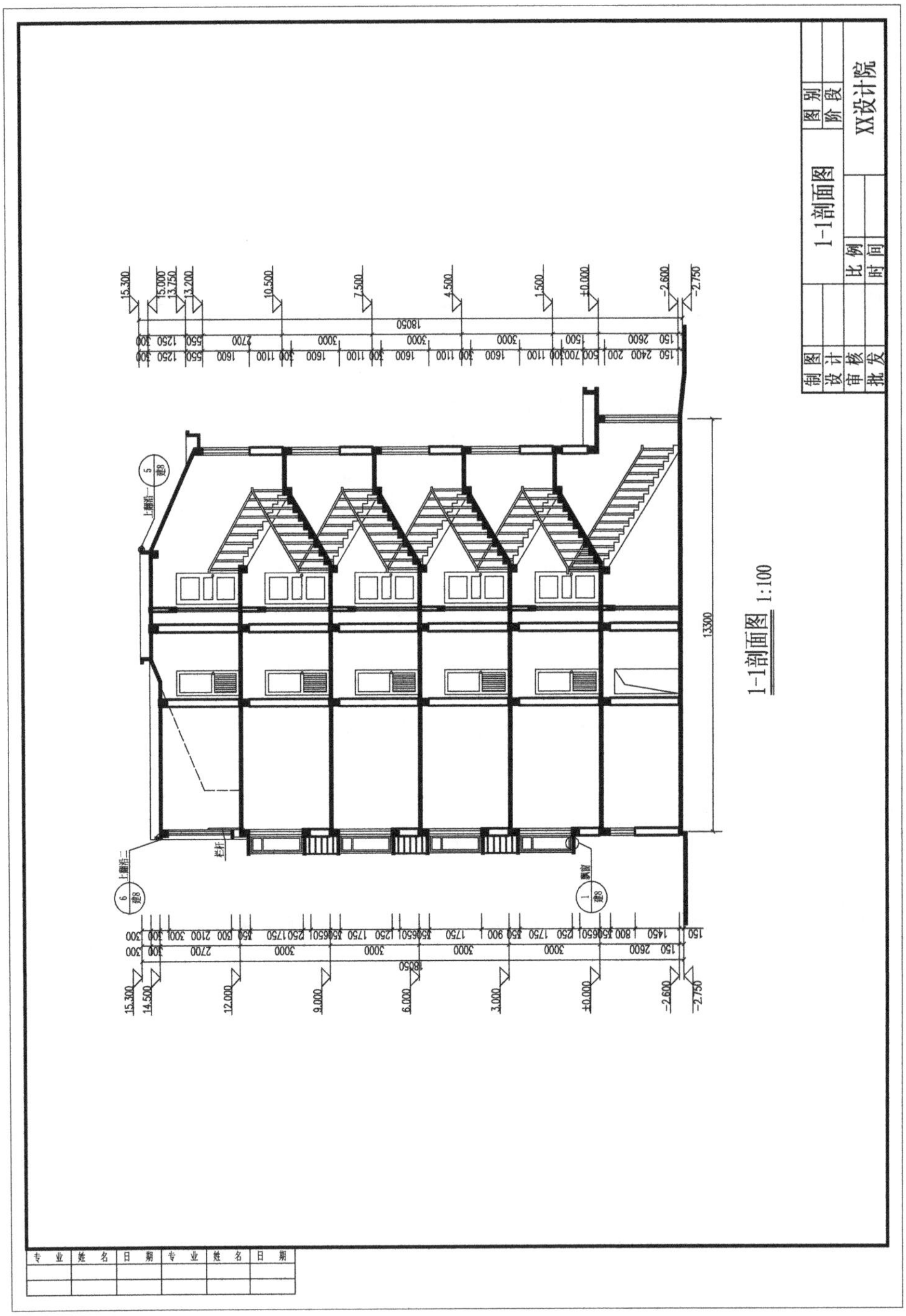
1-1剖面图 1:100
1-1剖面图
图别
阶段
XX设计院
制图
设计
审核
批发
比例
时间
专业
姓名
日期
13300
18050

图10-47

（见文后插页）

10.13　图形清理并保存

执行 PU 图形清理命令，清理所有项目，然后按〈Ctrl + S〉键保存文件，完成绘制。

小结：

本章主要学习绘制剖面图的思路和方法，这是设计师常用的一种思路和方法，当然根据不同的设计，绘图的步骤也会有所差别，希望读者多加练习，自己总结更好的方法才能熟练掌握。

下篇　天正建筑

天正公司是一家由具有建筑设计行业背景的资深专家发起成立的高新技术企业，自1994年开始以AutoCAD为图形平台成功开发建筑、暖通、电气、给水排水等专业软件，是Autodesk公司在中国大陆第一批注册开发商。十多年来，天正公司的建筑CAD软件在全国范围内取得了极大的成功，可以说天正建筑CAD软件已成为国内建筑CAD软件的行业规范，它的建筑对象和图档格式已经成为设计单位之间、设计单位与甲方之间图形信息交流的基础，近年来，随着建筑设计市场的需要，天正日照设计、建筑节能、规划、土方、造价等软件也相继推出。

天正公司在经过多年刻苦钻研后，在2001年推出了从界面到核心面目全新的5系列，采用BIM建筑信息模型概念进行软件研发，在国内首家推出了二维图形描述与三维空间表现一体化的自定义对象，从方案到施工图全程体现建筑设计的特点，在建筑CAD技术上掀起了一场革命。采用自定义对象技术的建筑CAD软件具有人性化、智能化、参数化、可视化多个重要特征，以建筑构件作为基本设计单元，把内部带有专业数据的构件模型作为智能化的图形对象，天正提供体贴用户的操作模式使得软件更加易于掌握，可轻松完成各个设计阶段的任务，包括体量规划模型和单体建筑方案比较，适用于从初步设计直至最后阶段的施工图设计，同时可为天正日照设计软件和天正节能软件提供准确的建筑模型，极大推动了建筑节能设计的普及。

天正建筑软件广泛用于建筑施工图设计和日照、节能分析，支持最新的AutoCAD图形平台。目前基于天正建筑对象的建筑信息模型已经成为天正系列软件的核心，逐渐得到国内建筑设计单位的接受，成为设计行业软件正版化的首选。

天正公司新推出的天正建筑2014版，支持32位AutoCAD 2004～2014平台以及64位AutoCAD 2010～2014平台。

天正建筑2014版主要改进如下：

（1）完善天正注释系统：新增快速标注、双线标注、弧弦标注等功能；改进取消尺寸、等式标注、合并区间、裁剪延伸等尺寸编辑命令；按新国标修改弧弦标注。

（2）新增总平图例、车位布置等总图功能。

（3）改进墙柱连接位置的相交处理和墙体线图案填充及保温的显示；改进墙体分段、幕墙转换、修墙角等相关功能；改进墙与带形窗的关系处理。

（4）增强多行文字功能，支持设计说明排版。

（5）解决图形导出、批量转旧的诸多问题，新增导出设置。

本部分内容以一个建筑别墅的平面、立面、剖面图纸为例，讲述天正建筑软件的具体应用。

第 11 章　天正建筑入门

【**学习提示**】本章主要介绍天正建筑 2014 的用户界面、建筑设计流程及入门绘图必备知识，以便读者对天正建筑软件有基本的认识和了解，从而更好地把握和学习天正建筑软件。

【**本章重点**】本章主要讲述天正建筑的界面、基本操作等。

11.1　软件界面

针对建筑设计的实际需要，天正建筑对 AutoCAD 的交互界面作出了必要的扩充，建立了自己的菜单系统和快捷键，新提供了由用户自定义的折叠式屏幕菜单、新颖方便的在位编辑框、与选取对象环境关联的右键菜单和图标工具栏等，保留 AutoCAD 的所有下拉菜单和图标菜单，从而保持 AutoCAD 的原有界面体系，便于用户同时加载其他软件。天正建筑软件界面具体组成如图 11-1 所示。

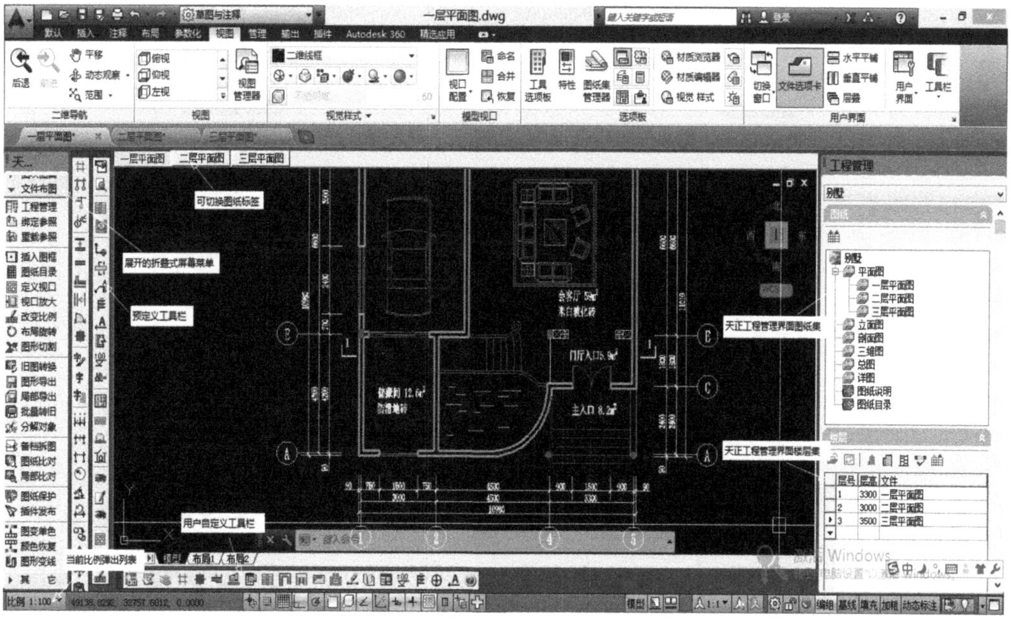

图 11-1

11.1.1 折叠式屏幕菜单

天正建筑软件的主要功能都列在 折叠式 三级结构的屏幕菜单上，在上一级菜单中可以单击某菜单项展开下一级菜单，同级菜单互相关联，展开另外一个同级菜单时，原来展开的菜单自动合拢。二、三级菜单项是天正建筑的可执行命令或者开关项，全部菜单项都提供256色图标，图标设计具有专业含义，以方便用户增强记忆，更快地确定菜单项的位置。当鼠标指针移到菜单项上时，AutoCAD 的状态行会出现该菜单项功能的简短提示。

折叠式屏幕菜单效率最高，但由于屏幕的高度有限，在展开较长的菜单后，有些菜单项无法完全在屏幕可见，为此可用鼠标滚轮上下滚动菜单快速选取当前不可见的菜单项。天正屏幕菜单在2004以上版本下支持自动隐藏功能，在鼠标指针离开菜单后，菜单可自动隐藏为一个标题，鼠标指针进入标题后随即自动弹出菜单，节省了宝贵的屏幕作图面积。

从使用风格区分，每一个菜单都有“折叠风格”和“推拉风格”可选，两者区别是：

折叠风格是使下层子菜单缩到最短，菜单过长时自行展开，切换上层菜单后滚动根菜单（图11-2）。

推拉风格使下层子菜单长度一致，菜单项少时补白，过长时使用滚动选取，菜单不展开（图11-3）。

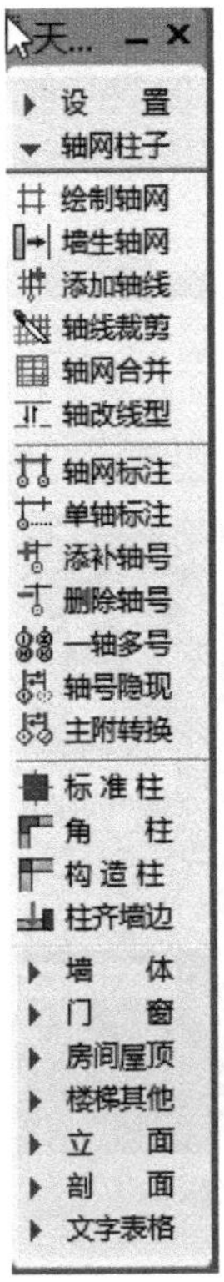

图 11-2

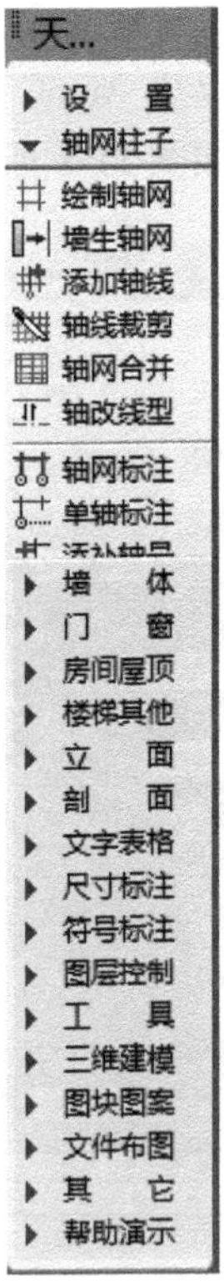

图 11-3

11.1.2　在位编辑框与动态输入

在位编辑框是在 AutoCAD 2006 的动态输入中首次出现的新颖编辑界面，天正软件把这个特性引入到 AutoCAD 20××平台，使得这些平台上的天正软件都可以享用这个新颖界面特性，对所有尺寸标注和符号说明中的文字进行在位编辑，而且提供了与其他天正文字编辑同等水平的特殊字符输入控制，可以输入上下标、钢筋符号、加圈符号，还可以调用专业词库中的文字，与同类软件相比，天正在位编辑框总是以水平方向合适的大小提供编辑框修改与输入文字，不会受到图形当前显示范围限制而影响操控性能，关于在位编辑的具体使用，详见天正基本操作。

在位编辑框在天正软件中广泛用于构件绘制中的尺寸动态输入、文字表格内容的修改、标注符号的编辑等，动态输入中的显示特性可在状态行中右击“DYN”按钮设置。

11.1.3　选择预览与智能右键菜单

天正 2014 软件为 2000~2005 的 AutoCAD 版本新增了鼠标指针“选择预览”特性，鼠标指针移动到对象上方时对象即可亮显，表示执行选择时要选中的对象，同时智能感知该对象，此时右击即可激活相应的对象编辑菜单，使对象编辑更加快捷方便，当图形太大选择预览影响效率时会自动关闭，也可以在“天正自定义”命令的“操作配置”选项卡下人工关闭。

在 AutoCAD 绘图区，单击鼠标右键（简称右击）即弹出快捷菜单。该菜单内容是动态显示的，根据当前光标下面的预选对象确定菜单内容，当没有预选对象时，弹出最常用的命令菜单，否则根据所选的对象列出相关的命令。当鼠标指针在菜单项上移动时，AutoCAD 状态行给出当前菜单项的简短使用说明。

在天正建筑软件中图形空白处可进行慢击右键的操作，即勾选在“天正自定义”的“操作配置”选项卡中提供的“启用天正右键快捷菜单”中的“慢击右键”功能，设置好慢击时间阈值，释放鼠标右键快于该值相当于回车，慢击右键时显示天正的默认右键菜单。

天正建筑双击图形空白处的操作用于取消此前的多个对象的选择，代替需要用手按下〈ESC〉键取消选择的不便。

11.1.4　默认与自定义图标工具栏

天正图标工具栏兼容的图标菜单，由三条默认工具栏以及一条用户自定义工具栏组成，默认工具栏 1 和 2 使用时停靠于界面右侧，把分属于多个子菜单的常用天正建筑命令收纳其中，天正 2014 软件提供了“常用图层快捷工具栏”，避免反复的菜单切换，进一步提高效率。光标移到图标上稍作停留，即可提示各图标功能。工具栏图标菜单源文件为 tch. mns，位置为 sys15、sys16、sys17 文件夹下，用户可以参考 AutoCAD 有关资料的说明，使用AutoCAD菜单语法自行编辑定制，删除 tch. mnr 后，用 menuload 命令重新加载。

用户自定义工具栏与常用图层快捷工具栏默认设在图形编辑区的下方，由 AutoCAD 的 toolbar 命令控制它的打开或关闭，用户可以键入自定义“ZDY”命令，单击“工具条”页面，在其中增删自定义工具栏的内容，不必编辑任何文件。

11.1.5 特性表及其修复

特性表是 AutoCAD 2000 以上版本提供的一种交互界面，通过特性编辑〈Ctrl + 1〉调用，便于编辑多个同类对象的特性。天正对象支持特性表，并且一些不常用的特性只能通过特性表来修改，如楼梯的内部图层等。天正的“对象选择”功能和“特性编辑”功能可以很好地配合修改多个同类对象的特性参数，而对象编辑只能编辑一个对象的特性。

> 提示：
>
> 有时在天正软件安装后特性栏不起作用，选择天正对象时特性栏显示“无选择”，多是安装时系统注册表受到某些软件保护无法写入导致的，可以双击在安装文件夹→sys15-sys18 这些文件夹下的 tch8_com1X. reg 文件，手工导入注册表文件，修复注册表。

11.1.6 状态栏

天正的状态栏（图 11-4）在 AutoCAD 状态栏的基础上增加了比例设置的下拉列表控件以及多个功能切换开关，既解决了编组、墙基线、填充、加粗和动态标注的快速切换，又避免了与 AutoCAD 2006 以上版本的热键冲突问题。

图 11-4

11.2 基本操作

天正建筑的基本操作包括初始设置基本参数选项，新建工程、编辑已有工程时碰到的命令操作，除了命令行和对话框外，新提供的交互界面包括折叠屏幕菜单系统、智能感知右键菜单、在位编辑、动态输入等。

11.2.1 天正建筑做建筑设计的流程

天正建筑软件的主要功能可支持建筑设计各个阶段的需求，无论是初期的方案设计还是最后阶段的施工图设计，设计图纸的绘制详细程度取决于设计需求，由用户自己把握，而不需要通过切换软件的菜单来选择，不需要先三维建模，后做施工图设计这样的转换过程，除了具有因果关系的步骤必须严格遵守外，通常没有严格的先后顺序限制。

包括日照分析与节能设计在内的建筑设计流程如图 11-5 所示。

11.2.2 选项设置与自定义界面

天正建筑为用户提供了“天正自定义”和“天正选项”两个命令进行设置，内容进行了分类调整与扩充；“高级选项”命令在新版本中作为天正选项的一个页面，但依然能作为独立命令执行。

“天正自定义”命令是专用于修改与用户操作界面有关的参数设置而设计的，覆盖了屏幕菜单、工具条、快捷键等主要交互界面，如图 11-6 所示。

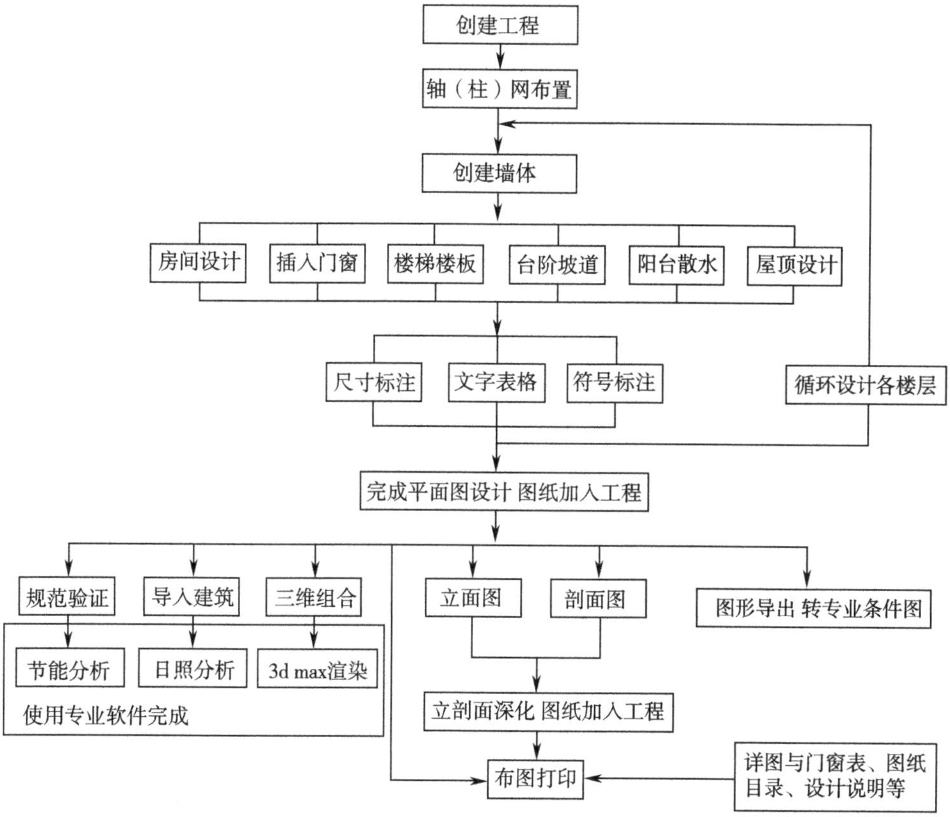

图 11-5

“天正选项”命令是专门用于修改与工程设计作图有关的参数而设计的，如绘图的基本参数设定、墙体的加粗、填充图案等的设置，“高级选项”如今作为“天正选项”命令的一个页面，其中列出的是长期有效的参数，不仅对当前图形有效，对机器重启后的操作都会起作用，如图 11-7 所示。

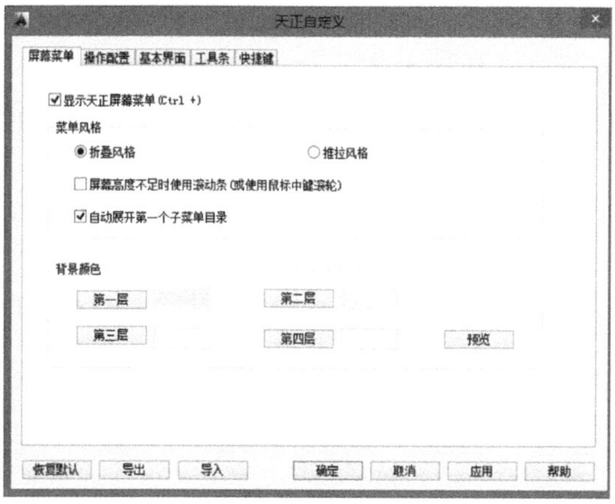

图 11-6

图 11-7

11.2.3 天正文字内容的在位编辑方法

天正建筑软件提供了对象文字内容的在位编辑，不必进入对话框，启动在位编辑后在原位置显示编辑框，在其中输入或修改文字即可。在位编辑适用于带有文字的天正对象以及 AutoCAD 2006 以下版本的单行文字对象。

在位编辑的具体操作方法：

启动在位编辑：对标有文字的对象，双击文字本身，如各种符号标注；对还没有标文字的对象，右击该对象从右键菜单（图 11-8）的在位编辑命令启动，如没有编号的门窗对象；对轴号对象，双击轴号圈范围。

在位编辑选项：右击编辑框外范围启动右键菜单，文字编辑时菜单内容为特殊文字输入命令，轴号编辑时为轴号排序命令等。

取消在位编辑：按〈Esc〉键、在右键菜单中单击取消。

确定在位编辑：单击编辑框外的任何位置、右键菜单中单击确定、在编辑单行文字时按〈Enter〉键。

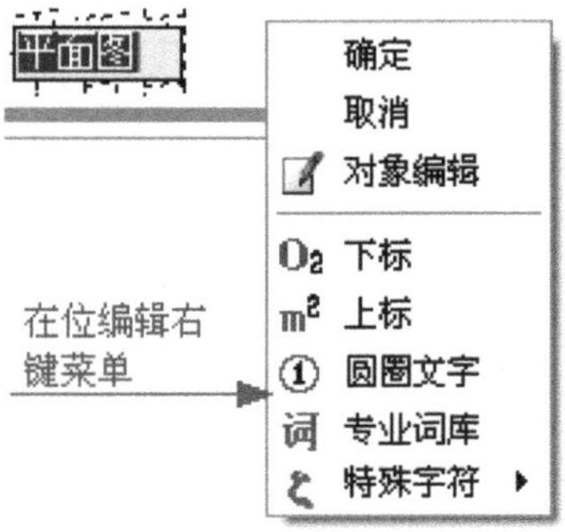

图 11-8

切换编辑字段：对存在多个字段的对象，可以通过按〈TAB〉键切换当前编辑字段，如切换表格的单元、轴号的各号圈、坐标的 XY 数值等。

11.2.4 天正对象定位的动态输入技术

天正建筑软件将“动态输入”技术引入到天正自定义对象上，与 AutoCAD 只在 2006 以上平台支持此特性不同，天正自定义对象的动态输入适用于 2004 以上的平台。

动态输入指的是在图形上直接输入对象尺寸数据的编辑方式，非常有利于提高精确绘图的效率，主要应用于以下两个方面：

（1）应用于对象动态绘制的过程，例如，绘制墙体和插门窗过程支持动态输入。

（2）应用于对象的夹点编辑过程，在对象夹点拖拽过程中，可以动态显示对象的尺寸数据，并随时输入当前位置尺寸数据。

动态输入数据后使用〈Enter〉键来确认生效，〈Tab〉键用来在各输入字段间切换（这一点与文字在位编辑一致），在一个对象有多个字段的情况下，修改一个字段数据后按〈Tab〉键代表这个字段数据的锁定，如图 11-9 所示为 AutoCAD 2014 下拖动夹点时使用动态输入墙垛尺寸的实例。

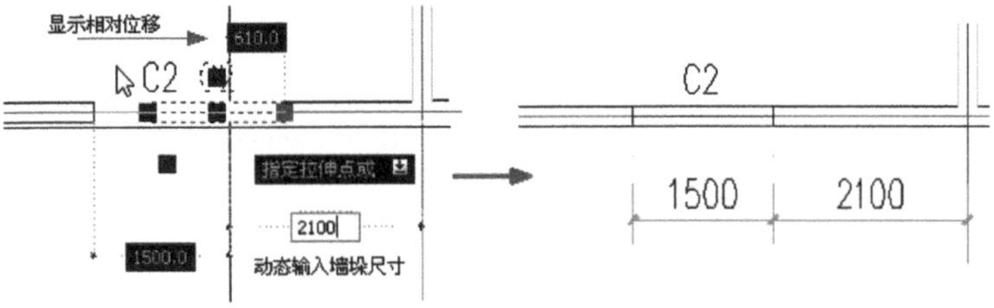

图 11-9

动态输入特性由状态栏的　DYN　按钮控制，AutoCAD 2006 以上版本的　DYN　按钮由 AutoCAD 平台提供，其他 R16 平台下的　DYN　按钮由天正软件提供。

11.2.5　命令行选项热键与右键慢击菜单

天正建筑软件大部分功能都可以在命令行键入命令执行，屏幕菜单、右键快捷菜单和键盘命令三种形式调用命令的效果是相同的。键盘命令以全称简化的方式提供，例如，“绘制墙体”菜单项对应的键盘简化命令是“HZQT”，采用汉字拼音的第一个字母组成。少数功能只能从菜单点取，不能从命令行输入，如状态开关设置。

天正建筑软件命令格式与 AutoCAD 相同，但选项改为热键直接执行的快捷方式，不必按〈Enter〉键，例如，直墙下一点或［弧墙（A）/矩形画墙（R）/闭合（C）/回退（U）］＜另一段＞：输入 A/R/C/U 均可直接执行，如图 11-10 所示。

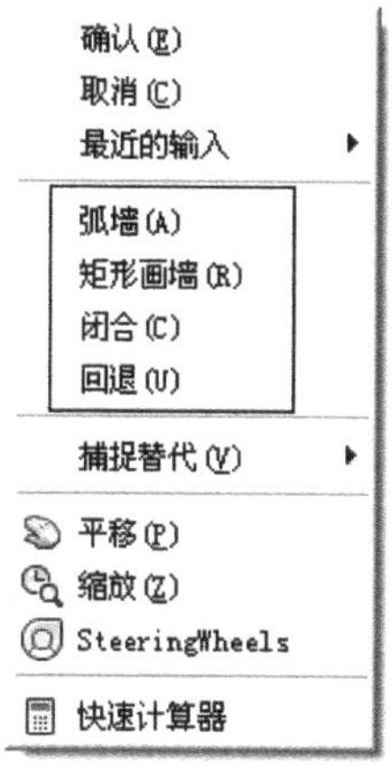

图 11-10

利用 AutoCAD 2004 以上平台提供的“鼠标右键慢击菜单”，为命令行关键字选择提供了右键菜单，可免除输入关键字的键盘操作。

当命令行有选项关键字时，右键慢击鼠标可弹出快捷菜单供用户选择关键字，而右键快击仍然代表传统的确定操作。在“Options（选项）”的“用户系统配置”菜单中的“自定义右键单击”，可对此特性进行自定义，其中的“慢速单击期限”指的是右键从按下到弹起的时间长短。

11.2.6　门窗与尺寸标注的智能联动

天正建筑软件提供门窗编辑与门窗尺寸标注的联动功能，在对门窗宽度进行编辑，包括门窗移动、夹点改宽、对象编辑、特性编辑〈Ctrl + 1〉和格式刷特性匹配，使得门窗宽度发生线性变化时，线性的尺寸标注将随门窗的改变联动更新。

门窗的联动范围取决于尺寸对象的联动范围设定，即由起始尺寸界线、终止尺寸界线以及尺寸线和尺寸关联夹点所围合范围内的门窗才会联动。如图 11-11 中蓝色方框是尺寸关联夹点，沿着尺寸标注对象的起点、中点和结束点共提供三个尺寸关联夹点，其位置可以通过鼠标拖动改变，对于任何一个或多个尺寸对象可以在特性表中设置联动是否启用。

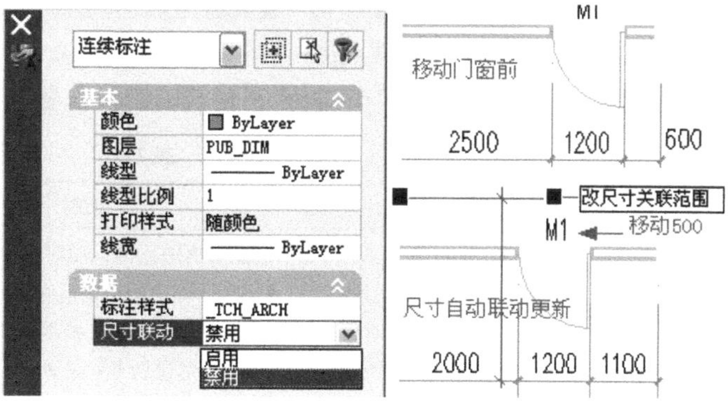

图 11-11

11.3　天正设置

天正建筑提供的参数设置功能通过“天正选项”“天正自定义”两个命令进行设置，天正建筑把以前在 AutoCAD 的 选项 命令中添加的 天正基本设定 和 天正加粗填充 两个选项页面与 高级选项 命令三者集成为新的 天正选项 命令。

单独的 天正自定义 命令用于设置界面的默认操作，如菜单、工具栏、快捷键和在位编辑界面。

11.3.1 天正选项

该命令功能分为三个页面，首先介绍的“基本设定”页面包括与天正建筑软件全局相关的参数，这些参数仅与当前图形有关，也就是说这些参数一旦修改，本图的参数设置会发生改变，但不影响新建图形中的同类参数。在对话框右上角提供了全屏显示的图标，更改高级选项内容较多，此时可选择使用。

执行“设置”→“天正选项”或“TZXX”命令。在弹出的“天正选项”对话框中，单击“基本设定”“加粗填充”“高级选项”选项卡进入各自的页面，如图 11-12 所示。

图 11-12

在对话框下方，提供有“恢复默认”“导出”“导入”“确定”“取消”“应用”“帮助”共 7 个按钮，提供了方便的参数管理功能。

1. 基本设定

基本设定包括图形设置和符号设置两个参数选择区，其内容分别见表 11-1 和表 11-2。2014 版天正建筑的图形设置中新增弧长标注的设定。

表 11-1

控　件	功　能
当前比例	设定此后新创建的对象所采用的出图比例，同时显示在 AutoCAD 状态栏的最左边。默认的初始比例为 1:100。本设置对已存在的图形对象的比例没有影响，只被新创建的天正对象所采用。除天正日块外的所有天正对象都具有一个“出图比例”参数，用来控制对象的二维视图，例如，图纸上粗线宽度为 0.5mm 的墙线，如果墙对象的比例参数是 200，那么在加粗开关开启的状态下，在模型空间可以测量出：墙线粗 = 0.5 × 200 = 100 绘图单位；从状态栏中可以直接设置当前比例 注意：软件支持米单位图形的坐标和尺寸标注，此时 1:1000 要相应调整为 1:1，1:500 调整为 1:0.5，如此类推
当前层高	设定本图的默认层高。本设定不影响已经绘制的墙、柱子和楼梯的高度，只是作为以后生成的墙和柱子的默认高度。用户不要混淆了当前层高、楼层表的层高、构件高度三个概念 当前层高：仅仅作为新产生的墙、柱和楼梯的高度 楼层表的层高：仅仅用在把标准层转换为自然层，并进行叠加时的 Z 向定位用 构件高度：墙柱构件创建后其高度参数就与其他全局的设置无关，一个楼层中的各构件可以拥有各自独立的不同高度，以适应梯间门窗、错层、跃层等特殊情况需要

（续）

控　件	功　能
显示模式	2D（仅显示天正对象的二维视图）：在二维显示模式下，系统在所有视口中都显示对象的二维视图，而不管该视口的视图方向是平面视图还是轴测、透视视图。尽管观察方向是轴测方向，仍然只是显示二维平面图 3D（仅显示天正对象的三维视图）：本功能将当前图的各个视口按照三维的模式进行显示，各个视口内视图按三维投影规则进行显示 自动（按视图方向自动判断以二维或三维显示天正对象）：本功能可按该视口的视图方向，系统自动确定显示方式，即平面图（俯视图）显示二维，其他视图方向显示三维。一般这种方式最方便，可以在一个屏幕内同时观察二维和三维表现效果。由于视图方向、范围的改变导致天正对象重新生成，性能低于“完全二维”和“完全三维”
楼梯	楼梯的平面施工图要求绘制剖断线，系统默认按明制图标准提供了单剖断线画法，但也提供了原有习惯的双剖断线画法
凸窗挡板 门窗套加保温	凸窗挡板和门窗套提供加保温层的选项，挡板上的保温层厚度按 30 厚绘制
门窗编号大写	用于设置门窗编号的注写规则，门窗编号统一在图上以大写字母标注，不管原始输入是否包含小写字母
房间面积精度	用于设置各种房间面积的标注精度
弧长标注	用于设置弧长标注的制图规范样式，有新标准 GB/T 50001—2010 规定的弧长标注与旧标准 GB/T 50001—2001 规定的两种样式可选，默认是旧标准
单位换算	提供了适用于在米（m）单位图形中进行尺寸标注、坐标标注以及道路线制、倒角，布树的单位换算设置，其他天正绘图命令在米（m）单位图形下并不适用

表 11-2

控　件	功　能
圆圈文字	圆圈文字提供“标注在圈内”“旧圆圈样式”和“标注可出圈”三种样式，“标注在圈内”由字高系数即外接圆直径和圆圈内径的比例系数控制，默认为 0.6，在高级选项中设置，实例如下图所示。旧圆圈样式可保持与旧图的兼容性，标注可出圈用于较长的索引图名，以文字出圈的代价来保持圈内文字的可读性 
符号标注文字距离基线系数	用于设置符号标注对象中文字与基线的距离，该系数为文字字高的倍数
引出文字距基线末端距离系数	用于设置符号标注对象中齐线端文字与基线的末端距离，该系数为文字字高的倍数
标高符号圆点直径	总图地坪标高标注用的圆点符号尺寸不统一，可以进行设置
标高符号三角高度	总图地坪标高标注用的三角符号尺寸不统一，可以进行设置

2. 加粗填充

加粗填充专用于墙体与柱子的填充，提供各种填充图案和加粗线宽，如图 11-13 所示。

详图填充方式共有 普通填充 和 线图案填充 两种，适用于不同材料的填充对象，后者专门用于墙体材料，为填充墙和轻质隔墙，在 绘制墙体 命令中有多个填充墙材料可供设置。

填充图案共有“标准”和“详图”两个填充级别，按不同当前比例设定不同的图案和加粗线宽，由用户通过“比例大于1∶××启用详图模式”参数进行设定，当前比例大于或小于设置的比例界限后切换模式，有效地满足了施工图中不同图纸类型填充与加粗详细程度不同的要求。

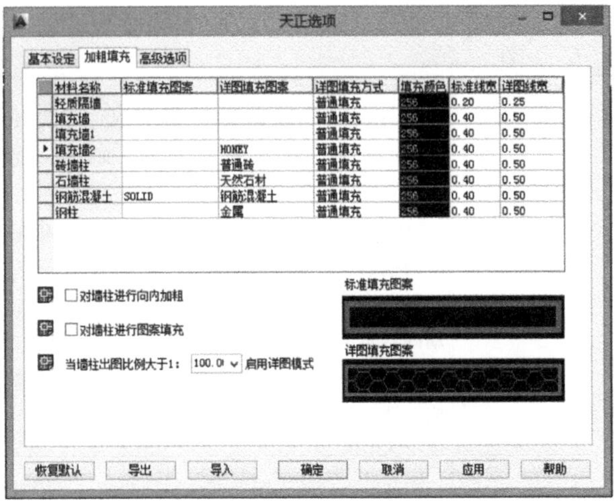

图 11-13

💡提示：

为了图面清晰以方便操作，加快绘图处理速度，墙柱平时不要填充，出图前再开启填充开关，最终打印在图纸上的墙线实际宽度 = 加粗宽度 + 1/2 墙柱在天正打印样式表中设定的宽度。例如，按照目前的默认值，选项设置的线宽为0.4，ctb中设为0.4，打印出来为0.6，如果是室内设计或者其他非建筑专业使用的平面图，不必打开加粗。

3. 高级选项

高级选项用于控制天正建筑全局变量的用户自定义参数的设置，除了尺寸样式需专门设置外，这里定义的参数保存在初始参数文件中，不仅用于当前图形，对新建的文件也起作用。高级选项和选项是结合使用的，例如，在高级选项中设置了多种尺寸标注样式，在当前图形选项中根据当前单位和标注要求选用其中几种用于本图，在2014版本新增指北针文字的设置，可设为沿Y轴方向或者沿半径方向，弧长标注按新制图规范提供了新的可选样式。

单击“高级选项”选项卡后，看到对话框界面中，以树状目录的电子表格形式列出可供修改的选项内容，如图11-14所示。

其中可供用户定义的是“值”这一列的内容，有些值完全是数值，直接修改即可，但是尺寸标注的默认尺寸样式需要在本图中先用

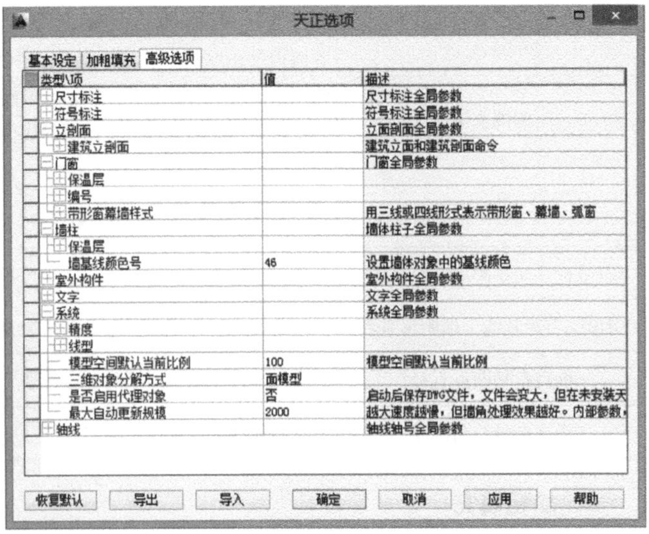

图 11-14

DDim 命令定义好，由于尺寸样式仅对本图有效，新建的图形文件没有新的样式定义，此时系统会创建一个以用户样式命名的默认样式，内容和_ TCH_ ARCH 一致，要将尺寸样式用于其他图形文件要进行专门的设置，举例说明如下：

用户对毫米为绘图单位和尺寸标注单位用 DDim 设置了一个标注样式_ CARI_ ARCH，在“粗斜线（mm-mm） 项将对应的值设为新标注样式名称_ CARI_ ARCH，单击“确定完成设置。用户如果要使用这个标注样式新建图形，则要把包含有定义好的标注样式的 DWG 文件用 Saveas...（另存为）命令保存为模板 . DWT 文件，新建图形时直接应用这个模板即可。

“高级选项”的设置参数保存在软件安装目录下 sys 子目录 config. ini 文件中，将这个文件复制到其他安装天正建筑的机器的 sys 目录，可以实现参数配置的共享。

11. 3. 2　自定义

本命令功能是启动“天正自定义”对话框，在其中按用户自己的要求设置软件的交互界面效果。

执行“设置”→“天正自定义”或者“ZDY”命令，弹出“天正自定义”对话框，其中包括“屏幕菜单”“操作配置”“基本界面”“工具条”“快捷键”5 个选项卡，如图 11-15 所示。

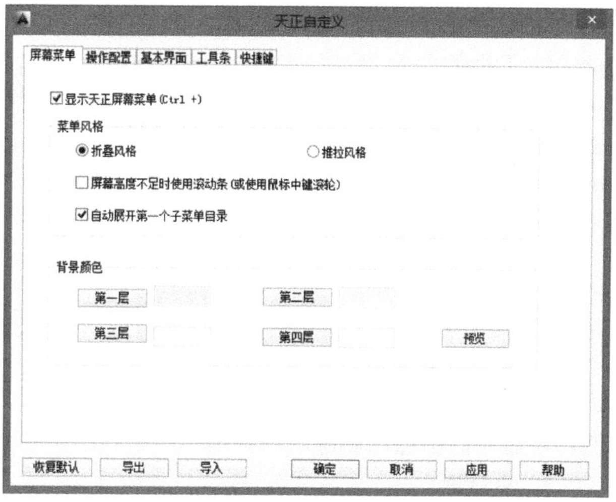

图 11-15

1. 屏幕菜单

屏幕菜单（图 11-15）提供折叠功能，可单击展开下级子菜单 A，在执行菜单 A 的命令时可随时切换到 A 的同级子菜单 B，此时 A 子菜单收回，B 子菜单展开，这样的设计避免了返回上级菜单的冗余动作，提高了使用效率。

菜单风格分为“折叠”和“推拉”两种风格，“折叠”是指根菜单和子菜单自上而下折叠排列，菜单展开高度超过屏幕时在菜单最外层上下滚动；“推拉”是指菜单展开的高度总是维持屏幕高度不变，在各自不同位置推拉子菜单，如短则留空，长则在其中上下滚动。

2. 操作配置

“操作配置”选项卡的内容都与操作习惯有关，如图 11-16 所示。

3. 基本界面

“基本界面”选项卡中包括“界面设置（文档标签）”和“在位编辑”两部分内容，如图 11-17 所示。

“文档标签”是指用户在打开多个 DWG 文件时，在绘图窗口上方对应每个 DWG 文件提供一个图形名称选项卡，供用户在已打开的多个 DWG 文件之间快速切换，不勾选表示不显示图形名称切换功能。

在位编辑　是指在编辑文字和符号尺寸标注中的文字对象时，在文字原位显示的文本编辑框使用的字体颜色、字体高度、编辑框背景颜色都由这里控制。

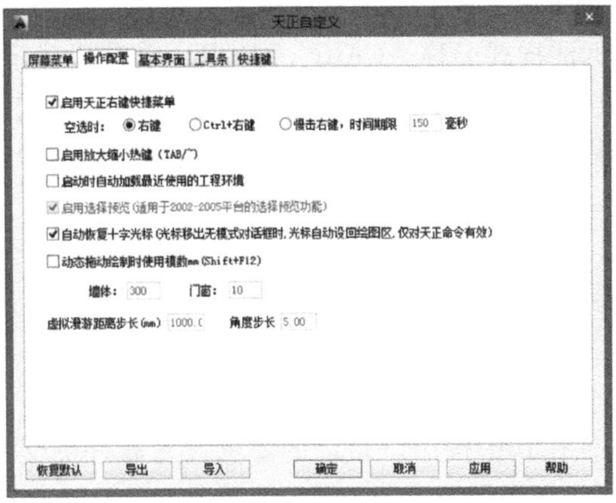

图 11-16

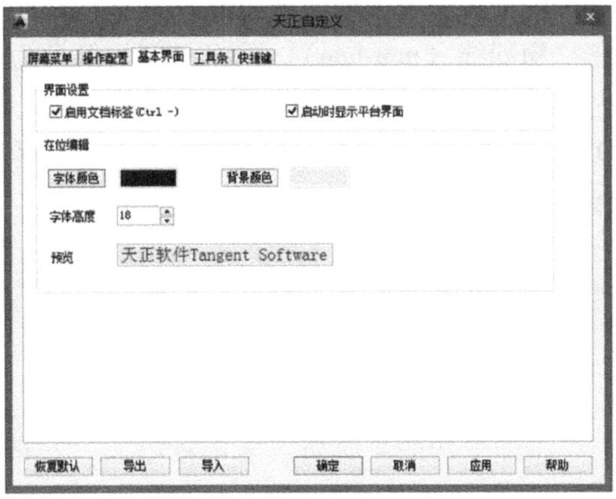

图 11-17

4. 工具条

默认的自定义工具条停靠在屏幕图形编辑区的下方。工具条可以从默认位置拖动到其他位置，也可以在浮动状态时通过右上角的 × 按钮关闭。

单击“自定义”命令进入“天正自定义”对话框，可以在如图 11-18 所示的“工具条”选项卡中进行工具条命令的添加与删除。

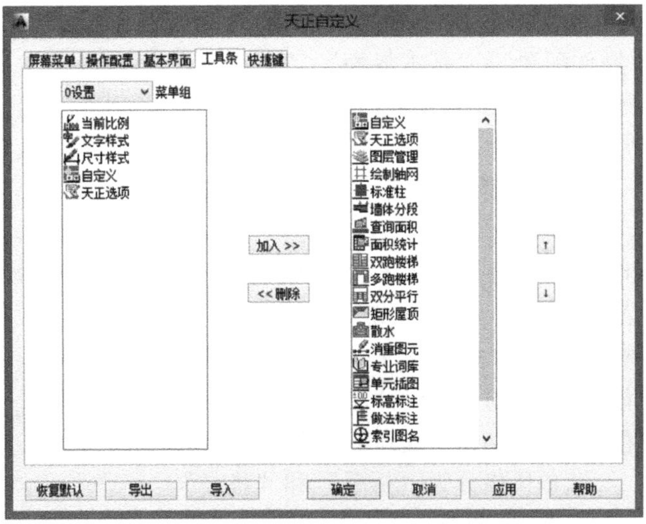

图 11-18

5. 快捷键

天正自定义中的快捷键分为“一键快捷”和“普通快捷键”。设置的单键快捷键定义某个数字或者字母键，即可调用对应于该键的天正建筑或者 AutoCAD 的命令功能，在“命令名”栏目下可以直接单击表格单元内右边的按钮，即可进入天正命令选取界面，双击命令后获得有效的天正命令全名。

一键快捷：勾选“一键快捷”复选框，启用“一键快捷”表格中定义的命令，如图 11-19 所示。

> **提示：**
>
> 当修改普通快捷键后，并不能马上启用该快捷键定义，请执行“Reinit”命令，再勾选“PGP 文件”复选框才能启用该快捷键，否则需要退出天正建筑再次启动进入。

用〈Del〉键可以清除任何快捷键的定义，或者在命令名栏内修改需要一键快捷执行的命令名。

普通快捷键：勾选　普通快捷键　复选框，启用　普通快捷键　表格中定义的命令，如图 11-20所示。

> 提示：
>
> 快捷键不要使用数字 3，避免与 3 开头的 AutoCAD 三维命令 3D×××冲突。

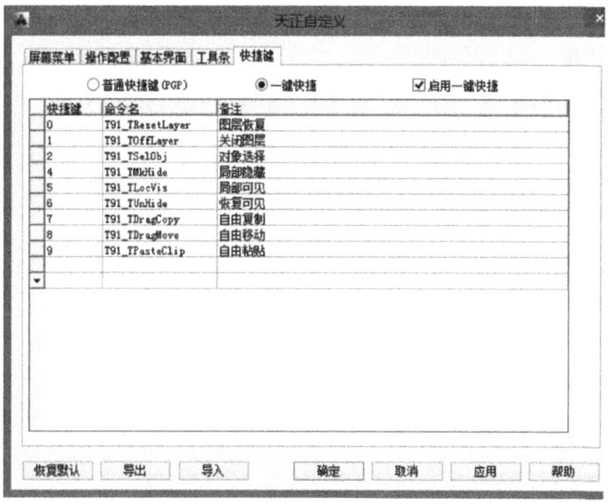

图 11-19

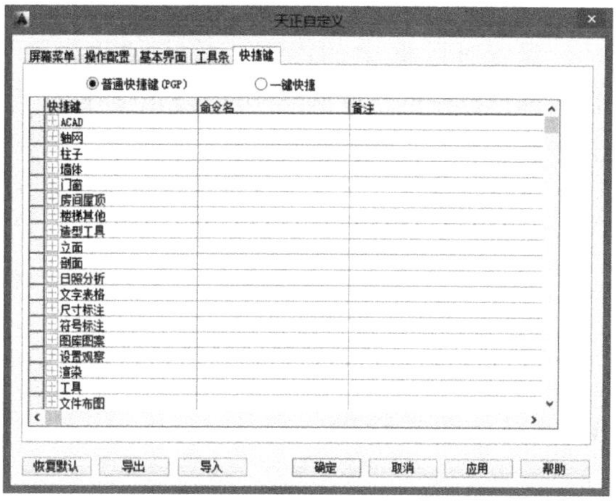

图 11-20

11.4　样式与图层设置

11.4.1　当前比例

本命令用于所有天正自定义的各种对象，按照当前比例的大小决定标注类和文本与符号类对象中的文字字高与符号尺寸、建筑对象中的加粗线宽粗细，对设置后新生成的对象有效，从状态栏左下角的“比例”按钮（AutoCAD—2002 平台下无法提供）以及从选项中“天正基本设定”界面里面的“当前比例”下拉列表中均可设置。

执行“设置”→“当前比例”或者“DQBL”命令

本命令提供了状态栏的左下角的比例下拉按钮控件，设置后的当前值显示在状态栏中，如果当前已经选择对象，单击“比例”按钮除了设置当前比例外，还可直接改变这些对象的比例，同时具有“改变比例”命令的功能。

此外还可以通过命令行与用户交互，单击菜单命令后，命令提示：

当前比例 <100>:150 键入当前比例的新值后按〈Enter〉键。

当前比例随即改变，同时下拉按钮控件的显示马上更新。

注意：当前如为米单位 1:1000、1:500 时，当前比例应该相应改为 1:1、1:0.5，如此类推，与当前为毫米单位是不同的，用户在设置米单位绘图后，应自行修改比例的设置。

11.4.2　文字样式

本命令功能为天正自定义的扩展文字样式，由于 AutoCAD 的 SHX 形字体由中西文字体组成，中西文字体分别设定参数控制中西文字体的宽度比例，可以与AutoCAD的SHX字体的高度以及字高参数协调一致。

执行 设置 → 文字样式 或 WZYS 命令，弹出“文字样式 对话框，如图11-21所示。

设置对话框中的参数，单击“确定”按钮后，即以其中的文字样式作为天正文字的当前样式进行各种符号和文字标注。

> 提示：
>
> 设置“西文参数”中的内容时，选择Windows字体不起作用。

图11-21

11.4.3 图层管理

本命令为用户提供灵活的图层名称、颜色和线型的管理，其中线型是在天正建筑新增的，同时也支持用户自己创建的图层标准，特点如下：

①通过外部数据库文件设置多个不同图层的标准；②可恢复用户不规范设置的颜色和线型；③对当前图的图层标准进行转换。

系统不对用户定义的标准图层数量进行限制，用户可以新建图层标准，在图层管理器中修改标准中各图层的名称和颜色、线型，对当前图档的图层按选定的标准进行转换。

执行“设置”→“图层管理”或“TCGL”命令，弹出“图层管理”对话框，如图11-22所示。

> 提示：
>
> 图层转换命令的转换方法是图层名全名匹配转换，图层标准中的组合用图层名（如3T_、S_、E_等前缀）是不进行转换的。

设置对话框中的参数，单击“图层转换”按钮后，即以新的图层系统作为当前天正建筑使用的图层系统运行，多余的图层标准文件存放在sys文件夹下，扩展名为LAY，用户可以在资源管理器下直接删除，删除后的图层标准名称不会在“图层标准”列表中出现。

图11-22

用户自己创建图层标准的方法：

（1）复制默认的图层标准文件作为自定义图层的模板，用英文标准的可以复制TArch.lay文件，用中文标准的可以复制GBT18112-2000.lay文件，例如，把文件复制为Mylayer.lay。

（2）确认自定义的图层标准文件保存在天正安装文件夹下的sys文件夹中。

（3）使用文本编辑程序，例如，　记事本　编辑自定义图层标准文件 Mylayer. lay，注意在改柱和墙图层时，要按材质修改各自图层，如砖墙、混凝土墙等都要改，只改墙线图层是不起作用的。

（4）改好图层标准后，执行本命令，在　图层标准　列表里面就能看到 Mylayer 这个新标准了，选择它然后单击“置为当前标准　就可以用了。

小结：

天正建筑 2014 版本对于提高作图速度，方便图形管理和图纸管理等方面得到了非常大的提高。天正建筑系统 T-Arch 2014 将尺寸标注模块添加、完善，增加快速标注、双线标注、弧弦标注功能，增强总图功能，优化墙柱关系处理，使 CAD 绘图更便捷。

第 12 章　天正建筑绘制平面图

【学习提示】通过精选的住宅建筑的平面图、立面图、剖面图的绘制来学习天正建筑的主要绘图思路和方法。本章主要学习天正建筑绘制平面图的方法，通过住宅建筑的标准层、首层和顶层等平面图的绘制来学习平面图的绘制过程和天正建筑命令的应用。

【本章重点】天正建筑绘制平面图的思路和方法。

【作图步骤】

建筑平面图的绘制一般步骤如下：

（1）新建文件和初始设置。

（2）轴网绘制。

（3）墙体和阳台绘制。

（4）添加构造柱。

（5）门窗的插入。

（6）房间家具插入。

（7）楼梯的创建。

（8）尺寸标注。

（9）符号标注。

12.1　绘制住宅标准层平面图

住宅建筑的平面图通常包括标准层平面图、首层平面图、顶层平面图、屋顶平面图等，通常情况下会先绘制一个单元的标准层平面图，然后再通过修改获得其他平面图。其绘制思路与单纯利用 AutoCAD 绘制建筑平面图的方法类似，也是通过轴网、墙体、门窗、家具、标注等步骤，只是在天正建筑中，有很多参数化的模块，能够简化作图，节约时间。

12.1.1　新建文件和天正选项设置

打开天正建筑软件，执行〈Ctrl + N〉新建文件，然后执行“设置”→“天正选项”或者“TZXX”命令，在弹出的对话框中，按照如图 12-1 所示的内容进行调整。

提示：

天正建筑的快捷命令非常容易记住，那就是根据汉语习惯，采用汉语拼音的首字母，几乎所有的天正命令都可以通过这种方式的快捷键获得，这一点对于加快作图速度非常有益。

12.1.2　轴网的绘制与编辑

轴网是建筑物单体平面布置和墙柱构件定位的依据。完整的轴网由轴线、轴号和尺寸标

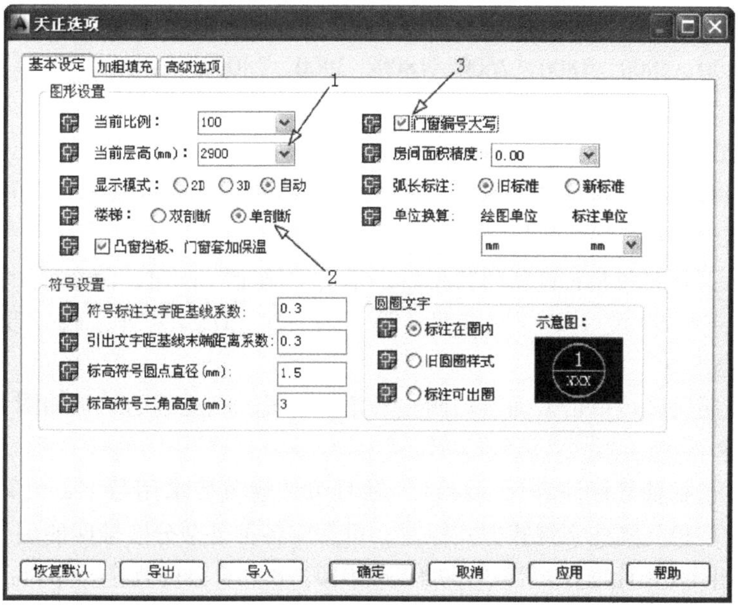

图 12-1

注三个相对独立的系统构成。天正建筑提供了专门的轴网绘制、编辑和标注命令。

1. 轴网的绘制

执行命令“轴网柱子”→“绘制轴网”或者“HZZW”，弹出如图 12-2 所示的对话框。默认“直线轴网”面板，可以通过上下开间，左右进深来确定轴网尺寸。如果选择“圆弧轴网”，可以通过夹角、进深、半径等数据来确定弧形的轴网。

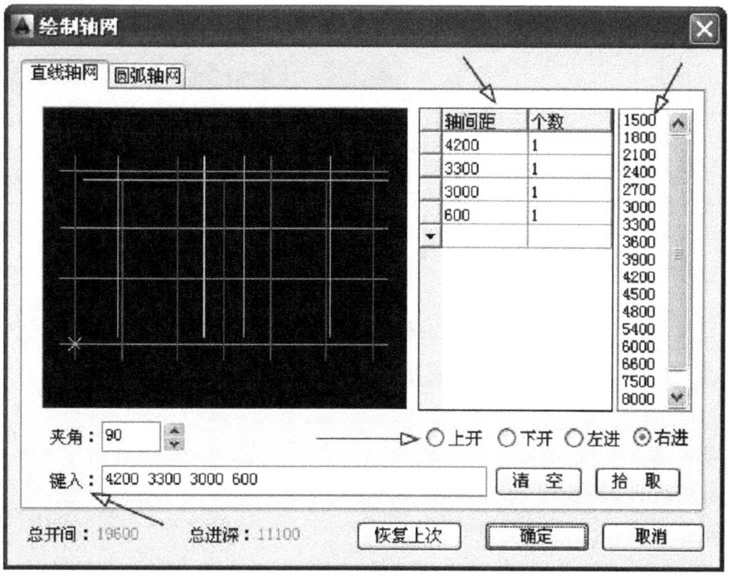

图 12-2

本例所用的轴网尺寸为：

下开间：3100、3600、3100、3100、3600、3100

上开间：2800、3900、1800、2600、1800、3900、2800

左进深：4200、3300、3600

右进深：4200、3300、3000、600

以上的轴网数据可以通过在“键入”位置处直接输入相应的数据，还可以通过数据栏输入或者选择相应的数值和个数。

输入完成上下开间和左右进深的数据后，单击“确定”按钮，命令提示行出现：

点取位置或［转 90 度（A）/左右翻（S）/上下翻（D）/对齐（F）/改转角（R）/改基点（T）］ <退出>：

鼠标左键在绘图区域单击来确定轴网左下角的位置，完成后的结果如图 12-3 所示。

2. 轴网标注

轴网的标注包括轴号标注和尺寸标注，轴号可按规范要求用数字、大写字母、小写字母、双字母、双字母间隔连字符等方式标注，可适应各种复杂分区轴网的编号规则，系统按照《房屋建筑制图统一标准》（GB/T 50001—2010）8. 0. 4 条的规定，字母 I、O、Z 不用于轴号，在排序时会自动跳过这些字母。

执行命令“轴网柱子”→“轴网标注”或者“ZWBZ”命令，弹出如图 12-4 所示的对话框，注意，此处默认为“双侧标注”，如果不进行调整，直接选择轴线标注，可以快速生成上下或者左右两侧的轴号和尺寸，但是同时标注的轴号是一个整体，如果需要移动或者编辑轴号，就比较麻烦，所以，建议此处选择单侧标注。

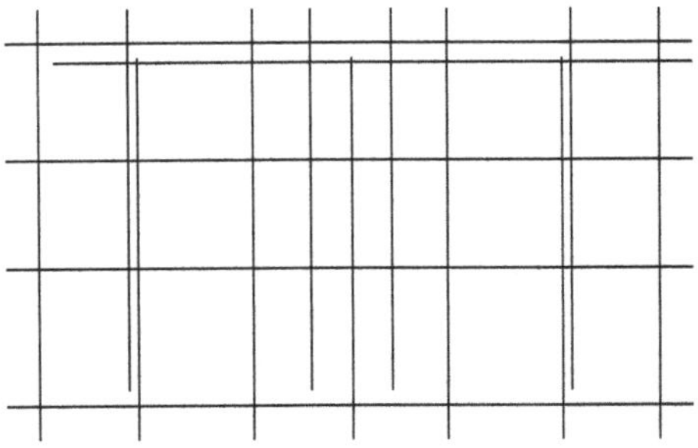

图 12-3

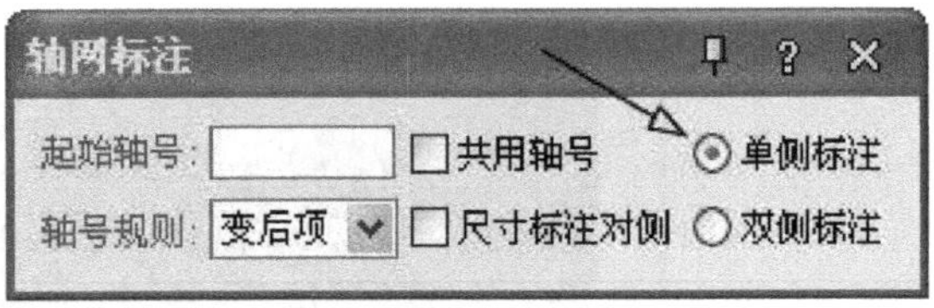

图 12-4

选择单侧标注后回到绘图区域，鼠标左键单击选择标注的起始轴线和终止轴线，按空格键、〈Enter〉键或者鼠标右键，即可生成单侧标注。

命令:TAXISDIM2P

请选择起始轴线 <退出>:

请选择终止轴线 <退出>:

请选择不需要标注的轴线:

依次执行单侧标注，完成如图 12-5 所示的标注。此时包括轴号和轴线尺寸、总尺寸同时都标注完成。仔细观察会发现右侧标注中的 D 和 E 轴号相邻太近，部分重叠，怎样进行调整呢?

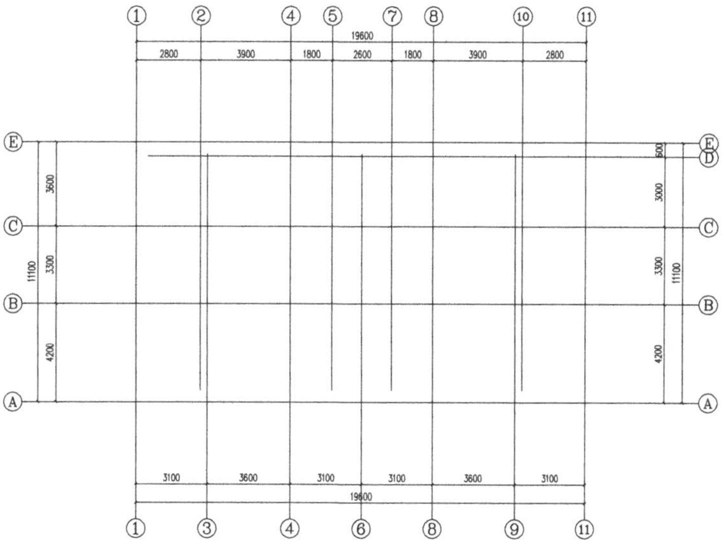

图 12-5

在菜单栏中是没有对应的指令的，但是只要单击轴号，就会出现如图 12-6 所示的夹点，然后再单击轴号圆心处的夹点就可以调整轴号位置。完成后如图 12-7 所示。

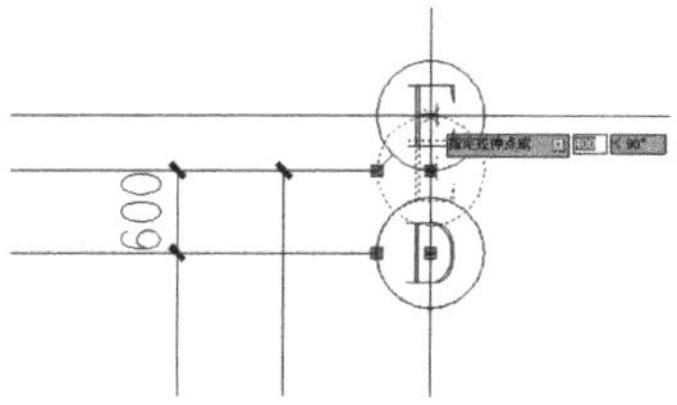

图 12-6

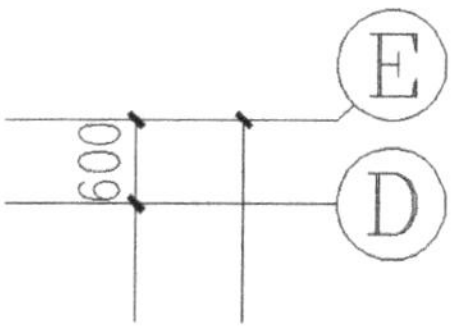

图 12-7

3. 轴网的修改

根据建筑制图规范的要求，需要对轴网进行相应的修改。

一是将轴线显示为点画线，执行“轴网柱子”→“轴改线型”或者“ZGXX”命令即可实现。

二是通过 AutoCAD 的修剪、拉伸等命令，调整轴线的相应长度，完成后如图 12-8 所示。

12.1.3　绘制墙体和阳台

轴网完成后，接下来需要绘制墙体和阳台。

1. 墙体的绘制

墙体的绘制方法主要有两种：

一种是“单线变墙”，可以选择所有的轴线，系统会识别内外墙，然后根据预设的内墙 240，外墙 370 进行绘制，产生需要的墙体，这会出现多余的墙体，可以根据需要进行删减。

另一种方法就是“绘制墙体”，根据设计的需要，采用不同的方法来绘制相应位置的墙体，这种方式可以按部就班绘制，本例采用这种方式。

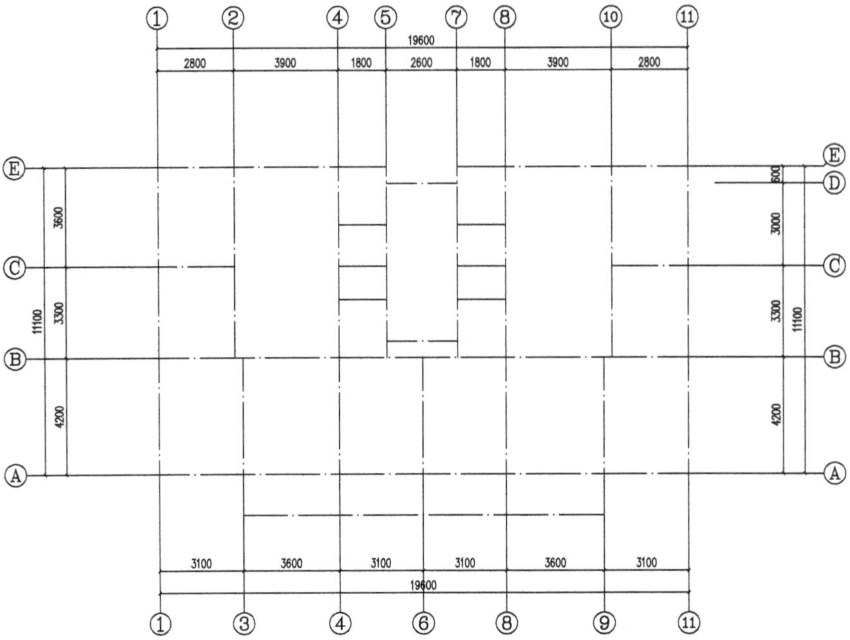

图 12-8

执行“墙体”→“绘制墙体”或者“HZQT”命令，弹出如图 12-9 所示的“绘制墙体”对话框，根据设计需要，先绘制 240 的砖墙，按照默认设置即可。默认状态下，系统自动捕捉打开，可以方便捕捉到对应的点，绘制出需要的墙体。对话框中的最下一栏为绘制墙体的方法，对于直线墙体，可以采用两种方法，一是绘制直墙，二是矩形绘墙。根据具体的设计合理选择绘制方法。

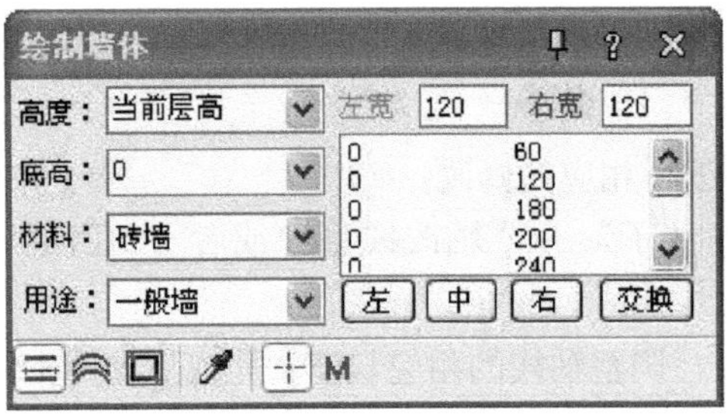

图 12-9

提示：

矩形绘墙可以完成绘制直墙命令的内容，所以可以直接采用矩形绘墙命令。

请将厕所的隔墙修改为 120 厚，墙体完成如图 12-10 所示。这里需要提醒读者的是因为住宅建筑的特点，大多数一梯两户的平面两侧是对称的布局，所以只需要绘制一半即可，然后绘制好门、窗、阳台等构件后再镜像即可。

2. 绘制阳台

执行“楼梯其他”→“阳台”或者“YT”命令，弹出如图 12-11 所示的对话框。对话框左侧预览阳台的构造，右侧参数修改，本例修改栏板宽度 120，其余为默认值。

对话框的右下角为 6 种绘制阳台的方法，分别是：凹阳台、矩形三面阳台、阴角阳台、沿墙偏移绘制、任意绘制、选择已有路径生成。本例采用第三种阴角阳台，选择如图 12-11 所示。

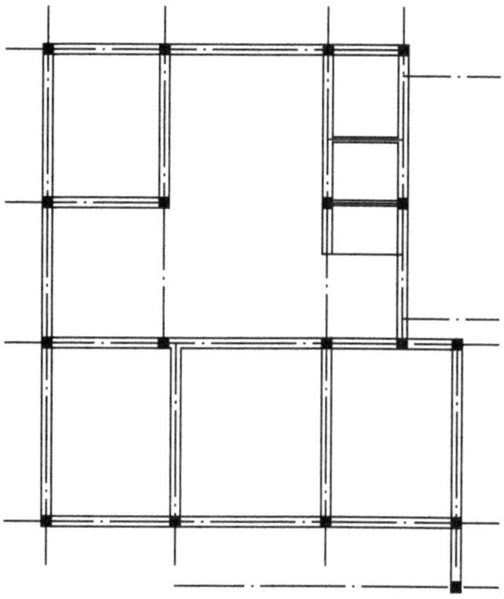

图 12-10

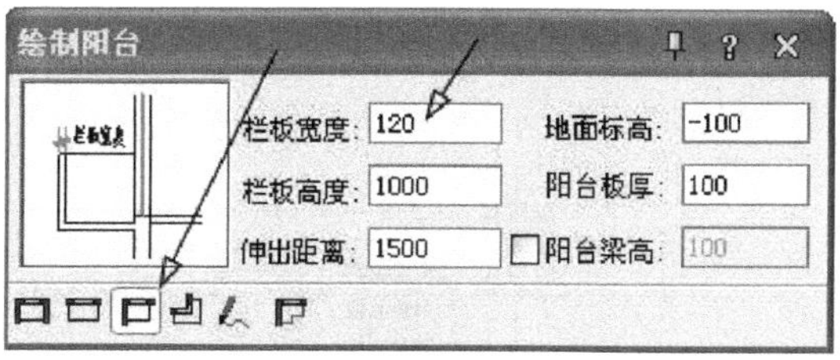

图 12-11

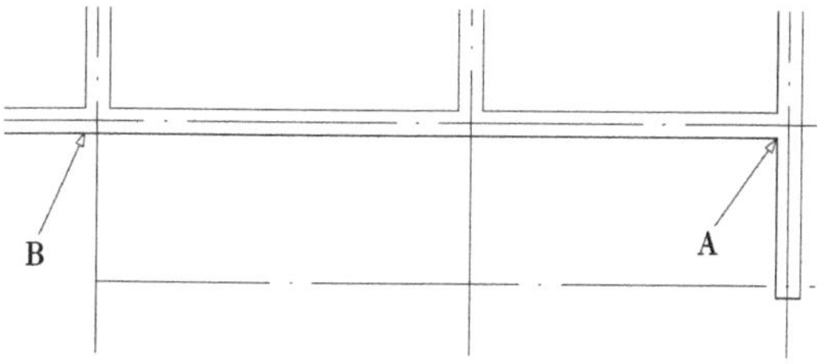

图 12-12

选择阴角阳台后，鼠标指针回到绘图区域，根据命令提示行捕捉 A 点为起点，B 点为终点。但是需要提醒读者的是，有时候当捕捉了起点后，会出现如图 12-13 所示的现象，此时需要按下〈F〉键，阳台会翻转到对侧，才能符合要求。捕捉完 B 点后，回车完成阳台绘制，如图 12-14 所示。

> **提示：**
>
> 捕捉 B 点需要用到对象追踪方式，B 点为 3 轴与 A 轴交点左下角各偏移 120 尺寸的点。

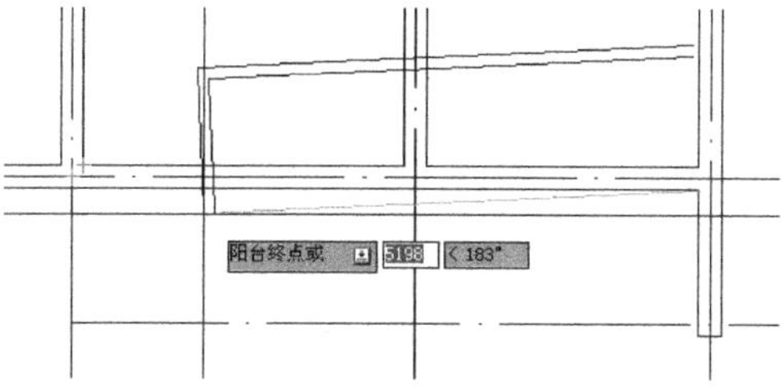

图 12-13

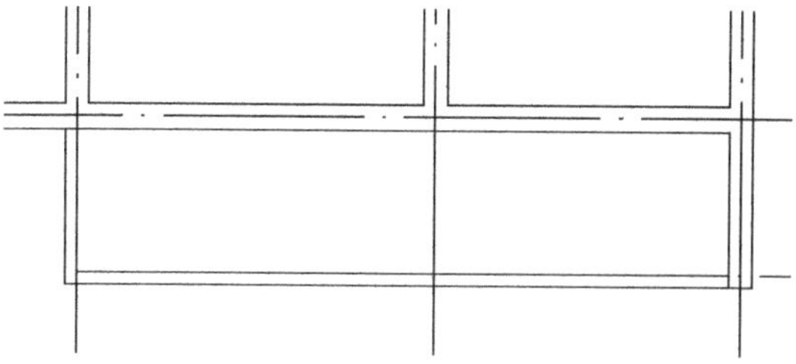

图 12-14

命令：YT

TBALCONY

阳台起点 <退出>：　　　　（捕捉 A 点）

阳台终点或［翻转到另一侧(F)］<取消>：F　　　　（输入 F）

阳台终点或［翻转到另一侧(F)］<取消>：　　　　（捕捉 B 点）

12.1.4 添加构造柱

由于本例是多层住宅，采用的是砖混结构，所以墙体是承重构件，定位轴线以墙体为准。但是依据设计规范要求，需要在相应的位置添加构造柱。

事实上，添加构造柱和添加结构柱的方法是类似的。

执行“轴网柱子”→“构造柱”或者“GZZ”命令，命令提示行要求选取添加构造柱的墙角位置，单击图形的左上角墙体连接处，接着添加上构造柱，并且弹出对话框进行构造柱的尺寸设置，如图 12-15 所示。通常情况下，构造柱尺寸为 240×240，与普通 240 砖墙相吻合。本例也是采用该尺寸。

命令：GZZ

TFORTICOLU

请选取墙角或［参考点(R)］<退出>：　　　　（选取左上角的墙角位置）

注意，如果填充完成后的构造柱显示的是线框，则需要在构造柱或者墙体位置处单击鼠标右键，弹出的菜单中点击“填充关闭”（图 12-16），这样就可以显示为填充的柱子。依次在所需要的位置添加构造柱，完成后如图 12-17 所示。

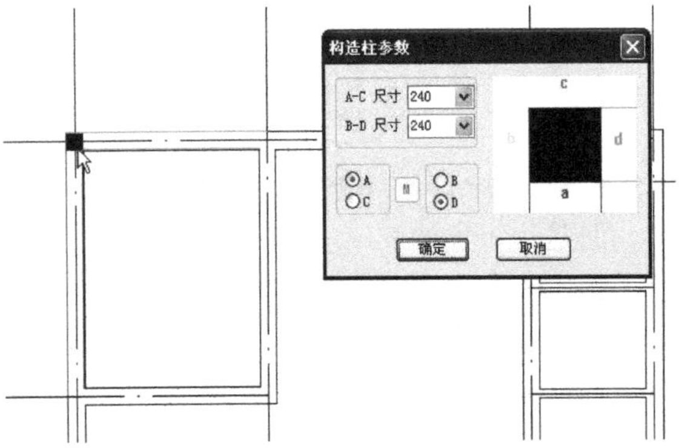

图 12-15

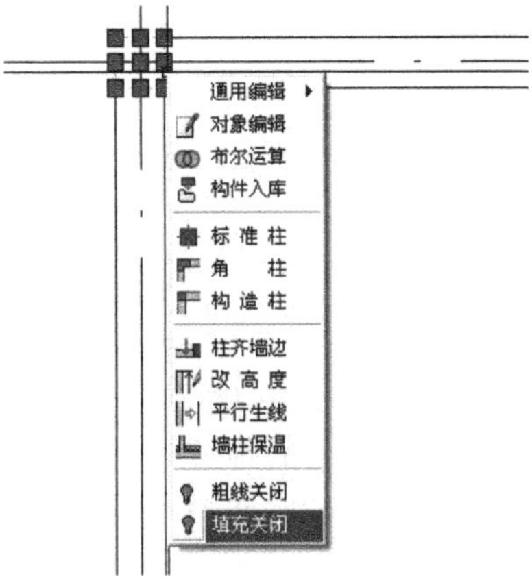

图 12-16

12.1.5 门窗的插入和修改

天正建筑可以完成几乎所有的建筑门窗，创建门窗的方法也非常灵活，所以门窗工具给建筑师提供了非常大的方便。结合本例学习常用的创建门窗的方法。

1. 普通门的插入

首先在 5 轴的 B 轴、D 轴线间，距离 B 轴 960 处设置尺寸为 1000 的分户门一个，外开。

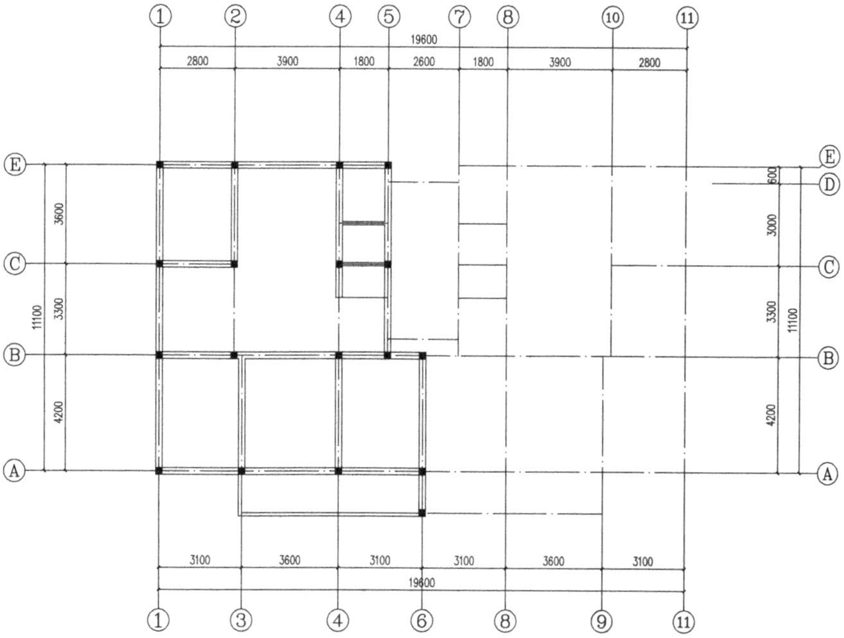

图 12-17

执行“门窗”→“门窗”或者“MC”命令，弹出如图 12-18 所示的对话框。在对话框中单击左右两侧的小预览窗口，可以分别选择门的平面和立面样式；中间是对应门的参数设置。对话框的底部分为两部分，左侧为插入门窗的方法，分别是：自由插入、顺序插入、轴线间等分插入、墙体等分插入、垛宽定距插入、轴线定距插入等，右侧是插入门窗的类型如：门、窗、门连窗、子母门、弧窗、凸窗、矩形洞、标准构件库等。

> **提示：**
>
> 注意，由于在初始设置中约定了门窗编号为大写，所以这里输入编号可以不管大小写。

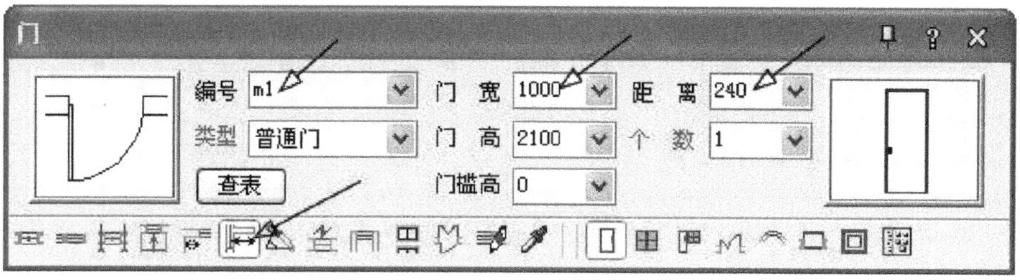

图 12-18

本例插入编号为 M1 的 1000 的门，采用轴线定距的插入方法，输入距离 240，然后回到绘图区，单击分户门所在的墙体，只需要在开门位置附近就可以。完成后如图 12-19 所示。

如果插入的门开启方向不合适，或者需要进行调整，可以通过夹点编辑的方法进行，如图 12-20 所示的门的夹点，其作用分别是夹点 1 调整门的开启方向，夹点 2 和夹点 3 可以单侧调整门的尺寸，夹点 4 可以调整门的编号位置，夹点 5 是移动门。

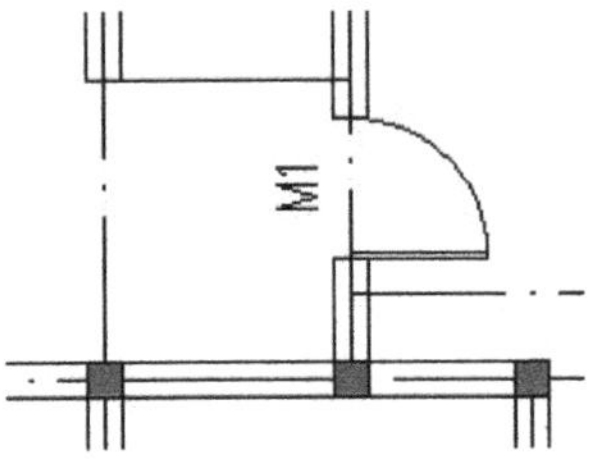

图 12-19

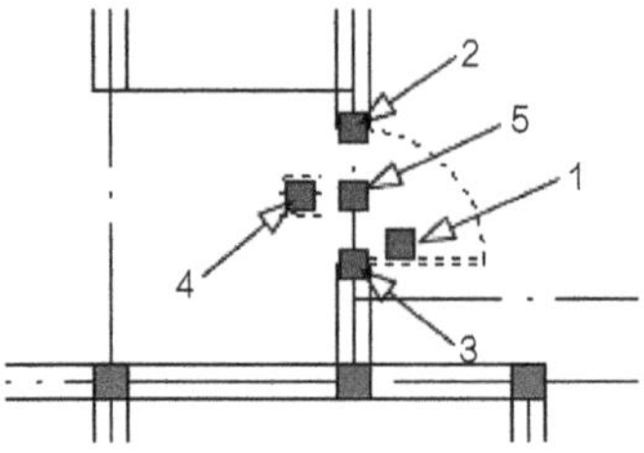

图 12-20

沿 B 轴分别给三个卧室插入门，编号 M2，900 宽，内开。设置相应参数，采用垛宽方式插入，分别设置垛宽 3 轴处 300，4 轴处 240，完成后的门如图 12-21 所示。

为阳台和卫生间设置 800 的门，编号 M3，阳台按照垛宽 240，内开；卫生间按照轴线定距 240，内开。这里需要注意的是，在住宅设计中，凡是遇到阳台、卫生间、厨房等用水的房间和位置，要有一定的室内外高差，因此在门口位置需要有高差线，只需要用 AutoCAD 的线命令绘制即可。完成后如图 12-22 所示。

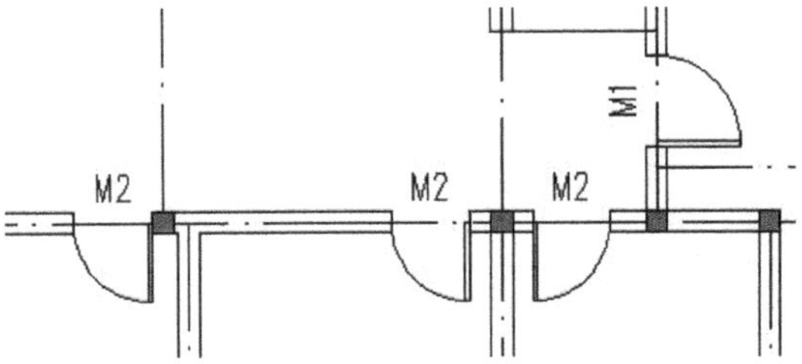

图 12-21

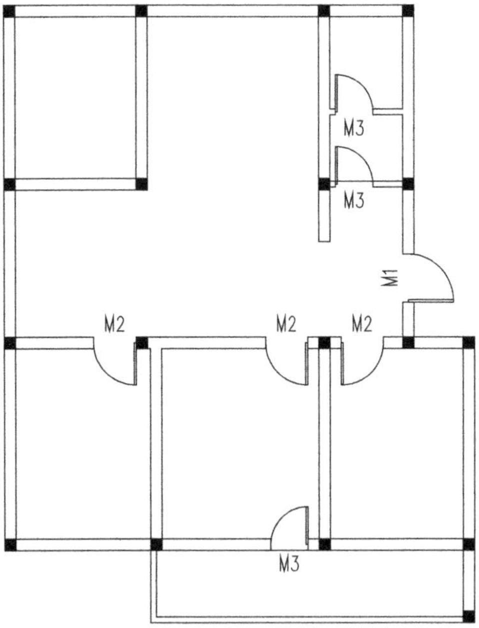

图 12-22

2. 插入门连窗

根据设计，厨房和餐厅之间采用门连窗。同样执行门窗命令，选择门连窗，设置总宽度 1800，门 800，编号 MC1，采用垛宽 240，完成后如图 12-23 所示。

3. 插入普通窗

插入窗与门是一个命令，设置和操作相差也不大，所以学习这个相对容易。先在 A 轴的 1 轴、3 轴和 4 轴、6 轴中间插入一个 1800 的普通窗。

执行“门窗”→“门窗”或者“MC”命令，弹出对话框后单击插窗图标，修改对话框

图 12-23

中的内容（图 12-24），编号为 C1。选择“依据点取位置两侧轴线进行等分插窗”或者“在点取的墙段上等分插窗”命令，移动鼠标到绘图区域，单击 1 轴、3 轴墙体，按〈Enter〉键确定，再单击 4 轴、6 轴墙体，按〈Enter〉键确定，即可各插入一个窗户。完成后结果如图 12-25 所示。

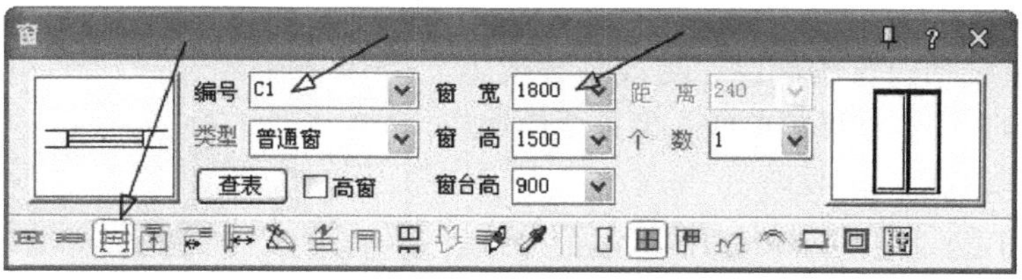

图 12-24

同样的方法完成 E 轴的 C2 和 C3，尺寸分别为 1500 和 2100，均采用等分插入的方法。然后插入 A 轴的 3 轴、4 轴间窗户 C5，尺寸为 1200，采用在点取的墙段上等分插窗的方法，完成后如图 12-26 所示。

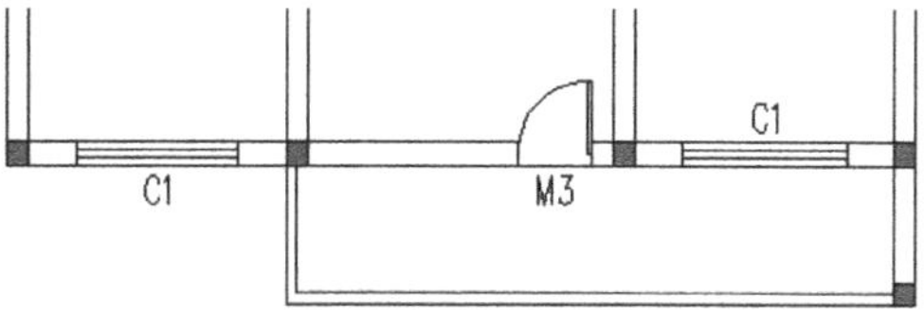

图 12-25

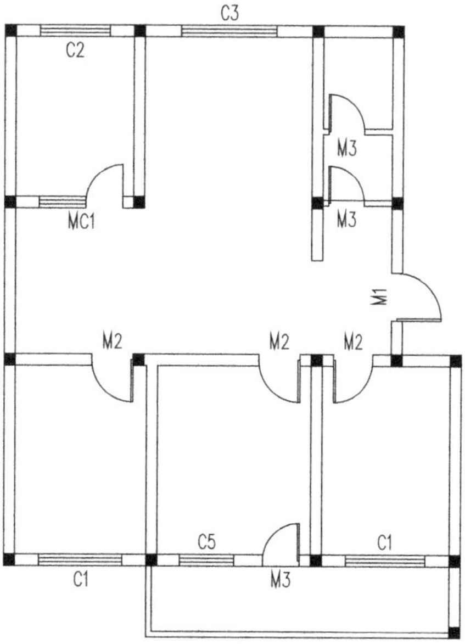

图 12-26

4. 插入高窗

由于卫生间的私密性，设计中采用了高窗，根据规范，应该采用虚线表达的窗户，这与普通窗的操作有一点不同。

执行 门窗 → 门窗 或者 MC 命令，在弹出的对话框中，只需要复选 高窗 这一项即可，其他的设置与普通窗一样，插入方法也相同。完成后如图 12-27 所示。

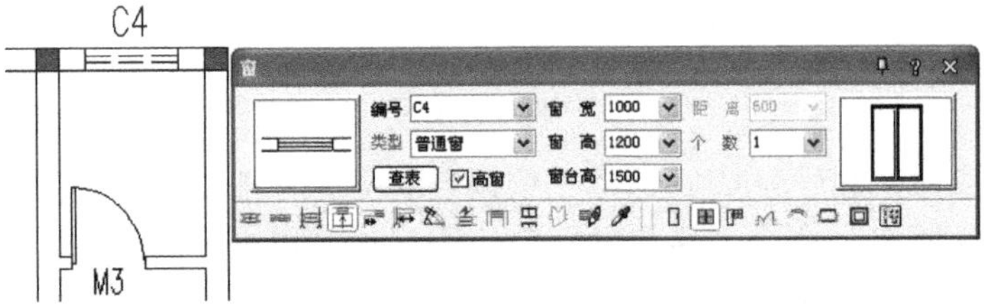

图 12-27

5. 门窗编辑

门窗的编辑包括门窗的删除、更改、替换等。删除一个或者多个门窗是最简单的，但是要更改或者替换门窗则要相对复杂一些。

（1）删除门窗。执行 AutoCAD 的删除命令或者选择门窗后按〈Delete〉键即可，在天正中最大的优势就是删除后墙体会自动恢复。这里删除阳台的 M3。

（2）更改窗户。首先学习一下窗户的更改，窗户的更改可以利用夹点编辑和在位编辑。本例更改 C1 窗的立面样式。双击 A 轴线上的 C1 窗户，执行在位编辑，重新打开插入门窗对话框，单击右侧的窗户立面图，在弹出的菜单中选择“有亮子”“推拉窗”，如图 12-28 所示。在图示的窗户立面上双击鼠标左键，返回插入门窗对话框，按〈Enter〉键确定。

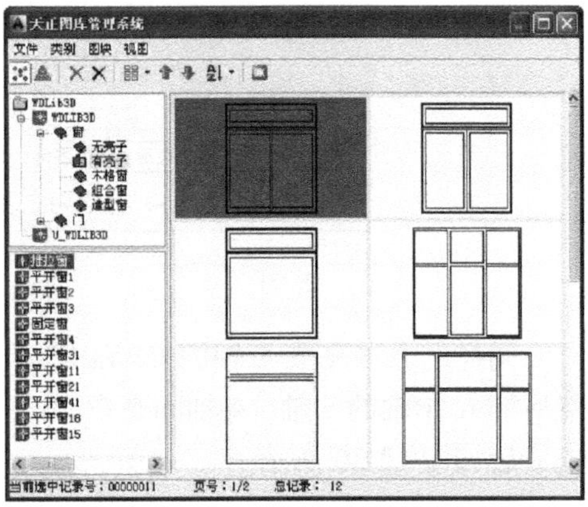

图 12-28

命令：TObjEdit （弹出门窗对话框设置修改）

其他 1 个相同编号的门窗是否同时参与修改？[全部(A)/部分(S)/否(N)]<A>： （按〈Enter〉键默认全部修改）

（3）更改编号位置。在绘图过程中，门窗编号的位置也可能不合理，如图 12-29 所示，这里就需要用夹点编辑来操作。单击 C1 出现夹点，如图 12-30 所示，其中夹点 1 和夹点 4 可以调整窗户的尺寸，夹点 2 可以更改门窗编号的位置，夹点 3 可以移动窗户，夹点 5 可以改变开启方向。图 12-29 中的 C5 和 C1 均需要调整到窗户的下方。

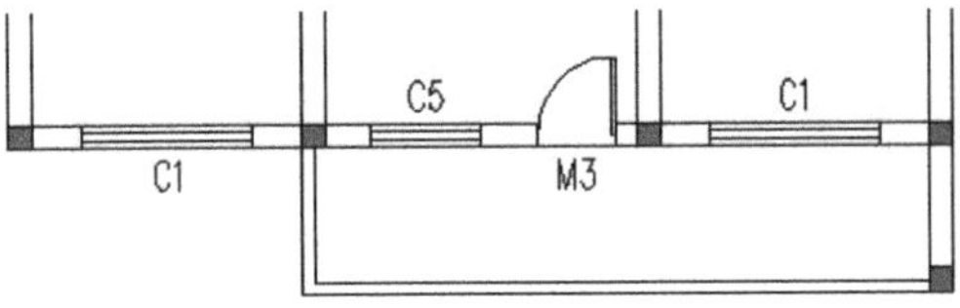

图 12-29

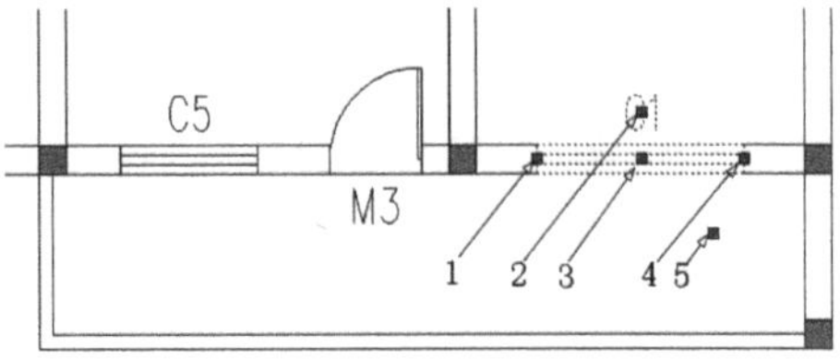

图 12-30

（4）门窗替换。适用于门窗的批量修改。执行　MCTH　命令，打开门窗参数对话框，按照如图 12-31 所示的内容进行修改，然后鼠标指针移动到绘图区，单击需要修改的对象，这里选择 A 轴阳台的 C5，这样就将卧室到阳台的普通门和窗改为了落地推拉门，实现了设计的目的。

提示：

门窗替换后，可能需要用到 AutoCAD 的移动命令调整位置。

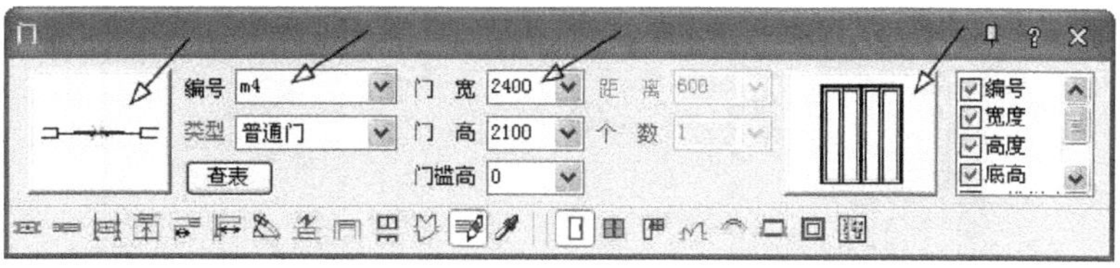

图 12-31

门窗编辑后的最终效果如图 12-32 所示。

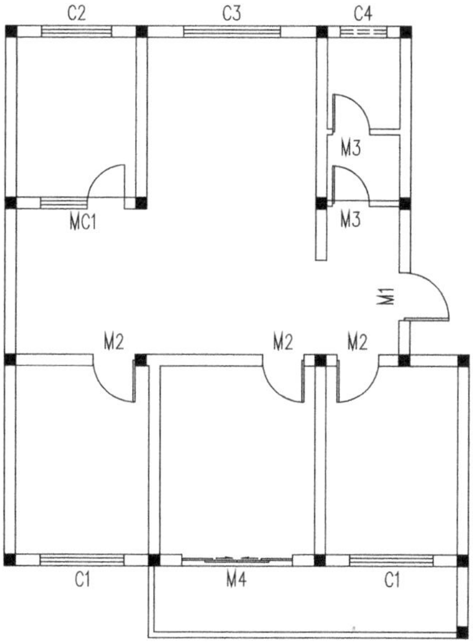

图 12-32

12.1.6　房间家具的布置

1. 卫生间布置

利用天正建筑的“布置洁具”命令，可以非常方便地布置卫生间的相应洁具，操作简洁。

执行“房间屋顶”→“房间布置”→“布置洁具”或者“BZJJ”命令，弹出“天正洁具”对话框，如图 12-33 所示。在对话框空间中选择不同类型的洁具后，系统自动给出与该类型相适应的布置方法。在右侧预览框中双击所需要布置的卫生洁具，根据弹出的对话框或命令行在图中布置洁具。单击“台式洗脸盆”，右侧双击选择“台上式洗脸盆 2”，显示布置台上式洗脸盆2 对话框，如图 12-34 所示。在对话框中设置相应的参数，然后单击沿墙内测边线布置 按钮，在如图 12-35 所示的位置墙线单击。

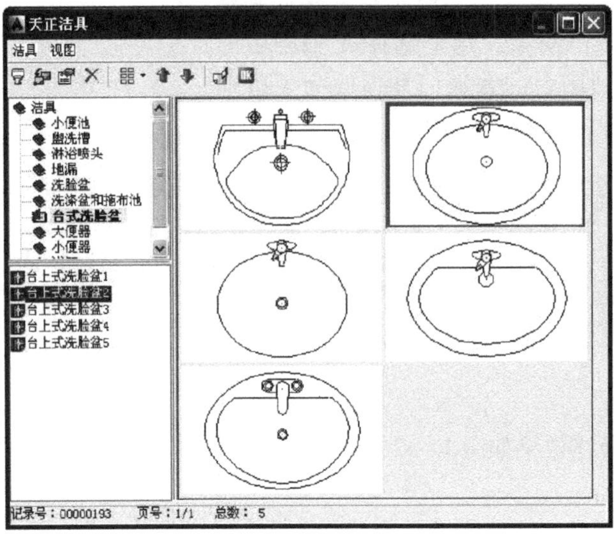

图 12-33

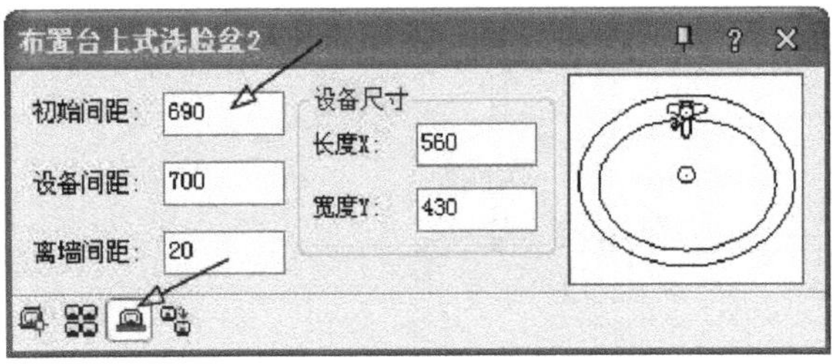

图 12-34

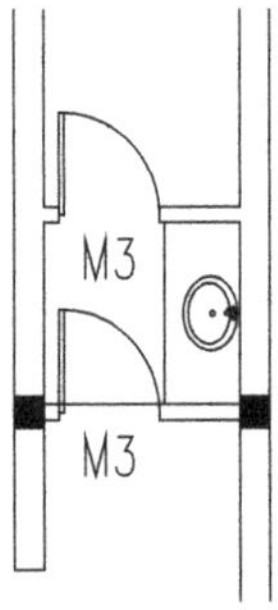

图 12-35

命令：BZJJ

请选择沿墙边线 <退出>： （在洁具所在墙体边线上单击鼠标左键）

插入第一个洁具[插入基点(B)] <退出>： （在洁具所在大体位置处单击鼠标左键）

下一个 <结束>： （右键或者〈Enter〉键）

台面宽度<600>： （右键或者〈Enter〉键）

台面长度<1380>： （右键或者〈Enter〉键）

请选择沿墙边线 <退出>： （右键或者〈Enter〉键）

重复“BZJJ”命令，单击“浴缸”，选择“浴缸 08”，在弹出的“布置浴缸 08”对话框中，先选择 1500×720 尺寸，再修改长度为 1560，如图 12-36 所示。然后依照命令提示行执行操作，完成后的浴缸如图 12-37 所示。

命令：BZJJ

请选择布置洁具沿线位置 [点取方式布置(D)]： （输入 D）

点取位置或 [转90度(A)/左右翻(S)/上下翻(D)/对齐(F)/改转角(R)/改基点(T)/参考点(Q)] <退出>：（输入 A）

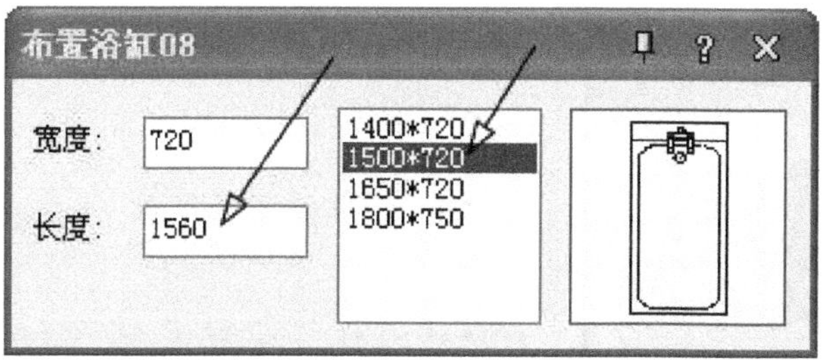

图 12-36

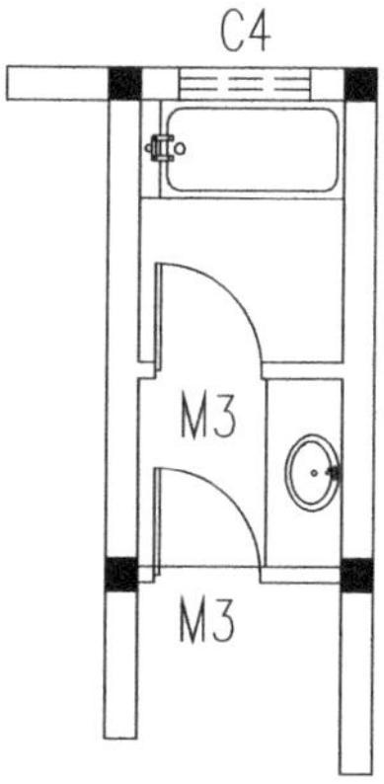

图 12-37

点取位置或［转 90 度(A)/左右翻(S)/上下翻(D)/对齐(F)/改转角(R)/改基点(T)/参考点(Q)］<退出>：（输入 T）
输入插入点或［参考点(R)］<退出>：（捕捉左上角点）
点取位置或［转 90 度(A)/左右翻(S)/上下翻(D)/对齐(F)/改转角(R)/改基点(T)/参考点(Q)］<退出>：（捕捉插入点）
点取位置或［转 90 度(A)/左右翻(S)/上下翻(D)/对齐(F)/改转角(R)/改基点(T)/参考点(Q)］<退出>：（按〈Enter〉键退出）
请选择布置洁具沿线位置［点取方式布置(D)］：（右键或者〈Enter〉键）

同样的方法，完成坐便器的布置。选择“坐便器 10”，在弹出的对话框中设置“初始间距”为 600，如图 12-38 所示。卫生间的洁具布置完成后，结果如图 12-39 所示。

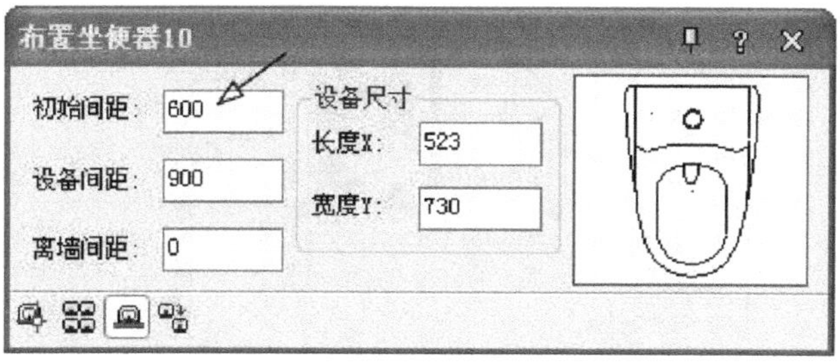

图 12-38

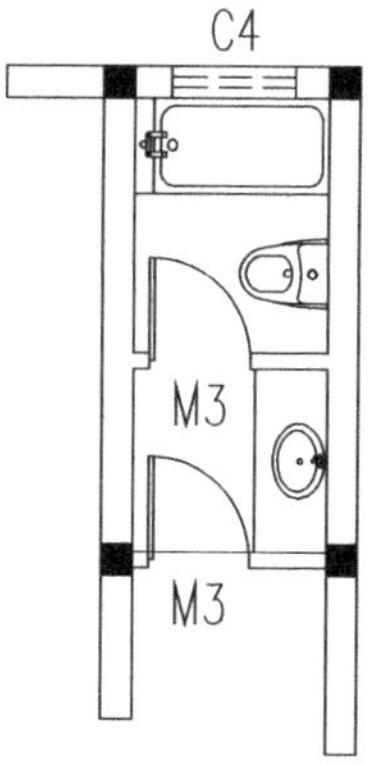

图 12-39

2. 厨房布置

厨房、卧室、客厅等房间的家具布置需要通过天正的自带图库完成。

厨房需要布置炉具、洗涤盆等，首先利用 AutoCAD 的基本命令“PL”线，绘制出操作台面的位置。台面宽 500，沿着 1 轴和 E 轴的墙体布置。

执行“图块图案”→“通用图库”或者“TYTK”命令，弹出“天正图库管理系统”对话框，然后根据需要选择“平面厨具”→“煤气灶”→“双眼煤气灶 2”，如图 12-40 所示。在对话框右侧显示的图案上双击鼠标左键，弹出“图块编辑”对话框，如果需要调整尺寸或者比例等，可以在这里进行设置，如图 12-41 所示。

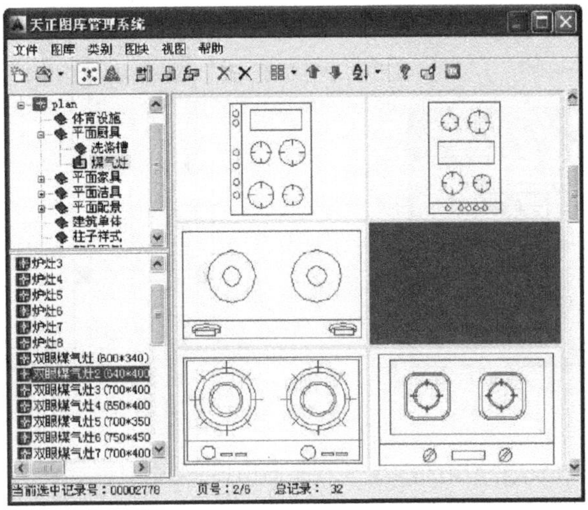

图 12-40

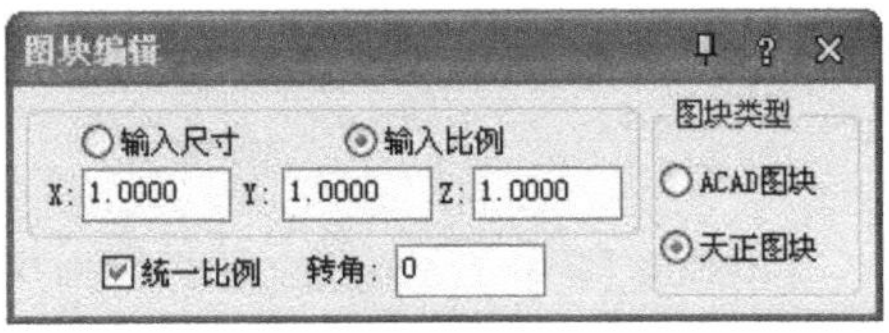

图 12-41

根据命令提示行的要求，指定插入点的位置，按〈Enter〉键确认即可。厨房布置完成后，结果如图 12-42 所示。

3. 客厅等其他房间布置

客厅、卧室、餐厅等其他房间的布置与厨房布置相似，完成后的结果如图 12-43 所示。

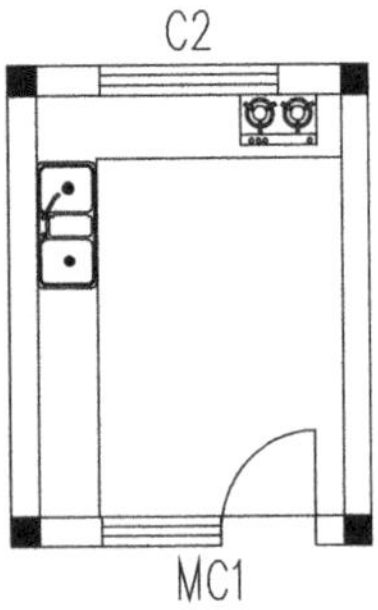

图 12-42

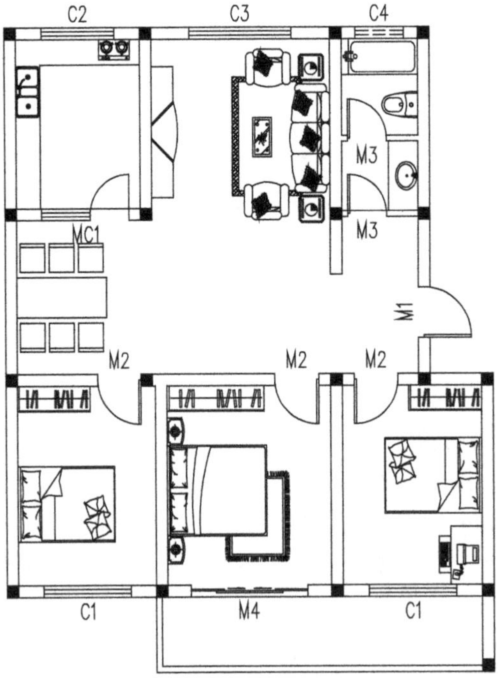

图 12-43

12.1.7　楼梯的创建

1. 完整平面图

完成了家具布置后，关闭　fur　AXIS　AXIS_ TEXT　DOT　图层显示，选择除 6 轴墙体和构造柱以外的所有对象，执行镜像命令，获得整个单元的平面图。然后补充 D 轴的墙体和窗户，窗户尺寸 1500，编号 C2；补充 M1 下方的管道井的墙体和窗户，墙体 120 厚，门尺寸 1200，双开门，门槛高 600，门高 600。最后打开所有图层显示，结果如图 12-44 所示。

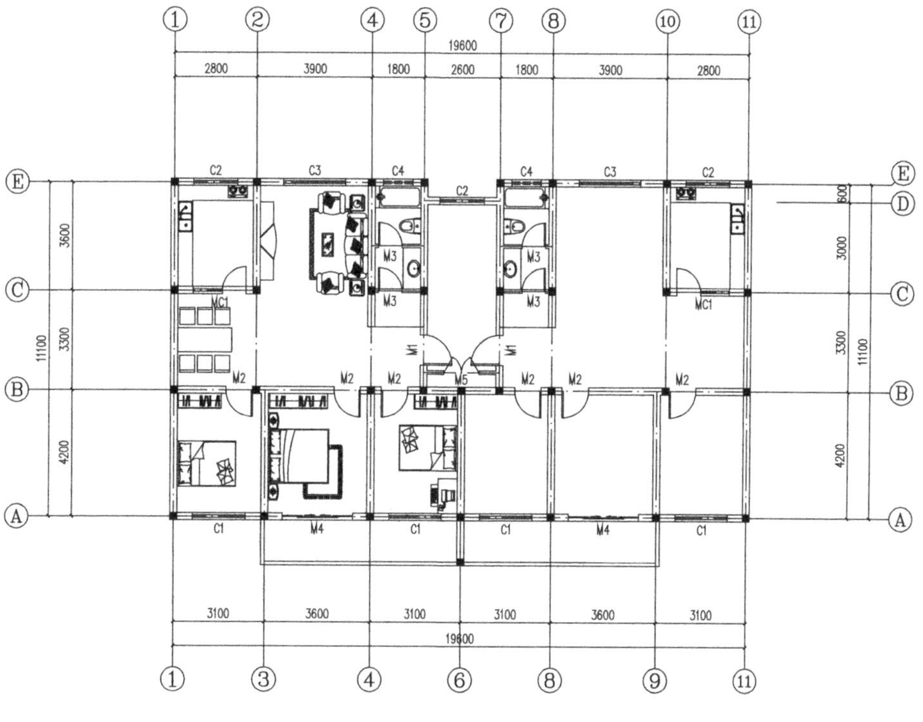

图 12-44

2. 创建双跑楼梯

天正建筑提供了由自定义对象建立的基本梯段对象，包括直线、圆弧与任意梯段，由梯段组成了常用的双跑楼梯对象、多跑楼梯对象，考虑了楼梯对象在二维与三维视口下的不同可视特性。双跑楼梯具有梯段可方便地改为坡道、标准平台可改为圆弧休息平台等灵活可变特性，各种楼梯与柱子在平面相交时，楼梯可以被柱子自动剪裁；天正建筑双跑楼梯的上下行方向标识符号可以随对象自动绘制，剖切位置可以预先按踏步数或标高定义。

双跑楼梯是最常见的楼梯形式，由两跑直线梯段、一个休息平台、一个或两个扶手和一组或两组栏杆构成的自定义对象，具有二维视图和三维视图。双跑楼梯可分解（EXPLODE）为基本构件即直线梯段、平板和扶手栏杆等，楼梯方向线在天正建筑中属于楼梯对象的一部分，方便随着剖切位置改变自动更新位置和形式。在天正建筑还增加了扶手的伸出长度，扶手在平台是否连接，梯段之间位置可任意调整，特性栏中可以修改楼梯方向线的文字等新功能。

双跑楼梯对象内包括常见的构件组合形式变化，如是否设置两侧扶手，中间扶手在平台是否连接，设置扶手伸出长度，有无梯段边梁（尺寸需要在特性栏中调整），休息平台是半圆形或矩形等，尽量满足建筑的个性化要求。

本例需要 在 5 轴、7 轴和 B 轴、D 轴之间创建双跑楼梯。

执行“楼梯其他”→“双跑楼梯”或者“SPLT”命令，打开对话框，如图 12-45 所示，根据本例的参数进行调整，设置内容参照图 12-45 所示。鼠标指针返回绘图区，捕捉楼梯左上角点，插入设置好的楼梯，效果如图 12-46 所示。

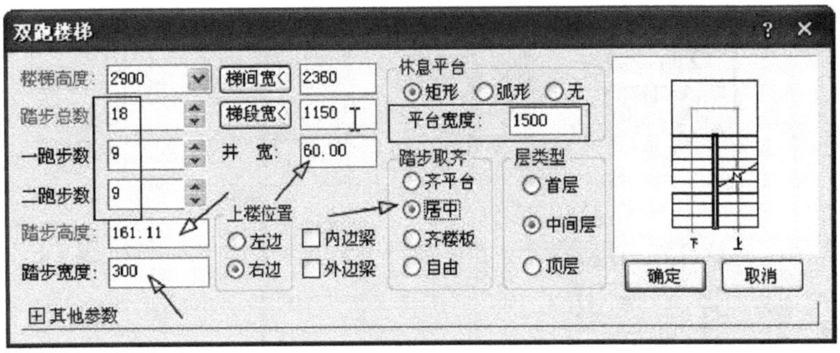

图 12-45

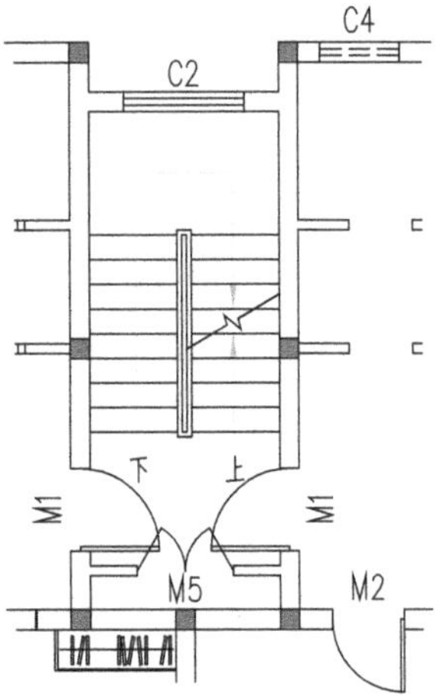

图 12-46

提示：

在楼梯设置中，“楼梯高度”一般等于当前层高，“梯间宽”等于楼梯间开间净尺寸，“梯段宽”一般等于（梯间宽－井宽）/2，“上楼位置”决定第一跑楼梯即上行梯段在左边还是右边，“层类型”可以根据绘制的建筑平面设定是首层、中间层或顶层。“踏步高度”和“踏步宽度”通常要按照建筑设计规范规定的楼梯踏步尺寸设计要求。

天正建筑还提供了基于楼梯对象的多种特殊楼梯，包括双分平行楼梯、双分转角楼梯、双分三跑楼梯、交叉楼梯、剪刀楼梯、三角楼梯和矩形转角楼梯，考虑了各种楼梯在不同边界条件下的扶手和栏杆设置，楼梯和休息平台、楼梯扶手的复杂关系的处理。各种楼梯与柱子在平面相交时，楼梯可以被柱子自动剪裁；可以自动绘制楼梯的方向箭头符号，楼梯的剖切位置可通过剖切符号所在的踏步数灵活设置。

12.1.8 尺寸标注

尺寸标注是设计图纸中的重要组成部分，图纸中的尺寸标注在国家颁布的建筑制图标准中有严格的规定，直接沿用 AutoCAD 本身提供的尺寸标注命令不适合建筑制图的要求，特别是编辑尺寸尤其显得不便，为此软件提供了自定义的尺寸标注系统，完全取代了 AutoCAD

的尺寸标注功能，分解后退化为 AutoCAD 的尺寸标注。

1. 轴网标注

轴网标注在绘制轴网的时候已经学习过，不过由于在绘图过程中可能会进行轴线的编辑，比如增加或者删除轴线、移动轴线等，因此一般在绘制完平面图的内容后会重新进行一次轴网标注。当然，轴线的改变也可以直接通过轴号改变命令进行修改。本例中的轴网标注在南侧增加阳台的地方距离图形太近，因此需要在后续的尺寸标注完成后进行位置的移动调整。

2. 门窗标注

门窗标注命令适合标注建筑平面图的门窗尺寸，有两种使用方式：

（1）在平面图中参照轴网标注的第一、二道尺寸线，自动标注直墙和圆弧墙上的门窗尺寸，生成第三道尺寸线。

（2）在没有轴网标注的第一、二道尺寸线时，在用户选定的位置标注出门窗尺寸线。

门窗标注命令创建的尺寸对象与门窗是关联的，当门窗移动、夹点改宽、对象编辑等变化时，线性的尺寸标注会自动改变和更新。

执行“尺寸标注”→“门窗标注”或者“MCBZ”命令，根据提示用线选择第一、二道尺寸线及墙体，然后再选择其他需要标注的墙体。首先标注下开间对应位置的门窗尺寸线，选择如图 12-47 所示的位置点。标注完成后的效果如图 12-48 所示。

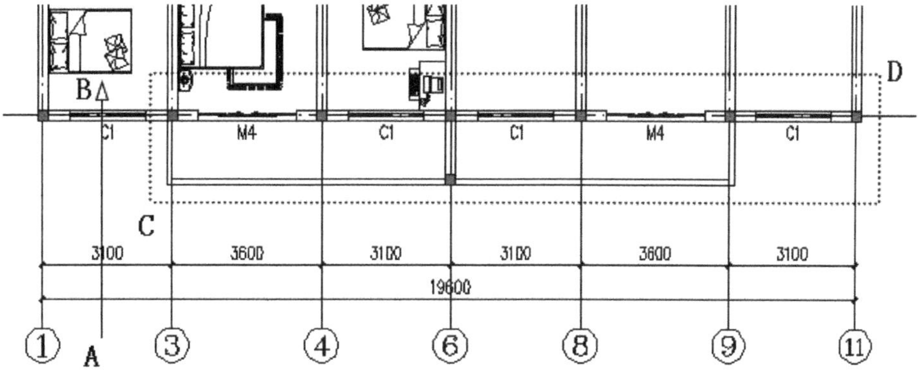

图 12-47

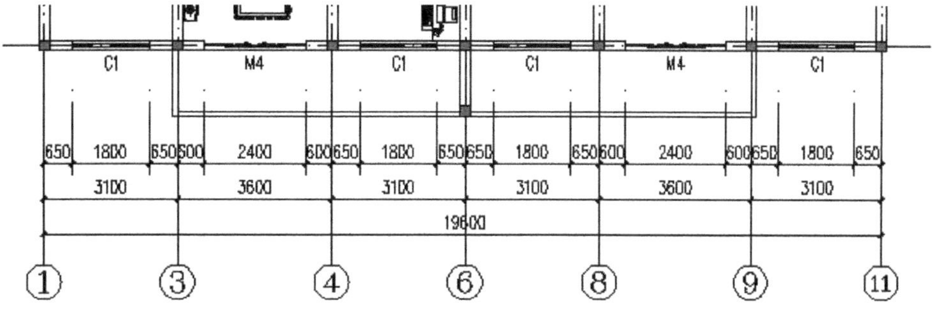

图 12-48

命令：TDim3
请用线选第一、二道尺寸线及墙体
起点<退出>：　　（自 A 点单击）
终点<退出>：　　（到 B 点单击）
选择其他墙体：指定对角点：找到 6 个　　（选择 CD 区域的墙体）
选择其他墙体：　　（右键或者〈Enter〉键）

同样的方法，将其他位置的门窗进行标注，然后需要进行尺寸线的调整，利用 AutoCAD 的拉伸、移动等命令修改左右两侧的尺寸线长度，移动尺寸线的位置，利用夹点编辑调整第一道尺寸线也就是总尺寸的夹点位置，改变总尺寸的标注，完成后的结果如图 12-49所示。

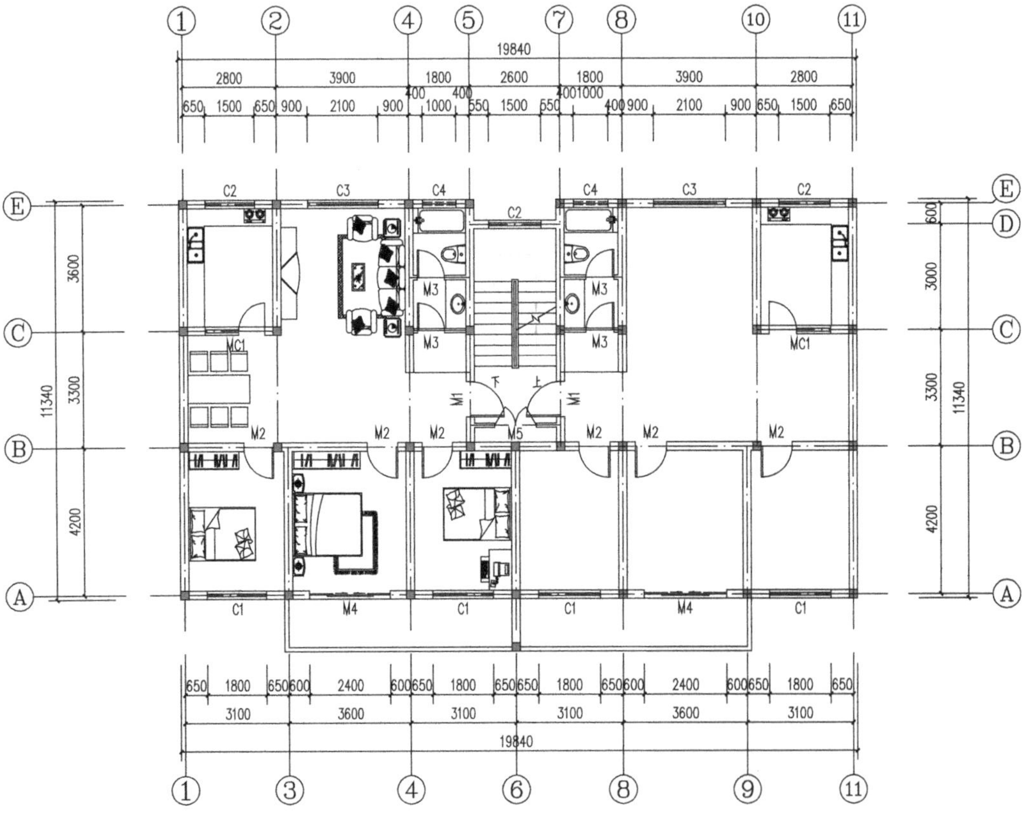

图 12-49

3. 墙厚标注

墙厚标注命令用于在图中一次标注两点连线经过的一至多段天正墙体对象的墙厚尺寸，标注中可识别墙体的方向，标注出与墙体正交的墙厚尺寸，在墙体内有轴线存在时标注以轴线划分的左右墙宽，墙体内没有轴线存在时标注墙体的总宽。

执行“尺寸标注”→“墙厚标注”或者“QHBZ”命令。

根据命令行提示分别选择需要标注墙厚的墙体两侧两点。标注后的效果如图 12-50 所示。

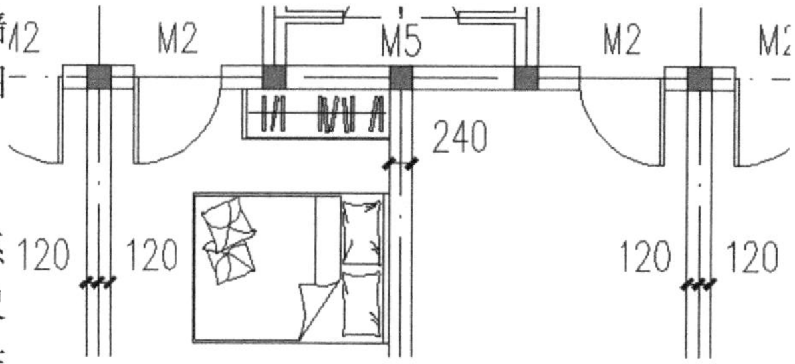

图 12-50

4. 两点标注

两点标准命令为两点连线附近有关系的轴线、墙线、门窗、柱子等构件标注尺寸，并可标注各墙中点或者添加其他标注点，〈U〉快捷键可撤销上一个标注点。

利用两点标注可以方便标注建筑平面图中的内部详细尺寸。

执行“尺寸标注”→“墙厚标注”或者“QHBZ”命令，根据命令行提示，选择需要标注的相关墙体的起点和结束点，这里选择 6 轴到 10 轴位置的墙体，标注于 B 轴相关的细部尺寸，结果如图 12-51 所示。

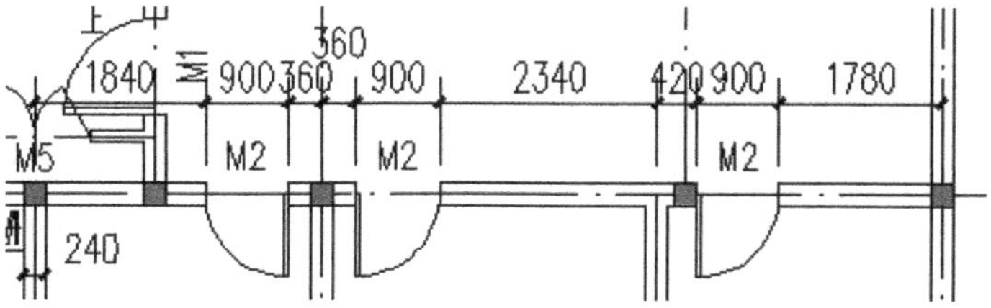

图 12-51

5. 内门标注

内门标注命令用于标注平面室内门窗尺寸以及定位尺寸线，其中定位尺寸线与邻近的正交轴线或者墙垛相关。

执行“尺寸标注”→“内门标注”或者“NMBZ”命令。

根据命令行提示操作，注意提示的标注方式：轴线定位，用线选门窗，并且第二点作为尺寸线位置。因而在设定起点时选择在标注门窗的另一侧点取起点或者键入 A 改为垛宽定位；然后选择终点，一定要经过标注的室内门窗，在尺寸线标注位置上给终点。分别标注卫生间和厨房的门，结果如图 12-52 所示。

图 12-52

命令：TDimInDoor

标注方式：轴线定位．请用线选门窗，并且第二点作为尺寸线位置

起点或［垛宽定位(A)］<退出>：　　　　　　　　　　（在门的上侧单击）

终点<退出>：　　　　　　　　　　　　　　　　　　　（在门的下侧单击）

6. 逐点标注

逐点标注命令是一个通用的灵活标注工具，对选取的一串给定点沿指定方向和选定的位置标注尺寸。特别适用于没有指定天正对象特征，需要取点定位标注的情况，以及其他标注命令难以完成的尺寸标注。

执行“尺寸标注”→“逐点标注”或者“ZDBZ”命令。标注卫生间一侧的墙体尺寸，结果如图 12-53 所示。

> 提示：
> 逐点标注命令类似于 AutoCAD 的基本命令中的对齐标注和连续标注，使用简单方便。

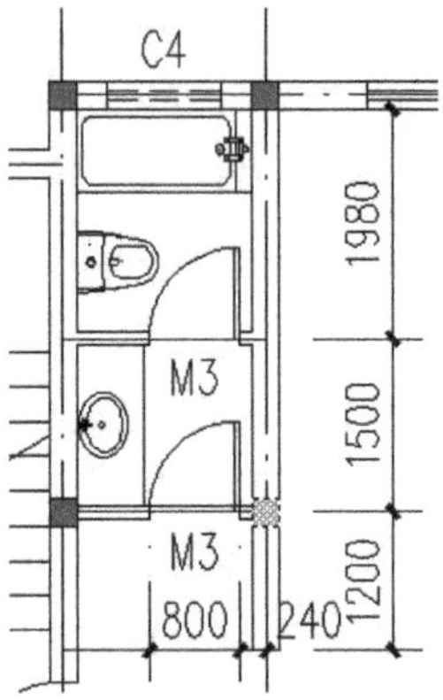

图 12-53

天正建筑中还有一些尺寸标注命令，读者可以根据需要自行选择合理的标注方法。

12.1.9 符号标注

按照建筑制图的国标工程符号规定画法，天正软件提供了一整套的自定义工程符号对象，这些符号对象可以方便地绘制剖切号、指北针、引注箭头，绘制各种详图符号、引出标注符号。使用自定义工程符号对象，不是简单地插入符号图块，而是在图上添加了代表建筑工程专业含义的图形符号对象，工程符号对象提供了专业夹点定义和内部保存有对象特性数据，用户除了可以在插入符号的过程中通过对话框的参数控制选项，根据绘图的不同要求，还可以在图上已插入的工程符号上，拖动夹点或者〈Ctrl＋1〉启动对象特性栏，在其中更改工程符号的特性，双击符号中的文字，启动在位编辑即可更改文字内容。

1. 标高标注

标高标注命令在界面中分为两个页面，分别用于建筑专业的平面图标高标注、立面图和剖面图楼面标高标注，以及总图专业的地坪标高标注、绝对标高和相对标高的关联标注，地坪标高符合总图制图规范的三角形、圆形实心标高符号，提供可选的两种标注排列，标高数字右方或者下方可加注文字，说明标高的类型。标高文字新增了夹点，需要时可以拖动夹点移动标高文字，新版本支持《总图制图标准》（GB/T 50103—2010）新总图标高图例的画法，除总图与多层标高外的标高符号支持当前用户坐标系的动态标高标注。

执行“符号标注”→“标高标注”或者“BGBZ”命令，在弹出的“标高标注”对话框中，勾选“手工输入”，在左侧栏中输入标高 2.900、5.800、8.700、11.600，并勾选“楼层标高自动加括号”，如图 12-54 所示。鼠标指针移动到绘图区后在起居室的空白处单击，根据命令提示行进行操作。结果如图 12-55 所示。

命令：BGBZ

TMELEV

请点取标高点或［参考标高(R)］<退出>：　　（在起居室的空白处单击）

请点取标高方向<退出>：　　（向上点取一点）

下一点或［第一点(F)］<退出>：　　（按〈Enter〉键退出）

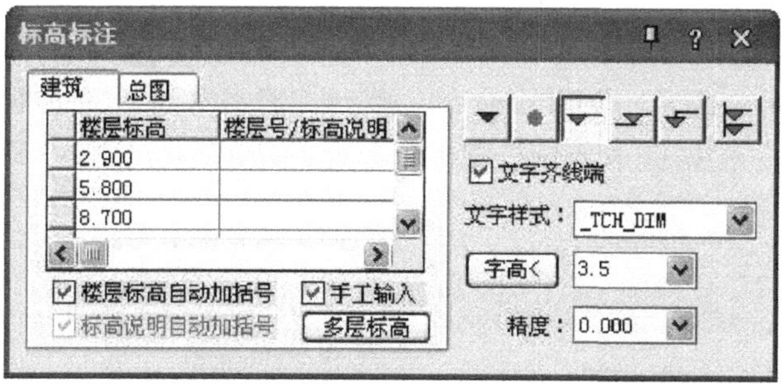

图 12-54

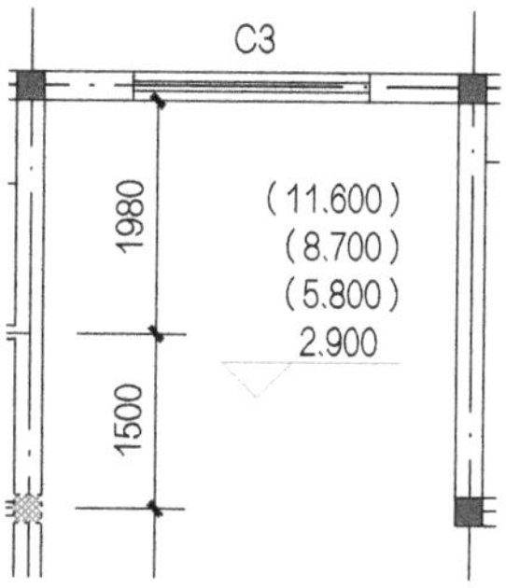

图 12-55

标高标注的状态分动态标注和静态标注两种，移动和复制后的坐标符号受状态开关菜单项的控制：

动态标注状态下，移动和复制后的坐标数据将自动与当前坐标系一致，适用于整个 DWG 文件仅布置一个总平面图的情况。

静态标注状态下，移动和复制后的坐标数据不改变原值，例如，在一个 DWG 上复制同一总平面，绘制绿化、交通等不同类别图纸，此时只能使用静态标注。

在 2004 以上 AutoCAD 平台，软件提供了状态行的按钮开关，可单击切换坐标的动态和静态两种状态，新提供了固定角度的勾选，使插入坐标符号时方便决定坐标文字的标注方向。

2. 图名标注

按照建筑制图规范要求，需要在每个图形下方标出该图的图名，并且同时标注比例，比例变化时会自动调整其中文字的合理大小，新增特性栏“间距系数”项表示图名文字到比例文字间距的控制参数。

执行“符号标注”→“图名标注”或者“TMBZ”命令，弹出如图 12-56 所示的对话框，输入相应的内容，并勾选“传统”，完成后如图 12-57 所示。

图 12-56

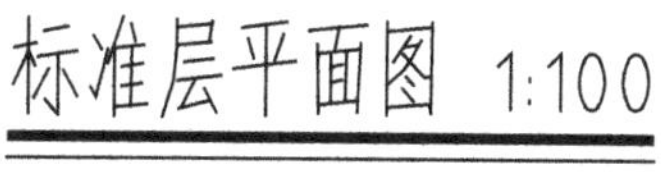

图 12-57

3. 房间名称面积标注

在建筑平面中注写房间名称是建筑设计中的统一要求，尤其是在住宅建筑设计中，需要标注各房间的名称和使用面积等。房间面积可以通过多种命令获得，本例采用“搜索房间”的命令来完成。

“搜索房间”命令可用来批量搜索建立或更新已有的普通房间和建筑面积，建立房间信息并标注室内使用面积，标注位置自动置于房间的中心。如果用户编辑墙体改变了房间边界，房间信息不会自动更新，可以通过再次执行本命令更新房间或拖动边界夹点，和当前边界保持一致。当勾选“显示房间编号”时，会依照默认的排序方式对编号进行排序，编辑删除房间造成房间号不连续、重号或者编号顺序不理想，可用　房间排序　命令重新排序。

执行　房间屋顶　→　搜索房间　或者　SSFJ　命令，弹出　搜索房间　对话框，如图 12-58 所示，鼠标指针返回绘图区，根据提示选择右侧半个单元的所有墙体，按〈Enter〉键确认后，结果如图 12-59 所示。

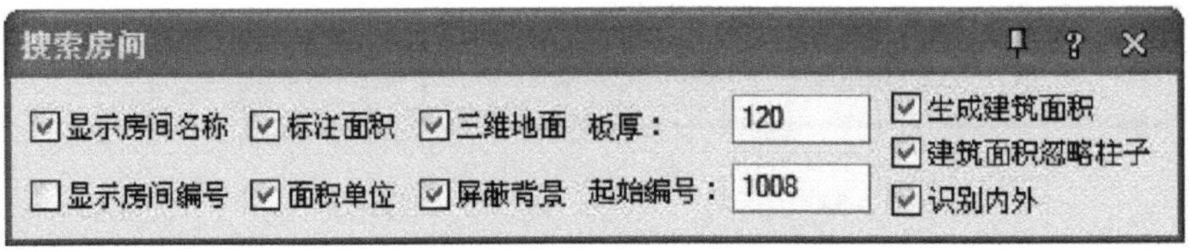

图 12-58

命令：SSFJ
TUPDSPACE
请选择构成一完整建筑物的所有墙体(或门窗) <退出>：　(选择右侧半个单元所有墙体,按〈Enter〉键退出)

该命令完成后的房间名称并不符合建筑设计的要求，所以需要重新定义房间名称，方法一：在“房间”位置双击鼠标左键，实现文字的在位编辑，相当于 AutoCAD 中的单行文字编辑，用户根据需要输入房间名称即可。

方法二：在生成的房间名称和面积中间位置双击鼠标左键，或者在轮廓线处双击，可以打开如图 12-60 所示的“编辑房间”对话框，根据需要选择相应的房间名称即可。

由于餐厅和起居室之间没有墙体隔开，所以没有餐厅面积，通过夹点编辑和复制房间名称等命令修改起居室和餐厅，同时卫生间两部分也合成一个房间标注。完成后的结果如图 12-61 所示。

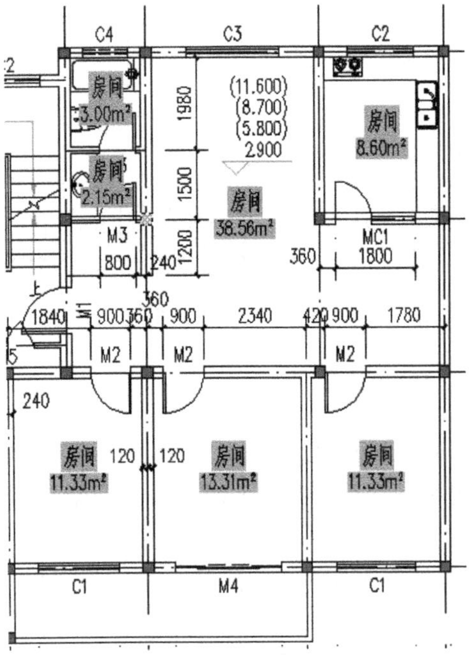

图 12-59

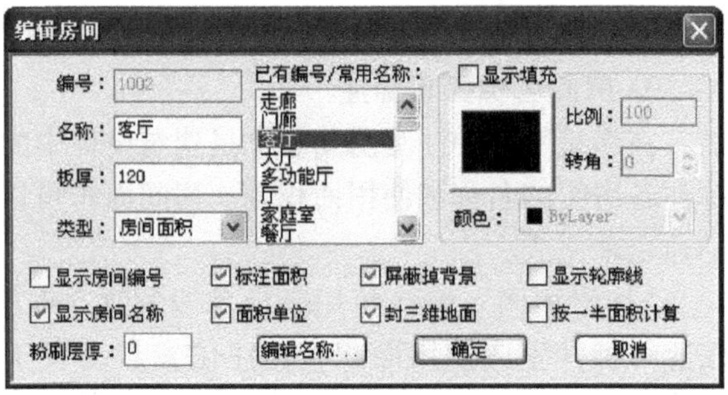

图 12-60

至此，标准层平面图绘制完毕。结果如图 12-61 所示。

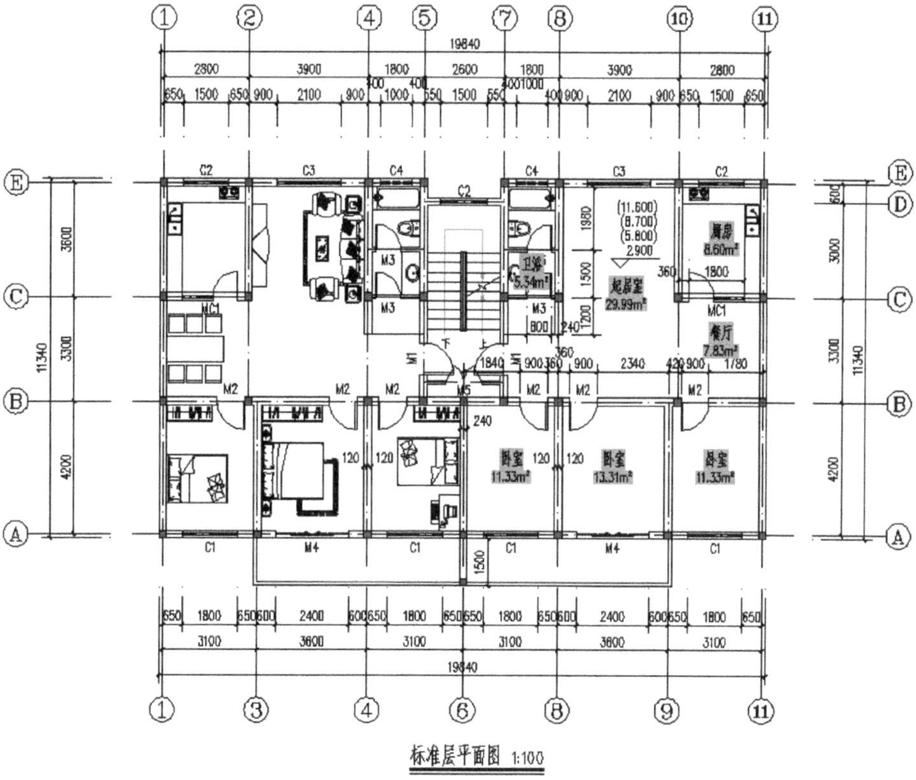

图 12-61

12.2 绘制首层平面图

在已绘制好的标准层平面图的基础上修改补充可以得到首层、顶层、屋顶平面图，以便完成平面图的绘制和建筑三维的形成，并可以生成立面图和剖面图。

首层平面图与标准层平面图相比较，需要增加室外的台阶、散水、坡道、剖切符号、指北针等内容。

12.2.1 文件另存

将现有的标准层平面图另存为首层平面图，打开标准层平面图，执行〈Ctrl + Shift + S〉另存命令，保存文件为首层平面图。

12.2.2 修改楼梯间

1. 修改为首层平面楼梯

双击楼梯间进入“双跑楼梯”对话框，修改“一跑步数”为 12 步，“二跑步数”为 8 步，“踏步宽度”为 270，“平台宽度”为 1300，在“层类型”中单击“首层”，单击确定退出后，图形中的楼梯已经调整好。

2. 修改入户门

执行　MCTH　门窗替换命令，将楼梯间 D 轴的窗户改为门，编号 M6，尺寸 1500，双扇门外开。完成后的平面图如图 12-62 所示。

12.2.3　绘制台阶和坡道

台阶命令可以直接绘制矩形单面台阶、矩形三面台阶、阴角台阶、沿墙偏移等预定样式的台阶，或把预先绘制好的 Pline 线转成台阶、直接绘制平台创建台阶，如平台不能由本命令创建，应下降一个踏步高绘制下一级台阶作为平台；直台阶两侧需要单独补充 Line 线画出二维边界；台阶可以自动遮挡之前绘制的散水。

这里首先要在如图 12-63 所示的左侧绘制三步台阶，左右两侧台阶齐平，因为绘制直台阶需要补充平台轮廓边界，所以可以用 AutoCAD 的 REC 矩形命令完成。

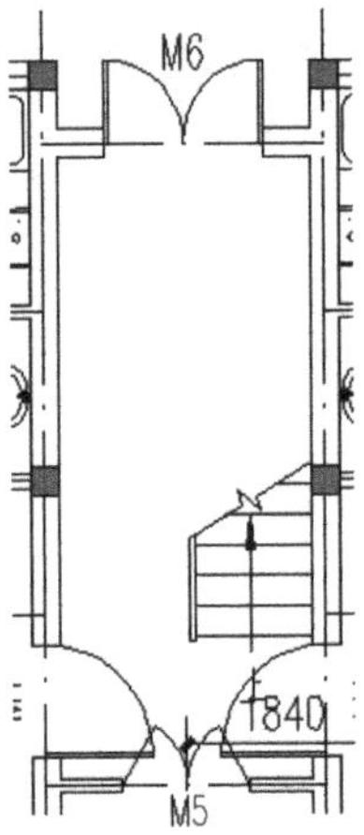

图 12-62

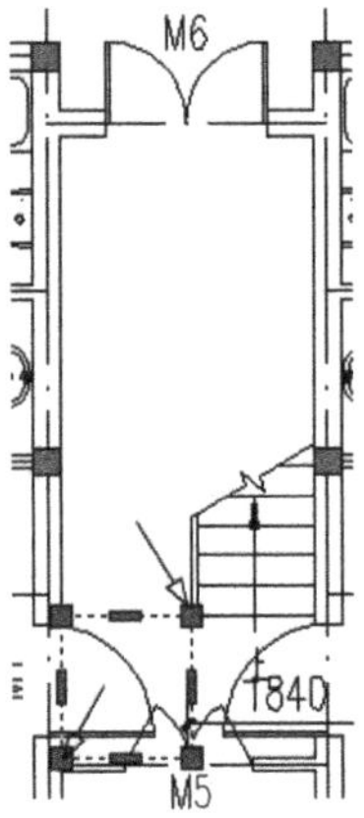

图 12-63

执行“楼梯其他”→“台阶”或者“TJ”命令，弹出如图 12-64 所示的对话框，按照图示三处位置选项进行设置。然后按照提示，到绘图区域选择矩形平台轮廓，单击没有踏步的边，确认生成台阶，如图 12-65 所示。

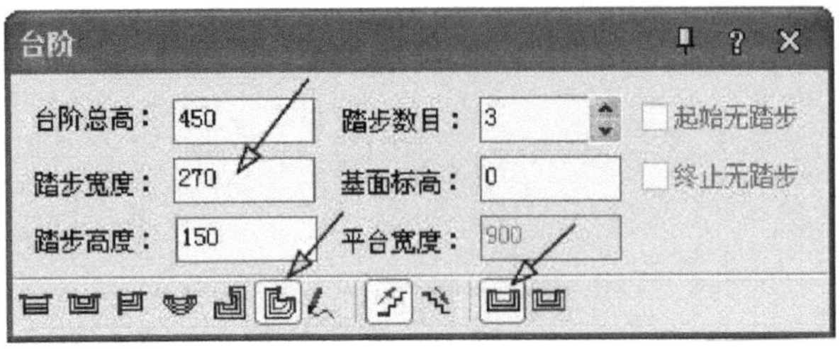

图 12-64

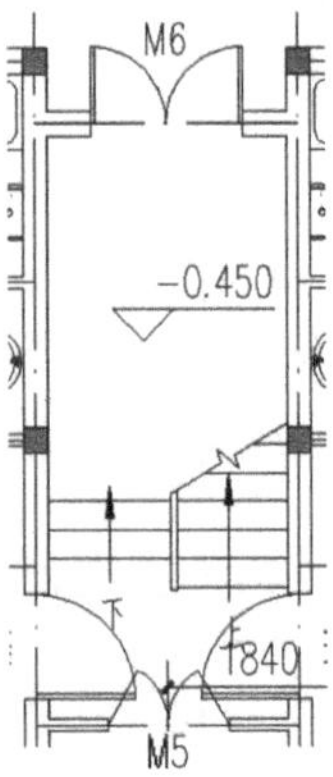

图 12-65

命令：TSTEP

请选择平台轮廓<退出>　　　　（单击图 12-63 的矩形）

请点取没有踏步的边：　　　　（点击左右及下侧的线）

请点取没有踏步的边：　　　　（按〈Enter〉键结束）

按照同样的方法绘制入口处的台阶。然后利用 楼梯其他 → 坡道 或者 PD 命令，设定坡道宽度 1000，插入入口的左侧。接着添加台阶的箭头符号，执行“符号标注”→“箭头引注”或者“JTYZ”命令，弹出如图 12-66 所示的对话框，输入“下”，然后根据提示，指定箭头的起点，然后是结束点，按〈Enter〉键结束即可。两个台阶均需要添加箭头引注。结果如图 12-67 所示。

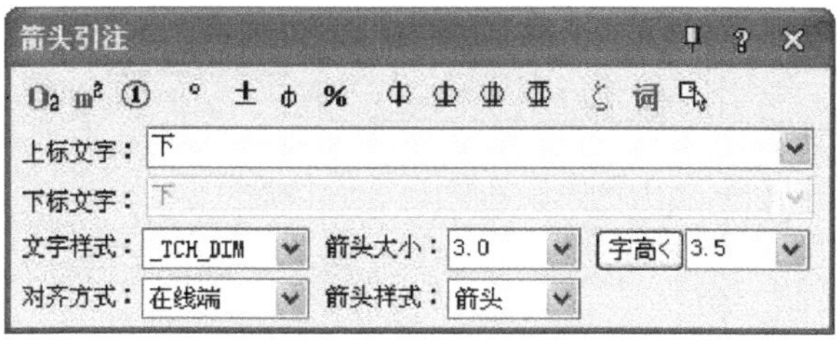

图 12-66

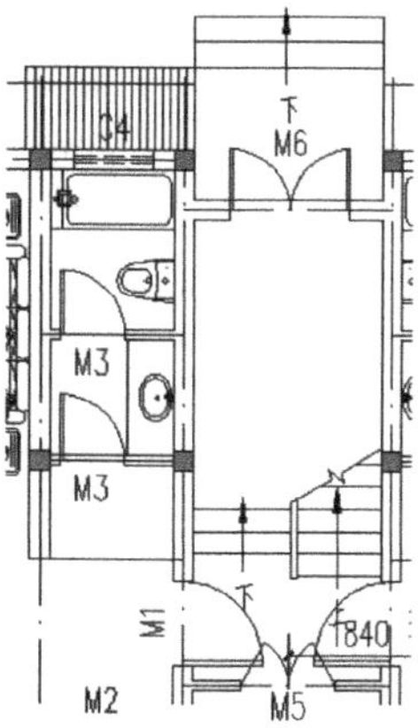

图 12-67

12.2.4　散水的绘制

散水命令通过自动搜索外墙线绘制散水对象，可自动被凸窗、柱子等对象裁剪，也可以通过勾选复选框或者对象编辑，使散水绕壁柱、绕落地阳台生成；阳台、台阶、坡道、柱子等对象自动遮挡散水，位置移动后遮挡自动更新。

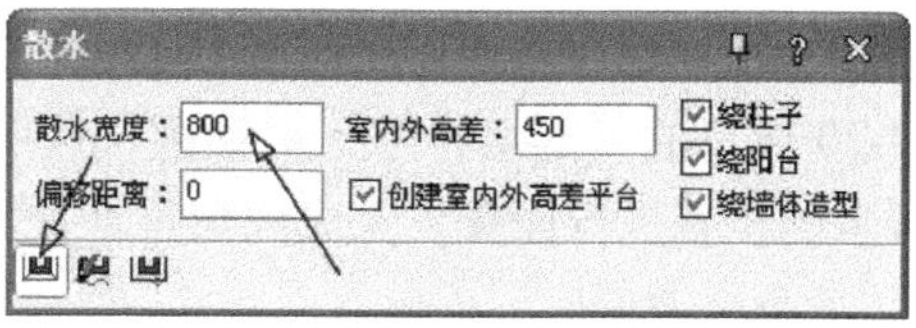

图 12-68

散水对象每一条边宽度可以不同，开始按统一的全局宽度创建，通过夹点和对象编辑单独修改各段宽度，也可以再修改为统一的全局宽度。

执行“楼梯其他”→“散水”或者“SS”命令，弹出“散水”对话框，按照如图 12-68所示的位置进行设置，然后根据命令提示行的要求，选择所有对象，一定要选择到台阶和坡道，确认后得到如图 12-69 所示的散水。

此时，注意到阳台分户墙位置处的散水出现错误，需要进行编辑修改，通过在位编辑命令，鼠标左键双击散水，根据提示，按下〈D〉键，减顶点，这里要删除 4 个顶点，确定结束修改。这样就完成了散水的编辑。

12.2.5　添加剖切符号

绘制剖切符号命令在从 2013 版本开始取代以前的“剖面剖切”与“断面剖切”命令，

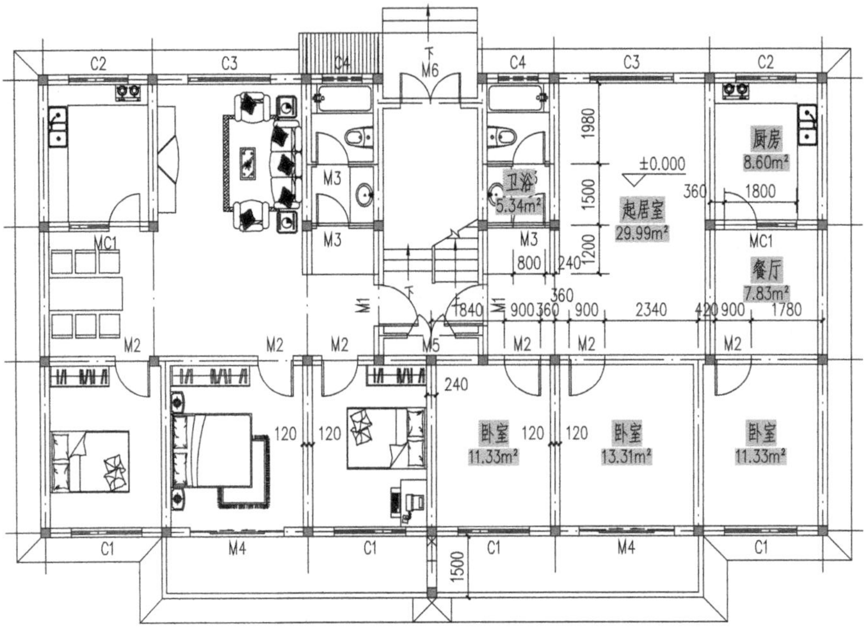

图 12-69

扩充了任意角度的转折剖切符号绘制功能，用于图中标注制图标准规定的剖切符号，用于定义编号的剖面图，表示剖切断面上的构件以及从该处沿视线方向可见的建筑部件，生成剖面时执行“建筑剖面”与“构件剖面”命令需要事先绘制此符号，用以定义剖面方向。

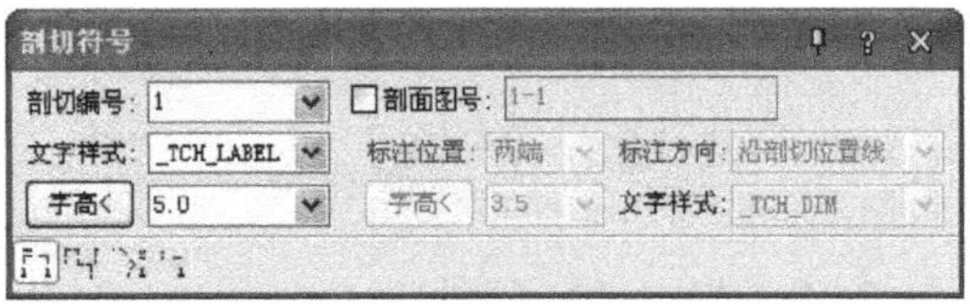

图 12-70

本例需要在楼梯间处添加剖切符号。

执行“符号标注”→“剖切符号”或者“PQFH”命令，弹出如图 12-70 所示的“剖切符号”对话框，按照命令提示行的要求及如图 12-71 所示的位置进行设置。完成剖切符号如图 12-71 所示。

命令：PQFH

TSECTION

点取第一个剖切点 <退出>：　　　　（单击 A 点处）

点取第二个剖切点 <退出>：　　　　（单击 B 点处）

点取剖视方向 <当前>：　　　　（单击 C 点处）

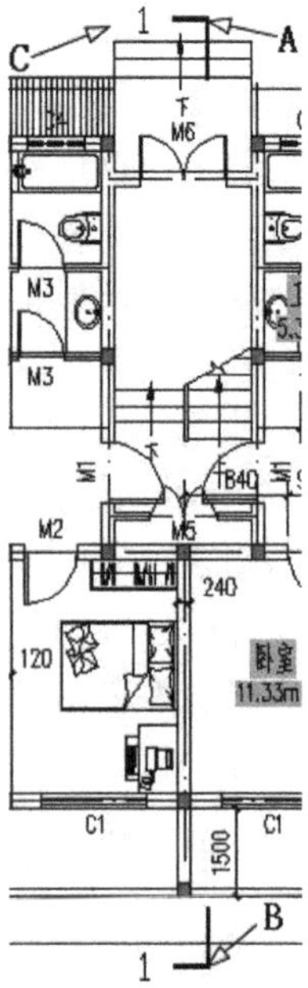

图 12-71

12.2.6 添加指北针等

执行“符号标注”→“画指北针”或者“HZBZ”命令，在图中单击确定指北针的中心点位置，然后移动鼠标能够看到指北针在移动，再次单击指定指北针的方向。

利用在位编辑修改标高、文字等，并在必要的地方添加标高和标注等。

在绘制了台阶坡道和剖切符号等后，原有的尺寸标注位置需要进行调整，利用 AutoCAD 的移动命令即可完成。

最终完成的首层平面图如图 12-72 所示。

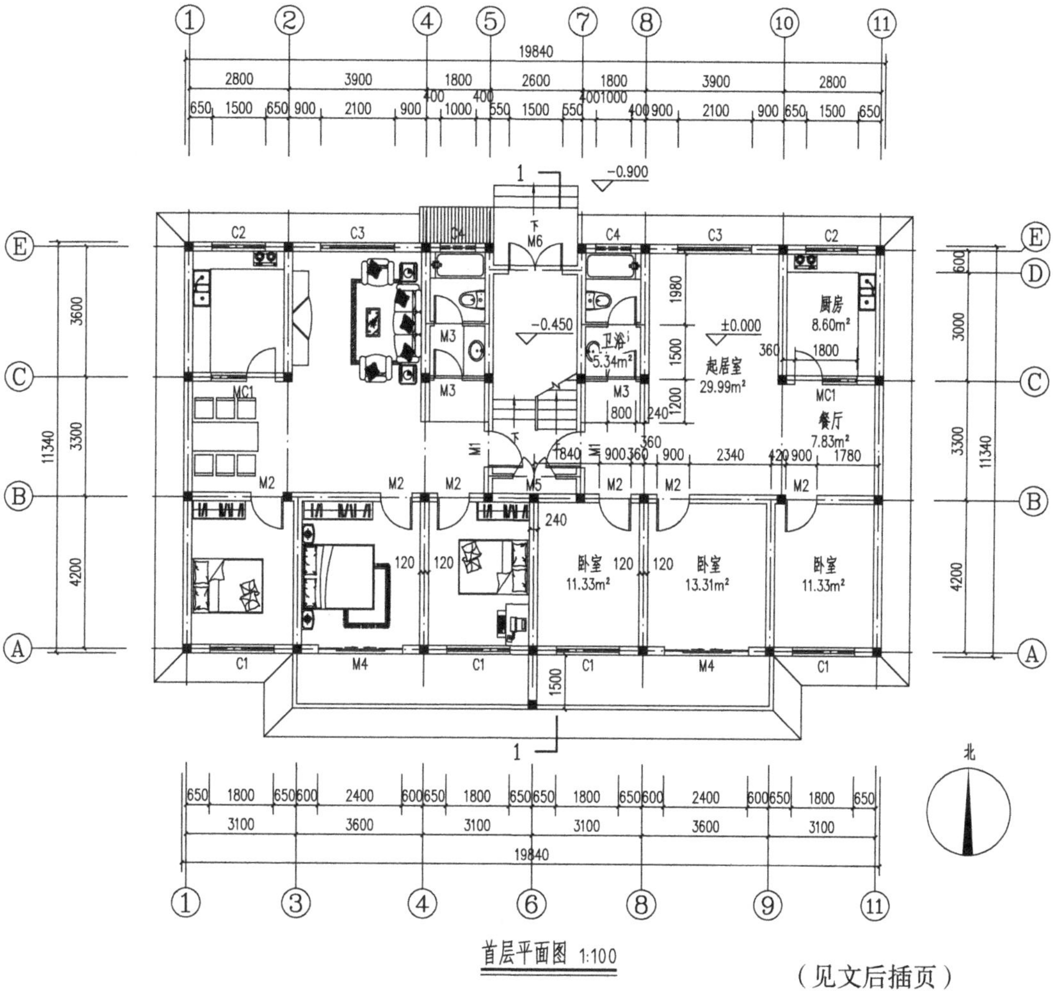

（见文后插页）

图 12-72

12.3　绘制顶层平面图

与首层平面图的绘制方法类似，在标准层平面图的基础上进行修改、补充等操作，这里需要修改的内容相对较少。

修改楼梯为顶层类型，修改相应的文字、注释等内容。最终结果如图 12-73 所示。

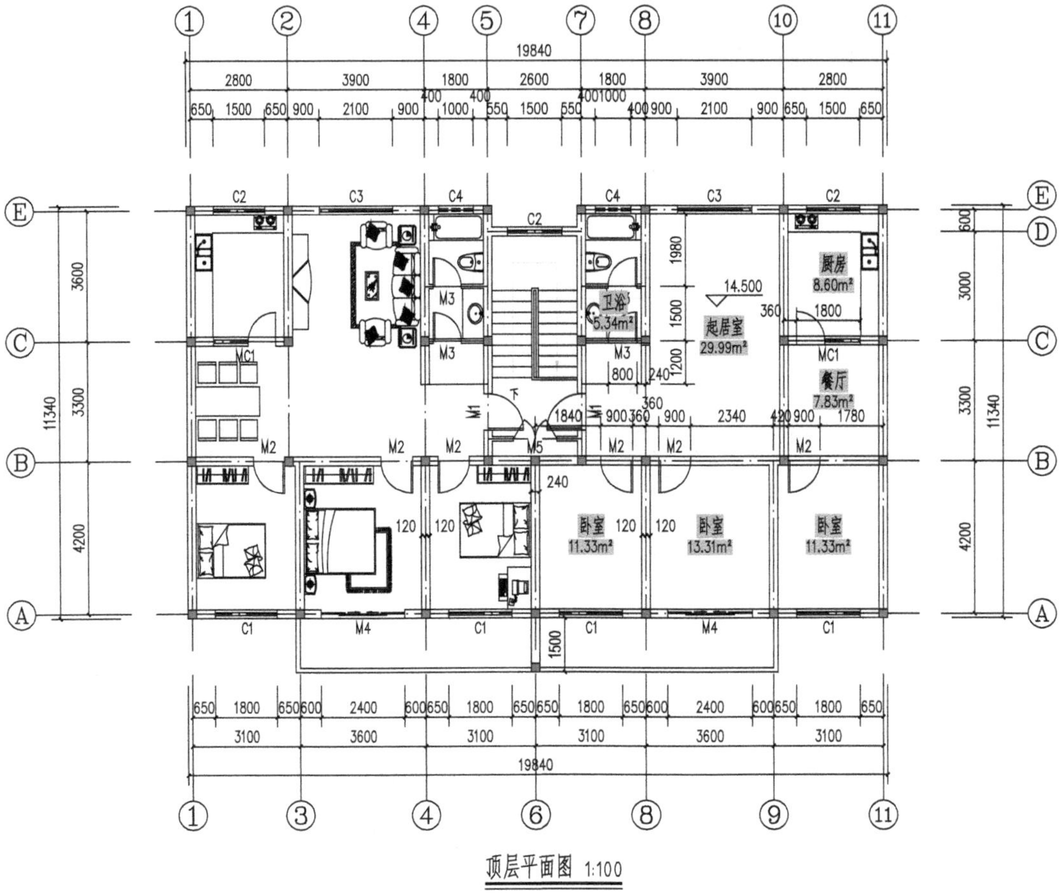

图 12-73

12.4 绘制屋顶平面图

天正建筑提供了多种屋顶造型功能，人字坡顶包括单坡屋顶和双坡屋顶，任意坡顶是指任意多段线围合而成的四坡屋顶、矩形屋顶，包括歇山屋顶和攒尖屋顶，用户也可以利用三维造型工具自建其他形式的屋顶，如用平板对象和路径曲面对象相结合构造带有复杂檐口的平屋顶，利用路径曲面构建曲面屋顶（歇山屋顶）。天正屋顶均为自定义对象，支持对象编辑、特性编辑和夹点编辑等编辑方式，可用于天正节能和天正日照模型。

12.4.1 文件另存

将现有的标准层平面图另存为屋顶平面图，打开标准层平面图，执行〈Ctrl + Shift + S〉另存命令，保存文件为屋顶平面图。

12.4.2 删除多余对象

执行删除命令，将屋顶墙线以外的多余对象删除，只保留轴线、轴号及轴线标注，其余的都删除，轴线层可以先关闭。修改图名，然后将轴线标注的尺寸线进行整理，以便更加整齐、美观。整理后的结果如图 12-74 所示。

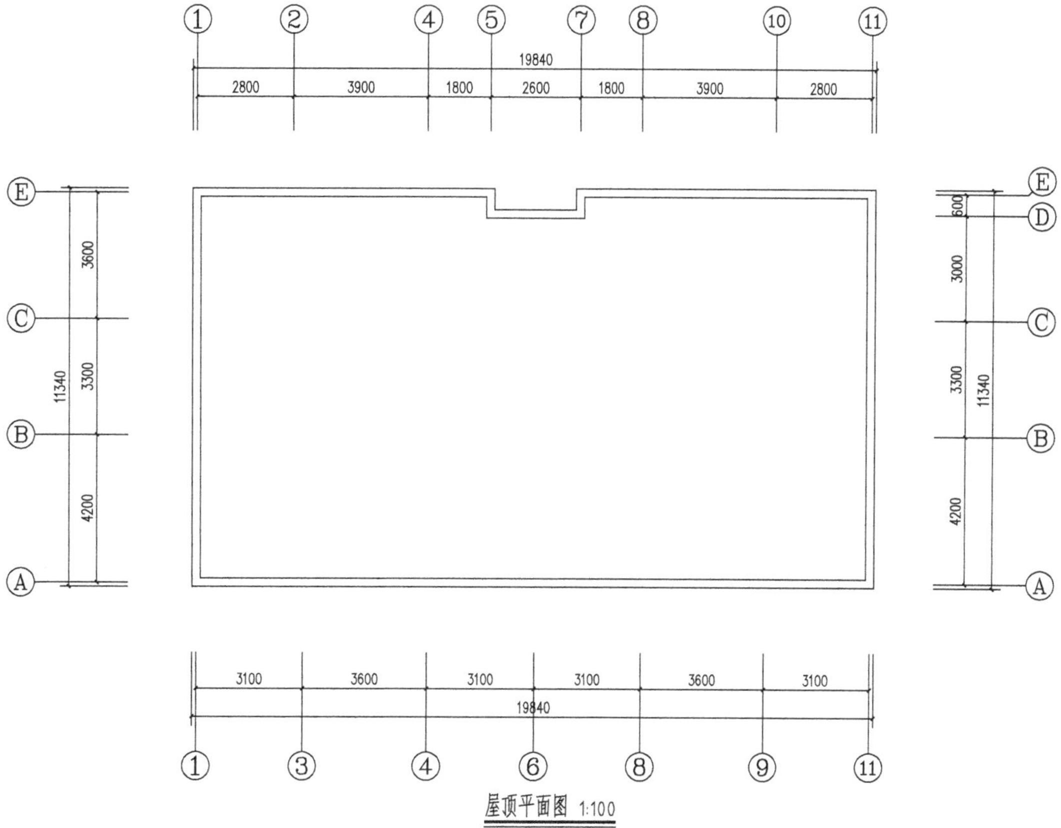

图 12-74

12.4.3 生成屋顶边界线

“搜屋顶线”命令可以搜索整栋建筑物的所有墙线，按外墙的外皮边界生成屋顶平面轮廓线。屋顶线在属性上为一个闭合的多段线，可以作为屋顶轮廓线，进一步绘制出屋顶的平面施工图，也可以用于构造其他楼层平面轮廓的辅助边界或用于外墙装饰线脚的路径。

命令：TRoflna

请选择构成一完整建筑物的所有墙体(或门窗)：指定对角点：找到 8 个　　(窗口选择所有墙体)

请选择构成一完整建筑物的所有墙体(或门窗)：　　(按空格键结束选择)

偏移外皮距离 <600 >:300　　(输入 300 确认)

完成命令生成边界线，执行删除命令，删除墙体，完成后如图 12-75 所示。

12.4.4 绘制檐沟线

利用屋顶线执行偏移命令，可以得到檐沟线。由于生成坡屋顶之后屋顶线就会消失，所

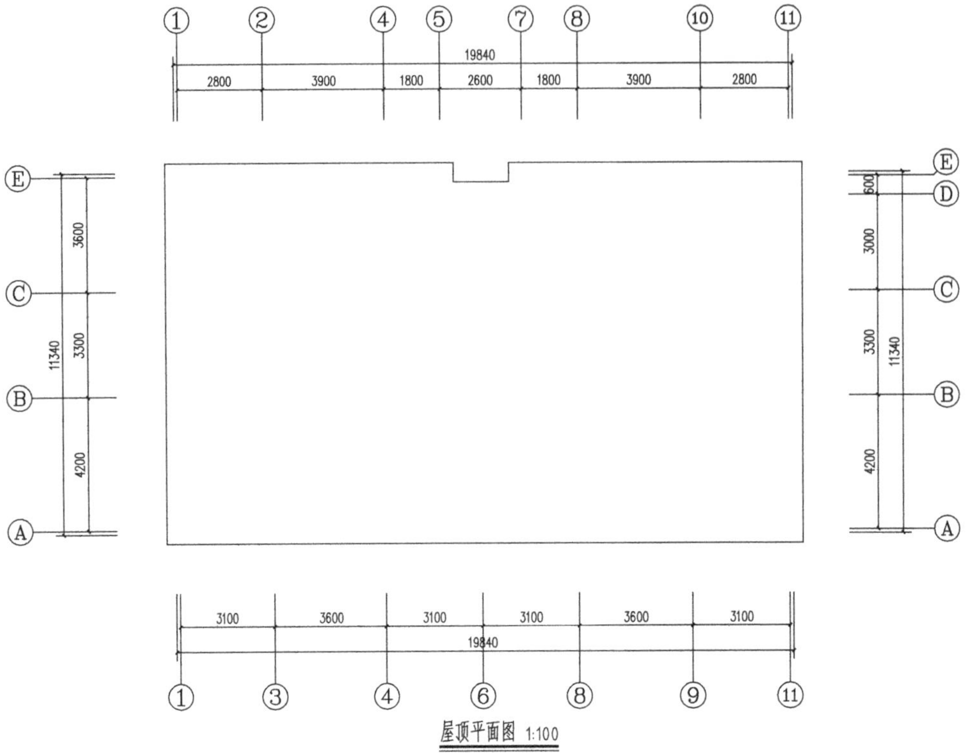

图 12-75

以必须在生成坡屋顶之前先偏移复制出需要的檐沟线或者其他线条。不同的设计有不同的需要，本例需要将屋顶边界线分别向外偏移距离 180、240，生成檐沟线和压顶线，结果如图 12-76 所示。

图 12-76

12.4.5 生成坡屋顶

本例需要的是多坡屋顶，比较复杂，根据天正建筑的特点，这里选用　任意坡顶　命令，该命令由封闭的任意形状多段线生成指定坡度的坡形屋顶，可采用对象编辑单独修改每个边坡的坡度，可支持布尔运算，而且可以被其他闭合对象剪裁。

执行“房间屋顶”→“任意坡顶”或者“RYPD”命令，根据命令提示行，先选择最内侧的屋顶边界线，然后按照默认的角度和出檐长度即可完成，结果如图12-77所示。

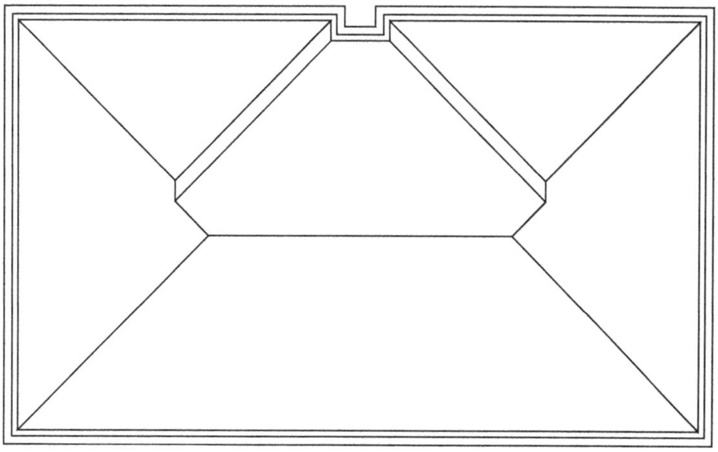

图12-77

命令：TSlopeRoof	
选择一封闭的多段线<退出>：	（选择最内侧的封闭多段线）
请输入坡度角 <30>：	（按〈Enter〉键确定）
出檐长<600>：	（按〈Enter〉键确定）

12.4.6 修改标注

1. 删除多余轴号

除了两端的轴号保留，中间的全部删除。这里需要用到“删除轴号”命令。

在任意一个轴号上单击鼠标左键，然后出现夹点，再单击右键，弹出的菜单中选择“删除轴号”命令，或者直接输入“SCZH”命令，根据命令提示行的要求进行操作，窗选择需要删除的轴号，确认后，不要选择轴号重排，结果如图12-78所示。

命令：SCZH	
TDELLABEL	
请框选轴号对象<退出>：	（窗口选择需要删除的轴号）
请框选轴号对象<退出>：	（按〈Enter〉键确认）
是否重排轴号？[是(Y)/否(N)]<Y>：N	（输入N确认）

2. 修改第二道尺寸线

执行“ZBCC”增补尺寸命令，根据图12-78所示的相应位置，捕捉需要增补尺寸的位置点。

利用夹点编辑，调整尺寸线的标注。

执行 HBQJ 合并区间命令，合并不需要出现的尺寸。然后统一调整一下第二道尺寸线和定位轴线的长度，以便更美观。

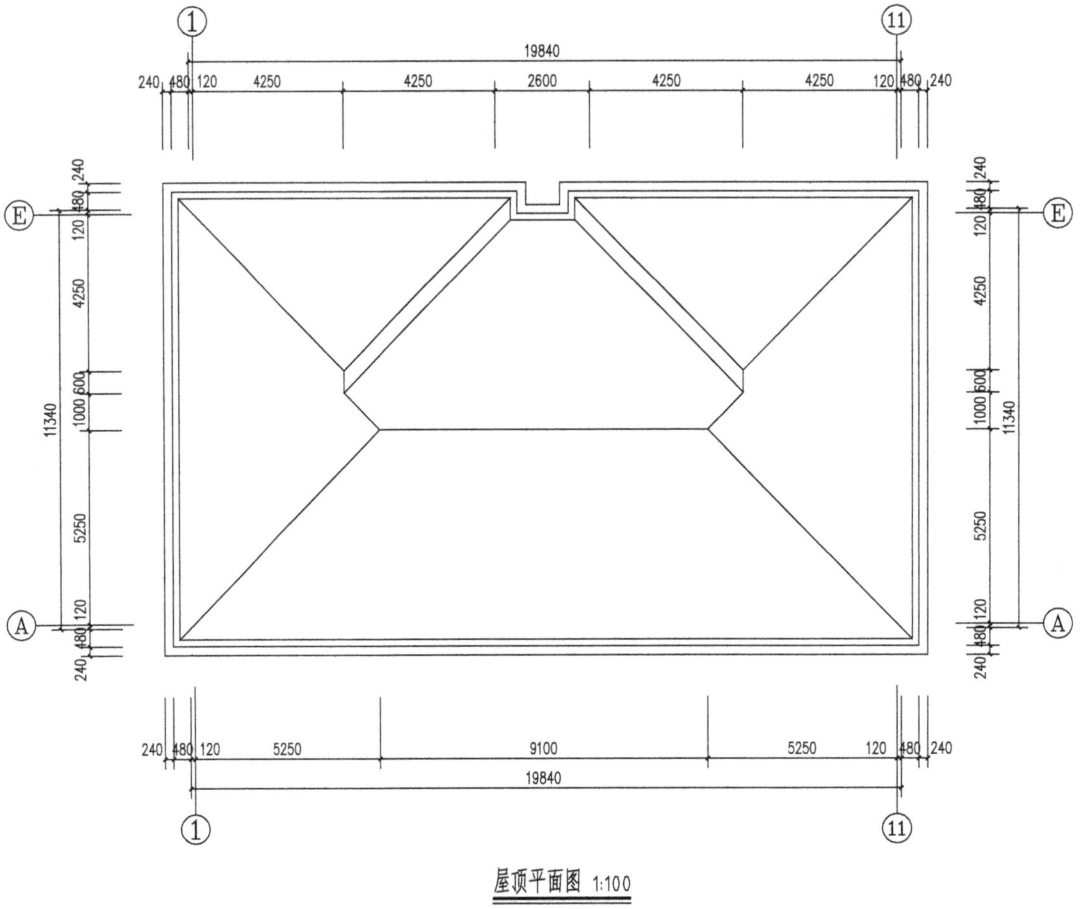

图 12-78

12.4.7 添加符号

执行“JTYZ”箭头引注命令，绘制檐沟和坡屋顶的坡度。另外绘制分水线和落水口平面位置等，结果如图 12-79 所示。至此，完成屋顶平面图的绘制。

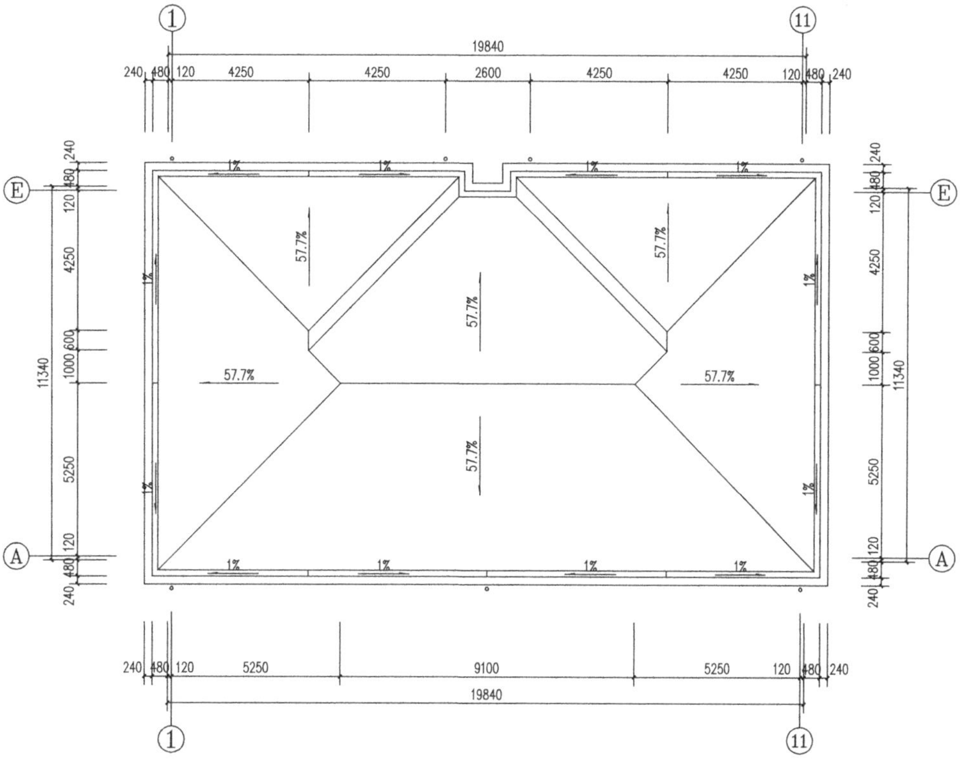

屋顶平面图 1:100

图 12-79

12.5　工程管理与门窗表

天正建筑引入工程管理的目的是希望能灵活地管理同属于一个工程的图纸文件，其实在AutoCAD 2005 中已经有了图纸集这种图纸管理方式，而为何天正不使用 AutoCAD 的图纸集而自己设计一套工程管理？这是因为 AutoCAD 的图纸集必须基于 AutoCAD 2005 版本，而且还要求基于图纸空间的命名视图，这两个要求都是天正用户无法满足的，他们不见得一定能升级到 2005 版本，也不一定都愿意使用图纸空间。而天正软件提供了实用的工程管理也使用了图纸集的概念，并且天正图纸集可适用于 AutoCAD 2000 以上的任何版本，也可以适用于模型空间和图纸空间，满足了国内用户使用习惯和平台版本的实际状况。

12.5.1　添加图纸到工程

执行“文件布图”→“工程管理”或者“GCGL”命令，在弹出的对话框中单击“工程管理”，选择“新建工程”命令，命名本工程为“天正建筑实例住宅楼”，将文件保存到用户指定的目录中，单击“保存”按钮后完成新建工程。

新建工程完成后的工程管理界面如图 12-80 所示，在“楼层”面板中，分别在“层号”

层高　文件　中添加本例所需要的参数，如图 12-80 所示。这样就完成了楼层表的创建。

12.5.2　建立门窗表

在图 12-80 所示的楼层面板单击▦或者直接输入　MCZB　命令，根据命令提示行的要求，生成相应的门窗表，如果按下〈S〉键，则弹出如图 12-81 所示的“选择门窗表样式对话框，根据需要可以选择门窗表的表头等内容。然后生成相应的门窗表，如图 12-82 所示。

图 12-80

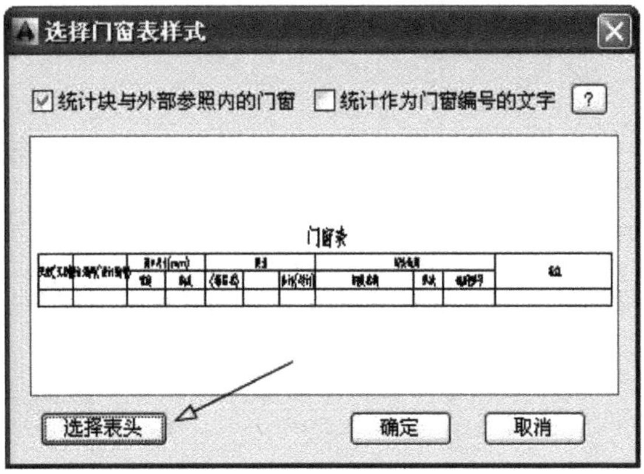

图 12-81

门窗表

类型	设计编号	洞口尺寸（mm）		数量					图集选用			备注
		宽度	高度	1	2~5	6	7	合计	图集名称	页次	选用型号	
普通门	m1	1000	2100	2	2×4=8	2		24				
	m2	900	2100	6	6×4=24	6		72				
	m3	800	2100	4	4×4=16	4		48				
	m4	2400	2100	2	2×4=8	2		24				
	m5	1200	600	1	1×4=4	1		12				
	m6	1500	2100	1				2				
门连窗	MC1	1800	2400	2	2×4=8	2		24				
普通窗	C1	1800	1500	4	4×4=16	4		48				
	C2	1500	1500	2	3×4=12	3		34				
	C3	2100	1500	2	2×4=8	2		24				
	C4	1000	1200	2	2×4=8	2		24				

图 12-82

如果用户需要对表格内的文字、表格行列的大小等进行调整，可以单击表格后，再右击选择相应的内容编辑，也可以直接在表格的夹点处双击，更改需要设定的内容。

如果需要修改某一个文字内容，则直接在文字处双击鼠标左键，比如修改 m1 为 M1 等。

小结：

本章主要通过一个多层住宅的建筑为例，绘制其相应的各层平面图，重点在于把握绘图的思路和方法，学习天正建筑在有了 AutoCAD 的基础后，会感觉非常轻松，只要有明确的绘图思路，就可以快速掌握天正建筑绘制平面图的方法。当然读者应该多加练习才可以精通熟练。

第 13 章　天正建筑绘制立面图

【学习提示】 设计好一套工程的各层平面图后，需要绘制立面图表达建筑物的立面设计细节，立面图、剖面图的图形表达和平面图有很大的区别，立面图、剖面图表现的是建筑三维模型的一个投影视图，受三维模型细节和视线方向建筑物遮挡的影响，天正立面图形是通过平面图构件中的三维信息进行消隐获得的纯粹二维图形，除了符号与尺寸标注对象以及门窗阳台图块是天正自定义对象外，其他图形构成元素都是 AutoCAD 的基本对象。

【本章重点】 天正建筑绘制立面图的思路和方法。

【作图步骤】

建筑立面图的绘制一般步骤如下：

（1）创建楼层表。

（2）生成立面图。

（3）修改深化立面图。

（4）立面标注。

（5）立面填充。

13.1　创建楼层表

由于楼层表在上一章已经学习并创建好了，所以这里就直接打开楼层表面板，检查相应楼层的“层高”或者“文件”等是否有误。

由于在生成立面过程中，需要指定出现在立面图中的轴线，所以先打开任意一个平面图，这里打开“首层平面图”。

13.2　生成立面图

建立了楼层表后，如果在“楼层”面板中单击按钮，或者执行“SWZH”命令，就可以根据弹出的“楼层组合”对话框进行相应设置后，生成三维模型。本例不需要创建三维模型，只需要生成相应的立面即可。

单击“楼层”面板中按钮，或者执行“JZLM”命令，根据命令提示行的要求进行如下操作：

> **提示：**
> 一般是选择同立面方向上的开间或进深轴线，选轴号无效。

命令：TBudElev

请输入立面方向或［正立面(F)/背立面(B)/左立面(L)/右立面(R)］<退出>：B（输入 B）

请选择要出现在立面图上的轴线:找到 1 个　　(单击轴线 11)
请选择要出现在立面图上的轴线:找到 1 个,总计 2 个　　(单击轴线 1)
请选择要出现在立面图上的轴线:　　(按〈Enter〉键确认)

按〈Enter〉键确认后，弹出如图 13-1 所示的对话框，修改室内外高差为 0.9，单击 生成立面 按钮后，输入相应的文件名 11-1 立面图 ，计算机在经过运算后会自动产生立面图，并且会打开，如图 13-2 所示。

> **提示：**
>
> 立面的消隐计算是由天正编制的算法进行的，在楼梯栏杆采用复杂的造型栏杆时，由于这样的栏杆实体面数极多，如果也参加消隐计算，可能会使消隐计算的时间大大增长，在这种情况下可选择“忽略栏杆以提高速度”，也就是说“忽略栏杆”只对造型栏杆对象有影响。

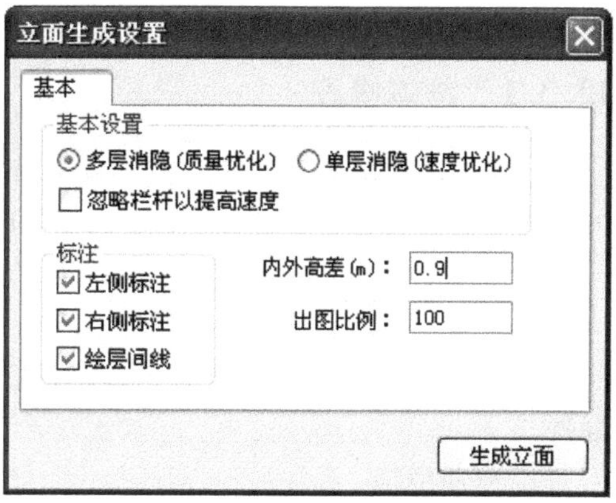

图 13-1

图 13-2

13.3 修改深化立面图

用上述方法生成的立面图有时会存在一些问题，不能完全、准确地反映建筑外观，而且用户在绘制平面图形时考虑不周，也会导致立面出现局部错误。此时可用 AutoCAD 的命令修改在生成过程中多余或遗漏的图线。生成的立面图中主要构件是门窗、阳台和柱子等，也需要进行美化。

13.3.1 总体修改

仔细观察生成的立面图，会发现室内外高差处的台阶、散水等位置不对。坡屋顶檐口处的位置不对，交接不清楚。利用 AutoCAD 的基本命令完成这些修改。

1. 修改散水和台阶

将散水、台阶选中后向下移动 450。注意，由于自动生成的散水和坡道投影线多，选择的时候需要耐心和仔细，避免漏选。

2. 修改屋顶

将屋顶向上移动 500，然后执行拉伸命令，将标高 17.400 位置的屋顶线向下拉伸 120，将其檐口上部的屋顶线向上拉伸 100，并复制一条线距离 120，参照如图 13-3 所示尺寸。然后将屋面线调整到图示位置，将屋脊线拉伸回 20.300 高度。结果如图 13-4 所示。

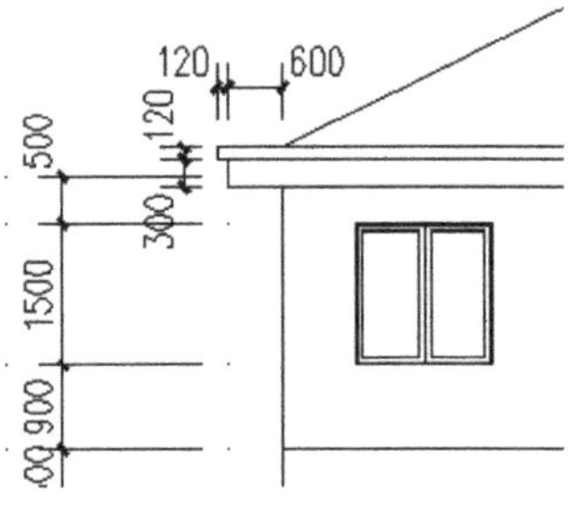

图 13-3

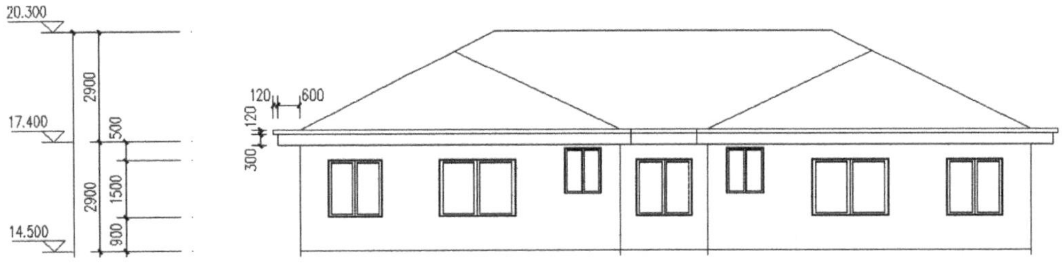

图 13-4

3. 修改顶层窗户

将顶层的窗户进行修改，由于在自动生成时窗户的线被屋顶遮挡而消隐了，所以需要进行修改，删除顶层窗户，复制五层窗户即可。

同时修改其他不合适的地方，完成后的结果如图 13-5 所示。

13.3.2 修改入口

入口门上端需要增加雨篷，入口处的门图例需要修改。

入口上部的雨篷，可以根据投影关系及如图 13-6 所示的尺寸要求，利用 AutoCAD 的基本命令绘制得到，完成后的大门入口如图 13-6 所示。

执行“立面”→“立面门窗”或者“LMMC”命令，打开“天正图库管理系统”对话

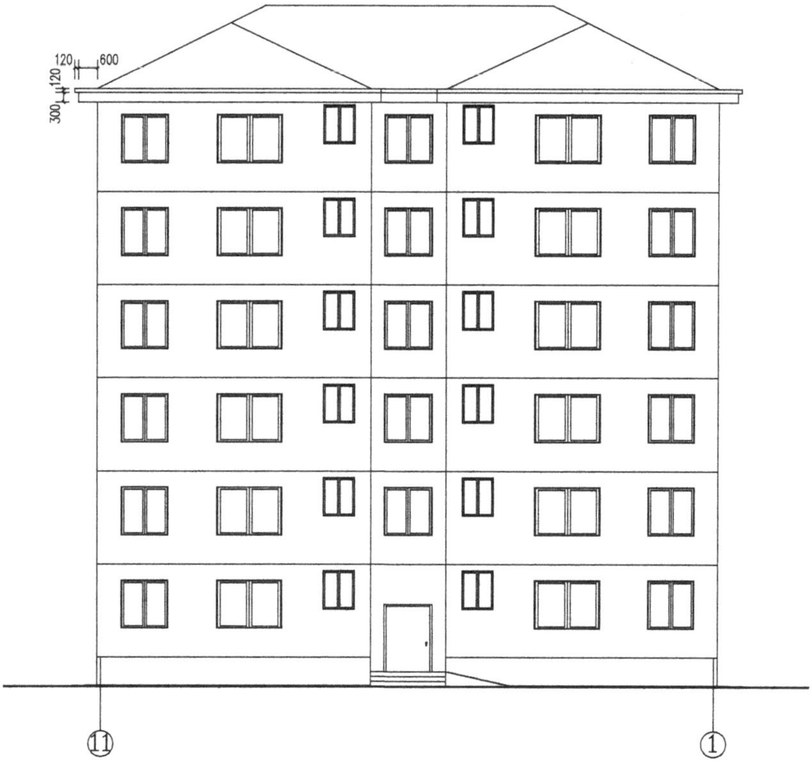

图 13-5

框，在图库中选择需要的门图块，然后单击门窗替换图标，返回绘图区选择入口大门，则大门立面替换成功，如图 13-7 所示。

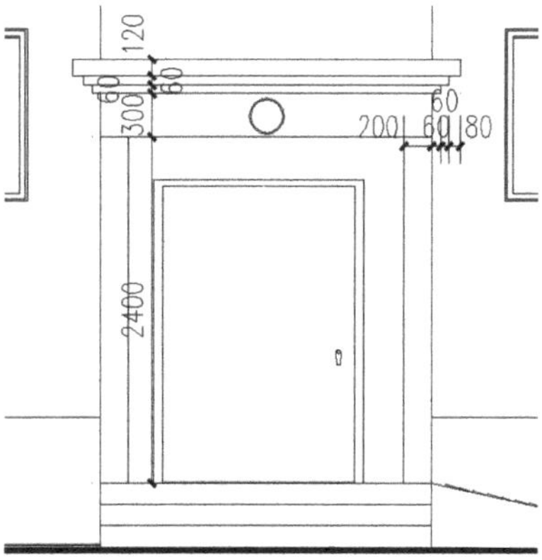

图 13-6

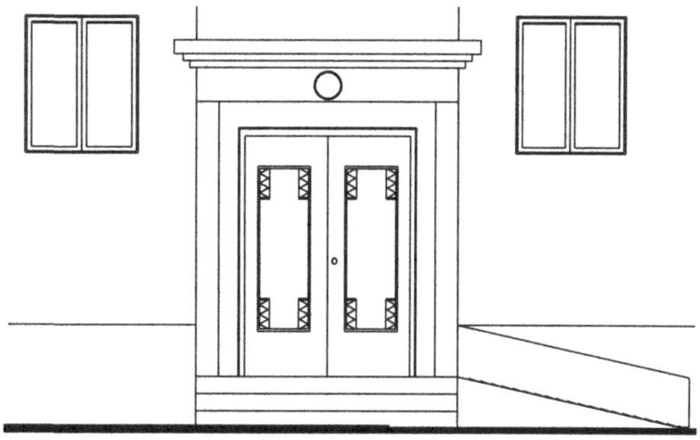

图 13-7

13.3.3　修改立面门窗

1. 门窗替换

执行“LMMC”命令，将起居室和厨房的窗户替换成如图 13-8 所示的结果。

2. 楼梯间窗户修改

执行移动命令，将楼梯间处的窗户向下移动 1500，然后将雨篷上面的第一个窗户分解开，再执行修剪命令，修剪与雨篷相交遮挡的线条，同时也要将楼梯间部分的层高线剪切，得到效果如图 13-8 所示。

图 13-8

13.3.4 增加立面窗套

增加窗套命令为已有的立面窗创建全包的窗套或者窗楣线和窗台线，达到设计美观的效果。

执行“立面”→“立面窗套”或者“LMCT”命令，根据命令行提示，捕捉窗户的两个对角点，然后弹出“窗套参数”对话框，如图 13-9 所示，修改各参数，获得厨房和起居室窗户的窗套，如图 13-10 所示。

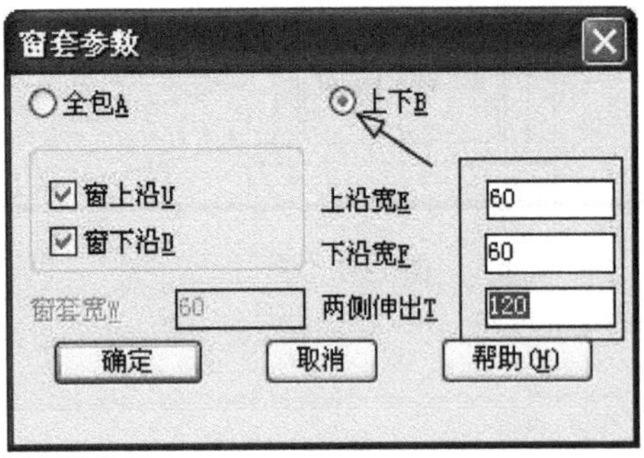

图 13-9

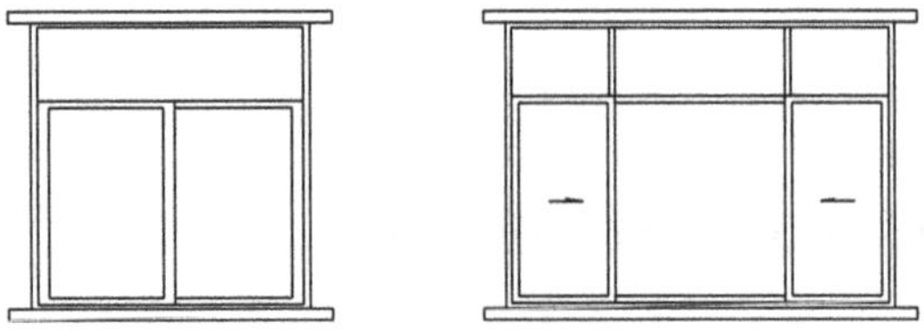

图 13-10

然后采用复制、阵列等方法，将所有楼层的窗套都加上。

13.4　立面标注

在自动生成的立面中，已经包含了两侧的详细的尺寸和标高，但是在立面的内部还有很多需要标注的地方，比如卫生间的窗户、楼梯间的窗户、门等，还需要标注立面的材质、颜色等。

13.4.1　标高标注

在进行标高标注时，要根据作图需要，合理打开或者关闭天正菜单栏中的“符号标注”中的“动态标注”开关，以便更有效地控制标注的尺寸，提高作图的效率。

执行“BGBZ”命令，在弹出的对话框中取消“手工输入”，分别依据图 13-11 所示位置添加相应的标高标注。

图 13-11

如果在添加过程中，同类标高一列没有对齐，可以执行“BGDQ”命令，然后选择需要对齐的所有标高，重新确定标注的位置。调整完成后的标高如图 13-11 所示。

13.4.2　索引标注

执行“符号标注”→“索引符号”或者“SYFH”命令，弹出如图 13-12 所示的“索引符号”对话框，根据图示所指填写相应内容，完成后的索引符号如图 13-13 所示。

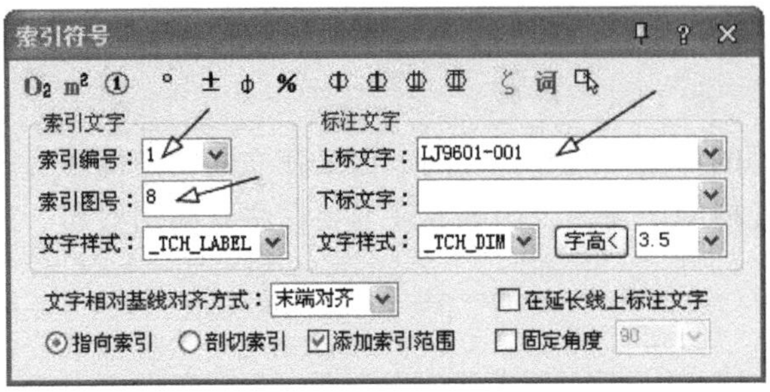

图 13-12

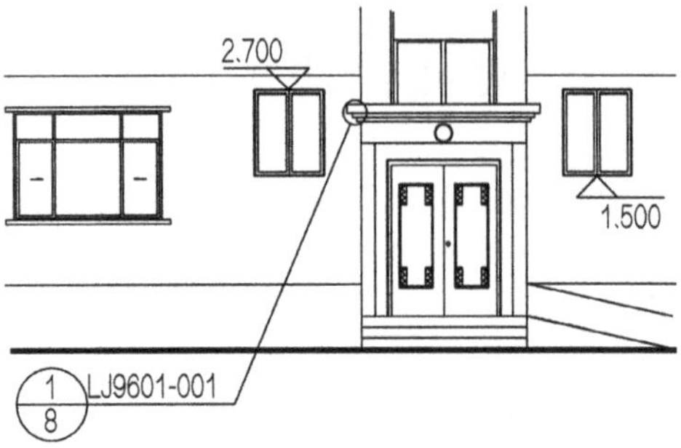

图 13-13

13.4.3 做法标注

建筑立面的做法需要在立面图中表达出来，这需要通过“引出标注”来完成，“引出标注”可用于对多个标注点进行说明性的文字标注，自动按端点对齐文字，具有拖动自动跟随的特性。

执行“符号标注”→“引出标注”或者“YCBZ”命令，弹出如图 13-14 所示的“引出标注”对话框，在“上标注文字”中填写“暖白色外墙涂料”，然后根据命令行提示，自第一层外墙开始向上引出标注，确定标注位置后再通过编辑逐一增加标注点。结果如图 13-15 所示。

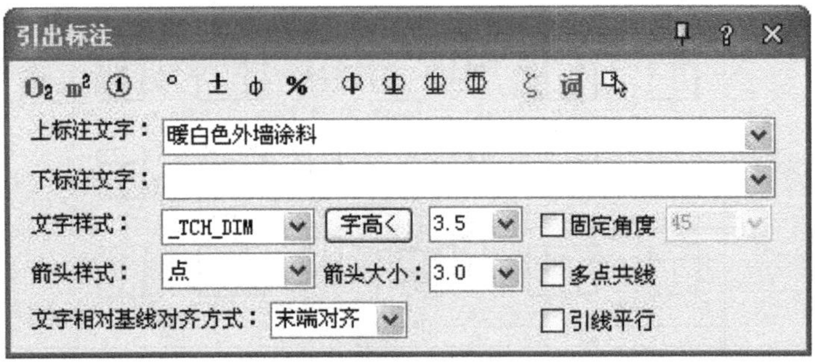

图 13-14

13.4.4 图名标注

执行“TMBZ”图名标注命令，在弹出的对话框中输入“11-1 立面图”，不过，输入完后需要分别选择 11 和 1 两个数字，然后再单击①按钮，如图 13-16 所示，指定平面图中图名所在位置后结束。结果如图 13-17 所示。

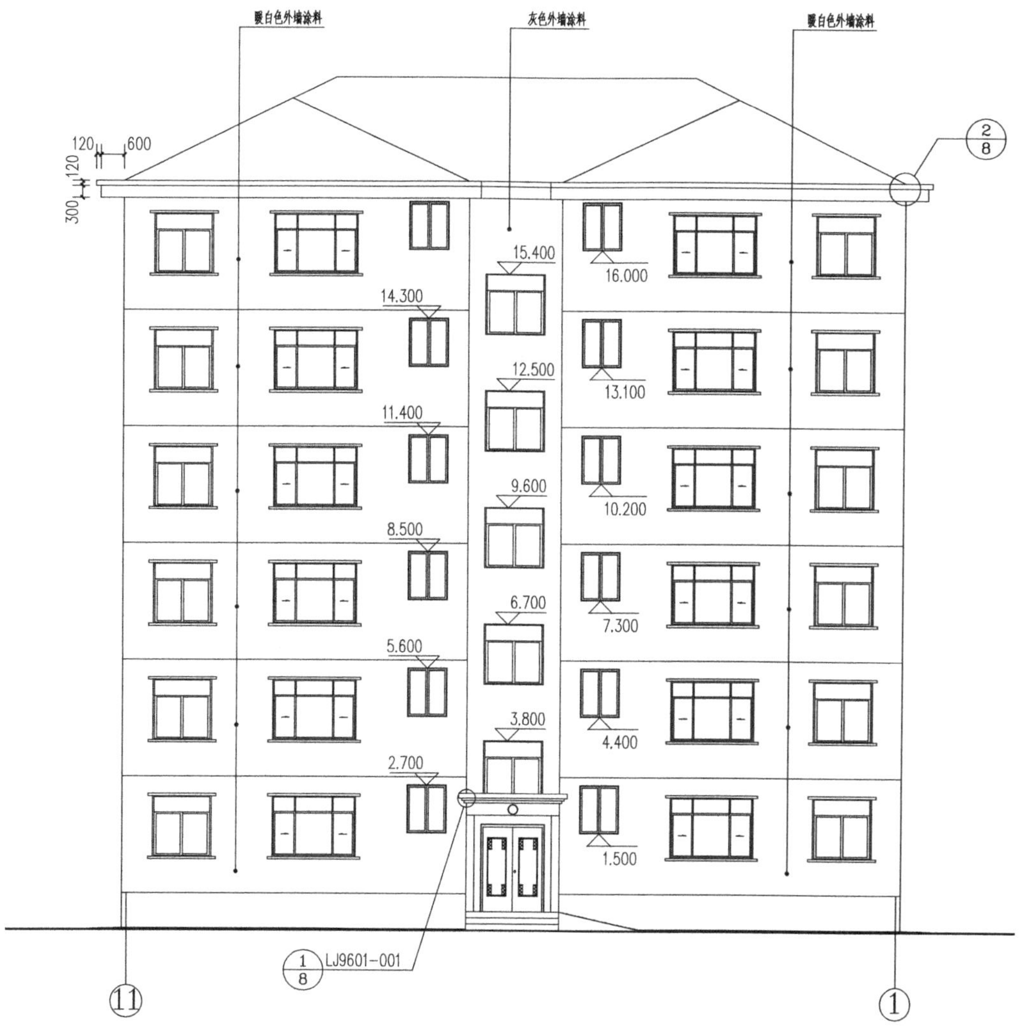

图 13-15

图 13-16

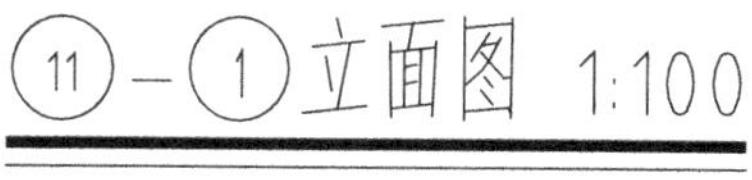

图 13-17

13.5　立面填充

执行 AutoCAD 的“H”填充命令，选择天正建筑中的“文化石 01”图案，在正负零以下墙体上填充。完后选择 西班牙瓦屋面 填充到屋顶中。结果如图 13-18 所示。最后将地面线、立面外轮廓线等分线型加粗显示。

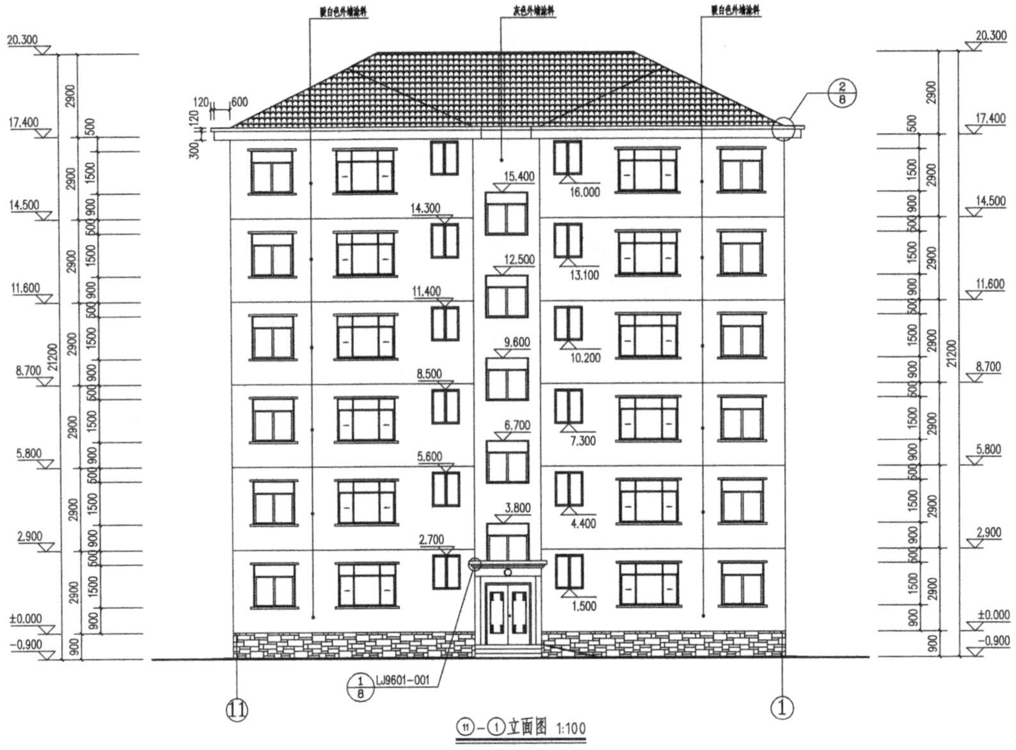

图 13-18

小结：

本章主要通过第 12 章的平面图组合后自动生成立面，然后再进行修改深化，调整不合适的投影线等，完善而成建筑立面图。虽然自动生成的立面图不完全准确，不过在这个基础上深化修改还是比较快捷的，只要读者在平面图绘制过程中做得比较准确，生成的立面图效果也就会相对好，修改也就比较简单。

第 14 章　天正建筑绘制剖面图

【学习提示】 设计好一套工程的各层平面图后，需要绘制剖面图表达建筑物的剖面设计要求，剖面的图形表达和平面图有很大的区别，剖面表现的是建筑物有高差错落关系处的尺寸及建筑构造细节，天正剖面图形是通过平面图构件中的三维信息进行消隐获得的纯粹二维图形，除了符号与尺寸标注对象以及门窗阳台图块是天正自定义对象外，其他图形构成元素都是 AutoCAD 的基本对象。

【本章重点】 天正建筑绘制剖面图的思路和方法。

【作图步骤】

建筑剖面图的绘制一般步骤如下：

（1）创建楼层表。

（2）生成剖面图。

（3）修改深化剖面图。

（4）添加楼梯栏杆。

（5）剖面标注。

14.1　创建楼层表

由于楼层表在第 12 章已经创建好了，所以这里就直接打开楼层表面板，检查相应楼层的“层高”或者“文件”等是否有误。

由于在生成剖面过程中，需要指定剖切符号和出现在剖面图中的轴线，所以先打开“首层平面图”。

14.2　生成剖面图

建立了楼层表后，如果在“楼层”面板中单击按钮，或者执行“SWZH”命令，就可以在根据弹出的“楼层组合”对话框进行相应设置后，生成三维模型。本例不需要创建三维模型，只需要生成相应的剖面即可。

单击“楼层”面板中按钮，或者执行“JZ-PM”命令，根据命令提示行的要求进行如下操作：

> 提示：
>
> 一般是选择同剖面方向上的开间或进深轴线，选轴号无效。

命令：TBudSect

请选择一剖切线：　　　　（选择 1-1 剖切线）

请选择要出现在剖面图上的轴线：找到 1 个　　　　（单击轴线 D）

请选择要出现在剖面图上的轴线：找到 1 个，总计 2 个　　　　（单击轴线 A）

请选择要出现在剖面图上的轴线： （按〈Enter〉键确认）

按〈Enter〉键确认后，弹出如图 14-1 所示的对话框，修改室内外高差为 0.9，单击 生成剖面 按钮后，输入相应的文件名 1-1 剖面图 ，计算机在经过运算后会自动产生剖面图，并且会打开，如图 14-2 所示。

> 提示：
>
> 为了能获得尽量准确和详尽的剖面图，用户在绘制平面图时楼层高度，墙高、窗高、窗台高、阳台栏板高和台阶踏步高、级数等竖向参数应尽量做到正确。

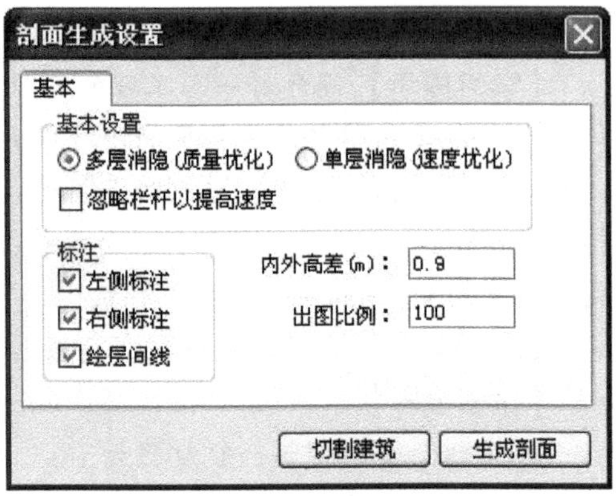

图 14-1

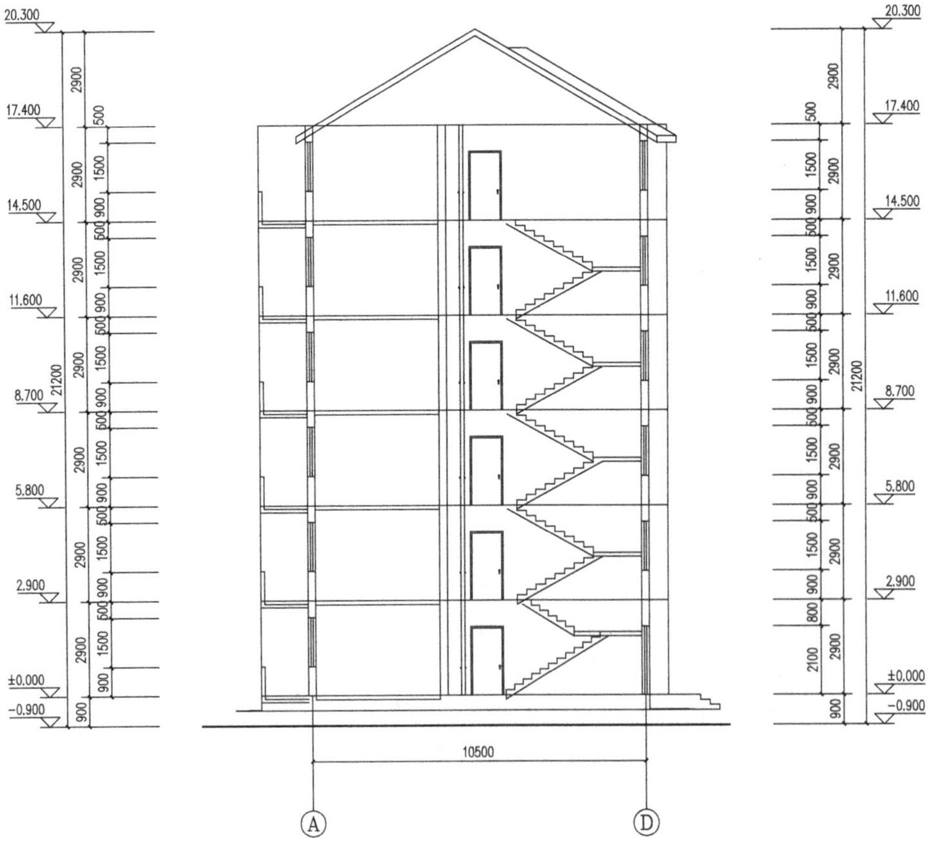

图 14-2

14.3　修改深化剖面图

与自动生成的立面图类似，生成的剖面图有时会存在一些问题，也会导致剖面出现局部错误。此时可用 AutoCAD 的命令修改在生成过程中多余或遗漏的图线。生成的剖面图中主要构件是门窗、墙体和楼梯等，也需要进行美化。

14.3.1　屋顶修改

仔细观察生成的剖面图，会发现屋顶与立面图类似，高度需要调整，部分位置需要处理。首先将屋顶的两侧檐口投影线选中后，执行拉伸命令，向上拉伸 500，然后将 240 的墙体向上延伸到屋顶，使其交接在一起。

檐口部位需要补充檐沟等，根据屋顶平面图的尺寸和剖切位置，绘制出檐沟等位置的剖切轮廓和投影线等，并将顶层的层高线向下偏移 120，形成楼板的厚度。其余请参照如图 14-3 所示的尺寸进行绘制。

执行“H”填充命令，选择“solid 实体”填充图案模式，完成后的效果如图 14-4 所示。

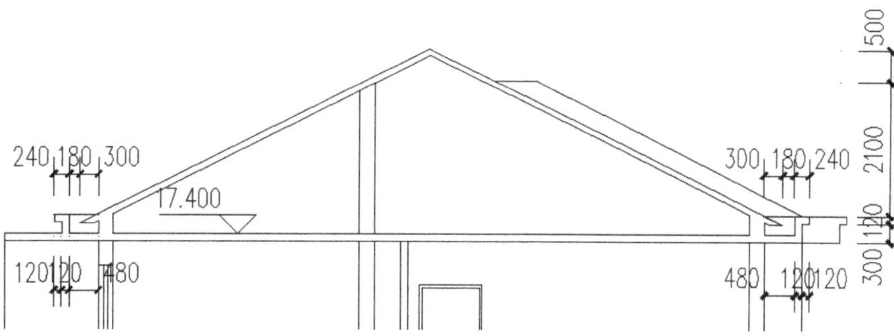

图 14-3

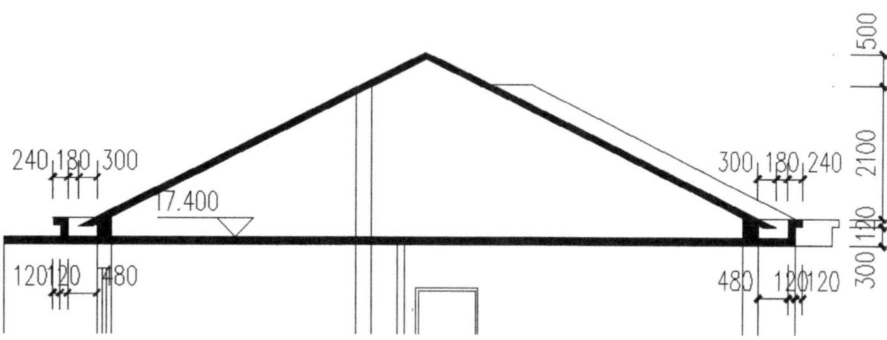

图 14-4

14.3.2 绘制地坪线

入口处的台阶和地坪等位置也出现了错误，需要进行修改，通过延伸修剪等进行处理。完成后再将入口处的台阶向下移动 450。然后根据前面绘制的首层平面图和立面图，利用“ML”多线绘制一条线宽 80 的地坪线。最后在楼梯间增加三个踏步，尺寸为 270 × 150，完成后的结果如图 14-5 所示。

> **提示：**
> 利用“PL”线加粗绘制的对象在实际位置中会有一半线在所选的点的另一侧，所以在剖面图中通常采用“ML”多线命令更为合适，但是多线需要设置为填充模式。

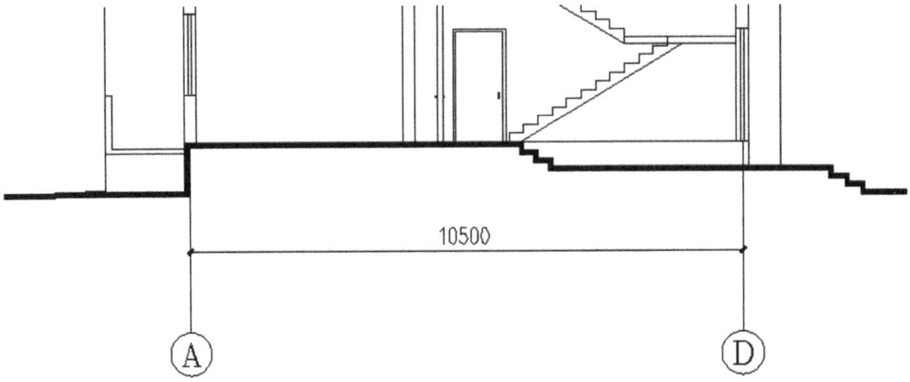

图 14-5

14.3.3 调整楼梯间门窗

自动生成的楼梯间门窗高度位置不对，所以需要进行调整。首先将门向下移动 450，然后将上部的窗户也向下移动 1000，此时需要参考“11-1 立面图”中的尺寸标注。修改后的结果如图 14-6 所示。

门窗调整后，尺寸标注也应该一起调整，不过自动生成的剖面不能自动更新，所以这里需要及时进行手动修改。方法一是通过夹点编辑一一修改尺寸标注点的位置，方法二是重新进行标注。完成后的结果如图 14-6 所示。

14.3.4 添加剖面楼板

由于在生成剖面时部分楼板没有生成，所以需要通过手工绘制楼板，这里利用“双线楼板”命令即可。需要将楼梯间楼层平台处的楼板补齐。

执行“剖面”→“双线楼板”或者“SXLB”命令，捕捉起点 A 和结束点 B，然后根据命令提示行的要求，输入相应的楼板标高、楼板厚度即可，如图 14-7 所示。

命令：SXLB

请输入楼板的起始点 <退出>：（捕捉 A 点）

结束点 <退出>：（捕捉 B 点）

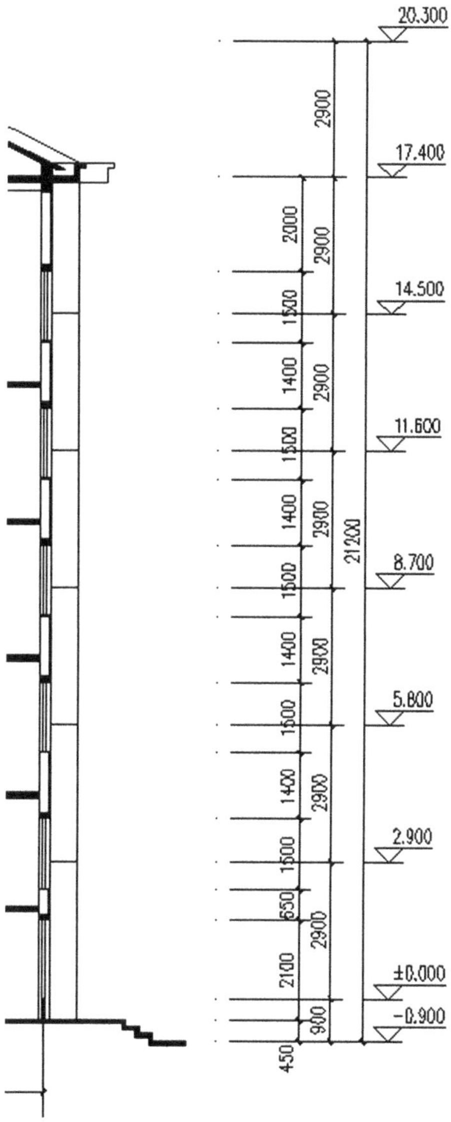
20.300
17.400
14.500
11.600
8.700
5.800
2.900
±0.000
-0.900
2900
2000
1500
1400
650
2100
900
450
21200

图 14-6

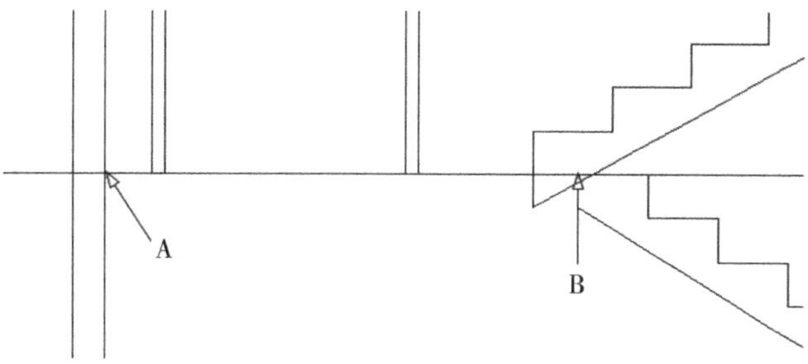
A
B

图 14-7

楼板顶面标高 <2900>：

楼板的厚度(向上加厚输负值) <120>：　　(120)

完成后的结果如图 14-8 所示。同样在其他楼层处添加楼板。

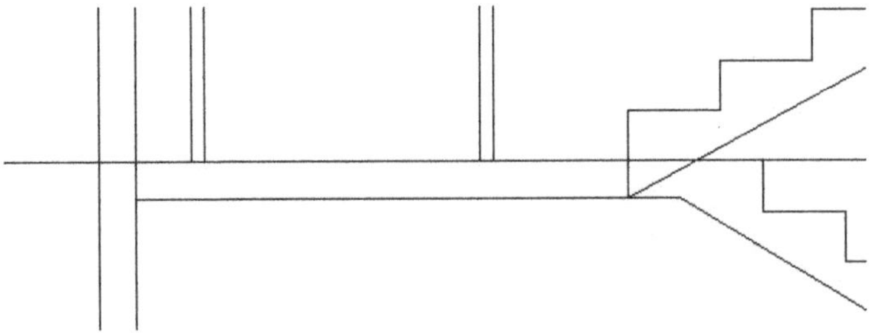

图 14-8

14.3.5 添加剖断梁

首先在楼梯平台处添加楼梯的平台梁，如图 14-9 所示，以 A 点为参考位置，添加一个 200×300 的平台梁。

执行"JPDL"命令，捕捉 A 点，然后根据命令提示行的要求，按照以下步骤执行。得到如图 14-10 所示的结果。

命令：JPDL

请输入剖面梁的参照点 <退出>：

梁左侧到参照点的距离 <0>：　　(输入 200)

梁右侧到参照点的距离 <0>：　　(输入 0)

梁底边到参照点的距离 <300>：　　(按〈Enter〉键确认)

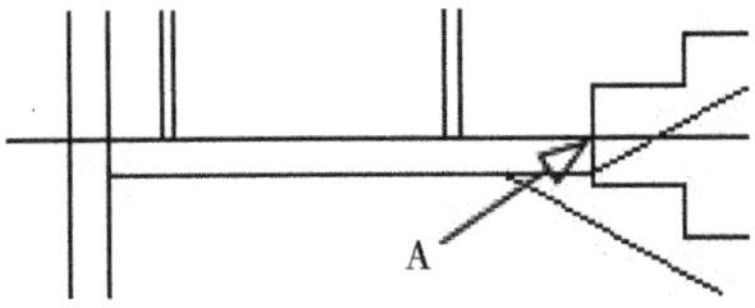

图 14-9

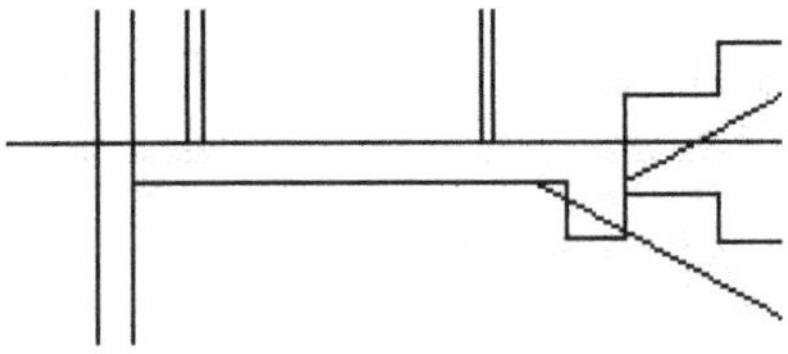

图 14-10

同样的方法添加楼梯另一侧的平台梁以及其他位置的剖断梁。同时删除不需要的层高线。结果如图 14-11 所示。

14.3.6 添加过梁

通常门窗的上部都需要有过梁，当然有时候过梁可以和主梁叠加在一起，这里需要给楼梯间位置的门窗增加过梁，而阳台位置的窗户过梁则和主梁一起。

执行"MCGL"门窗过梁命令，根据命令行提示，选择需要添加过梁的所有门窗，确定后输入过梁尺寸，这里默认 120。完成后在门窗上部就添加了填充好的过梁。

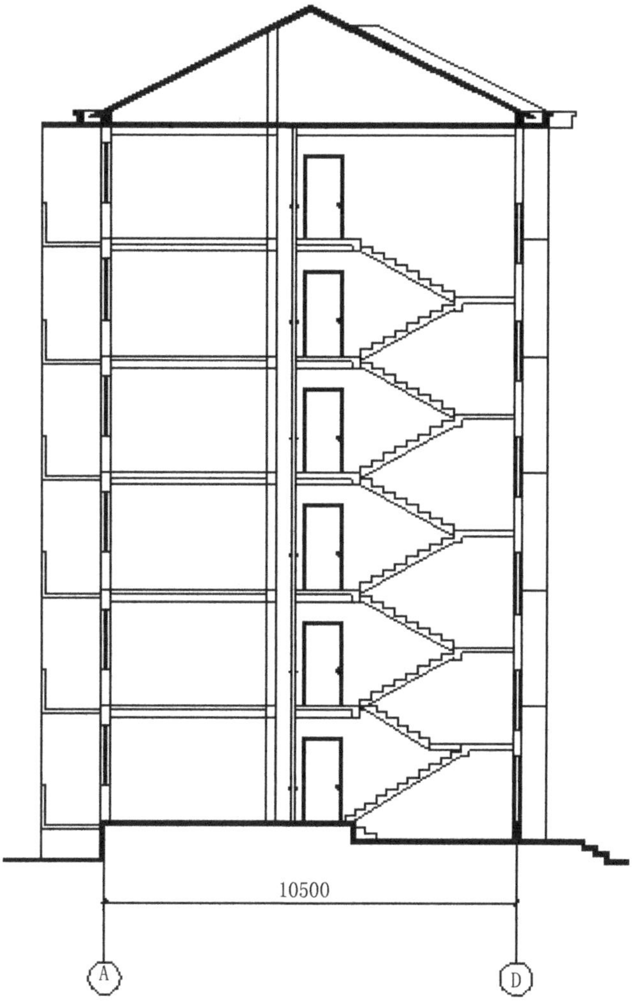

图 14-11

14.3.7　加粗和填充

根据建筑制图的要求，被剖到的对象，其轮廓线应该以粗实线表达，这通常用“居中加粗”或者“向内加粗”命令完成。

执行“La”图层命令，将以“S”开头的图层和 0 层全部打开，其余图层全部关闭，同时还需要关闭“S_ windows”图层。然后执行“XNJC”向内加粗命令，将所有对象选中，然后根据提示输入宽度 0.2，即可完成，结果如图 14-12 所示。

命令：SLTOPLI2

请选取要变粗的剖面墙线梁板楼梯线(向内侧加粗) <全选>：

选择对象：

请确认墙线宽(图上尺寸) <0.40>：0.2　　(输入 0.2)

请确认墙线宽(图上尺寸) <0.40>：0.2　　(输入 0.2)

请确认墙线宽(图上尺寸) <0.40>：0.2　　(输入 0.2)

根据建筑制图要求，在 1:100 的图示中，被剖切到的梁、楼板、墙体等构件需要填充黑色，这可以利用 AutoCAD 的填充命令即可。完成后的结果如图 14-13 所示。

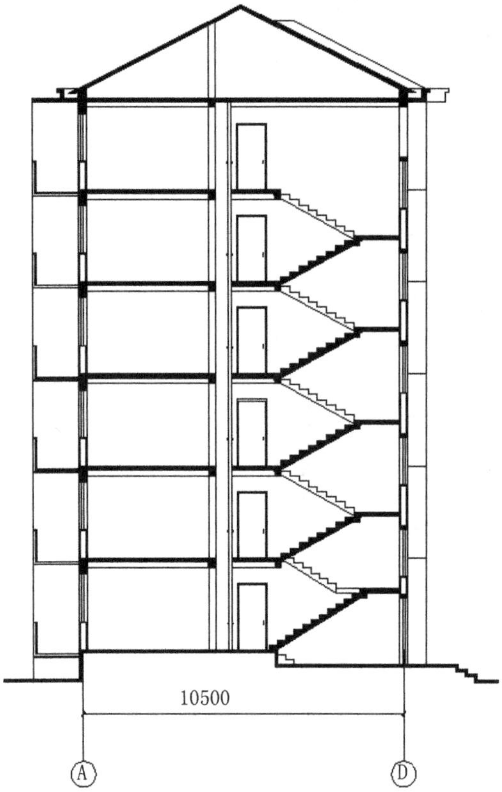

图 14-12

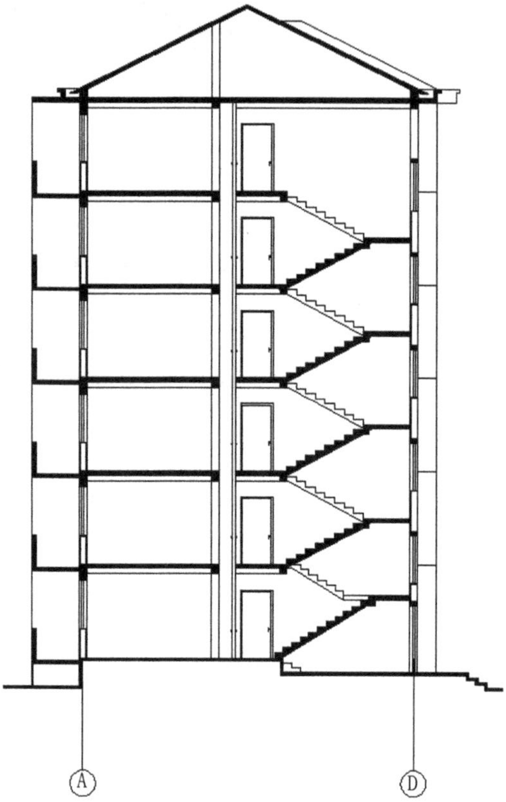

图 14-13

14.4 添加楼梯栏杆

天正建筑剖面中，“楼梯栏杆”和“参数栏杆”都可以生成栏杆，但是前者只能生成较简单的直线栏杆，而后者可以生成多种甚至是用户自定义的栏杆，本例使用“参数栏杆”来完成。

14.4.1 参数栏杆

执行“剖面”→“参数栏杆”或者“CSLG”命令，弹出“剖面楼梯栏杆参数”对话框，单击 基点选择P 按钮，切换基点到第一步外侧顶点位置，输入第一跑的梯段步数、步宽、步高参数，如图 14-14 所示。单击“确定”后，插入到楼梯第一个梯段中。

然后再插入第二个梯段的参数，参照如图 14-15 所示的设置。第三个梯段的参数如图 14-16 所示。结果如图 14-17 所示。同样的方法完成所有的栏杆。

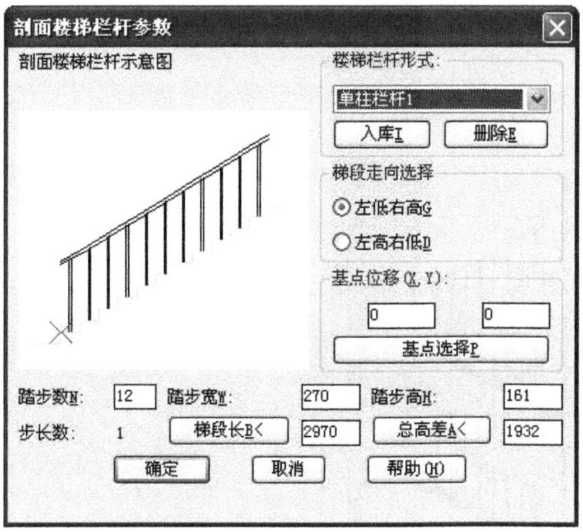

图 14-14

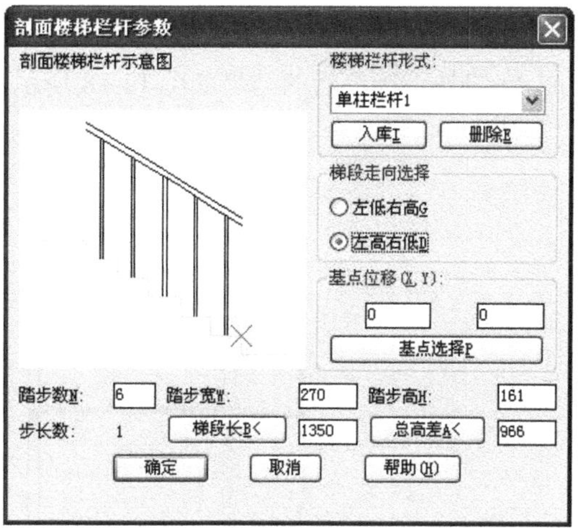

图 14-15

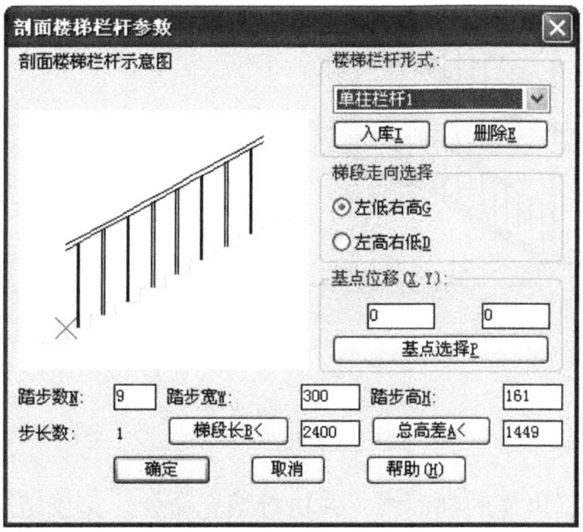

图 14-16

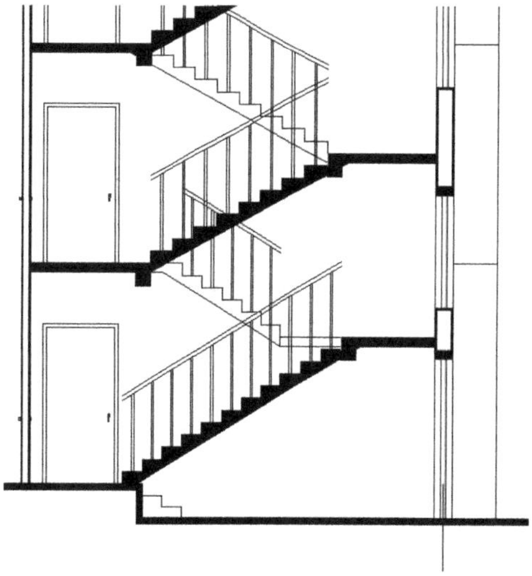

图 14-17

14.4.2　扶手接头

扶手接头命令与剖面楼梯、参数栏杆、楼梯栏杆、楼梯栏板各命令均可配合使用，对楼梯扶手和楼梯栏板的接头做倒角与水平连接处理，水平伸出长度可以由用户输入。

执行“FSJT”扶手接头命令，根据命令行提示执行：

命令：FSJT

TCONNECTHANDRAIL

请输入扶手伸出距离 <0>：

请选择是否增加栏杆[增加栏杆(Y)/不增加栏杆(N)] <增加栏杆(Y)>：n　　（输入 N）

请指定两点来确定需要连接的一对扶手！选择第一个角点 <取消>：
另一个角点 <取消>：

完成扶手接头后的结果如图 14-18 所示。

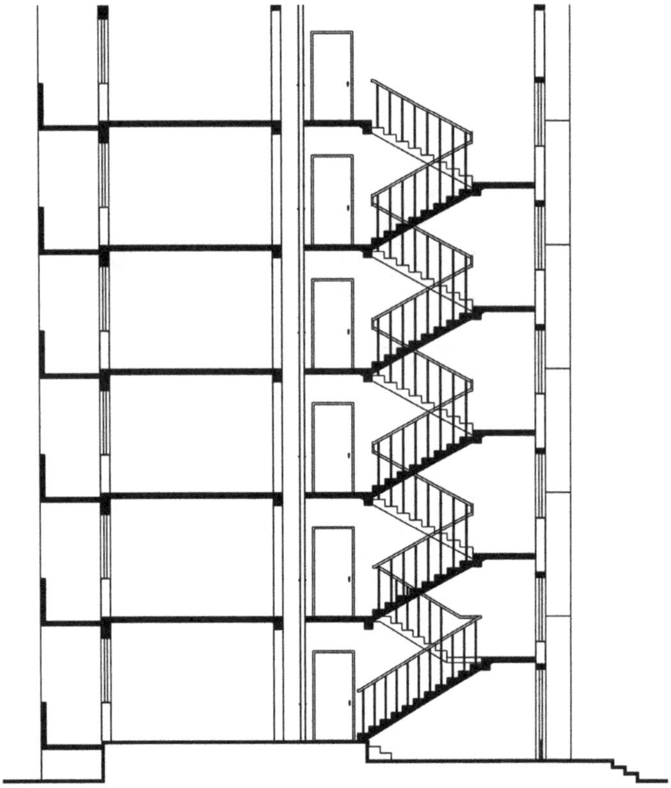

图 14-18

14.4.3 绘制剖面雨篷

依据如图 14-19 所示的尺寸，在入口处绘制雨篷的剖面线，并执行填充命令，完成结果如图 14-19 所示。

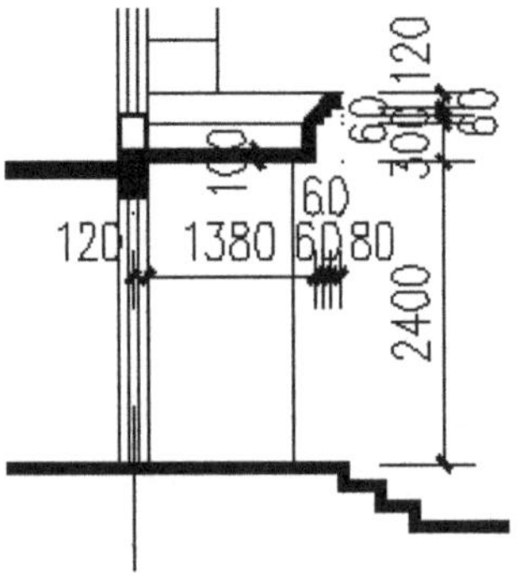

图 14-19

14.5　剖面标注

与立面图相同，虽然在生成剖面时自动进行了标注，但是依然还需要对没有标注清楚的地方逐一标注。同时需要对某些表达不清楚的构造部位完成索引，添加图名等。最后再仔细检查一下，对于绘制的构造线、剖面线等进行必要的添加或者删除。

最终完成后的结果如图 14-20 所示。

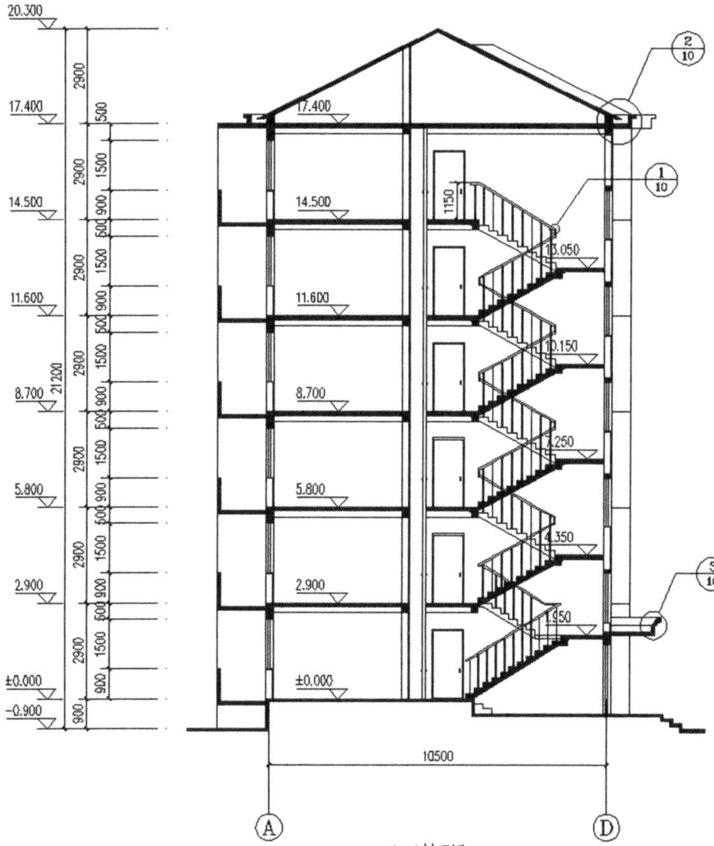

1-1剖面图 1:100

图 14-20

> 小结：
>
> **本章主要通过第 12 章的平面图组合后自动生成剖面，然后再进行修改深化，调整不合适的投影线等，完善而成建筑剖面图。虽然自动生成的剖面图不完全准确，不过在这个基础上深化修改还是比较快捷的，只要读者在平面图绘制过程中做得比较准确，生成的剖面图效果也就会相对好，修改也就比较简单。**